"十二五"职业教育国家规划教材

经全国职业教育教材审定委员会审定

建筑工程施工质量控制与验收

第 2 版

U0220309

主　　编　郑惠虹

副 主 编　潘书才　谢延友　任国亮

参　　编　王培祥　赵临春　徐　永　俞　鑫　陆天宇

　　　　　张爱芳　胡　洋　顾艳阳　郭晓东

主　　审　翟春安　刘梦溪

机械工业出版社

本书是"十二五"职业教育国家规划教材,以实际工程项目为载体,以施工质量控制和质量验收工作过程为导向,以引导学生思考为目标,紧密结合当前形势,着重论述了建筑工程施工质量控制与验收统一标准,检验批、分项工程、分部工程、单位工程的建筑工程施工质量控制与验收等内容。从质量控制点、质量验收的内容及施工中常见的质量问题及预防措施等角度对建筑地基基础工程、主体结构工程、屋面工程、建筑装饰装修工程、建筑节能工程等做了深入细致的阐述。

　　本书可作为高职高专院校建筑工程技术专业、工程监理专业及其相关专业的教材,也可作为成人教育及其他社会人员的培训教材和参考书。

图书在版编目（CIP）数据

建筑工程施工质量控制与验收/郑惠虹主编. —2版. —北京：机械工业出版社，2019.12
（2022.1重印）

"十二五"职业教育国家规划教材

ISBN 978-7-111-64543-6

Ⅰ.①建… Ⅱ.①郑… Ⅲ.①建筑工程—工程质量—质量控制—高等职业教育—教材
②建筑工程—工程验收—高等职业教育—教材 Ⅳ.①TU712

中国版本图书馆CIP数据核字（2020）第011177号

机械工业出版社（北京市百万庄大街22号 邮政编码100037）
策划编辑：李 莉　　　　　责任编辑：李 莉
责任校对：王 欣 刘雅娜　　封面设计：鞠 杨
责任印制：张 博
涿州市京南印刷厂印刷
2022年1月第2版第4次印刷
184mm×260mm · 22.75 印张 · 501 千字
标准书号：ISBN 978-7-111-64543-6
定价：55.00元

电话服务　　　　　　　　网络服务
客服电话：010-88361066　　机 工 官 网：www.cmpbook.com
　　　　　010-88379833　　机 工 官 博：weibo.com/cmp1952
　　　　　010-68326294　　金 书 网：www.golden-book.com
封底无防伪标均为盗版　机工教育服务网：www.cmpedu.com

第 2 版前言

随着《建设工程质量管理条例》和新版建筑工程施工质量验收规范的颁布实施，国家对建设工程施工质量控制管理工作与工程质量验收工作的要求越来越严格和规范。为培养与建设市场接轨的，符合施工现场施工员、质检员、监理员等岗位要求的工程应用管理型人才，我们特组织一批从事现场施工管理和教学工作的"双师型"教师及长期从事施工一线管理的专家，总结了大量的施工现场案例，精心编写了此教材。

本教材在编写过程中着重体现了以下几点特色。

1. 以施工质量控制和质量验收工作过程为导向，进行教材编写内容的设计

本教材分为两条主线。第一条主线以施工质量控制工作过程为导向，即以施工准备阶段质量控制—施工阶段质量控制—竣工阶段质量控制为导向进行施工质量控制内容的编写，并辅以施工质量验收基本理论知识的介绍；第二条主线以工程项目施工层次质量验收为导向，即以工程项目的检验批质量验收—分项工程质量验收—分部工程质量验收—单位工程质量验收为导向进行施工质量验收工作内容的编写。通过两条主线将教材的内容组织与实际工作岗位过程直接联系，培养学生系统的专业应用岗位知识。

2. 以实际工程项目为载体，以引导学生思考为目标，充分体现职业教育的特色

本教材针对每一单元（子单元）的工作岗位特色，精心组织设计了 25 个工程案例。工程项目案例基本按工程背景、施工背景、案例分析（或假设）、思考与问答四个方面进行设计，将案例和示例贯穿于整本书，引导老师打破传统的教学方式，将理论与实践相结合，用实际的项目案例展示理论教学知识；启发学生带着问题去学，引导学生去思考，从而培养学生的学习能力，为学生的再教育与再发展打下坚实的基础。

3. 以最新颁布的法律、法规及相关文件为依据，与当前形势紧密结合，体现了教材内容的充实性、完整性

本教材编写时以国务院及住房和城乡建设部现行的法律、法规、条例、规范、规定为依据，使教材内容与目前国内现行的国标及部颁标准相吻合。另外，本教材增加了建筑节能工程内容，使得教材内容与当前形势结合得更加紧密。

4. 教材的内容结构及编辑方式充分体现了以学生为主体的现代职业教育指导思想

教材的每一单元都明确了学习目标，用精炼、概括的语言进行提炼，便于授课老师与学生进行把握。

　　本教材共分7个单元，由常州工程职业技术学院郑惠虹担任主编，常州工程职业技术学院潘书才、甘肃工业职业技术学院谢延友、常州工程职业技术学院任国亮担任副主编，江苏省安厦项目管理有限公司王培祥、河南建筑职业技术学院赵临春、江西建设职业技术学院胡洋、常州工程职业技术学院徐永、陆天宇、张爱芳、俞鑫、顾艳阳、郭晓东参加编写，江苏省安厦项目管理有限公司翟春安、江苏建筑职业技术学院刘梦溪担任主审。

　　本书配有电子课件、技能训练平台题目及答案、本书工程案例答案、试题库题目及答案、本书涉及的法律法规，凡使用本书作为教材的教师可登录机械工业出版社教育服务网（www.cmpedu.com）下载。咨询邮箱：cmpgaozhi@sina.com。咨询电话：010-88379375。

　　本书在编写过程中得到江苏省安厦项目管理有限公司总工办的支持和帮助，在此表示衷心的感谢。由于编者的水平有限，书中错误及疏漏之处在所难免，恳请广大读者和专家批评指正。

编　者

目 录

第 2 版前言

单元 1 概论 1

　　子单元 1　工程质量控制基本概念 1

　　子单元 2　建设工程质量法规 7

　　子单元 3　建筑工程施工质量验收规范和支撑体系 12

单元 2 建筑工程施工质量控制 16

　　子单元 1　建筑工程施工质量控制概述 16

　　子单元 2　施工准备阶段的质量控制 19

　　子单元 3　施工工序的质量控制 22

单元 3 建筑工程施工质量验收统一标准 30

　　子单元 1　总则与术语 30

　　子单元 2　基本规定 32

　　子单元 3　建筑工程质量验收的划分 36

　　子单元 4　建筑工程质量验收 39

　　子单元 5　建筑工程质量验收的程序和组织 40

　　子单元 6　建筑工程质量不符合要求时的处理 42

单元 4 检验批施工质量控制与验收 45

　　子单元 1　检验批施工质量评定 47

　　子单元 2　建筑地基基础工程 49

　　子单元 3　主体结构工程 104

　　子单元 4　屋面工程 183

　　子单元 5　建筑装饰装修工程 218

　　子单元 6　建筑节能工程 258

单元 5 分项工程施工质量验收 283

　　子单元 1　分项工程施工质量验收概述 283

　　子单元 2　分项工程施工质量验收注意事项及通用表格 285

单元 6 分部（子分部）工程施工质量验收 286

　　子单元 1　分部（子分部）工程施工质量验收概述 286

　　子单元 2　分部（子分部）工程施工质量验收方法 295

单元 7 工程质量竣工验收 338

　　子单元 1　单位（子单位）工程质量竣工验收概述 338

　　子单元 2　单位（子单位）工程竣工验收记录与备案 348

参考文献 355

单元 1
概 论

学习目标

子单元名称	能力目标	知识目标	引入案例
1. 工程质量控制基本概念	1. 能够理解质量、工程质量及质量控制的概念 2. 能够熟知工程建设各阶段对质量形成的作用与影响 3. 能够掌握影响工程质量的因素 4. 能够掌握工程质量责任体系中各方的责任	1. 了解工程质量与质量控制的概念 2. 熟悉工程质量的形成过程与影响因素 3. 掌握工程质量控制的实施主体 4. 掌握工程质量的责任体系	某大厦的重大工程事故反映建设管理的危机
2. 建设工程质量法规	1. 能够理解建设工程质量法规体系 2. 能够熟知与建筑工程质量管理有关的建设工程法律、法规、规章及制度	1. 了解建设工程质量法规体系 2. 熟悉建筑法、建设工程质量管理条例及与建筑工程质量管理有关的建设工程法律、法规、规章及制度	
3. 建筑工程施工质量验收规范和支撑体系	1. 能够把握《建筑工程施工质量验收统一标准》（GB 50300—2013）以及现行验收规范支撑体系的关系 2. 能够熟知现行验收规范体系的组成和运用	1. 熟悉现行施工质量验收体系和支撑体系 2. 掌握建筑工程施工质量检查与验收的基本思想和基本方法；掌握现行验收规范体系的构成和适用范围	

子单元 1 工程质量控制基本概念

1.1.1 工程质量

1. 工程质量的定义

建设工程质量简称工程质量。工程质量是指工程满足业主需要，且符合国家法律、法规、技术规范标准、设计文件及合同规定的综合特性。它主要表现在工程的适用性、耐久性、安全性、可靠性、经济性、与环境的协调性六个方面。

1）适用性是指工程功能满足使用目的的各种性能，包括理化性能、结构性能、使用性能、外观性能等。

2）耐久性是指工程在规定的条件下，满足规定功能要求使用的年限，也就是工程竣工后的合理使用寿命周期。如民用建筑主体结构耐用年限分为四级（15～30年，30～50年，50～100年，100年以上）。

3）安全性是指工程建成后，在使用过程中保证结构安全，并保证人身和环境免受危害的程度。

4）可靠性是指工程在规定的时间和规定的条件下完成规定功能的能力。工程在交工验收时，不仅要达到规定的指标，而且在一定的使用时期内要保持应有的正常功能。

5）经济性是指工程从规划、勘察、设计、施工到整个产品使用寿命周期内的成本和消耗的费用经济、合理。工程经济性具体表现为设计成本、施工成本、使用成本三者之和。

6）与环境的协调性是指工程与其周围生态环境协调、与所在地区经济环境协调以及与周围已建工程相协调，以适应可持续发展的要求。

对于不同门类不同专业的工程，如工业建筑、民用建筑、公共建筑、道路建筑，可根据其所处的特定地域环境条件、技术经济条件的差异，有不同的侧重面。

2．工程质量的形成过程与影响因素

工程建设各阶段对质量形成的作用和影响见表1-1。

表 1-1　工程建设各阶段对质量形成的作用与影响

工程建设阶段	责任主体	对质量形成的作用	对质量形成的影响
项目可行性研究	建设单位	1．项目决策和设计的依据 2．确定工程项目的质量要求，与投资目标性协调	直接影响项目的决策质量和设计质量
项目决策	建设单位	1．充分反映业主的意愿 2．与地区环境相适应，做到投资、质量、进度三者协调统一	确定工程项目应达到的质量目标和水平
工程勘察、设计	勘察、设计单位 建设单位 监理单位	1．工程地质勘察可为建设场地的选择和工程的设计与施工提供地质资料依据 2．工程设计使质量目标和水平具体化 3．工程设计为施工提供直接的依据	工程设计质量是决定工程质量的关键环节
工程施工	施工单位 监理单位 建设单位	将设计意图付诸实施，建成最终产品	决定了能否体现设计意图，是形成实体质量的决定性环节
工程竣工验收	施工单位 监理单位 建设单位	1．考核项目质量是否达到设计要求 2．考核项目是否符合决策阶段确定的质量目标和水平 3．通过验收确保工程项目的质量	保证最终产品的质量

3．影响工程质量的因素

影响工程质量的因素很多，归纳起来主要有五个方面，即人（Man）、材料（Material）、机械（Machine）、方法（Method）和环境（Environment），简称为 4M1E 因素。

（1）人员素质 人是生产经营活动的主体，也是工程项目建设的决策者、管理者、操作者。工程建设的全过程，如项目的规划、决策、勘察、设计和施工，都是通过人来完成的。人员的素质，即人的文化水平、技术水平、决策能力、管理能力、组织能力、作业能力、控制能力、身体素质及职业道德等，都将直接或间接地对规划、决策、勘察、设计和施工的质量产生影响。规划是否合理，决策是否正确，设计是否符合所需要的质量功能，施工能否满足合同、规范、技术标准的需要等，都将对工程质量产生不同程度的影响。所以，人员素质是影响工程质量的一个重要因素。

因此，建筑行业实行经营资质管理和各类专业从业人员持证上岗制度是保证人员素质的重要管理措施。

（2）工程材料 工程材料泛指构成工程实体的各类建筑材料、构配件、半成品等，它是工程建设的物质条件，是工程质量的基础。工程材料选用是否合理，产品是否合格，材质是否经过检验，保管使用是否得当等，都将直接影响建设工程的结构刚度和强度，工程外表及观感，工程的使用功能，以及工程的使用安全。

（3）机械设备 机械设备可分为两类：①组成工程实体及配套的工艺设备和各类机具，如电梯、泵机、通风设备等，它们构成了建筑设备安装工程或工业设备安装工程，形成完整的使用功能。②施工过程中使用的各类机具设备，包括大型垂直与横向运输设备、各类操作工具、各种施工安全设施、各类测量仪器和计量器具等，简称施工机具设备，它们是施工生产的手段，对工程质量也有重要的影响。工程用机具设备产品质量的优劣，直接影响工程使用功能质量。施工机具设备的类型是否符合工程施工特点，性能是否先进稳定，操作是否方便安全等，都会影响工程项目的质量。

（4）方法 方法是指工艺方法、操作方法和施工方案。在工程施工中，施工方案是否合理，施工工艺是否先进，施工操作是否正确，都将对工程质量产生重大的影响。积极采用新技术、新工艺、新方法，不断提高工艺技术水平，是保证工程质量稳定提高的重要因素。

（5）环境条件 环境条件是指对工程质量特性起重要作用的环境因素，包括工程技术环境，如工程地质、水文、气象等；工程作业环境，如施工环境作业面大小、防护设施、通风照明和通信条件等；工程管理环境，主要指工程实施的合同结构与管理关系的确定，组织体制及管理制度等；周边环境，如工程邻近的地下管线、建（构）筑物等。环境条件往往对工程质量产生特定的影响。加强环境管理，改进作业条件，把握好技术环境，辅以必要的措施，是控制环境对质量影响的重要保证。

4. 工程质量的特点

建设工程质量的特点是由建设工程本身和建设生产的特点决定的。建设工程（产品）及其生产的特点如下：①产品的固定性，生产的流动性；②产品的多样性，生产的单件性；③产品形体庞大、高投入、生产周期长，具有风险性；④产品的社会性，生产的外部约束性。基于上述特点，工程质量本身具有以下特点。

（1）影响因素多 建设工程质量受到多种因素的影响，如 4M1E，这些因素直接或间接地影响工程项目质量。

（2）质量波动大　由于建筑生产的单件性、流动性，不像一般工业产品的生产那样，有固定的生产流水线、规范化的生产工艺、完善的检测技术、成套的生产设备和稳定的生产环境，所以工程质量容易产生波动，且波动较大。同时，由于影响工程质量的偶然性因素和系统性因素较多，其中任一因素发生变动，都会使工程质量产生波动。例如，材料规格品种使用错误，施工方法不当，操作未按规程进行，机械设备过度磨损或出现故障，设计计算失误等，都会发生质量波动，产生系统因素的质量变异，造成工程质量事故。因此，要严防出现系统性因素的质量变异，把质量波动控制在偶然性因素范围内。

（3）质量隐蔽性　建设工程在施工过程中，分项工程交接多、中间产品多、隐蔽工程多，因此质量存在隐蔽性。若在施工中不及时进行质量检查，事后只能从表面上检查，就很难发现内在的质量问题，这样就容易产生判断错误，即第二类判断错误（将不合格品误认为合格品）。

（4）终检的局限性　工程项目建成后，不可能像一般工业产品那样依靠终检来判断产品质量，或将产品拆卸、解体来检查其内在的质量，或更换不合格零部件。工程项目的终检（竣工验收）无法进行工程内在质量的检验，发现隐蔽的质量缺陷。因此，工程项目的终检存在一定的局限性。这就要求工程质量控制应以预防为主，防患于未然。

（5）评价方法的特殊性　工程质量的检查评定及验收是按检验批、分项工程、分部工程、单位工程进行的。检验批的质量是分项工程乃至整个工程质量检验的基础，检验批合格质量主要取决于主控项目和一般项目经抽样检验的结果。隐蔽工程在隐蔽前，要检查合格后验收，涉及结构安全的试块、试件以及有关材料，应按规定进行见证取样检测，涉及结构安全和使用功能的重要分部工程要进行抽样检测。工程质量是在施工单位按合格质量标准自行检查评定的基础上，由监理工程师（或建设单位项目负责人）组织有关单位、人员进行检验确认验收。这种评价方法体现了"验评分离、强化验收、完善手段、过程控制"的指导思想。

1.1.2　工程质量控制

工程质量控制是指为了保证工程质量满足工程合同、规范标准所采取的一系列措施、方法和手段。工程质量要求主要表现为工程合同、设计文件、技术规范标准规定的质量标准。

1. 工程质量控制按实施主体不同的分类

工程质量控制按其实施主体不同，分为自控主体和监控主体。自控主体是指直接从事质量职能的活动者，监控主体是指对他人质量能力和效果的监控者。自控主体与监控主体主要包括以下四个方面。

（1）政府的工程质量控制　政府属于监控主体，它主要是以法律法规为依据，通过工程报建、施工图设计文件审查、施工许可、材料和设备准用、工程质量监督、重大工程竣工验收备案等环节进行监控。

（2）工程监理单位的质量控制　工程监理单位属于监控主体，它主要是受建设单位的委托，代表建设单位对工程实施全过程进行质量监督和控制，包括勘察设计阶段质量控制、施工阶段质量控制。

（3）勘察设计单位的质量控制　勘察设计单位属于自控主体，它是以法律法规及合同为依据，对勘察设计的整个过程进行控制，包括工作程序、工作进度、费用及成果文件所包含的功能和使用价值。

（4）施工单位的质量控制　施工单位属于自控主体，它是以工程合同、设计图样和技术规范为依据，对施工准备阶段、施工阶段、竣工验收交付阶段等施工全过程的工作质量和工程质量进行的控制，以达到合同文件规定的质量要求。

2．工程质量控制按阶段不同的分类

按工程形成过程，工程质量控制包括全过程各阶段的质量控制，主要包括以下三个方面。

1）决策阶段的质量控制，主要是通过项目的可行性研究，选择最佳建设方案，使项目的质量要求符合业主的意图，并与投资目标相协调，与所在地区环境相协调。

2）工程勘察设计阶段的质量控制，主要是要选择好勘察设计单位，要保证工程设计符合决策阶段确定的质量要求，保证设计符合有关技术规范和标准的规定，要保证设计文件、施工图样符合现场和施工的实际条件，其深度能满足施工的需要。

3）工程施工阶段的质量控制，一是择优选择能保证工程质量的施工单位，二是严格监督承建商按设计图样进行施工，并形成符合合同文件所规定质量要求的最终建筑产品。

3．工程质量控制的原则

在进行工程项目质量控制过程中，应遵循以下几点原则。

（1）坚持质量第一的原则　建设工程质量不仅关系工程的适用性和建设项目投资效果，而且关系到人民群众生命财产的安全。所以，在工程建设中，应坚持"百年大计，质量第一"，自始至终把"质量第一"作为对工程质量控制的基本原则。

（2）坚持以人为核心的原则　人是工程建设的决策者、组织者、管理者和操作者。工程建设中各单位、各部门、各岗位人员的工作质量水平和完善程度，都直接或间接地影响工程质量。所以，在工程质量控制中，要以人为核心，重点控制人的素质和行为，充分发挥人的积极性和创造性，以人的工作质量保证工程质量。

（3）坚持以预防为主的原则　工程质量控制应该是积极主动的，应事先对影响质量的各种因素加以控制，而不能是消极被动的，等出现质量问题再进行处理。要重点做好质量的事先控制和事中控制，以预防为主，加强过程和中间产品的质量检查和控制。

（4）坚持质量标准的原则　质量标准是评价产品质量的尺度，工程质量是否符合合同规定的质量标准要求，应通过质量检验，并和质量标准对照，对于不符合质量标准要求的，必须返工处理。

（5）坚持科学、公正、守法的职业道德规范　在工程质量控制中，必须坚持科学、公正、守法的职业道德规范，尊重科学规律，尊重事实，客观、公正，遵纪守法，坚持原则，严格要求。

4．工程质量责任体系

在工程项目建设中，参与工程建设的各方，应根据国家颁布的《建设工程质量管理条例》以及合同、协议和有关文件的规定承担相应的质量责任。

（1）建设单位的质量责任

1）建设单位要根据工程特点和技术要求，按有关规定选择相应资质等级的勘察、设计单位和施工单位，合同中必须包含质量条款，明确质量责任，并真实、准确、齐全地提供与建设工程有关的原始资料。凡建设工程项目的勘察、设计、施工、监理以及与工程建设有关的重要设备、材料等的采购，均应实行招标，依法确定程序和方法，择优选定中标者。

不得将应由一个承包单位完成的建设工程项目肢解成若干部分发包给几个承包单位；不得迫使承包方以低于成本的价格竞标；不得任意压缩合理工期；不得明示或暗示设计单位或施工单位违反建设强制性标准，降低建设工程质量。建设单位应对其自行选择的设计、施工单位发生的质量问题承担相应责任。

2）建设单位应根据工程特点，配备相应的质量管理人员。对国家规定要强制实行监理的工程项目，必须委托有相应资质等级的工程监理单位进行监理。建设单位应与监理单位签订监理合同，明确双方的责任和义务。

3）建设单位在工程开工前，负责办理有关施工图设计文件审查、工程施工许可证和工程质量监督手续，组织设计单位和施工单位认真进行设计交底；在工程施工中，应按国家现行有关工程建设法规、技术标准及合同规定，对工程质量进行检查，对于涉及建筑主体和承重结构变动的装修工程，建设单位应在施工前委托原设计单位或者具有相应资质等级的设计单位提出设计方案，经原审查机构审批后方可施工。工程项目竣工后，应及时组织设计、施工、工程监理等有关单位进行施工验收，未经验收备案或验收备案不合格的，不得交付使用。

4）建设单位按合同的约定负责采购、供应的建筑材料、建筑构配件和设备，应符合设计文件和合同要求，对发生的质量问题，应承担相应的责任。

（2）勘察、设计单位的质量责任

1）勘察、设计单位必须在其资质等级许可的范围内承揽相应的勘察设计任务，不许承揽超越其资质等级许可范围以外的任务，不得将承揽工程转包或违法分包，也不得以任何形式用其他单位的名义承揽业务，或允许其他单位或个人以本单位的名义承揽业务。

2）勘察、设计单位必须按照国家现行的有关规定、工程建设强制性技术标准和合同要求进行勘察、设计工作，并对所编制的勘察、设计文件的质量负责。勘察单位提供的地质、测量、水文等勘察成果文件必须真实、准确。设计单位提供的设计文件应当符合国家规定的设计要求，注明工程合理使用年限。设计文件中选用的材料、构配件和设备，应当注明规格、型号、性能等技术指标，其质量必须符合国家规定的标准。除有特殊要求的建筑材料、专用设备、工艺生产线外，不得指定生产厂、供应商。设计单位应就审查合格的施工图文件向施工单位作出详细说明，解决施工中对设计提出的问题，负责设计变更。参与工程质量事故分析，并对因设计造成的质量事故提出相应的技术处理方案。

（3）施工单位的质量责任

1）施工单位必须在其资质等级许可的范围内承揽相应的施工任务，不许承揽超越其资质等级业务范围以外的任务，不得将承接的工程转包或违法分包，也不得以任何形式用其他施工单位的名义承揽工程，或允许其他单位或个人以本单位的名义承揽工程。

2）施工单位应对所承包的工程项目的施工质量负责。应当建立健全质量管理体系，落实质量责任制，确定工程项目的项目经理、技术负责人和施工管理负责人。对于实行总承包的工程，总承包单位应对全部建设工程质量负责。建设工程勘察、设计、施工、设备采购的一项或多项实行总承包的，总承包单位应对其承包的建设工程或采购的设备的质量负责；实行总分包的工程，分包应按照分包合同约定对其分包工程的质量向总承包单位负责，总承包单位与分包单位应对分包工程的质量承担连带责任。

3）施工单位必须按照工程设计图样和施工技术规范标准组织施工。未经设计单位同意，不得擅自修改工程设计方案。在施工中，必须按照工程设计要求、施工技术规范标准和合同约定，对建筑材料、构配件、设备和商品混凝土进行检验，不得偷工减料，不使用不符合设计和强制性技术标准要求的产品，不使用未经检验和试验或检验和试验不合格的产品。

（4）工程监理单位的质量责任

1）工程监理单位应按其资质等级许可的范围承担工程监理业务，不许超越本单位资质等级许可的范围或以其他工程监理单位的名义承担工程监理业务，不得转让工程监理业务，不许其他单位或个人以本单位的名义承担工程监理业务。

2）工程监理单位应依照法律、法规以及有关技术标准、设计文件和建设工程承包合同，与建设单位签订监理合同，代表建设单位对工程质量实施监理，并对工程质量承担监理责任。监理责任主要有违法责任和违约责任两个方面。如果工程监理单位弄虚作假，降低工程质量标准，造成质量事故的，要承担法律责任。若工程监理单位与承包单位串通，谋取非法利益，给建设单位造成损失的，应当与承包单位承担连带赔偿责任。如果监理单位在责任期内，不按照监理合同约定履行监理职责，给建设单位或其他单位造成损失的，应承担违约责任，向建设单位赔偿。

（5）建筑材料、构配件及设备生产或供应单位的质量责任 建筑材料、构配件及设备生产或供应单位应对其生产或供应的产品质量负责。生产厂或供应商必须具备相应的生产条件、技术装备和质量管理体系，所生产或供应的建筑材料、构配件及设备的质量应符合国家和行业现行的技术规定的合格标准和设计要求，并与说明书和包装上的质量标准相符，且应有相应的产品检验合格证及性能检测报告，设备应有详细的使用说明等。

子单元2 建设工程质量法规

1.2.1 建设工程法规体系

建设工程法规体系是指根据《中华人民共和国立法法》的规定，制定和公布施行的有关建设工程的各项法律、行政法规、地方性法规以及部门规章等的总称。

建设工程法律是指由全国人民代表大会及其常务委员会通过的用来规范工程建设活动的法律，由国家主席签署主席令予以公布，如《中华人民共和国建筑法》（以下简称《建筑法》）、《中华人民共和国招标投标法》（以下简称《招标投标法》）等。

建设工程行政法规是指由国务院根据宪法和法律制定的用来规范工程建设活动的各项法规，由总理签署国务院令予以公布，如《建设工程质量管理条例》（以下简称《质量管理条例》）、《建设工程勘察设计管理条例》等。

部门规章是指住房和城乡建设部根据国务院规定的职权范围，独立或同国务院有关部门联合，根据法律和国务院的行政法规、决定、命令，制定的用来规范工程建设活动的各项规章，如《实施工程建设强制性标准监督规定》等。

显然，法律的效力高于行政法规，行政法规的效力高于部门规章。

1.2.2 与建筑工程质量管理有关的建设工程法律、法规、规章及制度

1.《建筑法》

《建筑法》是我国工程建设领域的一部大法。整部法律内容是以建筑市场管理为中心，

以建筑工程质量和安全为重点，以建筑活动监督管理为主线形成的。

（1）《建筑法》的概念 《建筑法》是指调整建筑活动的法律规范的名称，建筑活动是指各类房屋及其附属设施的建造及其配套的线路、管道、设备的安装活动。

（2）《建筑法》的立法目的 《建筑法》第一条规定："为了加强对建筑活动的监督管理，维护建筑市场秩序，保证建筑工程的质量和安全，促进建筑业健康发展，制定本法。"此条即规定了我国《建筑法》的立法目的。

2.《质量管理条例》

《质量管理条例》以建设工程质量责任主体为基线，规定了建设单位、勘察单位、设计单位、施工单位和工程监理单位的质量责任和义务，明确了工程质量保修制度、工程质量监督制度等内容，并对各种违法违规行为的处罚作了原则规定，是国家有关工程质量最重要的行政法规之一。学习《质量管理条例》，至少应当掌握以下9个要点：

（1）《质量管理条例》的重要性 《质量管理条例》吸取了各地工程质量管理的经验，将建设工程质量管理的基本要求，以及建设体制改革的主要内容都贯穿其中，对参与工程建设的各方都提出了明确且可操作的具体要求，对规范建筑市场、分清质量责任、提高工程质量具有重要的作用。

（2）对建设单位行为的规范 《质量管理条例》对建设单位行为加以严格规范，第七条规定："建设单位应当将工程发包给具有相应资质等级的单位，建设单位不得将建设工程肢解发包。"并在第七十八条中对"肢解发包"作出了4条明确解释：本条例所称肢解发包，是指建设单位将应当由一个承包单位完成的建设工程分解成若干部分发包给不同的承包单位的行为。本条例所称违法分包，是指下列行为：

1）总承包单位将建设工程分包给不具备相应资质条件的单位的。

2）建设工程总承包合同中未有约定，又未经建设单位认可，承包单位将其承包的部分建设工程交由其他单位完成的。

3）施工总承包单位将建设工程主体结构的施工分包给其他单位的。

4）分包单位将其承包的建设工程再分包的。

本条例所称转包，是指承包单位承包建设后，不履行合同约定的责任和义务，将其承包的全部建设工程转给他人或者将其承包的全部工程肢解后以分包的名义分别转给其他单位承包的行为。

针对目前建筑市场上无限制地压缩工期和造价，造成建筑市场混乱、工程质量低劣的严重现象，《质量管理条例》在第十条中规定："建筑工程发包单位不得迫使承包方以低于成本的价格竞标，不得任意压缩合理工期"。

（3）施工设计文件必须经过审查并注明合理使用年份（第十一条）《质量管理条例》规定，所有工程的施工设计文件都必须经过审查，并在2000年9月颁发的国务院293号令《建设工程勘察设计管理条例》中作了具体规定。今后的施工图，如果没有经过有资格的单位审查，不准用于施工。

（4）必须严格执行国家强制性标准和条文 对许多质量事故进行分析得知，尽管事故的具体原因可能千差万别，但归根结底，都是因为没有严格执行国家的强制性标准。

为了从根本上杜绝恶性质量事故，《质量管理条例》指出，参与工程建设的各方都必须坚决地贯彻强制性标准。因为强制性标准是国家对建筑工程质量最基本、最重要的要求，违反了这些要求，就非常容易出现质量问题。

在《质量管理条例》中，先后 7 次出现"强制性标准"一词，足见国家的法规对执行强制性标准的重视。也正是为了更好地贯彻《质量管理条例》，更有效地执行强制性标准，住房和城乡建设部出台了《工程建设标准强制性条文》。

（5）明确了进场材料必须复试　《质量管理条例》第二十九条规定："施工单位必须按照工程设计要求、施工技术标准和合同约定，对建筑材料、建筑构配件、设备和商品混凝土进行检验，检验应当有书面记录和专人签字；未经检验或者检验不合格的，不得使用。"

《质量管理条例》第三十一条规定："施工人员对涉及结构安全的试块、试件以及有关材料，应当在建设单位或工程监理单位监督下现场取样，并送具有相应资质等级的质量检测单位进行检测。"

《质量管理条例》对复试和涉及结构安全的试件、试块等试验的公正性也作了规定。其规定涉及结构安全的重要试验，应当有一定比例的见证试验。见证试验单位应当具备两项资格，即资质认可与计量认证。

（6）规定了工程各部位的最低保修期限（第四十条）《质量管理条例》规定了工程各部位的最低保修期限。具体如下：

1）基础设施工程、房屋建筑的地基基础工程和主体结构工程，为设计文件规定的该工程的合理使用年限。

2）屋面防水工程、有防水要求的卫生间、房间和外墙面的防渗漏，为 5 年。

3）供热与供冷系统，为 2 个采暖期、供冷期。

4）电气管线、给排水管道、设备安装和装修工程，为 2 年。

5）其他项目由双方约定。

（7）将工程竣工验收改为备案制（第四十条）《质量管理条例》终止了政府向每个竣工工程发放"合格证"的做法，确立了新的工程竣工验收制度。今后的工程验收，由建设单位组织各方共同参加，并于验收后 15 天内到政府备案。验收时，质量监督站必须到场监督，但不签署或出具任何资料和手续。监督站在建设单位向政府备案时，要向备案机关提交一份质量监督报告。

（8）工程质量的终身责任制问题（第七十七条）《质量管理条例》详细规定了参与工程建设各方的行为和质量责任，指明这种责任是终身责任，并定义了终身责任的定义："建设、勘察、设计、施工、工程监理单位的工作人员因调动工作、退休等原因离开该单位后，被发现在该单位工作期间违反国家有关建设工程质量管理规定，造成重大工程质量事故的，仍应当依法追究法律责任。"

（9）严厉的处罚规定（第八章）《质量管理条例》加强了对甲方的管理，加大了对参建各方违法行为的处罚力度，将以往主要对参与工程建设各方的单位的管理与处罚，改为对单位和对个人的同时管理与处罚。同时，确立了既对单位又对个人的建筑行业的准入和清出制度。《质量管理条例》加大了对违法、违章单位和人员的处罚力度，罚款额从几万、几十万直到最高为合同价款的 4%。对严重的违法行为，有可能处罚数十万元甚至数百万元罚款。例如，工程开工前，如果没有按照规定办理工程质量监督手续，就要罚款 20 万元以上 50 万元以下。

3．工程建设标准强制性条文

《工程建设标准强制性条文》是国务院发布的《质量管理条例》的一个配套文件，是参与建设活动各方执行工程建设强制性标准和政府等机构对执行情况实施监督的依据。条文规定了建设单位、勘察单位、设计单位、施工单位、工程监理单位的质量责任和义务，明确了政府质量监督的法律地位和主要任务，多次强调应严格执行工程建设强制性标准，并采取了违反条例的处罚措施，为解决当前建设工程质量问题提供了有力的法律手段。然而，在我国现行的工程建设国家标准和行业标准中，强制性标准有2000本之多，而且在这些标准中，除强制性条文外，还包含了许多推荐性的条文，这就对贯彻执行国务院令中有关执行强制性标准的规定造成了一定困难。《工程建设标准强制性条文》是以摘编的方式将必须严格执行的强制性规定汇集在一起，从而为执行国务院令提供了基础条件。

《工程建设标准强制性条文》包括城乡规划、城市建设、房屋建筑、工业建筑、水利工程、电力工程、人防工程、广播电影电视工程和民航机场工程等15个部分，覆盖工程建设的主要领域。其内容直接涉及人民生命财产安全、人身健康、环境保护和其他公共利益，同时考虑了提高经济效益和社会效益等方面的要求。因此，必须严格执行《工程建设标准强制性条文》列入的所有条文。

4．与建设工程质量管理有关的管理制度

根据法律法规的规定，应形成相互关联、相互支持的建设工程管理制度体系。

（1）项目法人责任制　为了建立投资约束机制，规范建设单位的行为，建设工程应当按照政企分开的原则组建项目法人，实行项目法人责任制，即由项目法人对项目的策划、资金筹措、建设实施、生产经营、债务偿还和资产的保值增值实行全过程负责的制度。

（2）建设工程施工许可制　建设工程开工前，建设单位应当按照国家有关规定向工程所在地县级以上人民政府建设行政主管部门申请领取施工许可证，其条件之一是有保证工程质量和安全的具体措施。《质量管理条例》进一步明确为"应按照国家有关规定办理工程质量监督手续"。

（3）从业资格与资质制　从事建设活动的建筑施工企业、勘察单位、设计单位和工程监理单位，应当具备下列条件：

1）有符合国家规定的注册资本。

2）有与其从事的建设活动相适应的具有法定执业资格的专业技术人员。

3）有从事相关建设活动所应有的技术装备。

4）法律、行政法规规定的其他条件。

（4）建设工程招标投标制　《招标投标法》规定，下列工程建设项目，包括项目的勘察、设计、施工、监理以及与工程建设有关的重要设备、材料等的采购，必须进行招标：

1）大型基础设施、公用事业等关系社会公共利益、公众安全的项目。

2）全部或者部分使用国有资金投资或者国家融资的项目。

3）使用国际组织或者外国政府贷款、援助资金的项目。

（5）建设工程监理制　国家推行建设工程监理制度。国务院规定了实行强制监理的建设工程的范围。建设工程监理应当依照法律、行政法规及有关的技术标准、设计文件和工程承

包合同，对承包单位在施工质量、建设工期和建设资金使用等方面，代表建设单位实施监督。工程监理人员认为工程施工不符合工程设计要求、施工技术标准和合同约定的，有权要求建筑施工企业改正；工程监理人员认为工程设计不符合建筑工程质量标准或者合同约定的质量要求的，应当报告建设单位要求设计单位改正。

（6）合同管理制　建设工程的勘察设计、施工、设备材料采购和工程监理都要依法订立合同。各类合同都要明确质量要求、履约担保和违约处罚条款，违约方要承担相应的法律责任。

（7）安全生产责任制　所有的工程建设单位都必须遵守《招标投标法》和其他有关安全生产的法律、法规，加强安全生产管理，坚持安全第一、预防为主的方针，建立健全安全生产的责任制度，完善安全生产条件，确保安全生产。

（8）工程质量责任制　从事工程建设活动的所有单位都要为自己的建设行为以及该行为结果的质量负责，并接受相应的监督。

（9）工程质量保修制　建设工程承包单位在向建设单位提交工程竣工验收报告时，应当向建设单位出具质量保修书。质量保修书中应当明确建设工程的保修范围、保修期限和保修责任。

（10）工程竣工验收制　建设工程项目建成后，必须按国家有关规定进行严格的竣工验收，竣工验收合格后，方可交付使用。对未经验收或验收不合格就交付使用的，要追究项目法定代表人的责任；造成重大损失的，要追究其法律责任。

（11）建设工程质量备案制　工程竣工验收合格后，建设单位应当在工程所在地的县级以上地方人民政府建设行政主管部门备案，提交工程竣工验收报告，勘察、设计、施工、工程监理等单位分别签署的质量合格文件，法律、行政法规规定的应当由规划、公安消防、环保等部门出具的认可文件或者准许使用文件，工程质量保修书以及备案机关认为需要提供的有关资料。

（12）建设工程质量终身责任制　建设、勘察、设计、施工、工程监理单位的工作人员因调动工作、退休等原因离开该单位后，如果被发现在该单位工作期间违反国家有关建设工程质量管理规定，造成重大工程质量事故，仍应当依法追究其法律责任。

项目工程质量的行政领导责任人，项目法定代表人，勘察、设计、施工、监理等单位的法定代表人，要按各自的职责对其经手的工程质量负终身责任。

（13）项目决策咨询评估制　国家大中型项目和基础设施项目，必须严格实行项目决策咨询评估制度。建设项目可行性研究报告未经有资质的咨询机构和专家的评估论证，有关审批部门不予审批；重大项目的项目建议书也要经过评估论证。咨询机构要对其出具的评估论证意见承担责任。

（14）工程设计审查制　工程项目设计在完成初步设计文件后，经政府建设主管部门组织工程项目内容所涉及的行业主管部门依据有关法律法规进行初步设计的会审，会审后由建设主管部门下达设计批准文件，之后方可进行施工图设计。施工图设计文件完成后，送具备资质的施工图设计审查机构，依据国家设计标准、规范的强制性条款进行审查签证后才能用于工程上。

（15）建设工程质量监督制度　建设工程质量监督制度是建设工程质量管理过程中的基本法律制度之一，它包括政府质量监督制度、建设工程质量检测制度、建设工程质量的验评和奖励制度、建筑材料使用许可制度和建设工程质量群众监督制度。

子单元3 建筑工程施工质量验收规范和支撑体系

1.3.1 《建筑工程施工质量验收规范》编制指导原则及有关说明

施工质量验收系列标准以"验评分离，强化验收，完善手段，过程控制"十六字方针为指导原则。

验评分离是将现行的验评标准中的质量检验与质量评定的内容分开，将现行的施工及验收规范中的施工工艺和质量验收的内容分开，将验评标准中的质量检验与施工规范中的质量验收衔接，形成工程质量验收规范。施工及验收规范中的施工工艺部分作为企业标准，或行业推荐性标准；验评标准中的评定部分主要是为企业操作工艺水平进行评价，可作为行业推荐性标准，为社会及企业的创优评价提供依据。验评分离的主要意义在于以下几点：①将原来施工规范中的施工工艺内容和验评标准中的质量检查评定内容分离出来，质量验收和检验的内容形成了"质量验收规范"；②将"质量验收规范"与施工工艺及自我检查评定分开，明确了企业管的事企业管、政府管的事政府管，分清了各自的质量责任；③方便了按程序控制工程质量的设想，企业自行按施工工艺等企业标准进行操作和控制，以达到国家质量验收规范的要求，自行检查评定合格后，才交给监理验收，监理（建设）单位按"质量验收规范"的规定对工程质量进行验收。

强化验收是将施工规范中的验收部分与验评标准中的质量检验内容合并，形成完整的工程质量验收规范，作为强制性的措施，是建设工程的最低质量标准，是施工单位必须达到的施工质量标准，也是建设单位验收工程质量必须遵守的规定。其规定的质量指标都必须达到。强化验收体现在以下几点：①将系列验收标准确定为国家强制性标准；②只设"合格"一个质量等级；③强化质量指标都必须达到规定的指标；④增加检测项目。

验评分离、强化验收示意图如图1-1所示。

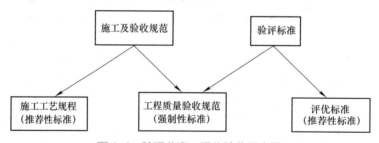

图1-1 验评分离、强化验收示意图

完善手段包括两方面的内容，一是完善施工工艺的检测手段；二是完善验收检验方法的内容，避免人为因素的干扰和观感的影响，多用数据来作为工程质量验收的指标。为使质量指标量化，规范主要从三个方面着手改进：①完善材料、设备的检测；②改进施工阶段的施工试验；③开发竣工工程的抽测项目，减少或避免人为因素的干扰和主观评价的影响。

过程控制是根据工程质量的特点进行的质量管理。工程质量验收是在施工全过程控制的基础上进行的。主要内容如下：①体现在建立过程控制的各项制度；②在基本规定中，设置控制的要求，强化中间控制和合格控制，强调施工必须有操作依据，并提出了综合施工质量水平的考核作为质量验收的要求；③验收规范的本身，检验批、分项、分部、单位工程的验收，就是体现了过程控制。

1.3.2 《建筑工程施工质量验收规范》的主要服务对象

为了能更好地发挥验收规范的作用，《建筑工程施工质量验收统一标准》及《建筑工程各专业质量验收规范》（以下简称《验收规范》）明确了它的主要服务对象。

这些标准的主要服务对象是施工单位、建设单位及监理单位，即施工单位应制订必要措施，保证所施工的工程质量达到《验收规范》的规定；建设单位、监理单位要按《验收规范》的规定进行，不能随便降低标准。《验收规范》是施工合同双方应共同遵守的技术标准。同时，也是参与建设工程各方应尽的责任，以及政府质量监督和解决施工质量纠纷仲裁的依据。另外，《验收规范》也规定了检验批、分项工程、分部（子分部）工程、单位工程（子单位工程）的验收时间，不同阶段的验收都有一定的时效性。对于检验批、分项工程、分部（子分部）工程的验收，监理单位必须及时进行，要能保证施工正常进行，不能影响工程进度。对于单位工程（子单位工程）的验收，建设单位应在收到施工单位竣工报告的一定时间内，组织有关人员进行验收。

1.3.3 《建筑工程施工质量验收规范》的支撑体系

《建筑工程施工质量验收规范》的贯彻落实，光靠验收规范本身是不行的，需要全行业的技术标准体系来支持。工程施工质量验收支持体系示意图如图1-2所示。

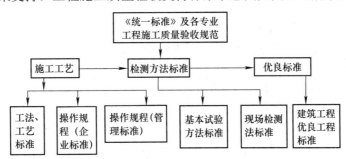

图 1-2　工程施工质量验收支持体系示意图

这个体系主要有三个方面的内容。

（1）施工工艺　质量验收规范必须有企业标准作为施工操作、上岗培训、质量控制和质量验收的基础，以保证质量验收规范的落实。

（2）检测方法标准　施工企业通过自身施工工艺的编制、研究和不断改进，使企业的技术管理工作具体化、规范化，充分发挥技术人员、操作人员、管理人员的积极性，也使施工质量验收规范的贯彻落到实处。要达到有效控制和科学管理，使质量验收的指标数据化，必须有完善的检测试验手段、试验方法和规定的设备等，才有可比性和规范性。

（3）优良标准　这些检测方法、规程是多种多样的，难以在一个规范中完全规定，因此必须依靠专门的国家标准及行业标准。质量验收规范强调了这方面的作用，并分为基础试验、施工试验和竣工抽样检测三个方面，采取不同的措施，以保证检测的规范性和可比性。国家政府管理是最基本的，质量合格即可，如企业和社会要发挥自己的积极性，提高社会信誉，创造出更高质量的工程，政府还应有评优良工程的推荐性标准，由企业自行选用。

1.3.4 现行建筑工程施工质量验收标准和规范体系

《建筑工程施工质量验收统一标准》（CB 50300—2013，以下简称《统一标准》）和另外 15 部规范构成了我国现行建筑工程施工质量验收规范体系。另外 15 部规范名称具体分列如下（截至 2017 年底统计修编规范）：

- 土建工程部分

《建筑地基基础工程施工质量验收规范》（GB 50202—2018）

《砌体结构工程施工质量验收规范》（GB 50203—2011）

《混凝土结构工程施工质量验收规范》（GB 50204—2015）

《钢结构工程施工质量验收规范》（GB 50205—2001）

《木结构工程施工质量验收规范》（GB 50206—2012）

《屋面工程质量验收规范》（GB 50207—2012）

《地下防水工程质量验收规范》（GB 50208—2011）

《建筑地面工程施工质量验收规范》（GB 50209—2010）

《建筑装饰装修工程质量验收标准》（GB 50210—2018）

- 建筑设备安装工程部分

《建筑给水排水及采暖工程施工质量验收规范》（GB 50242—2002）

《通风与空调工程施工质量验收规范》（GB 50243—2016）

《建筑电气工程施工质量验收规范》（GB 50303—2015）

《智能建筑工程质量验收规范》（GB 50339—2013）

《电梯工程施工质量验收规范》（GB 50310—2002）

《建筑节能工程施工质量验收规范》（GB 50411—2007）

这一套验收标准和规范体系突出的是"施工质量"，明确的是施工质量验收统一标准，不含设计质量在内，对施工技术有所淡化，但与《统一标准》配套使用的部分专业验收规范，因含有设计质量的内容，故名为《屋面工程质量验收规范》《地下防水工程质量验收规范》《建筑装饰装修工程质量验收标准》等，不含"施工"字样，其他规范则有"施工"二字。

《统一标准》作为整个验收规范体系的指导性标准，是统一和指导其余各专业施工质量验收规范的总纲。

【工程案例 1-1】

1. 工程背景

某大厦主体工程为地下两层，地上三十层，总建筑面积 45400m²。该工程项目由某市发改委和建委立项，某市房地产开发总公司建设，以定向议标方式由某建筑安装工程公司承建。建设单位负责该工程的投资和建设执照的办理，以及钢材、木材、水泥、特种材料等的供应。监理单位为某研究院建设监理部。按建设单位和监理单位签订的监理合同规定，监理范围为土建工程质量、工期及工程进度、工程费用。

2. 施工背景

该大厦工程未全部使用商品混凝土，施工单位在工程开工初就开始搭建混凝土搅拌台，并建成使用。在基础施工过程中，由于该大厦南侧护坡开裂等问题，市建委曾两次提出该工程应采用商品混凝土。在建设、施工和监理三方的例会上决定：搅拌台在垫层施工结束后暂停使用，料场不使用，坡上不允许有堆载。建设单位、设计单位、监理单位和施工单位四方一致同意在主楼 ±0.00m 以下采用商品混凝土。至此，搅拌台被停用。

地下两层完成后，因商品混凝土的价格及大厦南侧护坡已被加固好，在接下来的工地例会上，建设、施工和监理三单位的一致意见为主楼 ±0.00m 以上改为现场搅拌混凝土浇筑。至此，混凝土搅拌台被重新启用。

该搅拌台为自制简易混凝土搅拌台，采用 14 号槽钢作立柱、梁，形成简易混凝土搅拌台钢结构体系，加砌 240mm 砖墙作为砂石挡墙。

该搅拌台无设计计算及正式设计图，仅靠三张草图建造。草图无设计、审核、批准人的签字。搅拌台无制作安装检查验收技术资料，无岗位责任制和安全操作规程。

在该自制简易混凝土搅拌台使用过程中，发生砂石料堆挡墙失稳，搅拌台钢平台系统整体倒塌，造成在搅拌台下作业的 6 名混凝土搅拌机操作工被压死。事故造成的直接经济损失为 606859.75 元。

3. 案例分析

该工程为减少资金支出，节约材料、人工等，在狭小的场地上不合理地采用了现场搅拌混凝土施工方案。在无设计计算的情况下，盲目制作简易混凝土搅拌台，未经检查验收就投入使用。在使用过程中，由于堆料过高，超过了原来就有严重结构错误的砂石挡墙的受力极限，引起挡墙失稳，连同混凝土搅拌台钢结构系统整体倒塌。

施工单位的问题如下：

1) 混凝土搅拌台在设计、制作、安装、验收、使用、管理等环节严重违章。该公司仅凭工长从其他工程带回的三张草图搭建混凝土搅拌台，未经有资质的技术部门和人员审核、批准，建成后的搅拌台与原图不符，又无验收手续，无安全操作规程和岗位责任制，使混凝土搅拌台存在重大事故隐患。

2) 现场施工管理混乱。该工程在 ±0.00m 以上，无开工报告，无书面施工方案。施工现场的管理人员、技术力量薄弱。

3) 用工管理混乱。职工安全意识淡薄，技能素质低下。安全管理不到位。

建设单位的问题如下：

1) 在规划建设许可证、施工组织设计都不具备的条件下，仍要求 ±0.000m 以上的建筑施工，反映出该公司法制意识淡薄。

2) 未采纳市建委多次提出的使用商品混凝土的要求，片面考虑建设成本，采用现场自制混凝土施工方案，使搅拌台得以继续存在。

监理单位的问题如下：

1) 没有认真贯彻上级有关文件和规定，在采用商品混凝土和拆除搅拌台方面贯彻不力、坚持不够。

2) 放松建设工程的程序管理，在无规划建设许可证、无施工组织设计、无开工报告的情况下，同意 ±0.000m 以上的建筑施工，未尽到监理应尽的职责。

4. 思考与问答

1) 根据《建设工程质量管理条例》，建设行政主管部门是否应该对建设单位、施工单位、监理单位进行处罚，如何处罚？请说明理由。

2)《建设工程质量管理条例》所规定的必须严格遵守的建设程序是什么？

单元 2

建筑工程施工质量控制

学习目标

子单元名称	能力目标	知识目标	引入案例
1. 建筑工程施工质量控制概述	1. 能够认识到施工质量控制的依据 2. 能够理解按施工层次划分；根据工程实体形成过程划分；或者根据实体质量形成的时间阶段来划分的施工质量控制的系统过程	1. 熟悉施工质量控制的依据 2. 熟悉施工质量控制的系统过程	某演播中心重大伤亡事故引起的思考
2. 施工准备阶段的质量控制	1. 能够准备施工准备阶段需要的技术资料 2. 能够认识到施工图样的审核内容 3. 能够运用测量知识进行施工前的工程定位及标高基准控制	1. 了解技术资料、文件准备的质量控制工作 2. 熟悉设计交底和图样审核的质量控制工作 3. 掌握现场施工准备的质量控制工作 4. 了解材料构配件采购订货的质量控制工作	
3. 施工工序的质量控制	1. 能够理解工序质量控制的概念 2. 能够熟练掌握工序质量控制的手段、方法和内容 3. 能够对简单工程进行质量控制点的设置	1. 了解工序质量控制的概念 2. 熟悉工序质量控制的步骤 3. 掌握工序质量控制的内容 4. 掌握质量控制点的设置 5. 掌握工序质量的检验的主要方法	

子单元 1 建筑工程施工质量控制概述

　　施工阶段的质量控制是工程项目质量控制的重点。对工程施工的质量控制，就是按照合同赋予的权利，围绕影响工程质量的各种因素，对工程项目的施工进行有效的监督和管理。

2.1.1　施工质量控制的依据

　　（1）工程合同文件　工程施工承包合同文件和委托监理合同文件中分别规定了参与建设各方在质量控制方面的权利和义务，有关各方必须履行在合同中的承诺。

　　（2）设计文件　"按图施工"是施工阶段质量控制的一项重要原则。因此，经过批准的设计图样和技术说明书等设计文件，是质量控制的重要依据。

　　（3）国家及政府有关部门颁布的有关质量管理方面的法律、法规性文件　如《建筑法》、

《质量管理条例》等有关质量管理方面的法规性文件。

（4）有关质量检验与控制的专门技术法规性文件 这类文件一般是针对不同行业、不同的质量控制对象而制定的技术法规性的文件，包括各种有关的标准、规范、规程或规定。

技术标准有国际标准、国家标准、行业标准、地方标准和企业标准之分。它们是建立和维护正常的生产和工作秩序应遵守的准则，也是衡量工程、设备和材料质量的尺度，如工程质量检验及验收标准，材料、半成品或构配件的技术检验和验收标准等。技术规程或规范，一般是执行技术标准，是为保证施工有序地进行而制定的行动的准则，通常也与质量的形成有密切关系，有关各方应严格遵守。

概括说来，属于这类专门的技术法规性的依据主要有以下几类。

1）工程项目施工质量验收标准：主要是由国家或部统一制定的，用以作为检验和验收工程项目质量水平所依据的技术法规性文件如评定建筑工程质量验收的《建筑工程施工质量验收统一标准》（GB 50300—2013）、《混凝土结构工程施工质量验收规范》（GB 50204—2015）等。

2）有关工程材料、半成品和构配件质量控制方面的专门技术法规性依据。

① 有关材料及其制品质量的技术标准，如水泥、木材及其制品、钢材、砖瓦、砌块、石材、石灰、砂、玻璃、陶瓷及其制品；涂料、保温及吸声材料、防水材料、塑料制品；建筑五金、电缆电线、绝缘材料以及其他材料或制品的质量标准。

② 有关材料或半成品等的取样、试验等方面的技术标准或规程，如木材的物理力学试验方法总则、钢材的机械及工艺试验取样法、水泥安定性检验方法等。

③ 有关材料验收、包装、标志方面的技术标准和规定如型钢的验收、包装、标志及质量证明书的一般规定；钢管验收、包装、标志及质量证明书的一般规定等。

3）控制施工作业活动质量的技术规程，如电焊操作规程、砌砖操作规程、混凝土施工操作规程等。它们是为了保证施工作业活动质量而在作业过程中应遵照执行的技术规程。

4）凡采用新工艺、新技术、新材料的工程，事先应进行试验，并应有权威性技术部门的技术鉴定书及有关的质量数据、指标，在此基础上制定有关的质量标准和施工工艺规程，以此作为判断与控制质量的依据。

2.1.2 施工质量控制的系统控制过程

由于施工阶段是使工程设计意图最终实现并形成工程实体的阶段，是最终形成工程实体质量的过程，所以施工阶段的质量控制是一个从对投入的资源和条件的质量控制开始，进而对生产过程及各环节质量进行控制，直到对所完成的工程产出品的质量检验与控制为止的系统控制过程。这个过程可以是将施工的工程项目作为一个大系统，按施工层次加以分解来划分；也可以根据施工阶段工程实体形成过程中物质形态转化的阶段来划分；或者根据施工阶段工程实体质量形成过程的不同时间阶段来划分。

1. 按工程项目施工层次划分的系统控制过程

通常任何一个大中型工程建设项目可以划分为若干层次。例如，建筑工程项目按照国家标准可以划分为单位工程、分部工程、分项工程、检验批等层次。各组成部分之间具有一定的施工先后顺序的逻辑关系。施工作业过程的质量控制是最基本的质量控制,它决定了有关检验批的质量,而检验批的质量又决定了分项工程的质量⋯⋯各层次间的质量控制系统过程如图2-1所示。

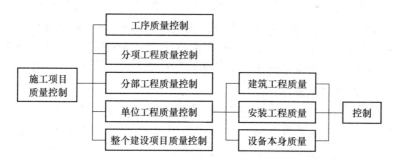

图 2-1 施工项目质量控制过程(一)

2. 按工程实体形成过程中物质形态转化的阶段划分的系统控制过程

由于工程对象的施工是一项物质生产活动,所以施工阶段的质量控制系统过程也是一个经由以下三个阶段的系统控制过程。

1)对投入的物质资源质量的控制。

2)施工过程质量控制:即在使投入的物质资源转化为工程产品的过程中,对影响产品质量的各因素、各环节及中间产品的质量进行控制。

3)对完成的工程产出品质量的控制与验收。

在上述三个阶段的系统过程中,前两阶段对于最终产品质量的形成具有决定性的作用,而所投入的物质资源的质量控制对最终产品质量又具有举足轻重的影响。所以,在质量控制的系统过程中,无论是对投入物质资源的控制,还是对施工及安装生产过程的控制,都应当对影响工程实体质量的五个重要因素方面,即对施工有关人员因素、材料(包括半成品、构配件)因素、机械设备(生产设备及施工设备)因素、施工方法(施工方案、方法及工艺)因素以及环境因素等进行全面的控制。按物质形态转化的系统控制过程如图2-2所示。

图 2-2 施工项目质量控制过程(二)

3. 按工程实体质量形成过程的时间阶段划分的系统控制过程

按工程实体质量形成过程的时间阶段划分,施工阶段的质量控制可以分为事前控制、事中控制和事后控制三个阶段,如图2-3所示。

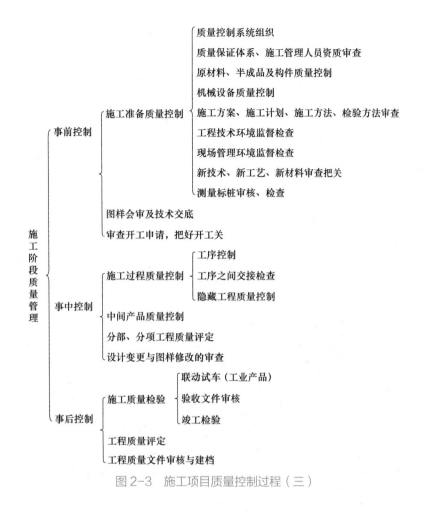

图 2-3　施工项目质量控制过程（三）

子单元 2　施工准备阶段的质量控制

施工准备阶段的质量控制是指施工项目正式施工活动开始前，对各项准备工作及影响质量的各因素和有关方面进行的质量控制。施工准备是为保证施工生产正常进行而必须事先做好的工作。施工准备工作不仅在工程开工前要做好，而且贯穿于整个施工过程。施工准备的基本任务就是为施工项目建立一切必要的施工条件，确保施工生产顺利进行，并且工程质量符合要求。

2.2.1　技术资料、文件准备的质量控制

1. 施工项目所在地的自然条件及技术经济条件调查资料

对施工项目所在地的自然条件和技术经济条件的调查，是为选择施工技术与组织方案收集基础资料，并以此作为施工准备工作的依据。需要收集的资料包括地形与环境条件，地质条件，地震级别，工程水文地质情况，气象条件，当地水、电、能源供应条件，交通运输条件，材料供应条件等。

2. 施工组织设计文件的准备

施工组织设计是指导施工准备和组织施工的全面性技术经济文件。对施工组织设计，要进行两方面的控制：①选定施工方案后，制订施工进度时，必须考虑施工顺序、施工流向，主要分部、分项工程的施工方法，特殊项目的施工方法和技术措施能否保证工程质量；②制订施工方案时，必须进行技术经济比较，使工程项目满足符合性、有效性和可靠性要求，取得施工工期短、成本低、安全生产、效益好的经济质量。

3. 法律、法规及标准的准备

这是指国家及政府有关部门颁布的有关质量管理方面的法律、法规及质量验收标准等文件的收集。

4. 工程测量控制资料的准备

施工现场的原始基准点、基准线、参考标高及施工控制网等数据资料，是施工之前进行质量控制的一项基础工作，这些数据资料是进行工程测量控制的重要内容。

2.2.2 设计交底和图样审核的质量控制

设计图样是进行质量控制的重要依据。为使施工单位熟悉有关的设计图样，充分了解拟建项目的特点、设计意图和工艺与质量要求，减少图样的差错，消灭图样中的质量隐患，要做好设计交底和图样审核工作。

1）工程施工前，由设计单位向施工单位有关人员进行设计交底，主要包括以下内容：

① 地形、地貌、水文气象、工程地质及水文地质等自然条件。

② 施工图设计依据，初步设计文件，规划、环境等要求，设计规范。

③ 设计意图、设计思想、设计方案比较、基础处理方案、结构设计意图、设备安装和调试要求、施工进度安排等。

④ 施工注意事项，对基础处理的要求，对建筑材料的要求，采用新结构、新工艺的要求，施工组织和技术保证措施等。

交底后，由施工单位提出图样中的问题和疑点，以及要解决的技术难题，经协商研究，拟定出解决办法。

2）图样审核是设计单位和施工单位进行质量控制的重要手段，也是使施工单位通过审查熟悉设计图样，了解设计意图和关键部位的工程质量要求，发现和减少设计差错，保证工程质量的重要方法。图样审核主要包括以下内容：

① 对设计者的资质进行认定。

② 设计是否满足抗震、防火、环境卫生等要求。

③ 图样与说明是否齐全。

④ 图样中有无遗漏、差错或相互矛盾之处，图样表示方法是否清楚并符合标准要求。

⑤ 地质及水文地质等资料是否充分、可靠。

⑥ 所需材料来源有无保证，能否用其他材料替代。

⑦ 施工工艺、方法是否合理，是否切合实际，是否便于施工，能否保证质量要求。

⑧ 施工单位是否具备施工图及说明书中涉及的各种标准、图册、规范、规程等。

2.2.3 现场施工准备的质量控制

1. 工程定位及标高基准控制

工程施工测量放线是建设工程产品由设计转化为实物的第一步。施工测量的质量好坏直接影响工程产品的综合质量，并且制约着施工过程中有关工序的质量。例如，测量控制基准点或标高有误，会导致建筑物或结构的位置或高程出现误差，从而影响整体质量。工程定位及标高基准控制可以说是施工中事前质量控制的一项基础工作，它是施工准备阶段的一项重要内容。

1）施工承包单位应对建设单位（或其委托的单位）给定的原始基准点、基准线和标高等测量控制点进行复测，并将复测结果报监理工程师审核，经批准后，施工承包单位才能据以进行准确的测量放线，建立施工测量控制网，并应对其正确性负责，同时做好基桩的保护。

2）复测施工测量控制网。在工程总平面图上，各种建筑物或构筑物的平面位置是用施工坐标系统的坐标来表示的。施工测量控制网的初始坐标和方向，一般是根据测量控制点测定的，测定好建筑物的长向主轴线，即可作为施工平面控制网的初始方向，以后在控制网加密或建筑物定位时，即不再用控制点定向，以免使建筑物发生不同的位移及偏转。复测施工测量控制网时，应抽检建筑方格网、控制高程的水准网点以及标桩埋设位置等。

2. 施工平面布置的控制

为了保证承包单位能够顺利地施工，建设单位应按照合同约定并结合承包单位施工的需要，事先划定并提供给承包单位占有和使用的现场有关部分的范围。如果在现场的某一区域内需要不同的施工承包单位同时或先后施工、使用，就应根据施工总进度计划的安排，规定他们各自占用的时间和先后顺序，并在施工总平面图中详细注明各工作区的位置及占用顺序。施工单位要合理进行施工现场总体布置，要有利于保证施工的正常、顺利进行，要有利于保证工程质量，特别是要对场区的道路、防洪排水、器材存放、给水及供电、混凝土供应及主要垂直运输机械设备布置等方面予以重视。

2.2.4 材料构配件采购订货的质量控制

工程所需的原材料、半成品、构配件等都将成为永久性工程的组成部分。所以，它们的质量直接影响未来工程产品的质量，需要事先对其质量进行严格控制。

1. 物资采购

采购物资应符合设计文件、标准、规范、相关法规及承包合同的要求，如果项目部另有附加的质量要求，也应予以满足。

对于重要物资、大批量物资、新型材料以及对工程最终质量有重要影响的物资，可由企业主管部门对可供选用的供方进行逐个评价，并确定合格供方名单。

2. 分包服务

对各种分包服务选用的控制，应根据其规模、控制的复杂程度区别对待。一般通过分包合同，对分包服务进行动态控制。评价及选择分包方应考虑以下原则：

1）有合法的资质，外地单位须经本地主管部门核准。

2）与本组织或其他组织合作的业绩、信誉是否良好。

3）分包方质量管理体系按要求如期提供稳定质量的产品的保证能力。

4）对采购物资的样品、说明书或检验、试验结果进行评定。

3. 采购要求

采购要求是采购产品控制的重要内容，其形式可以是合同、订单、技术协议、询价单及采购计划等，具体包括以下几点：

1）有关产品的质量要求或外包服务要求。

2）有关产品提供的程序性要求，如供方提交产品的程序；供方生产或服务提供的过程要求；供方设备方面的要求。

3）对供方人员资格的要求。

4）对供方质量管理体系的要求。

4. 采购产品验证

1）可用多种方式对所采购产品进行验证，如在供方现场检验、进货检验，查验供方提供的合格证据等。应根据不同产品或服务的验证要求，规定验证的主管部门及验证方式，并严格执行。

2）当采购方拟在供方现场实施验证时，采购方应在采购要求中事先作出规定。

子单元3　施工工序的质量控制

工程项目的施工过程由一系列相互关联、相互制约的工序构成，工序质量是基础，直接影响工程项目的整体质量。要控制工程项目施工过程的质量，首先必须控制工序的质量。

工序质量包含两方面的内容：①工序活动条件的质量；②工序活动效果的质量。从质量控制的角度来看，这两者是互为关联的，一方面要控制工序活动条件的质量，即每道工序投入品的质量（人、材料、机械、方法和环境的质量）是否符合要求；另一方面要控制工序活动效果的质量，即每道工序施工完成的工程产品是否达到有关质量标准。

2.3.1　工序质量控制的步骤

工序质量控制的原理是采用数理统计方法，通过对工序一部分（子样）的检验，得到检验的数据，进行统计、分析，来判断整道工序的质量是否稳定、正常。若不稳定，产生异常情况时，须及时采取对策和措施予以改善，从而实现对工序质量的控制。其控制步骤如下。

1）实测：采用必要的检测工具和手段，对抽出的工序子样进行质量检验。

2）分析：对检验所得的数据通过直方图法、排列图法或管理图法等进行分析，了解这些数据所遵循的规律。

3）判断：根据数据分布规律的分析结果，如数据是否符合正态分布曲线；是否在上、下控制线之间；是否在公差（质量标准）规定的范围内；属于正常状态还是异常状态；是偶然性因素引起的质量变异，还是系统性因素引起的质量变异等，对整个工序的质量予以判断，从而确定该道工序是否达到质量标准。若出现异常情况，立即寻找原因，采取对策和措施加以预防，便可达到控制工序质量的目的。

2.3.2　工序质量控制的内容

进行工序质量控制时，应着重做好以下四方面的工作。

1. 严格遵守工艺规程

施工工艺和操作规程，是进行施工操作的依据和法规，是确保工序质量的前提，任何人都必须严格执行，不得违反。

2. 主动控制工序活动条件的质量

工序活动条件包括的内容较多，主要是指影响质量的五大因素，即施工操作者、材料、施工机械设备、施工方法和施工环境等。只要切实有效地控制这些因素，使它们处于被控制状态，确保工序投入品的质量，避免系统性因素变异发生，就能保证每道工序的质量正常、稳定。

3. 及时检验工序活动效果的质量

工序活动效果是评价工序质量是否符合标准的尺度。为此，必须加强质量检验工作，对质量状况进行综合统计与分析，及时掌握质量动态。一旦发现质量问题，随即研究处理，自始至终使工序活动效果的质量满足规范和标准的要求。

4. 设置工序质量控制点

控制点是指为了保证工序质量而需要进行控制的重点、关键部位或薄弱环节，以便在一定时期内、一定条件下进行强化管理，使工序处于良好的控制状态。

2.3.3　质量控制点的设置

1. 质量控制点的概念

质量控制点是指为了保证工序质量而确定的重点控制对象、关键部位或薄弱环节。设置质量控制点是保证达到施工质量要求的必要前提。承包单位在工程施工前应根据施工过程质量控制的要求，列出质量控制点明细表，表中详细地列出各质量控制点的名称和控制内容、检验标准及方法等，提交监理工程师审查批准后，在此基础上实施质量预控。

2. 选择质量控制点的一般原则

作为质量控制点的对象涉及面广，它可能是技术要求高、施工难度大的结构部位，也可能是影响质量的关键工序、操作或环节。总之，结构部位、影响质量的关键工序、操作、施工顺序、技术、材料、机械、自然条件、施工环境等均可作为质量控制点来控制。概括地说，应当选择那些保证质量难度大的、对质量影响大的或者是发生质量问题时危害大的对象作为质量控制点。一般原则如下：

1）施工过程中的关键工序或环节以及隐蔽工程，例如预应力结构的张拉工序，钢筋混凝土结构中的钢筋架立。

2）施工中的薄弱环节，或质量不稳定的工序、部位或对象，如地下防水层施工。

3）对后续工程施工或后续工序质量和安全有重大影响的工序、部位或对象，如预应力结构中的预应力钢筋质量、模板的支撑与固定等。

4）采用新技术、新工艺、新材料的部位或环节。

5）施工中无足够把握的、施工条件困难的或技术难度大的工序或环节，如复杂曲线模板的放样等。

显然，是否设置为质量控制点，主要视其对质量特性影响的大小、危害程度以及其质量保证的难度大小而定。

3. 建筑工程质量控制点设置位置表

表2-1为建筑工程质量控制点设置的一般位置示例。

表2-1 建筑工程质量控制点设置一般位置表

分 项 工 程	质 量 控 制 点
工程测量定位	标准轴线桩、水平桩、龙门板、定位轴线、标高
地基基础 （含设备基础）	基坑（槽）尺寸、标高、土质、地基承载力，基础垫层标高，基础位置、尺寸、标高，预留洞孔、预埋件的位置、规格、数量，基础标高、杯底弹线
砌体	砌体轴线，皮数杆，砂浆配合比，预留洞孔、预埋件位置、数量，砌块排列
模板	位置、尺寸、标高，预埋件位置，预留洞孔尺寸、位置，模板强度及稳定性，模板内部清理及润湿情况
钢筋混凝土	水泥品种、强度等级，砂石质量，混凝土配合比，外加剂比例，混凝土振捣，钢筋品种、规格、尺寸、搭接长度，钢筋焊接，预留洞、孔及预埋件规格、数量、尺寸、位置，预制构件吊装或出场（脱模）强度，吊装位置、标高、支承长度、焊缝长度
吊装	吊装设备起重能力、吊具、索具、地锚
钢结构	翻样图、放大样
焊接	焊接条件、焊接工艺
装修	视具体情况而定

4. 质量控制点重点控制的对象

（1）人的行为 对某些作业或操作，应以人为重点进行控制，例如高空、高温、水下、危险作业等，对人的身体素质或心理素质应有相应的要求；技术难度大或精度要求高的作业，如复杂模板放样，精密、复杂的设备安装，以及重型构件吊装等，对人的技术水平均有相应的较高要求。

（2）物的状态 在某些工序或操作中，则应以物的状态作为控制的重点。如加工精度与施工机具有关；计量不准与计量设备、仪表有关；危险源与失稳、倾覆、腐蚀、毒气、振动、冲击、火花、爆炸等有关，也与立体交叉、多工种密集作业场所有关。也就是说，根据不同工序的特点，有的应以控制机具设备为重点，有的应以防止失稳、倾覆、过热、腐蚀等危险源为重点，有的则应以作业场所作为控制的重点。

（3）材料的质量和性能 材料的质量和性能是直接影响工程质量的主要因素，尤其是某些工序，更应将材料质量和性能作为控制的重点。如预应力筋加工，要求钢筋匀质、弹性模量一致，含硫（S）量和含磷（P）量不能过大，以免产生热脆和冷脆；基础的防渗灌浆，灌浆材料细度及可灌性，作业设备的质量、计量仪器的质量都是直接影响灌浆质量和效果的主要因素。

（4）关键的操作　如预应力钢筋的张拉工艺操作过程及张拉力的控制，是可靠地建立预应力值和保证预应力构件质量的关键过程。

（5）施工技术参数　有些技术参数与质量密切相关，也必须严格控制。例如，外加剂的掺量，混凝土的水灰比，沥青胶的耐热度，回填土、三合土的最佳含水量，灰缝的饱满度，防水混凝土的抗渗标号等，都将直接影响强度、密实度、抗渗性和耐冻性，也应作为工序质量控制点。

（6）施工顺序　有些工序或操作，必须严格控制相互之间的先后顺序。如冷拉钢筋，一定要先对焊后冷拉，否则就会失去冷强；屋架的固定，一定要采取对角同时施焊，以免焊接应力使已校正好的屋架发生倾斜等。

（7）技术间隙　有些作业之间需要有必要的技术间歇时间，例如，砖墙砌筑后与抹灰工序之间，以及抹灰与粉刷或喷涂之间，均应保证有足够的间歇时间；混凝土浇筑后至拆模之间也应保持一定的间歇时间；混凝土大坝坝体分块浇筑时，相邻浇筑块之间也必须保持足够的间歇时间等。

（8）新工艺、新技术、新材料的应用　由于缺乏经验，施工时可将新工艺、新技术、新材料作为重点进行严格控制。

（9）产品质量不稳定、不合格率较高及易发生质量通病的工序　应将产品质量不稳定、不合格率较高及易发生质量通病的工序列为重点，仔细分析、严格控制，例如防水层的铺设，供水管道接头的防渗漏处理等。

（10）易对工程质量产生重大影响的施工方法　例如，液压滑模施工中的支承杆失稳问题、升板法施工中提升差的控制等，都是一旦施工不当或控制不严，即可能引起重大质量事故问题，也应作为质量控制的重点。

（11）特殊地基或特种结构　例如，大孔性湿陷性黄土、膨胀土等特殊土地基的处理，大跨度和超高结构等难度大的施工环节和重要部位等，都应予特别重视。

2.3.4　工序质量的检验

工序质量的检验是指利用一定的方法和手段，对工序操作及其完成产品的质量进行实际而及时的测定、查看和检查，并将所测得的结果同该工序的操作规程及形成质量特性的技术标准进行比较，从而判断是否合格或是否优良。工序质量的检验，也是对工序活动的效果进行评价。工序活动的效果，归根结底是指通过每道工序所完成的工程项目质量或产品质量，判断是否符合质量标准。为此，工序质量检验工作主要包括以下内容。

1. 标准具体化

标准具体化是指把设计要求、技术标准、工艺操作规程等转换成具体而明确的质量要求，并在质量检验中正确执行这些技术法规。

2. 度量

度量是指对工程或产品的质量特性进行检测度量，包括检查人员的感观度量、机械器具的测量和仪表仪器的测试，以及化验与分析等。通过度量，提出工程或产品质量特征值的数据报告。

3. 比较

比较是指把度量出来的质量特征值同该工程或产品的质量技术标准进行比较，对照两者之间有何差异。

4. 判定

判定是指根据比较的结果判断工程或产品的质量是否符合规程、标准的要求，并作出结论。判定要用事实、数据说话，防止主观、片面，真正做到以事实、数据为依据，以标准、规范为准绳。

5. 处理

处理是指根据判定的结果，对合格与优良的工程或产品的质量予以认证；对不合格者，则要找原因，采取措施予以调整、纠偏或返工。

6. 记录

记录要贯穿于整个质量检验的过程中，完整、准确、及时地把度量出来的质量特征值记录下来，以供统计、分析、判定、审核和查用。

7. 检验程序

工序质量检查验收主要是对质量性能的特征指标进行检查，即采取一定的检测手段进行检验，根据检验结果分析、判断该作业活动的质量（效果）。

（1）实测　实测即采用必要的检测手段，对实体进行的几何尺寸测量、测试或对抽取的样品进行检验，测定其质量特性指标（如混凝土的抗压强度）。

（2）分析　分析即是对检测所得数据进行整理、分析，找出规律。

（3）判断　判断是指根据对数据分析的结果，判断该工序活动效果是否达到规定的质量标准；如果未达到，应找出原因。

（4）纠正或认可　如发现工序质量不符合标准规定，应采取措施纠正；如果质量符合要求，则予以确认。

8. 质量检验的主要方法

对于现场所用原材料、半成品、工序过程或工程产品质量进行检验的方法，一般可分为三类，即目测法、量测法以及试验法。

（1）目测法　目测法即凭借感官进行检查，也可以称为观感检验。这类方法主要是根据质量要求，采用看、摸、敲、照等手法对检查对象进行检查。

"看"就是根据质量标准要求进行外观检查，例如清水墙表面是否洁净，喷涂的密实度和颜色是否良好、均匀，工人的施工操作是否正常，混凝土振捣是否符合要求等。

"摸"就是通过触摸手感进行检查、鉴别，例如油漆的光滑度，浆活是否牢固、不掉粉等。

"敲"就是运用敲击方法进行音感检查，例如，对拼镶木地板、墙面瓷砖、大理石镶贴、地砖铺砌等的质量均可通过敲击检查，根据声音虚实、脆闷判断有无空鼓等质量问题。

"照"就是通过人工光源或反射光照射，仔细检查难以看清的部位。

（2）量测法　量测法是指利用量测工具或计量仪表，将实际量测结果与规定的质量标准或规范的要求相对照，从而判断质量是否符合要求。量测的手法可归纳为靠、吊、量、套。

"靠"是用直尺检查诸如地面、墙面的平整度等。

"吊"是指用托线板、线锤检查垂直度。

"量"是指用量测工具或计量仪表等检查断面尺寸、轴线、标高、温度、湿度等数值，并确定其偏差，例如大理石板拼缝尺寸与超差数量，摊铺沥青拌合料的温度等。

"套"是指以方尺套方辅以塞尺检查，如对阴阳角的方正、踢脚线的垂直度、预制构件的方正，门窗口及构件的对角线等项目的检查。

（3）试验法　试验法是指通过进行现场试验或实验室试验等理化试验手段取得数据，分析判断质量情况，包括以下内容。

1）理化试验工程中常用的理化试验包括各种物理力学性能方面的检验及化学成分和含量的测定两个方面。

2）无损测试或检验是指借助专门的仪器、仪表等手段探测结构物或材料、设备内部组织结构或损伤状态。

【工程案例 2-1】

1. 工程背景

某电视台演播中心工程，由某电视台投资兴建，某建筑设计院设计，某建设监理公司对工程进行监理。该工程在该市招标办公室进行公开招投标，某三建公司中标，与该电视台签订了施工合同，并由该三建上海分公司组建了项目经理部。

该电视台演播中心工程地下二层、地上十八层，建筑面积为 34000m²，采用现浇框架剪力墙结构体系。工程开工日期为 2000 年 4 月 1 日，计划竣工日期为 2001 年 7 月 31 日。演播中心工程大演播厅总高 38m（其中地下 8.70m、地上 29.30m），面积为 624m²。7 月份开始搭设模板支撑系统支架，支架钢管、扣件等总重约 290t，钢管和扣件分别由甲方、市建工局材料供应处、某物资公司提供或租用。原计划 9 月底前完成屋面混凝土浇筑，预计 10 月 25 日下午 16 时完成混凝土浇筑。

2. 施工背景

在大演播厅舞台支撑系统支架搭设前，项目部按搭设顶部模板支撑系统的施工方法，完成了三个演播厅、门厅和观众厅的施工（都没有施工方案）。

2000 年 1 月，三建上海分公司由项目工程师编制了"上部结构施工组织设计"，并于 1 月 30 日经项目副经理和分公司副主任工程师批准实施。

7 月 22 日开始搭设大演播厅舞台顶部模板支撑系统，由于工程需要和材料供应等方面的问题，支架搭设施工时断时续。搭设时没有施工方案、图样，也没有进行技术交底。项目部副经理决定支架三维尺寸按常规（即前五个厅的支架尺寸）进行搭设，由项目部施工员在现场指挥搭设。搭设开始约 15 天后，上海分公司副主任工程师将"模板工程施工方案"交给项目部施工员。项目部施工员看到施工方案后，向项目部副经理作了汇报，项目部副经理答复还按以前的规格搭架子，到最后再加固。

模板支撑系统支架由三建劳务公司组织某工程队进场进行搭设（某工程队负责人以个人名义挂靠在三建劳务基地，6 月份进入施工工地从事脚手架的搭设，事故发生时该工程队共 17 名民工，其中 5 人无特种作业人员操作证），地上 25～29m 最上边一段由木工工长负责指挥木工搭设。10月15日完成搭设，支架总面积约624m²，高度38m。搭设支架的全过程中，没有办理自检、互检、交接检、专职检的手续，搭设完毕后未按规定进行整体验收。

10月17日开始进行支撑系统模板安装，10月24日完成。10月23日木工工长向项目部副经理反映水平杆加固没有到位，项目部副经理即安排架子工加固支架，10月25日浇筑混凝土时仍有6名架子工在加固支架。

10月25日6时55分开始浇筑混凝土，项目部资料质量员8时多才补填混凝土浇捣令，并送监理公司总监签字，项目总监将日期签为10月24日。浇筑现场由项目部混凝土工长负责指挥。三建混凝土分公司负责为本工程供应混凝土。浇筑时，现场有混凝土工长1人、木工8人、架子工8人、钢筋工2人、混凝土工20人，以及该电视台3名工作人员等。自10月25日6时55分开始至10时10分，输送机械设备一直运行正常。

10月25日10时10分，当浇筑混凝土由北向南单向推进，浇至主次梁交叉点区域时，该区域的1m²理论钢管支撑杆数为6根，由于缺少水平连系杆，实际为3根立杆受力，又由于梁底模下木枋呈纵向布置在支架水平钢管上，使梁下中间立杆的受荷过大，个别立杆受荷达4t多，综合立杆底部无扫地杆、步高大的达2.6m，立杆存在初弯曲等因素，以及输送混凝土管有冲击和振动等影响，使节点区域的中间单立杆首先失稳，并随之带动相邻立杆失稳，出现大厅内模板支架系统整体倒塌，造成正在现场施工的民工和电视台工作人员6人死亡，35人受伤（其中重伤11人），直接经济损失达70.7815万元。

3. 案例分析

事故的直接原因如下：

1）支架搭设不合理，特别是水平连系杆严重不够，三维尺寸过大以及底部未设扫地杆，从而使主次梁交叉区域单杆受荷过大，引起立杆局部失稳。

2）梁底模的木枋放置方向不妥，导致大梁的主要荷载传至梁底中央排立杆，且该排立杆的水平连系杆不够，承载力不足，因而加剧了局部失稳。

3）屋盖下模板支架与周围结构固定与连系不足，加大了顶部晃动。

事故的间接原因如下：

1）施工组织管理混乱，安全管理失去有效控制，模板支架搭设无图样，无专项施工技术交底，施工中无自检、互检等手续，搭设完成后没有组织验收；搭设开始时无施工方案，有施工方案后未按要求进行搭设，支架搭设严重脱离原设计方案要求，致使支架承载力和稳定性不足、空间强度和刚度不足。

2）施工现场技术管理混乱，对于大型、复杂或重要的混凝土结构工程的模板施工，未按程序进行，支架搭设开始后送交工地的施工方案中有关模板支架的设计方案过于简单，缺乏必要的细部构造大样图和相关的详细说明，且无计算书；支架施工方案传递无记录，导致现场支架搭设时无规范可循。

3）监理公司驻工地总监理工程师无监理资质，工程监理组没有对支架搭设过程严格把关，在没有对模板支撑系统的施工方案审查认可的情况下即同意施工，没有监督对模板支撑系统的验收，就签发了浇捣令，工作严重失职。

4）在上部浇筑屋盖混凝土情况下，民工在模板支撑下部进行支架加固。

5）三建及上海分公司领导安全生产意识淡薄，对各项规章制度执行情况监督管理不力，对重点部位的施工技术管理不严，有法有规不依。施工现场用工管理混乱，部分特种作业人员无证上岗作业，未对民工进行三级安全教育。

6）施工现场支架钢管和扣件在采购、租赁过程中质量管理把关不严，部分钢管和扣件不符合质量标准。

4. 思考与问答

1）结合案例，试述施工质量控制的系统过程。

2）本案例中，施工方、监理方在进行工序质量控制时有何不妥之处，如何进行有效工程质量控制？

3）如何对现场所用原材料、半成品、工序过程或工程产品质量进行检验？试结合案例说明。

4）试分析本案中施工方、监理方应负的主要责任。按有关的行政管理责任，应给予有关单位和有关个人什么样的处罚？

单元 3

建筑工程施工质量验收统一标准

学习目标

子单元名称	能力目标	知识目标	引入案例
1. 总则与术语	1. 能够认识《统一标准》的适用范围、内容 2. 能够熟知由《统一标准》和"系列专业质量验收规范"组成的质量验收体系 3. 能够理解《统一标准》的关键术语	1. 了解《统一标准》的适用范围、内容 2. 熟悉质量验收体系 3. 熟悉《统一标准》的基本术语	
2. 基本规定	1. 能够理解施工现场质量管理检查的内容 2. 能够熟知《统一标准》对施工过程中最基础的质量控制的规定 3. 能够熟知施工质量验收的内容 4. 能够了解检验批的验收抽样方案和风险概率	1. 了解全过程质量控制的主导思路 2. 熟悉施工现场质量管理的检查 3. 掌握施工过程中最基础的质量控制要求 4. 掌握施工质量验收基本要求 5. 熟悉检验批的验收抽样方案和风险概率	
3. 建筑工程质量验收的划分	1. 能够理解建筑工程质量验收的划分目的 2. 能够正确划分分部工程、子分部工程、分项工程和分项工程检验批等验收层次	1. 了解建筑工程质量验收的划分目的 2. 熟悉分项工程的划分原则 3. 熟悉分部工程和子分部工程的划分原则 4. 熟悉单位工程和子单位工程的划分原则 5. 熟悉室外单位(子单位)工程、分部工程的划分原则 6. 掌握"统一标准"中建筑工程分部(子分部)工程、分项工程划分的规定	某建设工程项目施工验收程序与组织事件
4. 建筑工程质量验收	1. 能够熟知建筑工程质量工程检验批、分项工程、分部工程、单位工程质量验收合格的规定 2. 能够熟知建筑工程质量不符合要求时的处理规定	1. 熟悉建筑工程质量工程检验批、分项工程、分部工程、单位工程质量验收合格的规定 2. 熟悉建筑工程质量不符合要求时的处理规定	
5. 建筑工程质量验收的程序和组织	1. 能够熟知检验批、分项工程、分部工程、单位工程的验收程序与组织 2. 能够熟知施工单位自我评定的检查验收程序与组织 3. 能够掌握施工质量自检评定验收程序 4. 能够熟知单位工程竣工验收备案	1. 熟悉检验批及分项工程的验收程序与组织 2. 熟悉分部工程的验收程序与组织 3. 熟悉单位(子单位)工程的验收程序与组织 4. 掌握施工质量自检评定验收程序与组织 5. 熟悉单位工程竣工验收备案	

子单元 1 总则与术语

　　《建筑工程施工质量验收统一标准》(GB 50300—2013)(以下简称《统一标准》)与各专业的验收规范共同组成一个技术标准体系,以统一建筑工程施工质量的验收方法、程序和质量指标。

　　《统一标准》的总则,阐明了《统一标准》和建筑工程施工质量规范系列标准的宗旨、原则、适用范围，介绍了《统一标准》的主要内容，明确了《统一标准》是作为建筑工程各专业验收规范编制的统一准则。

3.1.1　适用范围

《统一标准》的适用范围仅限于建筑工程施工质量验收，不包括设计和使用中的质量问题。它包括建筑工程的地基与基础、主体结构、建筑装饰装修、屋面工程、给水排水及供暖工程、通风与空调工程、电气工程、智能建筑、建筑节能、电梯工程等十个分部工程。施工质量验收不包括设计和使用质量，设计质量由施工图审查把关，施工企业只要求按图施工，必须符合设计图样要求，而不要求符合设计规范要求。

3.1.2　内容

《统一标准》由两部分内容组成。

1.规定各专业工程施工验收规范编制的统一准则

为了统一房屋建筑各专业工程施工质量验收规范编制的统一准则，对检验批、分项、分部（子分部）、单位（子单位）工程的划分，质量指标的设置和要求，验收程序和组织提出了原则的要求，用于指导系列标准中各专业验收规范的编制，从而使整个系列、验收规范标准在内容、质量指标、宽严程度等方面做到协调和统一。

2.直接规定了单位工程（子单位工程）的验收

《统一标准》从单位（子单位）工程的划分和组成、质量指标的设置到验收程序都作了具体规定。

《统一标准》还对分部（子分部）、分项、检验批划分和组成，质量验收的基本内容，验收程序和工作步骤都作了基本规定，从而可直接指导各专业规范的编制和各层次的验收操作。各专业工程质量验收规范必须同《统一标准》配合使用。

3.1.3　配套使用规范、标准

"系列专业质量验收规范"组成一个质量验收体系，它的编制依据是《中华人民共和国建筑法》、《质量管理条例》、竣工验收备案规定及其他有关规范（《建筑结构可靠度设计统一标准》、设计规范）的规定。"系列专业质量验收规范"同《统一标准》是一个体系，因此必须配套使用。本标准规范体系的落实和执行，还需要其他有关标准的支持，其支撑体系如图 1-2 所示。

3.1.4　术语

《统一标准》第二章列出 17 个术语，是本标准有关章节所引用的，也是本系列各专业施工质量验收规范的引用依据。

这些术语是根据国家有关法律文件，并参考《质量管理体系　基础和术语》（GB/T 19000—2016）《统计方法应用国家标准汇编》《工程结构设计基本术语标准》（GB/T 50083—2014）等标准中相关规定进行定义的。有些术语是出于本标准自身需要，从质量验收的角度赋予其含义；有些术语是引用于其他标准中，但在表达上按本标准需要作了适当修改。

下面列举几个重要的术语。

1. 验收

在施工过程中，由完成者依据规定的标准对完成的工作结果是否达到合格而自行进行质量检查所形成的结论称为"评定"；建设活动有关各方（建设、施工、监理等）对质量的共同确认称为"验收"。

施工单位首先对检验批的施工质量进行自检，由施工单位的质检部门和实验室进行检测，给出评定结论，并作为验收的依据。经施工单位自检评定的结果报监理方（或建设方），监理通过旁站观察、抽样检查与复测等形式对施工单位的评定结论加以复核，并签字确认，从而完成验收。

2. 见证检验

见证检验是指在施工现场，按照有关规定，在监理或建设单位监督下，由施工企业有关人员进行现场随机抽取试样，并送至具备相应资质的检测单位进行检测的活动。

3. 主控项目

"主控项目"可理解为"对检验批质量起关键性作用"的项目，是标准中为表达检验批的"最重要检测项目"而引入的。各专业规范中均规定：检验批验收时，主控项目必须全部达到要求。如果出现主控项目没有达到合格要求时，必须进行返工或补修，直到达到合格为止。"主控项目"只是对检验批而言。

4. 观感质量

观感质量除了可以通过观察进行检查，还可以辅以必要的测量。观感质量通常反映工程的外在质量和功能状态。

5. 返修与返工

"返修""返工"意义相近，但程度上有差别。"返修"是对工程不符合标准规定的部位采取整修等措施。"返修"的主要手段是修补。"返工"是对不合格的工程部位采取重新制作、重新施工等措施。"返工"的主要手段是重新施工或更换。施工中，"返修""返工"都是允许的。

子单元2　基本规定

《统一标准》第三章的"基本规定"统帅着整个"验收规范"体系，提出了对施工全过程进行质量控制的主导思路，对保证质量验收的有关方面提出要求，并将检验批的检验项目抽样方案给予了原则性指示。

3.2.1　对施工现场质量管理的检查

为了加强工程项目质量的控制，《统一标准》第3.0.1条对施工现场质量保证条件的检查提出统一要求，即施工现场质量管理应有相应的施工技术标准、健全的质量管理体系、施工质量检验制度和综合施工质量水平评定考核制度，并按表3-1的要求进行检查记录。

表 3-1　施工现场质量管理检查记录

开工日期：

工程名称		施工许可证（开工证）	
建设单位		项目负责人	
设计单位		项目负责人	
监理单位		总监理工程师	
施工单位	项目负责人	项目技术负责人	
序　号	项　目	主要内容	
1	项目部质量管理体系		
2	现场质量责任制		
3	主要专业工种操作岗位证书		
4	分包单位管理制度		
5	图纸会审记录		
6	地质勘察资料		
7	施工技术标准		
8	施工组织设计、施工方案编制及审批		
9	物资采购管理制度		
10	施工设施和机械设备管理制度		
11	计量设备配备		
12	检测试验管理制度		
13	工程质量检查验收制度		
14			
自检结果：		检查结论：	
施工单位项目负责人：　　　　　年　月　日		总监理工程师：　　　　　年　月　日	

　　建筑工程施工单位应建立必要的质量责任制度，应推行生产控制和合格控制的全过程质量控制，应有健全的生产控制和合格控制的质量管理体系。全过程质量控制不仅包括原材料控制、工艺流程控制、施工操作控制、每道工序质量检查、相关工序间的交接检验以及专业工种之间等中间交接环节的质量管理和控制要求，还应包括满足施工图设计和功能要求的抽样检验制度等。施工单位还应通过内部的审核与管理者的评审，找出质量管理体系中存在的问题和薄弱环节，并制订改进的措施和跟踪检查落实等措施，使质量管理体系不断健全和完善，是使施工单位不断提高建筑工程施工质量的基本保证。

　　同时，施工单位应重视综合质量控制水平，从施工技术、管理制度、工程质量控制等方面制订综合质量控制水平指标，以提高企业整体管理、技术水平和经济效益。

3.2.2 施工过程中最基础的质量控制要求

施工现场工程质量的控制通过过程控制来实现，而过程控制要落实到可操作的工序中。《统一标准》第 3.0.3 条对施工过程中最基础的质量控制要求作了规定，具体有以下三项内容。

1）用于建筑工程的主要材料、半成品、成品、建筑构配件、器具和设备的进场检验和重要建筑材料、产品的复验。为了把握重点环节，要求对涉及安全、节能、环境保护和主要使用功能的重要材料、产品进行复检，体现了以人为本、节能、环保的理念和原则。

2）为保障工程整体质量，应控制每道工序的质量。目前正在编制各专业的施工技术规范，并陆续实施，施工单位可遵照执行。考虑到企业标准的控制指标应严格于行业和国家标准的控制指标，鼓励有能力的施工单位编制企业标准，并按照企业标准的要求控制每道工序的施工质量。施工单位完成每道工序后，除了自检、专职质量检查员检查，还应进行工序交接检查，上道工序应满足下道工序的施工条件和要求；同样，相关专业工序之间也应进行交接检验，使各工序之间和各相关专业工程之间形成有机的整体。

3）工序是建筑工程施工的基本组成部分，一个检验批可能由一道或多道工序组成。根据目前的验收要求，监理单位对工程质量控制到检验批，对工序的质量一般由施工单位通过自检予以控制，但为保证工程质量，对监理单位有要求的重要工序，应经监理工程师检查认可，才能进行下道工序施工。

3.2.3 整个"验收规范"的 10 项基本要求

《统一标准》第 3.0.4 条到第 3.0.7 条规定了整个"验收规范"的基本要求。在整个验收过程中，必须遵守这些规定，以规范整个验收过程的活动。其规定的主要内容如下。

1. 规定了可适当调整抽样复验、试验数量的条件和要求

1）相同施工单位在同一项目中施工的多个单位工程，使用的材料、构配件、设备等往往属于同一批次，如果按每一个单位工程分别进行复验、试验，势必会造成重复，且必要性不大，因此规定可适当调整抽样复检、试验数量，具体要求可根据相关专业验收规范的规定执行。

2）施工现场加工的成品、半成品、构配件等符合条件时，可适当调整抽样复验、试验数量。但对施工安装后的工程质量应按分部工程的要求进行检测试验，不能减少抽样数量，如结构实体混凝土强度检测、钢筋保护层厚度检测等。

3）在实际工程中，同一专业内或不同专业之间对同一对象有重复检验的情况时，需分别填写验收资料，如混凝土结构隐蔽工程检验批和钢筋工程检验批，装饰装修工程和节能工程中对门窗的气密性试验等。因此，本条规定可避免对同一对象的重复检验，可重复利用检验成果。

对于调整抽样复验、试验数量或重复利用已有检验成果，应有具体的实施方案，实施方案应符合各专业验收规范的规定，并事先报监理单位认可。施工或监理单位认为必要时，也可不调整抽样复验、试验数量或不重复利用已有检验成果。

2. 为适应建筑工程行业的发展，鼓励"四新"技术的推广应用，以保证建筑工程验收的顺利进行

本条规定对国家、行业、地方标准没有具体验收要求的分项工程及检验批，可由建设单位组织制订专项验收要求，专项验收要求应符合设计意图，包括分项工程及检验批的划分、抽样方案、验收方法、判定指标等内容，监理、设计、施工等单位可参与制订。为保证工程质量，重要的专项验收要求应在实施前组织专家论证。

3. 规定了建筑工程施工质量验收的基本要求

1）工程质量验收的前提条件为施工单位自检合格，验收时施工单位对自检中发现的问题已完成整改。

2）参加工程施工质量验收的各方人员资格包括专业和职称要求，具体要求应符合国家、行业和地方有关法律、法规的规定，尚无规定时可由参加验收的单位协商确定。

3）主控项目和一般项目的划分应符合各专业验收规范的规定。

4）见证检验的项目、内容、程序、抽样数量等应符合国家、行业和地方有关规范的规定。

5）考虑到隐蔽工程在隐蔽后难以检验，因此隐蔽工程在隐蔽前应进行验收，验收合格后方可继续施工。

6）适当扩大抽样检验的范围，不仅包括涉及结构安全和使用功能，还包括涉及节能、环境保护等的重要分部工程，具体内容可由各专业验收规范确定。抽样检验和实体检验结果应符合有关专业验收规范的规定。

7）观感质量可通过观察和简单的测试确定，观感质量的综合评价结果应由验收各方共同确认并达成一致。对于影响观感及使用功能或质量评价为差的项目，应进行返修。

需要指出的是，本标准及各专业验收规范提出的合格要求是对施工质量的最低要求，允许建设、设计等单位提出高于本标准及相关专业验收规范的验收要求。

3.2.4　检验批的验收抽样方案和风险概率

《统一标准》第 3.0.8 条至第 3.0.10 条提出了抽样方案选择和风险概率的原则规定。

对检验批的抽样方案，可根据检验项目的特点进行选择。计量、计数检验可分为全数检验和抽样检验两类。对于重要且易于检查的项目，采用简易快速的非破损检验方法时，宜选用全数检验。在计量、计数抽样时，引入概率统计学的方法，提高抽样检验的理论水平，可作为采用的抽样方案之一。鉴于目前各专业验收规范在确定抽样数量时仍普遍采用基于经验的方法，标准仍允许采用"经实践证明有效的抽样方案"。

目前对施工质量的检验大多没有具体的抽样方案，样本选取的随意性较大，有时不能代表母体的质量情况，因此规定随机抽样应满足样本分布均匀、抽样具有代表性等要求。对抽样数量的规定，依据国家标准《计数抽样检验程序 第 1 部分：按接收质量限（AQL）检索的逐批检验抽样计划》（GB/T 2828.1—2012），给出了检验批验收时的最小抽样数量，其目的是要保证验收检验具有一定的抽样量，并符合统计学原理，使抽样更具代表性。最小抽样数量有时不是最佳的抽样数量，因此本条规定抽样数量尚应符合有关专业验收规范的规定。

检验批中明显不合格的个体主要可通过肉眼观察或简单的测试确定，这些个体的检验指标往往与其他个体存在较大差异，纳入检验批后会增大验收结果的离散性，影响整体质量水平的统计。同时，为了避免对明显不合格个体的人为忽略情况，标准规定对明显不合格的个体可不纳入检验批，但必须进行处理，使其符合规定。

合格质量水平的错判概率 α 是指合格批被判为不合格的概率，即合格批被拒收的概率；漏判概率 β 为不合格批被判为合格批的概率，即不合格批被误收的概率。抽样检验必然存在这两类风险，通过抽样检验的方法使检验批 100% 合格是不合理的，也是不可能的，在抽样检验中，两类风险的控制范围如下：α=1% ～ 5%；β=5% ～ 10%。对于主控项目，其 α、β 均不宜超过 5%；对于一般项目，α 不宜超过 5%，β 不宜超过 10%。

子单元 3　建筑工程质量验收的划分

3.3.1　划分的目的

一个房屋建筑（构筑）物的建成，由施工准备工作开始到竣工交付使用，要经过若干工序、若干工种的配合施工，工程施工周期长，会受到多种因素的影响，为了便于控制、检查和验收，有必要把工程项目进行细化，划分为分项、分部（子分部）、单位（子单位）工程进行质量管理和控制。建筑工程质量验收的划分目的是方便质量管理，控制工程质量。

3.3.2　检验批及分项工程的划分

检验批的划分是最基本的划分单位，其划分的好坏代表一个施工企业管理水平的高低。《统一标准》第 4.0.5 条对检验批的划分应按下列原则确定。

多层及高层建筑的分项工程可按楼层或施工段来划分检验批，单层建筑的分项工程可按变形缝等来划分检验批；地基基础的分项工程一般划分为一个检验批，有地下层的基础工程可按不同地下层划分检验批；屋面工程的分项工程可按不同楼层屋面划分为不同的检验批；其他分部工程中的分项工程一般按楼层划分检验批；对于工程量较少的分项工程可划为一个检验批。安装工程一般按一个设计系统或设备组别划分为一个检验批。室外工程一般划分为一个检验批。散水、台阶、明沟等包含在地面检验批中。按检验批验收有助于及时发现和处理施工中出现的质量问题，确保工程质量，也符合施工实际需要。

地基基础中的土方工程、基坑支护工程及混凝土结构工程中的模板工程，虽不构成建筑工程实体，但因其是建筑工程施工中不可缺少的重要环节和必要条件，其质量关系到建筑工程的质量和施工安全，因此将其列入施工验收的内容。

分项工程是分部工程的组成部分，由一个或若干个检验批组成。分项工程的划分，要视工程的具体情况而定，既要便于质量管理和工程质量控制，也要便于质量验收。划分得太小会增加工作量，划分得太大则验收通不过，返工量太大；大小悬殊太大，又使验收结果可比性差。《统一标准》对建筑工程分部、分项工程的划分作出了规定。

施工前，应由施工单位制订分项工程和检验批的划分方案，并由监理单位审核。对于表 3-2 及相关专业验收规范未涵盖的分项工程和检验批，可由建设单位组织监理、施工等单位协商确定。

3.3.3　分部工程和子分部工程的划分

分部工程是若干分项工程的综合，其质量指标具有完整性和独立性，是进行综合质量控制的基础。《统一标准》第 4.0.3 条对分部工程的划分按下列原则确定：分部工程按专业性质、工程部位确定；当分部工程较大或较复杂时，为了方便验收和分清质量责任，可按材料种类、施工特点、施工程序、专业系统及类别将分部工程划分为若干子分部工程。建筑工程分部（子分部）工程、分项工程划分详见表 3-2。

表 3-2　建筑工程分部（子分部）工程、分项工程划分

序号	分部工程	子分部工程	分项工程
1	地基与基础	地基	素土、灰土地基，砂和砂石地基，土工合成材料地基，粉煤灰地基，强夯地基，注浆地基，预压地基，砂石桩复合地基，高压旋喷注浆地基，水泥土搅拌桩地基，土和灰土挤密桩复合地基，水泥粉煤灰碎石桩复合地基，夯实水泥桩复合地基
		基础	无筋扩展基础，钢筋混凝土扩展基础，筏形与箱形基础，钢结构基础，钢管混凝土结构基础，型钢混凝土结构基础，钢筋混凝土预制桩基础，泥浆护壁成孔灌注桩基础，干作业成孔桩基础，长螺旋钻孔压灌桩基础，沉管灌注桩基础，钢桩基础，锚杆静压桩基础，岩石锚杆基础，沉井与沉箱基础
		基坑支护	灌注桩排桩围护墙，板桩围护墙，咬合桩围护墙，型钢水泥土搅拌墙，土钉墙，地下连续墙，水泥土重力式挡墙，内支撑，锚杆，与主体结构相结合的基坑支护
		地下水控制	降水与排水，回灌
		土方	土方开挖，土方回填，场地平整
		边坡	喷锚支护，挡土墙，边坡开挖
		地下防水	主体结构防水，细部结构防水，特殊施工法结构防水，排水，注浆
2	主体结构	混凝土结构	模板、钢筋、混凝土、预应力、现浇结构、装配式结构
		砌体结构	砖砌体、混凝土小型空心砌块砌体、石砌体、填充墙砌体、配筋砌体
		钢结构	钢结构焊接，紧固件连接，钢零部件加工，钢构件组装及预拼装，单层钢结构安装，多层及高层钢结构安装，钢管结构安装，预应力钢索和膜结构，压型金属板，防腐涂料涂装，防火涂料涂装
		钢管混凝土结构	构件现场拼装，构件安装，钢管焊接，构件连接，钢管内钢筋骨架，混凝土
		型钢混凝土结构	型钢焊接，紧固件连接，型钢与钢筋连接，型钢构件组装及预拼装，型钢安装，模板，混凝土
		铝合金结构	铝合金焊接，紧固件连接，铝合金零部件加工，铝合金构件组装，铝合金构件预拼装，铝合金框架结构安装，铝合金空间网格结构安装，铝合金面板，铝合金幕墙结构安装，防腐处理
		木结构	方木与原木结构，胶合木结构，轻型木结构，木结构防护
3	建筑装饰装修	建筑地面	基层铺设，整体面层铺设，板块面层铺设，木、竹面层铺设
		抹灰	一般抹灰，保温层薄抹灰，装饰抹灰，清水砌体勾缝
		外墙防水	外墙砂浆防水，涂膜防水，透气膜防水
		门窗	木门窗安装，金属门窗安装，塑料门窗安装，特种门安装，门窗玻璃安装
		吊顶	整体面层吊顶，板块面层吊顶，格栅吊顶
		轻质隔墙	板材隔墙，骨架隔墙，活动隔墙，玻璃隔墙
		饰面板	石板安装，陶瓷板安装，木板安装，金属板安装，塑料板安装
		饰面砖	外墙饰面砖粘贴，内墙饰面砖粘贴
		幕墙	玻璃幕墙安装，金属幕墙安装，石材幕墙安装，陶板幕墙安装
		涂饰	水性涂料涂饰，溶剂型涂料涂饰，美术涂饰
		裱糊与软包	裱糊，软包
		细部	橱柜制作与安装，窗帘盒和窗台板制作与安装，门窗套制作与安装，护栏和扶手制作与安装，花饰制作与安装

（续）

序 号	分部工程	子分部工程	分项工程
4	屋面	基层与保护	找坡层和找平层，隔汽层，隔离层，保护层
		保温与隔热	板状材料保温层，纤维材料保温层，喷涂硬泡聚氨酯保温层，现浇泡沫混凝土保温层，种植隔热层，架空隔热层，蓄水隔热层
		防水与密封	卷材防水层，涂膜防水层，复合防水层，接缝密封防水
		瓦面与板面	烧结瓦和混凝上瓦铺装，沥青瓦铺装，金属板铺装，玻璃采光顶铺装
		细部结构	檐口，檐沟和天沟，女儿墙和山墙，水落口，变形缝，伸出屋面管道，屋面出入口，反梁过水孔，设施基座，屋脊，屋顶窗
5	建筑给水、排水及供暖	略，详见《建筑工程施工质量验收统一标准》（GB 50300—2013）附录B	
6	通风与空调	略，详见《建筑工程施工质量验收统一标准》（GB 50300—2013）附录B	
7	建筑电气	略，详见《建筑工程施工质量验收统一标准》（GB 50300—2013）附录B	
8	智能建筑	略，详见《建筑工程施工质量验收统一标准》（GB 50300—2013）附录B	
9	建筑节能	略，详见《建筑工程施工质量验收统一标准》（GB 50300—2013）附录B	
10	电梯	略，详见《建筑工程施工质量验收统一标准》（GB 50300—2013）附录B	

注：本表摘自《建筑工程施工质量验收统一标准》（GB 50300—2013）附录B。

3.3.4 单位工程和子单位工程的划分

《统一标准》第4.0.2条对单位工程的划分按下列原则确定。

1）具备独立施工条件并能形成独立使用功能的建筑物及构筑物为一个单位工程。

建筑工程的单位工程是承建单位交给用户的一个完整产品，要具有独立的使用功能。凡在建设过程中能独立施工，完工后能形成独立使用功能的建筑工程，即可划分为一个单位工程。

一个独立的、单一的建筑物（构筑物）均为一个单位工程，如一个住宅小区建筑群中的一栋住宅楼，一所学校的一个教学楼、一个办公楼等均各为一个单位工程。一个单位工程通常由地基基础、主体结构、屋面、装饰装修四个建筑与结构分部工程和建筑给水排水及采暖、建筑电气、通风与空调、电梯和智能建筑以及燃气管道安装工程，共十个分部工程组成。但有的单位工程中，不一定全包含这些分部工程。例如，有些构筑物可能没有装饰装修分部工程，有的可能没有屋面工程等。

2）建筑规模较大的单位工程，可将其能形成独立使用功能的部分为一个子单位工程。

随着经济发展和施工技术进步，单体工程的建筑规模越来越大，综合使用功能越来越多。这些建筑物的施工周期一般较长，受多种因素的影响，诸如后期建设资金不足，部分停建、缓建，已建成可使用部分需投入使用，以发挥投资效益等；投资者为追求最大的投资效益，在建设期间，需要将其中一部分提前建成使用；规模特别大的工程，一次性验收也不方便等原因，《统一标准》规定，可将此类工程划分为若干个子单位工程进行验收。

3.3.5　室外单位（子单位）工程、分部工程的划分

为了加强室外工程的管理和验收，促进室外工程质量的提高，将室外工程根据专业类别和工程规模划分为室外建筑环境和室外安装两个单位工程，进一步分成附属建筑、室外环境、给水排水与采暖和电气子单位工程。为了保证分项、分部、单位工程的划分检查评定和验收，应将其作为施工组织设计的一个组成部分，事前给予明确规定。

具体室外单位（子单位）工程划分，详见表 3-3。

表 3-3　室外单位（子单位）工程划分

单位工程	子单位工程	分部工程
室外设施	道路	路基、基层、面层、广场与停车场、人行道、人行地道、挡土墙、附属构筑物
	边坡	土石方、挡土墙、支护
附属建筑与室外环境	附属建筑	车棚、围墙、大门、挡土墙
	室外环境	建筑小品、亭台、水景、连廊、花坛、场坪绿化、景观桥

子单元 4　建筑工程质量验收

检验批是工程验收的最小单位，是分项工程、分部工程、单位工程质量验收的基础。

检验批验收包括两个方面：资料检查，主控项目和一般项目检验。

质量控制资料反映了检验批从原材料到最终验收的各施工工序的操作依据、检查情况以及保证质量所必须的管理制度等。对其完整性的检查，实际是对过程控制的确认，是检验批合格的前提。

检验批的合格与否主要取决于对主控项目和一般项目的检验结果。主控项目是对检验批的基本质量起决定性影响的检验项目，须从严要求，因此要求主控项目必须全部符合有关专业验收规范的规定，这意味着主控项目不允许有不符合要求的检验结果。对于一般项目，虽然允许存在一定数量的不合格点，但某些不合格点的指标与合格要求偏差较大或存在严重缺陷时，仍将影响使用功能或观感质量，对这些位置应进行维修处理。

为了使检验批的质量满足安全和功能的基本要求，保证建筑工程质量，各专业验收规范应对各检验批的主控项目、一般项目的合格质量给予明确的规定。

分项工程的验收以检验批为基础。一般情况下，检验批和分项工程两者具有相同或相近的性质，只是批量的大小不同而已。分项工程质量合格的条件是构成分项工程的各检验批验收资料齐全完整，且各检验批均已验收合格。

分部工程的验收以所含各分项工程的验收为基础。首先，组成分部工程的各分项工程已验收合格，且相应的质量控制资料齐全、完整。此外，由于各分项工程的性质不尽相同，因此作为分部工程，不能简单地组合而加以验收，尚须进行以下两类检查项目：

1）涉及安全、节能、环境保护和主要使用功能的地基与基础、主体结构和设备安装等分部工程应进行有关的见证检验或抽样检验。

2）以观察、触摸或简单量测的方式进行观感质量验收，并由验收人的主观判断，检查

结果并不给出"合格"或"不合格"的结论，而是综合给出"好""一般"或"差"的质量评价结果。对于"差"的检查点，应进行返修处理。

单位工程质量验收也称为质量竣工验收，是建筑工程投入使用前的最后一次验收，也是最重要的一次验收。验收合格有以下四个条件：

1) 构成单位工程的各分部工程验收合格。

2) 有关的质量控制资料应完整。

3) 涉及安全、节能、环境保护和主要使用功能的分部工程检验资料应复查合格，这些检验资料与质量控制资料同等重要。资料复查要全面检查其完整性，不得有漏检缺项，其次复核分部工程验收时补充进行的见证抽样检验报告，体现了对安全和主要使用功能等的重视。

4) 对主要使用功能进行抽查。这是对建筑工程和设备安装工程质量的综合检验，也是用户最为关心的内容，体现了本标准完善手段、过程控制的原则，也将减少工程投入使用后的质量投诉和纠纷。因此，在分项、分部工程验收合格的基础上，竣工验收时再作全面检查。抽查项目是在检查资料文件的基础上由参加验收的各方人员商定，并用计量、计数的方法抽样检验，检验结果应符合有关专业验收规范的规定。

5) 观感质量通过验收。观感质量检查须由参加验收的各方人员共同进行，最后共同协商确定是否通过验收。

子单元5 建筑工程质量验收的程序和组织

检验批和分项工程是建筑工程施工质量验收的基础，所有检验批和分项工程均应由专业监理工程师组织验收。验收前，施工单位应完成自检，对存在的问题自行处理，然后填写"检验批或分项工程质量验收记录"的相应部分，并由项目专业质量检查员和项目专业技术负责人分别在检验批和分项工程质量检验记录中签字，然后由专业监理工程师组织，严格按规定程序进行验收。

分部工程应由总监理工程师组织验收，由施工单位的项目负责人和项目技术、质量负责人及有关人员参加。由于地基与基础、主体结构工程要求严格，技术性强，关系到整个工程的安全，为保证质量，严格把关，规定勘察、设计单位的项目负责人应参加地基与基础分部工程的验收。设计单位的项目负责人应参加主体结构、节能分部工程的验收。施工单位技术、质量部门的负责人也应参加地基与基础、主体结构、节能分部工程的验收。本条规定也体现了对节能工程的重视。

由于建设工程承包合同的双方主体是建设单位和总承包单位，总承包单位应按照承包合同的权利、义务对建设单位负责。分包单位对总承包单位负责，也应对建设单位负责。因此，分包单位对承建的项目进行检验时，总承包单位应参加，检验合格后，分包单位应将工程的有关资料整理完整后移交给总承包单位，建设单位组织单位工程质量验收时，分包单位负责人应参加验收。

单位工程完成后，施工单位首先应依据验收规范、设计图纸等组织有关人员进行自检，对检查结果进行评定，并进行必要的整改。监理单位应根据《建设工程监理规范》（GB/T 50319—2013）的要求对工程进行竣工预验收。符合规定后，由施工单位向建设单位提交工程竣工报告和完整的质量控制资料，申请建设单位组织竣工验收。

单位工程质量验收应由建设单位项目负责人组织，由于勘察、设计、施工、监理单位都是责任主体，因此各单位项目负责人都应参加验收，施工单位项目技术、质量负责人和监理单位的总监理工程师也应参加验收。

在一个单位工程中，对满足生产要求或具备使用条件，施工单位已自行检验，监理单位已预验收的子单位工程，建设单位可组织进行验收。由几个施工单位负责施工的单位工程，当其中的子单位工程已按设计要求完成，并经自行检验，也可按规定的程序组织正式验收，办理交工手续。在整个单位工程验收时，已验收的子单位工程验收资料应作为单位工程验收的附件。

单位工程验收程序见表 3-4。

表 3-4　单位工程验收程序

序号	施工质量验收层次	验收组织人员	验收参加人员	工程质量验收合格规定	执行的规范
1	检验批质量验收	监理工程师或建设单位项目技术负责人	施工单位项目专业质量检验员和项目专业技术负责人	1）主控项目和一般项目的质量经抽样检验合格 2）具有完整的施工操作依据、质量检查记录	《建筑地基基础工程施工质量验收规范》（GB 50202—2018） 《砌体结构工程施工质量验收规范》（GB 50203—2011） 《混凝土结构工程施工质量验收规范》（GB 50204—2015） 《钢结构工程施工质量验收规范》（GB 50205—2001） 《木结构工程施工质量验收规范》（GB 50206—2012） 《屋面工程质量验收规范》（GB 50207—2012） 《地下防水工程质量验收规范》（GB 50208—2011） 《建筑地面工程施工质量验收规范》（GB 50209—2010） 《建筑装饰装修工程质量验收标准》（GB 50210—2018） 《建筑给水排水及采暖工程施工质量验收规范》（GB 50242—2002） 《通风与空调工程施工质量验收规范》（GB 50243—2016） 《建筑电气工程施工质量验收规范》（GB 50303—2015） 《智能建筑工程质量验收规范》（GB 50339—2013） 《电梯工程施工质量验收规范》（GB 50310—2002） 《建筑节能工程施工质量验收规范》（GB 50411—2007） 《建筑工程施工质量验收统一标准》（GB 50300—2013）
2	分项工程质量验收	监理工程师或建设单位项目技术负责人	施工单位项目专业质量检验员和项目专业技术负责人	1）分项工程所含的检验批均应符合合格质量规定 2）分项工程所含的检验批的质量验收记录应完整	
3	分部（子分部）工程质量验收	总监理工程师或建设单位项目负责人	施工单位项目负责人、技术质量负责人，勘察、设计单位项目负责人，施工单位技术质量部门负责人	1）分部（子分部）工程所含分项工程的质量均应验收合格 2）质量控制资料应完整 3）地基与基础、主体结构和设备安装等分部工程有关安全及功能的检验和抽样检测结果应符合有关规定 4）观感质量验收应符合要求	
4	单位（子单位）工程验收	建设单位（项目）负责人	施工（含分包）单位（项目）负责人，设计、监理等单位（项目）负责人	1）单位（子单位）工程所含分部（子分部）工程的质量应验收合格 2）质量控制资料应完整 3）单位（子单位）工程所含分部工程有关安全和功能的检验资料应完整 4）主要功能项目的抽查结果应符合相关专业质量验收规范的规定 5）观感质量验收应符合要求	

检验批、分项、分部（子分部）和单位（子单位）工程的施工质量自检评定验收程序关系对照表见表3-5。

表3-5 施工质量自检评定验收程序关系对照表

序 号	验 收 层 次	验收表的名称	质量自检人员	质量自检评定人员	
				验收组织人	参加验收人员
1	施工现场质量管理检查	施工现场质量管理检查记录表	项目经理	项目经理	项目技术负责人 分包单位负责人
2	检验批质量验收	检验批质量验收记录表	班组长	项目专业质量检查员	班组长 分包项目技术负责人 项目技术负责人
3	分项工程质量验收	分项工程质量验收记录表	班组长	项目专业技术负责人	班组长项目技术负责人 分包项目技术负责人 项目专业质量检查员
4	分部、子分部工程质量验收	分部、子分部工程质量验收记录表	项目经理 分包单位项目经理	项目经理	项目专业技术负责人 分包项目技术负责人 勘察、设计单位项目负责人 建设单位项目专业负责人
5	单位、子单位工程质量竣工验收	单位、子单位工程质量竣工验收记录	项目经理	项目经理或施工单位负责人	项目经理 分包单位项目经理 设计单位项目负责人 企业技术、质量部门
		单位、子单位工程质量控制资料核查记录表	项目技术负责人	项目经理	分包单位项目经理 监理工程师 项目技术负责人 企业技术、质量部门
		单位、子单位工程安全和功能检验资料核查及主要功能抽查记录表	项目技术负责人	项目经理	分包单位项目经理 项目技术负责人 监理工程师 企业技术、质量部门
		单位、子单位工程观感质量检查记录表	项目技术负责人	项目经理	分包单位项目经理 项目技术负责人 监理工程师 企业技术、质量部门

子单元6 建筑工程质量不符合要求时的处理

一般情况下，在检验批验收时就应发现并及时处理不合格现象，但实际工程中不能完全避免不合格情况的出现，本条给出了当质量不符合规定时的处理办法。

1）检验批验收时，对于主控项目不能满足验收规范规定，或一般项目超过偏差限值时，应及时进行处理。其中，对于严重的缺陷，应重新施工；对于一般的缺陷，可通过返修、更换予以解决，允许施工单位在采取相应的措施后重新验收。如能够符合相应的专业验收规范要求，应认为该检验批合格。

2）当个别检验批发现问题，难以确定能否验收时，应请具有资质的法定检测机构进行检测鉴定。当鉴定结果认为能够达到设计要求时，该检验批应可以通过验收。这种情况通常出现在某检验批的材料试块强度不满足设计要求的时候。

3）如经检测鉴定达不到设计要求，但经原设计单位核算、鉴定，仍可满足相关设计规范和使用功能要求时，该检验批可予以验收。这主要是因为一般情况下，标准、规范的规定是满足安全和功能的最低要求，而设计往往在此基础上留有一些余量。在一定范围内，会出现不满足设计要求而符合相应规范要求的情况，两者并不矛盾。

4）经法定检测机构检测鉴定后认为达不到规范的相应要求，即不能满足最低限度的安全储备和使用功能时，则必须进行加固或处理，使其能满足安全使用的基本要求。这样可能会造成一些永久性的影响，如增大结构外形尺寸，影响一些次要的使用功能。但为了避免建筑物的整体或局部拆除，避免社会财富更大的损失，在不影响安全和主要使用功能的条件下，可按技术处理方案和协商文件进行验收，责任方应按法律法规承担相应的经济责任和接受处罚。需要特别注意的是，这种方法不能作为降低质量要求、变相通过验收的一种出路。

在实际工程中，偶尔会出现因遗漏检验或资料丢失而导致部分施工验收资料不全的情况，使工程无法正常验收。对此，可有针对性地进行工程质量检验，采取实体检测或抽样试验的方法确定工程质量状况。上述工作应由有资质的检测机构完成，检验报告可用于施工质量验收。

如分部工程及单位工程存在影响安全和使用功能的严重缺陷，经返修或加固处理仍不能满足安全使用要求时，严禁通过验收，更不能擅自投入使用，需要专门研究处置方案。

【工程案例 3-1】

1. 工程背景

某建设工程项目通过招标选择了一家建筑公司作为该项目的总承包单位，业主委托某监理公司对该工程实施施工监理。在施工过程中，由于总承包单位对地基基础工程的施工存在一定的技术限制，因此将此分部工程分包给某基础工程公司。

2. 施工背景

在施工及验收过程中，发生如下情况：

1）地基基础工程的检验批和分项工程质量由总包单位项目专业质检员组织分包单位项目专业质检员进行验收，监理工程师没有参与对分包单位检验批和分项工程质量的验收。

2）地基基础分部工程质量由总包单位项目经理组织分包单位项目经理进行验收，监理工程师参与验收。

3）主体结构施工中，各检验批的质量由专业监理工程师组织总包单位项目专业质检员进行验收。各分项工程的质量由专业监理工程师组织总包单位项目专业技术负责人进行验收。

4）主体结构分部工程、建筑电气分部工程、装饰装修分部工程的质量由总监理工程师组织总包单位项目经理进行验收。

5）单位工程完成后，由承包商进行竣工初验，并向建设单位报送了工程竣工报验单。建设单位组织勘察、设计、施工、监理等单位有关人员对单位工程质量进行了验收，并由各方签署工程竣工报告。

3. 案例分析

本案的建设单位、监理单位、施工单位、分包单位均没有按照《统一标准》中的验收程序及组织要求进行验收。为规范验收活动，《统一标准》对建筑工程各层次的验收程序和组织都进行了要求。工程检验批应由专业监理工程师组织总包单位项目专业质检员等进行验收，分包单位派人参加验收；分项工程应由专业监理工程师组织总包单位项目专业技术负责人等进行验收，分包单位派人参加验收；分部工程应由总监理工程师组织总包单位项目经理和技术负责人、质量负责人，与地基基础分部工程相关的勘察设计单位工程项目负责人和总包单位技术部门负责人、质量部门负责人参加相关分部工程验收，分包单位的相关人员参与验收；主体结构分部工程应由总监理工程师组织总包单位项目负责人和技术负责人、质量负责人，与主体结构分部工程相关的勘察设计单位工程项目负责人和总包单位技术、质量部门负责人参加相关分部工程验收；建筑电气分部工程、装饰装修分部工程应由总监理工程师组织总包单位项目负责人和技术、质量负责人等进行验收；当单位工程达到竣工验收条件后，承包商应在自查、自评工作完成后，填写工程竣工报验单，并将全部竣工资料报送项目监理机构，申请竣工验收。总监理工程师应组织各专业监理工程师对竣工资料及各专业工程的质量情况进行初验，经项目监理机构对竣工资料及实物全面检查、验收合格后，由总监理工程师签署工程竣工报验单，并向建设单位提出质量评估报告；建设单位收到工程验收报告后，应由建设单位（项目）负责人组织施工（含分包单位）、设计、监理等单位（项目）负责人进行单位工程验收。

4. 思考与问答

1）上述事件中的质量验收做法是否妥当？如不妥，请予以改正。

2）试述检验批、分项工程、分部工程、单位工程施工质量验收的程序与组织。

3）试述施工单位施工质量自检评定验收程序。

单元 4

检验批施工质量控制与验收

学习目标

子单元名称	能力目标	知识目标	引入案例
1. 检验批施工质量评定	1. 能够熟知检验批中主控项目和一般项目的要求 2. 能够进行检验批质量的合格评定 3. 能够填写检验批质量验收记录表	1. 熟悉主控项目和一般项目的基本概念及要求 2. 掌握检验批合格质量的规定 3. 掌握检验批质量验收记录表及填写要求	
2. 建筑地基基础工程	1. 能够运用《建筑地基基础工程施工质量验收规范》（GB 50202—2018）对建筑地基基础分部工程所包含的分项工程检验批进行检查和验收 2. 能够对建筑地基基础分部工程所包含的分项工程检验批是否合格进行评定 3. 能够对建筑地基基础工程中的施工常见质量问题进行预控	1. 熟悉土方工程、基坑工程、地基基础处理工程、桩基础工程、地下防水工程施工质量控制要点 2. 掌握土方工程、基坑工程、地基基础处理工程、桩基础工程、地下防水工程检验批主控项目和一般项目的验收标准、验收内容、验收方法 3. 熟悉土方工程、基坑工程、地基基础处理工程、桩基础工程、地下防水工程的施工常见质量问题及预防	[工程案例 4-1] 某小区住宅楼工程土方开挖与回填施工质量检验与控制 [工程案例 4-2] 某高层建筑土层锚杆支护工程施工质量检验与控制 [工程案例 4-3] 某住宅楼水泥土深层搅拌桩复合地基施工质量检验与控制 [工程案例 4-4] 某商业中心钻孔灌注桩基工程施工质量检验与控制 [工程案例 4-5] 某省医院新病房大楼工程基础底板混凝土施工质量检验与控制
3. 主体结构工程	1. 能够运用《混凝土结构工程施工质量验收规范》（GB 50204—2015）、《钢筋焊接及验收规程》（JGJ 18—2012）、《钢结构工程施工质量验收规范》（GB 50205—2001）、《钢结构焊接规范》（GB 50661—2011）、《砌体结构工程施工质量验收规范》（GB 50203—2011）等规范对主体结构分部工程所包含的分项工程检验批进行检查和验收 2. 能够对主体结构工程所包含的分项工程检验批是否合格进行评定 3. 能够对主体结构工程中的施工常见质量问题进行预控	1. 熟悉混凝土工程、钢结构工程、砌体工程施工质量控制要点 2. 掌握混凝土工程、钢结构工程、砌体工程检验批主控项目和一般项目的验收标准、验收内容、验收方法 3. 熟悉混凝土工程、钢结构工程、砌体工程的施工常见质量问题及预防	[工程案例 4-6] 某商住楼工程钢筋混凝土施工质量检验与控制案例 [工程案例 4-7] 某单位办公住宅综合楼砌体工程的质量检验与控制

（续）

子单元名称	能力目标	知识目标	引入案例
4. 屋面工程	1. 能够运用《屋面工程质量验收规范》（GB 50207—2012）等规范对屋面分部工程所包含的分项工程检验批进行检查和验收 2. 能够对屋面工程所包含的分项工程检验批是否合格进行评定 3. 能够对屋面工程中的施工常见质量问题进行预控	1. 熟悉卷材防水层工程、涂膜防水屋面工程、刚性防水屋面工程、瓦屋面工程、细部构造施工质量控制要点 2. 掌握卷材防水层工程、涂膜防水屋面工程、刚性防水屋面工程、瓦屋面工程、细部构造检验批主控项目和一般项目的验收标准、验收内容、验收方法 3. 熟悉卷材防水层工程、涂膜防水屋面工程、刚性防水屋面工程、瓦屋面工程、细部构造的施工常见质量问题及预防	[工程案例4-8] 某小区1～3号住宅楼屋面防水工程的质量检验与控制 [工程案例4-9] 某学校教学大楼涂膜防水工程的质量检验与控制 [工程案例4-10] 某外企办公楼刚性防水屋面工程的质量检验与控制 [工程案例4-11] 某学院教工住宅楼瓦屋面防水工程的质量检验与控制
5. 建筑装饰装修工程	1. 能够运用《建筑地面工程施工质量验收规范》（GB 50209—2010）、《建筑装饰装修工程质量验收标准》（GB 50210—2018）等规范对建筑装饰装修工程所包含的分项工程检验批进行检查和验收 2. 能够对建筑装饰装修工程所包含的分项工程检验批是否合格进行评定 3. 能够对建筑装饰装修工程中的施工常见质量问题进行预控	1. 熟悉建筑地面工程、抹灰工程、门窗工程、吊顶工程、轻质隔墙工程、饰面板（砖）工程、幕墙工程、涂饰工程施工质量控制要点 2. 掌握建筑地面工程、抹灰工程、门窗工程、吊顶工程、轻质隔墙工程、饰面板（砖）工程、幕墙工程、涂饰工程检验批主控项目和一般项目的验收标准、验收内容、验收方法 3. 熟悉建筑地面工程、抹灰工程、门窗工程、吊顶工程、轻质隔墙工程、饰面板（砖）工程、幕墙工程、涂饰工程的施工常见质量问题及预防	[工程案例4-12] 某工程卫生间漏水引起的思考 [工程案例4-13] 某饭店职工餐厅的装修改造工程中抹灰工程的质量检验与控制 [工程案例4-14] 某宾馆大堂室内装饰装修改造工程顶面吊顶工程的质量检验与控制 [工程案例4-15] 北京某工程外墙面砖的质量检验与控制 [工程案例4-16] 某大厦玻璃幕墙的质量检验与控制 [工程案例4-17] 某工程内墙面涂料涂饰工程的质量检验与控制
6. 建筑节能工程	1. 能够运用《建筑节能工程施工质量验收规范》（GB 50411—2007）等规范对建筑节能工程所包含的分项工程检验批进行检查和验收 2. 能够对建筑节能工程所包含的分项工程检验批是否合格进行评定 3. 能够对建筑节能工程中的施工常见质量问题进行预控	1. 熟悉墙体节能工程、幕墙节能工程、门窗节能工程、屋面节能工程、地面节能工程施工质量控制要点 2. 掌握墙体节能工程、幕墙节能工程、门窗节能工程、屋面节能工程、地面节能工程检验批主控项目和一般项目的验收标准、验收内容、验收方法 3. 熟悉墙体节能工程、幕墙节能工程、门窗节能工程、屋面节能工程、地面节能工程的施工常见质量问题及预防	[工程案例4-18] 豪庭住宅墙体节能工程的质量检验与控制 [工程案例4-19] 三井大厦幕墙节能工程的质量检验与控制 [工程案例4-20] 百草苑工程4号楼门窗节能工程的质量检验与控制 [工程案例4-21] 豪庭住宅屋面节能工程的质量检验与控制 [工程案例4-22] 百草苑工程4号楼地面节能工程的质量检验与控制

子单元 1　检验批施工质量评定

4.1.1　检验批合格质量规定

检验批合格质量应符合下列规定：主控项目和一般项目的质量经抽样检验合格；具有完整的施工操作依据、质量检查记录。

4.1.1.1　主控项目

1．主控项目内容

1）重要材料、构件及配件、成品及半成品、设备性能及附件的材质、技术性能等：检查出厂证明及试验数据，如水泥、钢材的质量；预制墙板、门窗等构配件的质量；风机等设备的质量。

2）结构的强度、刚度和稳定性等检验数据、工程性能的检测：如混凝土、砂浆的强度；钢结构的焊缝强度；管道的压力试验；风管的系统测定与调整；电气的绝缘、接地测试；电梯的安全保护、试运转结果等。

对一些有龄期的检测项目，在其龄期不到，不能提供数据时，可先评价其他项目，并根据施工现场的质量保证和控制情况，暂时验收该项目，待检测数据出来后，再填入数据。如果数据达不到规定数值，以及对一些材料、构配件质量及工程性能的测试数据有疑问时，应进行复试、鉴定及实地检验。

2．主控项目验收要求

主控项目的条文是必须达到的要求。主控项目中所有子项必须全部符合各专业验收规范规定的质量指标方能判定该主控项目质量合格。反之，只要其中某一子项甚至某一抽查样本检验后达不到要求，即可判定该检验批质量为不合格，则该检验批拒收。

4.1.1.2　一般项目

一般项目是指除主控项目以外，对检验批质量有影响的检验项目，当其中缺陷（指超过规定质量指标的缺陷）的数量超过规定的比例，或样本的缺陷程度超过规定的限度后，会对检验批质量产生影响。

1．一般项目内容

对于不同的分项工程检验批，其一般项目的内容不同，主要包括以下内容。

1）允许有一定偏差的项目，即可以在允许偏差范围内。

2）对于不能确定偏差值而又允许出现一定缺陷的项目，则以缺陷的数量来区分。

3）对于一些无法定量而采用定性的项目，如碎拼大理石地面颜色协调，无明显裂缝和坑洼；油漆工程中，中级油漆的光亮和光滑项目；卫生器具给水配件安装项目，接口严密，启闭部分灵活；管道接口项目，无外露油麻等。

2．一般项目验收要求

一般项目也是应该达到检验要求的项目，只不过对少数不影响工程安全和使用功能的可以适当放宽一些。规定一般项目的合格判定条件如下：抽查样本的 80% 及以上（个别项目为 90% 以上，如混凝土规范中梁、板构件上部纵向受力钢筋保护层厚度等）符合各专业验收规范规定的质量指标，其余样本的缺陷通常不超过规定允许偏差值的 150%（个别规范规定为 120%，如钢结构验收规范等）。具体应根据各专业验收规范的规定执行。

4.1.1.3 完整的施工操作依据、质量检查记录

检验批合格质量的要求，除主控项目和一般项目的质量经抽样检验符合要求外，质量控制资料的完整性也是判定检验批合格的前提。质量控制资料反映了检验批从原材料到最终验收的各施工工序的操作依据、检查情况以及保证质量所必需的管理制度等。对其完整性的检查，实际是对过程控制的确认，这是检验批合格的前提。

4.1.2 检验批施工质量验收记录表

做好检验批质量验收表的填写，是一个重点工作。不同的分项工程检验批有不同的内容，分项工程检验批验收记录通用表格形式可参见表 4-1。

表 4-1 ×× 检验批施工质量验收记录表

编号：

单位（子单位）工程名称			分部（子分部）工程名称			分项工程名称	
施工单位			项目负责人			检验批容量	
分包单位			分包单位项目负责人			建议案批部位	
施工依据				验收依据			

		验收项目	设计要求及规范规定	最小/实际抽样数量	检查记录	检查结果
主控项目	1					
	2					
	3					
	4					
	5					
	6					
	7					
	8					
	9					
	10					
一般项目	1					
	2					
	3					
	4					
	5					

施工单位检查结果	专业工长：××× 项目专业质量检查员：××× ×年×月×日
监理单位验收结论	专业监理工程师：××× ×年×月×日

4.1.3　一般项目正常检验一次、二次抽样判定

为了使检验批的质量满足安全和功能的基本要求，保证建筑工程质量，各专业验收规范应对各检验批的主控项目、一般项目的合格质量给予明确的规定。

《计数抽样检验程序第 1 部分：按接收质量限（AQL）检索的逐批检验抽样计划》（GB/T 2828.1—2012）给出了计数抽样正常检验一次抽样、正常检验二次抽样结果的判定方法。

下面举例说明表 4-2、表 4-3 的使用方法。对于一般项目正常检验一次抽样，假设样本容量为 20，在 20 个试样中，如果有 5 个或 5 个以下试样被判定为不合格时，该检测批可判定为合格；当 20 个试样中有 6 个或 6 个以上试样被判定为不合格时，则该检测批可判定为不合格。对于一般项目正常检验二次抽样，假设样本容量为 20，当 20 个试样中有 3 个或 3 个以下试样被判定为不合格时，该检测批可判定为合格；当有 6 个或 6 个以上试样被判定为不合格时，该检测批可判定为不合格；当有 4 或 5 个试样被判定为不合格时，应进行第二次抽样，样本容量也为 20 个，两次抽样的样本容量为 40，当两次不合格试样之和为 9 或小于 9 时，该检测批可判定为合格，当两次不合格试样之和为 10 或大于 10 时，该检测批可判定为不合格。表 4-2 给出的样本容量不连续，有时需要对合格判定数和不合格判定数进行取整处理。例如，样本容量为 15，按《统一标准》表 D.0.1-1 插值得出的合格判定数为 3.571，不合格判定数为 4.571，取整可得合格判定数为 4，不合格判定数为 5。

表 4-2　一般项目正常检验一次抽样判定

样本容量	合格判定数	不合格判定数	样本容量	合格判定数	不合格判定数
5	1	2	32	7	8
8	2	3	50	10	11
13	3	4	80	14	15
20	5	6	125	21	22

表 4-3　一般项目正常检验二次抽样判定

抽样次数	样本容量	合格判定数	不合格判定数	抽样次数	样本容量	合格判定数	不合格判定数
（1）	3	0	2	（1）	20	3	6
（2）	6	1	2	（2）	40	9	10
（1）	5	0	3	（1）	32	5	9
（2）	10	3	4	（2）	64	12	13
（1）	8	1	3	（1）	50	7	11
（2）	16	4	5	（2）	100	18	19
（1）	13	2	5	（1）	80	11	16
（2）	26	6	7	（2）	160	26	27

子单元 2　建筑地基基础工程

地基基础是建筑物的重要组成部分，建筑物的全部质量（包括各种荷载）最终都将通过基础传给地基。保证地基基础工程的质量是实现建筑物耐久、稳定的重要措施。建筑地基基础分部工程是建筑工程施工验收十大分部工程之一，主要包括地基、基础、基坑支护、地下水控制、土方、边坡、地下防水等七个子分部工程，主要涉及《建筑地基基础工程施工质量验收标准》（GB 50202—2018）和《地下防水工程质量验收规范》（GB 50208—2011），

验收时尚应符合相应的专业验收规范的规定，故地基基础分部工程验收时可能涉及其他现行国家规范。

地基基础分部工程包括的子分部和分项工程较多，本子单元仅介绍较为常见的土方、地基处理、桩基、地下防水工程等子分部工程。

4.2.1　土方工程

土方工程是一个子分部工程，包括土方开挖、土方回填等分项工程。

4.2.1.1　土方开挖

1. 质量控制点

（1）材料要求

1）湿陷性黄土在干燥状态下有较高的强度和较小的压缩性，遇水后土的结构被迅速破坏，发生显著下沉，强度降低，稳定性差。如应用湿陷性黄土作地基时，必须经过处理。

2）膨胀土的强度较高，压缩性很小，具有失水收缩和吸水膨胀变形的特点，使建筑物产生不均匀的升降，造成建筑物产生竖向裂缝。膨胀土的性质很不稳定，危害较大。如应用膨胀土作地基时，必须经过处理。

3）软土地区开挖基坑（槽）或管沟时，施工前必须做好地面排水和降低地下水位工作，地下水位应降至基底0.5～1.0m后，方可开挖。

4）盐渍土表面呈一层白色盐霜或盐壳，厚度有数厘米至数十厘米，盐渍土强度随季节气候和水文地质的变化而变化。土干燥时，呈结晶状态，地基具有较高强度，一旦浸水后变为液态，强度明显降低，压缩性增大。用含盐量高的土料回填时，不易压实。另外，盐渍土对混凝土基础及一般金属也具有一定侵蚀性。

（2）开挖前准备

土方开挖前，应检查定位放线、排水和降低地下水位系统，合理安排土方运输车的行走路线及弃土场。

（3）施工过程

在施工过程中，应检查平面位置、水平标高、边坡坡度、压实度、排水、降低地下水位系统，并随时观测周围的环境变化。

（4）临时挖方边坡

临时挖方边坡边坡值应符合表4-4的规定。

表4-4　临时挖方边坡边坡值

土 的 类 别		边坡值（高：宽）
砂土（不包括细砂、粉砂）		（1:1.50）～（1:1.25）
一般性黏土	硬	（1:1.00）～（1:0.75）
	硬、塑	（1:1.25）～（1:1.00）
	软	1:1.50 或更缓
碎石类土	充填坚硬、硬塑黏性土	（1:1.00）～（1:0.50）
	充填砂性土	（1:1.50）～（1:1.00）

注：1. 设计有要求时，应符合设计标准。

2. 如采用降水或其他加固措施，可不受本表限制，但应计算复核。

3. 开挖深度，对软土不应超过4m，对硬土不应超过8m。

4. 本表摘自《建筑地基基础工程施工质量验收标准》（GB 50202—2018）。

2．土方开挖工程检验批施工质量验收

检验批划分方法如下：一般情况下，土方开挖都是一次完成的，然后进行验槽，故大多土方开挖分项工程都只有一个检验批。但也有部分工程土方开挖分为两段施工，要进行两次验收，形成两个或两个以上检验批。在施工中，虽然形成不同的检验批，但各检验批检查和验收的内容以及方法都是一样的。

（1）主控项目检验

土方开挖主控项目检验标准及检验方法见表 4-5。

表 4-5　土方开挖主控项目检验标准及检验方法

序　号	项　目	允许偏差或允许值 /mm					检验方法	检验数量
		柱基基坑基槽	挖方场地平整		管沟	地（路）面基层		
			人工	机械				
1	标高	−50	±30	±50	−50	−50	水准仪	柱基按总数抽查10%，但不少于5个，每个不少于2点；基坑每20m² 取1点，每坑不少于2点；基槽、管沟、排水沟、路面基层每20m取1点，但不少于5点；场地平整每100～400m² 取1点，但不应少于10点
2	长度、宽度（由设计中心线向两边量）	+200 −50	+300 −100	+500 −150	+100	—	经纬仪，用钢尺量	矩形平面从相交的中心线向外量两个宽度和两个长度；圆形平面以圆心为中心取半径长度在圆弧上绕一圈；梯形平面用长边与短边中心的连线向外量；每边不能少于1点
3	边坡	设计要求					观察或用坡度尺检查	按设计规定坡度第20m测1点，每边不少于2点

注：1．关于主控项目"标高"：不允许欠挖是为了防止基坑底面超高，而影响基础的标高。
　　2．关于主控项目"边坡"：边坡坡度应符合设计要求或经审批的组织设计要求。

（2）一般项目检验

土方开挖一般项目检验标准及检验方法见表 4-6。

表 4-6　土方开挖一般项目检验标准及检验方法

序号	项　目	允许偏差或允许值 /mm					检验方法	检验数量
		柱基基坑基槽	挖方场地平整		管沟	地（路）面基层		
			人工	机械				
1	表面平整度	20	20	50	20	20	用2m靠尺和楔形塞尺检查	每30～50m² 取1点，用2m靠尺和楔形塞尺检查
2	基底土性	设计要求					观察或土样分析	全数检查

注：对于一般项目来说，基坑（槽）和管沟基底的土质条件（包括工程地质和水文地质条件等）必须符合设计要求，否则对整个建筑物或管道的稳定性与耐久性会造成严重影响。检验方法应由施工单位会同设计单位、建设单位等在现场观察检查，合格后作出验槽记录。

3．施工中常见的质量问题及预防措施

➢ 常见的质量问题：土方开挖过程中，对地下管道、电缆等造成破坏。

✧ 预防措施：施工区域内及施工区周围的障碍物（如建筑物、构筑物、地下管道、电缆、

坟墓、树木等），应做好拆迁处理或防护措施。

➤ 常见的质量问题：挖土标高控制不当时，常常会造成土方超开挖，从而会影响工期，增加成本。

✧ 预防措施：土方开挖一般从上往下分层分段依次进行，随时做成一定的坡势，以利泄水及边坡的稳定。如采用机械挖土，深度在5m内，可一次开挖，在接近坑底设计标高或边坡边界时，应预留20～30cm厚的土层，用人工开挖和修坡，边挖边修坡，保证标高符合设计要求。凡挖土标高超深时，不准用松土回填到设计标高，应用砂、碎石或低强度混凝土填实至设计标高。当土挖至设计标高，而全部或局部未挖至老（实）土时，必须通知设计单位等有关人员进行研究处理。

挖土边坡值应根据土的物理性质（内摩擦角、黏结力、湿度、质量密度等）确定。

➤ 常见的质量问题：在场地平整过程中或平整后，挖方边坡土方局部或大面积发生塌方或滑塌。

✧ 预防措施：①在斜坡地段开挖时应遵循由上而下、分层开挖的顺序，合理放坡，不使坡过陡，同时避免切割坡脚，以防使边坡失稳而造成塌方。②在有地表水或地下水作用的地段，应做好排水、降水措施，避免冲刷坡面和掏空坡脚，使边坡失稳。特别在软土地段开挖边坡，应降低地下水位，防止边坡产生侧移。③施工中，应避免在坡顶堆土和存放建筑材料，并避免行驶施工机械设备和车辆振动。④对临时性边坡塌方，可将塌方清除，将坡顶线后移或将坡度改缓；对永久性边坡局部塌方，在将塌方松土清除后，用块石填砌或由下而上分层回填灰土嵌补，与土坡面接触部位做成台阶式搭接，使接合紧密。

➤ 常见的质量问题：场地范围内局部或大面积积水。

✧ 预防措施：①场地内填土应认真分层回填碾压（夯）实，使密实度不低于设计要求，避免松填；按要求做好场地排水和排水沟。②做好测量的复核工作，防止出现标高错误。③对于已积水场地，应立即疏通排水和采用截水设施，将水排除。场地未做排水坡度或坡度过小部位，应重新修坡；对局部低洼处，应填土找平，碾压（夯）实至符合要求，避免再次积水。

4.2.1.2　土方回填

1. 质量控制点

1）材料要求

① 质地坚硬的碎石爆破石渣，粒径不大于每层铺厚的2/3，可用于表层下的填料。

② 砂土应采用质地坚硬的中粗砂，粒径为0.25～0.50mm，可用于表层下的填料。如采用细、粉砂时，应取得设计单位的同意。

③ 黏性土（粉质黏土、粉土），土块颗粒不应大于5cm，碎块草皮和有机质含量不大于8%。

2）土方回填前，应清除基底的垃圾、树根等杂物，抽除坑穴积水、淤泥，验收基底标高。如在耕植土或松土上填方，应在基底压实后再进行。

填方基底在填方前和处理后应进行隐蔽验收，并做好记录。即由施工单位和建设单位或会同设计单位到现场观察检查，并查阅处理中间验收资料，经检验符合要求后做出验收鉴证，方能进行填方工程。

3）对填方土料，应按设计要求验收后方可填入。

回填土含水量的控制：土的最佳含水率和最少压实遍数可预先通过试验求得。

　　黏性土料施工含水量与最佳含水量之差可控制在 –4% ～ 2% 范围内（使用振动碾时，可控制在 –6% ～ 2% 范围内）。工地检验一般以手握成团、落地即散为宜。

　　4）在填方施工过程中，应检查排水措施，每层填筑厚度、含水量控制、压实程度、填筑厚度及压实遍数应根据土质、压实系数及所用机具确定。如无试验依据，应符合表4-7 的规定。

表 4-7　填土施工时的分层厚度及压实遍数

压实机具	分层厚度 /mm	每层压实遍数
平碾	250 ～ 300	6 ～ 8
振动压实机	250 ～ 350	3、4
柴油打夯机	200 ～ 250	3、4
人工打夯	<200	3、4

　　对于重要工程的填方工程的施工参数，如每层填筑厚度、压实遍数及压实系数，均应做现场试验后确定，或由设计提供。

　　2. 土方回填工程检验批施工质量验收

　　土方回填分项工程检验批的划分可根据工程实际情况按施工组织设计进行确定，可以按室内和室外划分为两个检验批，也可以按轴线分段划分为两个或两个以上检验批。若工程项目较小，也可以将整个填方工程作为一个检验批。

　　（1）主控项目检验　土方回填主控项目检验标准及检验方法见表4-8。

表 4-8　土方回填主控项目检验标准及检验方法

序号	项目	允许偏差或允许值 /mm					检验方法	检验数量
		柱基基坑基槽	场地平整		管沟	地(路)面基层		
			人工	机械				
1	标高	-50	±30	±50	-50	-50	水准仪	柱基按总数抽查10%，但不少于 5 个，每个不少于 2 点；基坑每20m² 取 1 点；每坑不少于 2 点；基槽、管沟、路基基层每20m 取 1 点，但不少于 5 点；地面基层每30 ～ 50m² 取 1 点，但不应少于 5 点
2	分层压实系数	设计要求					按规定方法	柱基坑回填，抽查基坑总数10%，但不少于 5 个，基槽和管沟回填每层按长度每20 ～ 50m 取样 1 组，但每层不少于 1 组；基坑和室内回填土每层按100 ～ 500m² 取样 1 组，但每层不少于 1 组；场地平整填方，每层按400 ～ 900m² 取样 1 组，但每层不少于 1 组，每一独立基础下地基填土至少取样一组；基槽地基填土每20 延米应有 1 组

注：主控项目第二项检验方法如下。

1. 检查方法：环刀取样或小轻便触探仪，若采用灌砂法取样，可适当减少。
2. 质量标准：填方密实后的干密度，应有 90% 以上符合设计要求；其余 10% 的最低值与设计值之差不得大于 0.08g/cm³，且不宜集中。干密度由设计方提供。
3. 对有密度要求的填方，在夯实或压实之后，要对每层回填土的质量进行检验。一般采用环刀取样测定土的干密度和密实度，或用小轻便触控仪直接通过锤击数来检验干密度和密实度，符合设计要求后，才能填筑上层。

53

（2）一般项目检验 土方回填一般项目检验标准及检验方法见表4-9。

表4-9 土方回填一般项目检验标准及检验方法

序号	项目	允许偏差或允许值/mm					检验方法	检验数量
		柱基基坑基槽	场地平整		管沟	地（路）面基层		
			人工	机械				
1	回填土料	设计要求					取样检查或直观鉴别	按同一种类土每100m³抽检一组
2	分层厚度及含水量	设计要求					水准仪及抽样检查	柱基坑回填，抽查基坑总数10%，但不少于5个，基槽和管沟回填每层按长度每20～50m取样1组，但每层不少于1组；基坑和室内回填土每层按100～500m²取样1组，但每层不少于1组；场地平整填方，每层按400～900m²取样1组，但每层不少于1组，每一独立基础下地基填土至少取样一组；基槽地基填土每20延米应有1组
3	表面平整度	20	20	30	20	20	用靠尺或水准仪	地面基层每30～50m²取一点，但不少于5点，场地平整每100～400m²取一点，但至少检10点

注：1. 一般项目第一项检查方法：野外鉴别或取样试验。对填土压实要求不高的填料，可根据设计要求或施工规范的规定，按土的野外鉴别进行判别；对填土压实要求较高的填料，应先按野外鉴别法作初步判别，然后取有代表性的土样进行试验，提出试验报告。

2. 一般项目第二项检验方法。在施工过程中，应检查每层填筑厚度、含水量、压实程度。填筑厚度及压实遍数应根据土质、压实系数及所用机具确定。

3. 施工中常见的质量问题及预防措施

➤ 常见的质量问题：填方基底未经处理，局部或大面积填方出现下陷，或发生滑移。

◇ 预防措施：①应清除干净回填土方基底上的草皮、淤泥及其他杂物，应排除积水，耕土、松土应先经夯压实处理，然后回填。②填土场地周围做好排水措施，防止地表滞水流入基底，浸泡地基，造成基底土下陷。③对于水田、沟渠、池塘或含水量很大的地段回填，基底应根据具体情况采取排水、疏干、挖去淤泥、换土、抛填片石、填砂砾石、翻松、掺石灰压实等措施处理，以加固基底土体。④当填方地面陡于1/5时，应先将斜坡挖成阶梯形，阶高0.2～0.3m，阶宽大于1m，然后分层回填夯实，以利结合并防止滑动。⑤冬期施工基底土体受冻胀，应先解冻，夯实处理后再行回填。⑥对下陷已经稳定的填方，可仅在表面作平整夯实处理；对下陷尚未稳定的填方，应会同设计部门针对情况采取加固措施。

➤ 常见的质量问题：基坑（槽）填方出现明显沉陷和不均匀沉陷。

◇ 预防措施：①填土前，应清除沟槽内的积水和有机杂物。当有地下水或滞水时，应采用相应的排水和降低地下水位的措施。②基槽回填顺序，应按基底排水方向由高至低分层进行。③回填土料质量应符合设计要求和施工规范的规定。④回填应分层进行，并逐层夯实密实。每层铺填厚度和压实要求应符合施工及验收规范的规定。⑤基槽回填土沉陷造成室内散水坡空鼓，但混凝土层尚未破坏，可采用填入碎石，用灰浆泵压浆等方法，将水泥砂浆填灌密实；基槽回填土沉陷造成室内地面或室外散水坡裂缝破坏，应根据面积大小或损坏情况，采取局部或全部返工重做。

➤ 常见的质量问题：填土采用不同透水性的土料混杂回填。

✧ 预防措施：填方应尽量采用同类土填筑，并宜把土的含水量控制在最优含水量范围内。当采用不同透水性的土填筑时，应按土类有规则地分层铺填，分层压夯（碾压）密实，应将透水性大的土层置于透水性小的土层之下，不得混杂使用，以利水分排除和基土获得稳定，并可避免在填方内形成水囊和产生滑动现象，提高基土承载力。

➤ 常见的质量问题：回填土料的含水量不加以控制，随意采用含水量很高或很低的土料回填，或两种含水量的土料回填。由于含水量高的土料易夯压成橡皮土，含水量低的土料夯压不实，会造成填土密实度达不到设计要求，建筑物会产生较大的不均匀附加沉降，从而引起开裂、下陷，甚至破坏。

✧ 预防措施：①土料含水量的大小，直接影响到夯实（碾压）遍数和夯实（碾压）质量，在夯实（碾压）前应进行预试验，以得到符合密实度要求条件下的最优含水量和最少夯实（或碾压）遍数，作为施工控制的依据。当填料为黏性土或排水不良的砂土时，其最优含水量与相应的最大干密度应用击实试验测定。②填土土料的含水量必须按最优含水量 $\omega_{op} \pm 2\%$ 控制。土料含水量一般以手握成团、落地散开为适宜。含水量过大，应采取翻松、晾干、风干、换土回填、掺入干土或其他吸水材料等措施。如土料过干，则应预先洒水湿润，增加压实遍数或使用大功率压实机械夯压实等措施。

➤ 常见的质量问题：土方回填采取一次松填到顶后，再进行夯压（碾压）密实。由于填土厚度大，夯压实机械的夯击（压实）影响深度达不到该土层的深度，往往造成上层土较为密实，而下层土则仍为松散填土，导致密实度达不到设计要求，附加下沉量大，承载力降低。

✧ 预防措施：①填土应严格按分层回填，逐层夯压（碾压）密实的方法进行。填方每层铺土厚度应根据所使用的压实机具的性能而定，一般应进行现场碾压试验确定。②填方应从最低处开始，由上向下整个宽度水平分层铺填夯压（碾压）密实。在地形起伏之处，应做好接槎，修筑 1:2 阶梯形边坡，台阶高可取 50cm、宽 100cm。分层填筑时，每层接缝处应作成大于 1:1.5 的斜坡，上、下层错峰距离不应小于 1m。

【工程案例 4-1】

1. 工程背景

某小区 6 号楼长 41.88m，宽 14.08m，18 层；7 号楼长 49.08m，宽 13.58m，12 层；8 号楼长 88.08m，宽 13.58m，12 层；9 号楼长 71.2m，宽 13.58m，12 层。结构形式为钢筋混凝土框架剪力墙结构，基础类型为筏板基础及柱下条形基础，地基处理方式为 CFG 桩，上铺 25cm 厚级配碎石褥层。

2. 施工背景

（1）基坑开挖

1）土方开挖时，准确计算土方工程量，做好土方调配。计算挖方量与回填土方量，确保回填土方存量，本工程回填土方量较大，用于回填的土方应集中堆至甲方指定弃土处（或经双方协商指定的临时堆土处）以备回填。

2）根据本工程地质勘察报告，为平衡土方量，地表杂填土运至场外城郊弃土处，其余用于回填的土方应集中存于场地东北角。

3）本工程场地土质较好，地下水位较深，挖土放坡系数按 1:0.33 进行。

4）根据桩位图及基础平面图，考虑打桩机械施工时的最小工作面宽度，基坑底部尺寸为从最外排桩边到槽边不小于 1.5m。

5）在土方开挖过程中，项目技术员、工长应经常检查基槽开挖尺寸、标高，保证基坑大小、标高正确。严防基槽不够宽或基坑超挖。

（2）开挖顺序

1）6 号楼从场地自然地坪挖至绝对标高 835.0m（相对标高 –5.5m），挖深约 5.2m，挖方约 4824m³。

2）7 号楼从场地自然地坪挖至绝对标高 836.8m（相对标高 –3.7m），挖深约 3.4m，挖方约 2993m³。

3）8 号楼从场地自然地坪挖至绝对标高 837.5m（相对标高 –3.7m），挖深约 3.55m，挖方约 5557m³。

4）9 号楼从场地自然地坪挖至绝对标高 837.5m（相对标高 –3.7m），挖深约 3.55m，挖方约 3951m³。

3．假设

土方工程施工期间，当地正处于雨季，连续降雨造成了场地内大量积水；同时，由于赶工期，8 号楼与 9 号楼基坑土方开挖后坑底标高比设计标高低；7 号楼基坑土方回填后，填土出现沉陷。

4．思考与问答

1）雨季土方工程施工可能会出现哪些质量问题？

2）应采取什么措施控制降雨对土方施工的影响？

3）对于本工程 8 号与 9 号楼基坑土方超开挖，应采取什么措施进行处理？

4）试分析本工程 7 号楼基坑回填土方产生沉陷的原因。

5）应采取什么措施控制土方回填质量，避免土方产生沉陷？

4.2.2 基坑工程

浅基础一般小范围进行垂直或放坡开挖即可解决问题，而对于深基础，由于基坑深度较大，如果放坡开挖，一则需要很大的施工用地，二则不易保证边坡稳定性，因此须采取垂直开挖，同时必须有相应的支护体系以保证边坡稳定。

基坑工程为子分部工程，一般包括排桩墙支护工程、水泥土桩墙支护工程、锚杆及土钉墙支护工程、钢或混凝土支撑系统以及基坑降水与排水工程等分项工程。

4.2.2.1 排桩墙支护工程

1．质量控制点

1）材料要求。

① 水泥。宜使用硅酸盐、普通硅酸盐水泥。水泥重量允许偏差≤±2%。

②　粗骨料。宜使用材质坚硬、级配良好、5～40mm 的卵碎石。粗骨料重量允许偏差≤±3%。

③　细骨料。宜使用含泥量不大于 3% 的中、粗砂。细骨料重量允许偏差≥±3%。

④　外加剂。可使用速凝、早强、减水剂、塑化剂。外加剂溶液允许偏差≤±2%。

⑤　外掺料。可酌情使用外掺料。

⑥　水。混凝土拌合用水应符合《混凝土用水标准》（JGJ 63—2006）的有关规定。

⑦　钢材。主筋宜使用 HRB335、HRB400 级热轧带肋钢筋。箍筋宜使用 φ6～φ8 圆钢。型钢应满足有关标准要求。

⑧　钢板桩、预制混凝土方桩、预制混凝土板桩的规格、型号应按设计要求选用。

2）排桩墙支护结构包括灌注桩、预制桩、板桩等类型桩构成的支护结构。

3）排桩墙支护的基坑，开挖后应及时支护，每一道支撑施工应确保基坑变形在设计要求的控制范围内。

4）在含水量地层范围内的排桩墙支护基坑，应有确实可靠的止水措施，确保基坑施工及邻近构筑物的安全。

含水地层内的支护结构常因止水措施不当而造成地下水从坑外向坑内渗漏，大量抽排造成土颗粒流失，致使坑外土体沉降，危及坑外的设施。因此，必须有可靠的止水措施。这些措施有深层搅拌桩帷幕、高压喷射注浆止水帷幕、注浆帷幕，或者降水井（点）等，应根据不同的条件选用。

5）钢筋混凝土灌注桩排桩墙支护工程。

①　用于排桩墙的灌注桩，成排施工顺序应根据土质情况制订排桩施工间隔距离。注意不应使后续施工桩机具破坏已完成桩的桩身混凝土。

②　在成孔机械的选择上，尽量选用有导向装置的机具，减少因桩头晃动造成的扩径而影响相邻桩钻进施工。

③　施工前试成孔，决定不同土层孔径和转速的关系参数，按试成孔获得的参数钻进，防止扩孔（以上测试打桩单位自检完成，不需外委检测）。

④　当用水泥土搅拌桩做隔水帷幕时，应先施工水泥土搅拌桩。

⑤　混凝土灌注桩质量检查要点同桩基础 - 混凝土灌注桩。

6）钢板桩排桩墙支护工程。

①　打入大于 10m 深的槽钢板桩时，应选用屏风式打入法操作，将 10～20 根钢板桩成排插入导架内，呈屏风状，然后施打。此法不易使板桩发生屈曲、扭转、倾斜和墙面凹凸，打入精度高，易实现封闭合拢，避免板桩之间发生漏泥冒水的事故。

②　在钢板桩转角和封闭施工时，应按实丈量值加工异形转角桩，或采用封闭的方法和措施。常用 U 形钢板桩的异形板桩。

③　接长钢板桩时，接头应尽量错开，错开长度大于 1m，接桩间隔设置。钢板桩的接头应牢固。

7）混凝土板桩排墙支护工程。

①　矩形截面两侧有阴、阳榫的钢筋混凝土板桩，第一根桩打到一定深度（以桩能不依

靠桩架自己站立不倾倒为度），桩尖必须平直，垂直入土，接着打第二根、第三根桩。打桩应依次逐块进行，并使桩尖斜面指向打桩前进方向，使板桩更紧密地连接，确保桩榫间缝不大于25mm。另外，在打入板桩时，要注意使榫口互相咬合，以便使其更好地结合成一个整体减少桩顶位移，使其充分发挥挡土、截水的作用。

②打桩前，确定好轴线内外两条控制线的间距，间距等于桩宽加100mm，把板桩位差控制在100mm之内。

③控制线范围内，宜挖一条深0.5～0.8m的沟槽，打桩时用一台经纬仪放置在轴线顶端，使桩垂直度控制在1%之内。

2. 排桩墙支护工程检验批施工质量验收

检验批的划分：在施工方案中确定，划分原则是相同规格、材料、工艺和施工条件的排桩支护工程，每300根桩划分为一个检验批，不足300根也应为一个检验批。

排桩墙支护包括灌注桩、预制桩、板桩等构成支护结构。

灌注桩、预制桩按规范规定标准验收。钢板桩、混凝土板桩按如下要求验收。

（1）重复使用钢板桩验收

钢板桩为工厂生产。新桩按出厂标准验收，重复使用钢板，每次使用应按规定进行验收。只有一般项目，不符合要求的修理或挑出去。

重复使用钢板桩一般项目检验标准及检验方法见表4-10。

表4-10　重复使用钢板桩一般项目检验标准及检验方法

序　号	检查项目	允许偏差或允许值		检验方法	检验数量
		单　位	数　值		
1	桩垂直度	%	<1	用钢尺量	每检验批抽20%，且不少于10根
2	桩身弯曲度	mm	<2%l	用钢尺量，l为桩长	每检验批抽20%，且不少于10根
3	齿槽平直度及光滑度	无电焊渣或毛刺		用1m长的桩段做通过试验	每检验批抽20%，且不少于10根
4	桩长度	不少于设计长度		用钢尺量	每检验批抽20%，且不少于10根

（2）混凝土板桩验收

1）主控项目检验。混凝土板桩主控项目检验标准及检验方法见表4-11。

表4-11　混凝土板桩主控项目检验标准及检验方法

序　号	检查项目	允许偏差或允许值		检验方法	检验数量
		单　位	数　值		
1	桩长度	mm	+10 0	用钢尺量	全数检查
2	桩身弯曲度	mm	<0.1%l	用钢尺量，l为桩长	全数检查

2）一般项目检验。混凝土板桩一般项目检验标准及检验方法见表4-12。

表 4-12　混凝土板桩一般项目检验标准及检验方法

序　号	检查项目	允许偏差或允许值		检验方法	检验数量
		单　位	数　值		
1	保护层厚度	mm	±5	用钢尺量	为单元槽段总数量的 10%，且不少于 5 个槽段，不足 5 个槽段的全数检查
2	桩截面相对两面之差	mm	5	用钢尺量	为单元槽段总数量的 10%，且不少于 5 个槽段，不足 5 个槽段的全数检查
3	桩尖对桩轴线的位移	mm	10	用钢尺量	为单元槽段总数量的 10%，且不少于 5 个槽段，不足 5 个槽段的全数检查
4	桩厚度	mm	+10 0	用钢尺量	为单元槽段总数量的 10%，且不少于 5 个槽段，不足 5 个槽段的全数检查
5	凹凸槽尺寸	mm	±3	用钢尺量	为单元槽段总数量的 10%，且不少于 5 个槽段，不足 5 个槽段的全数检查

3．施工中常见的质量问题及预防措施

➤ 常见的质量问题：在软土、淤泥质土地区，基坑开挖后，悬臂式排桩出现较大位移，桩上部折断。

◇ 预防措施：①支护挡土桩应用 $\phi600$ 或大于 $\phi600$ 的灌注桩，不用锤击采用 450mm×450mm 的预制桩，或 $\phi500$ 的锤击沉灌桩。②基坑挖土应随挖随运，不得堆在坑边，以免增加支护桩的水平压力。

➤ 常见的质量问题：在软土地基上修建地下连续墙支护，挖土到基坑底部设计标高时，大部分发生整体滑移，基坑地面隆起，上部第一道支撑拉脱，第二道支撑大部分剪断，坑处滑坍区很大，地面下沉 2～4m。

◇ 预防措施：采取提高基坑底面的稳定性（包括坑底隆起、管涌、抗渗等）措施，如采用深层搅拌水泥土加强坑底土的强度，或加深地下连续墙的嵌固深度，使被动土区土体保持稳定。

➤ 常见的质量问题：在软土地基上打桩引起临近工程支护桩出现倾侧。

◇ 预防措施：①在软土地区，应尽力避免在邻近工程打预制桩，或改用钻孔灌注桩代替，可减少对邻近支护桩的挤土效应，防止倾斜。②必须打预制桩时，应研究工地环境情况，是否对邻近工程支护产生了较大影响。如会产生影响，应采取在基坑边开槽或设置防挤孔、砂井等措施进行处理。

➤ 常见的质量问题：深基坑采用混凝土灌注桩支护，背面用深层搅拌桩止水，基坑挖土到设计标高时，会发生基坑底隆起、涌砂、涌水，支护不稳。

◇ 预防措施：①在设计基坑工程时，支护嵌固深度除满足结构支点及嵌固外，尚应满足抗渗稳定条件的要求。②如勘察报告提供的内摩擦角 ϕ 及土的粘聚力 c 值比较小时，则应在基坑支护桩的内侧采取加固措施，如用水泥深层搅拌桩或水泥注浆等加固土体，以防止产生滑坡失稳。

➢ 常见的质量问题：排桩墙桩间未设止水桩，或挡土桩间连续不紧密，出现渗水或漏水，局部存在泥夹层，形成渗水排水通道，在地下水作用下，出现大量渗水或漏水，影响基坑边坡的稳定。

◇ 预防措施：①加强井点降水，地下水位降到基坑以下 0.5～1.0m 处。使边坡处于无水状态。②在排桩之间，应设水泥土桩使混凝土灌注挡土桩之间紧密结合挡水；如未设止水桩，应将桩间土修成反拱形防止土剥落，在表面铺钢丝网、抹水泥浆或浇筑混凝土薄墙封闭挡水。③地下连续墙单元槽段的接头面，在浇筑下一槽段混凝土前，应将接头面上残留的泥皮、残渣用特制清扫接头工具（轮胎刮刀或钢丝刷），吊入槽内紧贴接头混凝土面反复上下 2、3 遍清除干净。清理工作应在清槽换浆前进行，以保证结合良好。④已出现大量渗漏水时，可在挡土面渗漏水部位加设水泥土桩阻水，或在基坑一面浇筑混凝土薄墙止水。对于地下连续墙渗漏水，可采取压力注浆补漏方法处理。

➢ 常见的质量问题：基坑开挖时，基坑底面下的土产生流动状态，随地下水一起从坑底或四侧涌入基坑，引起边坡沉陷。

◇ 预防措施：①加强地质勘察，探明土质情况；挡土桩应穿过基坑底部细砂层。②当挡土桩间存在间隙时，应在挡土面设深层搅拌水泥土桩或高压喷射注浆桩挡水，避免出现流水缺口，造成水土流失，涌入基坑，止水桩设计应使其与挡土灌注桩相切，保持紧密结合，以起到提高支护刚度和止水帷幕墙的作用。③施工中，应先采用井点或深井对基坑进行有效降水；大型机械行驶及机械开挖应防止损坏地下给水、排水管道，发现破裂漏水时应及时修复。

4.2.2.2 水泥土桩墙支护工程

1. 质量控制点

1）材料要求。

① 水泥。用强度等级为 42.5 级普通硅酸盐水泥，要求新鲜无结块。

② 砂子。用中砂或粗砂，含泥量小于 5%（水泥土搅拌）。

③ 外加剂。塑化剂采用木质素磺酸钙，促凝要用硫酸钠、石膏，应有产品出厂合格证，掺量应通过试验确定（水泥土搅拌）。

2）水泥土墙支护结构是指水泥土搅拌桩墙（包括加筋水泥土搅拌桩墙）、高压喷射注浆桩墙构成的围护结构。

加筋水泥土搅拌桩是在水泥土搅拌桩内插入筋性材料如型钢、钢板桩、混凝土板桩、混凝土工字梁等。这些筋性材料可以拔出，也可不拔出，视具体条件而定。如要拔出，应考虑相应的填充措施，而且应同拔出的时间同步，以减少周围的土体变形。

3）水泥土搅拌桩墙。见本章"地基"中的"水泥土搅拌桩地基"相关质量控制要求。

4）高压喷射注浆桩墙。

① 施工前，应先进行场地平整，挖好排浆沟，并应根据现场环境和地下埋设物的位置等情况，复核高压喷射注浆的设计孔位。

② 检查水泥、外加剂（减缓浆液沉淀、缓凝或速凝、防冻等）的质量证明或复试试验报告参数。

③ 检查高压喷射注浆设备的性能，压力表、流量表的精度和灵敏度。

④ 连接成套高压喷射注浆设备，试运转，确认设备性能符合设计要求。

⑤ 通过试成桩，确认符合设计要求的压力、水泥喷浆量、提升速度、旋转速度等施工参数。

⑥ 旋喷施工前，应将钻机定位安放平稳，旋喷管的允许倾斜度不得大于 1.5%。

⑦ 水泥浆的水灰比一般为 0.7～1.0。为消除纯水泥浆离析和防止水泥浆泵管道堵塞，可在纯水泥浆中掺放一定数量的陶土和纯碱，其配合比为水泥：陶土：纯碱 =1:1:0.03。可根据需要加入适量的减缓浆液沉淀、缓凝或速凝、防冻、防蚀等外加剂。

⑧ 由于喷射压力较大，容易发生窜浆（即第一个孔喷进的浆液，从相邻的孔内冒出），影响邻孔的质量，应采用间隔跳打法施工，一般两孔间距大于 1.5m。

⑨ 水泥浆的搅拌宜在旋喷前 1h 以内进行。旋喷过程中冒浆量应控制在 10%～25% 之间。根据经验，冒浆量小于注浆量 20% 为正常现象，超过 25% 或完全不冒浆时，应查明原因并采取相应的措施。

⑩ 在高压喷射注浆过程中出现压力骤然下降、上升或大量冒浆等异常情况或故障时，应停止提升和喷射注浆以防桩体中断，同时立即查明产生的原因，并及时采取措施排除故障。如发现有浆液喷射不足，影响桩体的设计直径，应进行复核。

⑪ 当高压喷射注浆完毕，应迅速拔出注浆管，用清水冲洗管路。为防止浆液凝固收缩影响桩顶高程，必要时可在原孔位采用冒浆回灌或第二次注浆等措施。

5）加筋水泥土搅拌桩墙。

① 测量放线分三个层次做，先放出工程轴线，请有关方确认；根据工程轴线放出加筋水泥土搅拌桩墙的轴线，请有关方确认工程轴线的间隔距离；根据已确认的加筋水泥土搅拌桩墙轴线，放出加筋水泥土搅拌桩墙施工沟槽的位置，应考虑施工垂直度偏差值，并确保内衬结构施工达到规范标准。

② 对加筋水泥搅拌桩墙位置要求严格的工程，施工沟槽开挖后，应放好定位型钢，施工时每插入一根型钢都应予以对比调整。

③ 水泥土搅拌事先做工艺试桩，确定搅拌机钻孔下沉、提升速度，严格控制喷浆速度下沉、提升速度匹配，并做到原状土充分破碎、水泥浆与原状土拌和均匀。

④ 当输浆管发生堵塞时，在恢复喷浆时，立即把搅拌钻具上提或下沉 1.0m 后再继续喷浆，重新注浆时，应停止下沉或提升 10～20s 喷浆，以保证接桩强度和均匀性。

⑤ 严格跳孔复搅工序施工。

⑥ 插入型钢应均匀地涂刷减摩剂。

⑦ 水泥土搅拌结束后，起吊型钢时，采用经纬仪调整型钢的垂直度，达到垂直度要求后下插型钢，利用水准仪控制型钢的顶标高，保证型钢的插入深度，型钢的对接接头应放在土方开挖标高以下。

2. 水泥土桩墙支护工程检验批施工质量验收

检验批的划分：相同规格、材料、工艺和施工条件的水泥土搅拌桩地基，每 300 根划分为一个检验批，不足 300 根也应划分为一个检验批。

（1）水泥土搅拌桩墙支护工程检验批施工质量验收

1）主控项目检验。水泥土搅拌桩墙支护主控项目检验标准及检验方法见表 4-13。

表 4-13　水泥土搅拌桩墙支护主控项目检验标准及检验方法

序　号	检查项目	允许偏差或允许值		检验方法	检验数量
		单　位	数　值		
1	水泥及外掺剂质量	设计要求		查产品合格证书或抽样送检	按进场的批次和产品的抽样检验方案确定
2	水泥用量	参数指标		检查水泥土桩配合比试验报告及施工记录	按同一生产厂家、同一等级、同一品种、同一批号且连续进场的水泥，袋装不超过200t 为一批，散装不超过 500t 为一批，每批抽样不少于一次
3	桩体强度	设计要求		检查水泥土强度试验报告	相同材料、相同工艺，每 50m³、每一工作台班不少于一组试件
4	地基承载力	设计要求		检查单桩荷载试验报告和复合地基荷载试验报告	其承载力检验，数量为总数的 0.5%～1.0%，但不少于 3 处。有单桩强度检验要求时，数量为总数的 0.5%～1.0%，但不应少于 3 根

2）一般项目检验。水泥土搅拌桩墙支护一般项目检验标准及检验方法见表 4-14。

表 4-14　水泥土搅拌桩墙支护一般项目检验标准及检验方法

序　号	检查项目	允许偏差或允许值		检验方法	检验数量
		单　位	数　值		
1	机头提升速度	m/min	≤0.5	量机头上升距离及时间	全数检查
2	桩底标高	mm	+200	测机头深度	全数检查
3	桩顶标高	mm	+100 −50	水准仪（最上部 500mm 不计入）	全数检查
4	桩位偏差	mm	<50	用钢尺量	全数检查
5	桩径	mm	<0.04D	用钢尺量，D 为桩径	全数检查
6	垂直度	%	≤1.5	经纬仪	全数检查
7	搭接	mm	>200	用钢尺量	全数检查

（2）高压喷射注浆桩墙支护工程检验批施工质量验收

1）主控项目检验。高压喷射注浆桩墙支护主控项目检验标准及检验方法见表 4-15。

表 4-15　高压喷射注浆桩墙支护主控项目检验标准及检验方法

序　号	检查项目	允许偏差或允许值		检验方法	检验数量
		单　位	数　值		
1	水泥及外掺剂质量	设计要求		查产品合格证书或抽样送检	按进场的批次和产品的抽样检验方案确定
2	水泥用量	设计要求		查看流量计及水泥浆水灰比	按同一生产厂家、同一等级、同一品种、同一批号且连续进场的水泥，袋装不超过 200t 为一批，散装不超过 500t 为一批，每批抽样不少于一次
3	桩体强度或完整性检验	设计要求		按规定办法	全数检查
4	地基承载力	按《建筑基桩检测技术规范》（JGJ 106—2014）			

2）一般项目检验。高压喷射注浆桩墙支护一般项目检验标准及检验方法见表 4-16。

表 4-16　高压喷射注浆桩墙支护一般项目检验标准及检验方法

序　号	检查项目	允许偏差或允许值		检验方法	检验数量
		单　位	数　值		
1	钻孔位置	mm	≤50	用钢尺量	根据经批准的施工方案
2	钻孔垂直度	%	≤1.5	经纬仪测钻杆或实测	
3	孔深	mm	±200	用钢尺量	
4	注浆压力	按设定参数指标		查看压力表	
5	桩体搭接	mm	>200	用钢尺量	
6	桩体直径	mm	≤50	开挖后用钢尺量	
7	桩身中心允许偏差	mm	≤0.2D	开挖后桩顶下 500mm 处用钢尺量，D 为桩径	

（3）加筋水泥土搅拌桩墙支护工程检验批施工质量验收　加筋水泥土搅拌桩墙支护工程均为一般项目。加筋水泥土搅拌桩墙支护一般项目检验标准及检验方法见表 4-17。

表 4-17　加筋水泥土搅拌桩墙支护一般项目检验标准及检验方法

序　号	检查项目	允许偏差或允许值		检验方法	检验数量
		单　位	数　值		
1	型钢长度	mm	±10	用钢尺量	根据经批准的施工方案
2	型钢垂直度	%	<1	经纬仪	
3	型钢插入标高	mm	±30	水准仪	
4	型钢插入平面位置	mm	10	用钢尺量	

3．施工中常见的质量问题及预防措施

➤ 常见的质量问题：当用灌注桩作支护结构，水泥土桩作截（隔）水帷幕时，先施工挡土灌注桩，后施工水泥土深层搅拌桩，两种桩不能紧密结合。

◇ 预防措施：应先施工水泥土深层搅拌桩或高压喷射注浆桩，后施工挡土灌注桩，使两种桩紧密结合。

➤ 常见的质量问题：用水泥土桩作止水帷幕，施工时不能连续作业。

◇ 预防措施：水泥土桩帷幕应不间断地连续施工，以提高抗渗性和整体性。如因机械故障或停水停电等原因必须间歇时，可在已间歇 1d 以上的相邻桩处补桩或进行压密注浆，将竖缝阻塞，补强和以防渗漏。

➤ 常见的质量问题：水泥土桩之间采取相切，不相互搭接，或搭接长度不足。易导致出现渗漏水，削弱整体强度，不起止水帷幕作用。

◇ 预防措施：应保证桩与桩之间的搭接长度不小于 200mm。每日作业前，应测量搅刀排的直径，以不小于 700mm 为合格，不足时应及时加焊，两个刀排圆心的距离应为 500mm，以保证搭接不小于 200mm。

➤ 常见的质量问题：基坑开挖后，水泥土桩墙出现倾斜、位移。

◇ 预防措施：①对重力或水泥土桩墙支护，可采取减小坑边堆载，防止动荷载作用于围护桩墙或坑边区域；加快混凝土垫层与底板浇筑速度，以减小基坑敞开时间，并对支护桩墙起支撑作用；出现裂缝时，应将裂缝用水泥砂浆或混凝土灌满封闭；在围护桩墙背面卸荷或加设支撑、围檩。②对悬臂式支护桩墙，一般可采用加设支撑或拉锚，或墙背卸土，及时浇筑基础混凝土垫层。③对支撑式支护桩墙，可采取注浆或高压喷射注浆进行坑底加固，提高被动区抗力；及时浇筑和加厚混凝土垫层，以形成可靠支撑。

➢ 常见的质量问题：基坑开挖后，水泥土桩墙多处渗水，挖到设计基底标高时，基坑一侧及转角水泥土墙坍塌，基坑被淹，当基坑抽完水后，基坑边坡滑塌。

✧ 预防措施：

水泥土桩墙应按下列规定施工：① 深层搅拌水泥土桩墙施工前，应进行成桩工艺及水泥掺入量或水泥浆配合比试验。浆喷深层搅拌水泥土桩的水泥掺加量宜为被加固土质量的15%～18%，粉喷深层搅拌水泥土桩的水泥掺加量宜为被加固土质量的13%～16%。② 水泥土桩与桩之间的搭接宽度，当要求截水时，不宜小于150mm；不考虑截水时应不小于100mm。③ 水泥土墙采用格栅布置时，淤泥水泥土的置换率不宜小于0.8，淤泥质土水泥土的置换率不宜小于0.7，一般黏土及砂土水泥土的置换率不宜小于0.6。格栅长宽比不宜大于2。

在低洼地段施工时，应筑防水堤或排洪沟，以防雨水侵入。

4.2.2.3 锚杆及土钉墙支护工程

1. 质量控制点

1）材料要求。

① 水泥：宜选用42.5级以上普通硅酸盐水泥。

② 拌和水：饮用水或无污染的自然水。

③ 锚杆、土钉使用的钢筋、钢绞线、钢管应有出厂合格证。

④ 骨料。土钉墙一般用5～13mm粗骨料与中砂。

2）锚杆与土钉墙施工必须有一个施工作业面，所以锚杆与土钉墙实施前，应预降地下水位到每一层作业面以下0.5m，并保证降水系统能正常工作。

3）锚杆或土钉墙作业面应分层分段开挖、分层分段支护，开挖作业面应在24h内完成支护，不宜一次挖两层或全面开挖。

4）锚杆或土钉墙施工设备挖掘机、钻机、压浆泵、搅拌机应选型适当，运转正常。压浆泵流量计经鉴定计算正确。

5）施工现场地质资料齐全，周围环境（包括地下管线、附近房屋结构等）已调查清楚。施工前应按审批的围护设计图样和监测方案布置好监测点，并已完成初读数测试工作。

6）钻锚杆钻孔前，在孔口设置定位器，钻孔时使钻具与定位器垂直，钻出的孔与定位器垂直，钻孔的倾斜度能与设计相符。

打入土钉钢管或钢筋前，按土钉打入的设计斜度做一个操作平台，将操作平台紧靠土钉墙墙面安放，钢管和钢筋沿操作面打入，保证土钉与墙的夹角与设计相符。

7）选用套管湿作业钻孔时，钻进后要反复提插孔内钻杆，用水冲洗至出清水，再安下一节钻杆，遇有粗砂、砂卵石土层，为防止砂石堵塞，孔深要比设计深100～200m。

8）采用干作业钻孔或用冲击力打入锚杆和土钉时，要在拔出钻杆后立即注浆。水作业钻机拔出钻杆后，外套留在孔内不合坍孔，间隔时间不宜过长，防止砂土涌出进入管内再发生堵塞。

9）钢筋、钢绞线、钢管不能沾有油污、锈蚀、缺股断丝；断好钢绞线长度偏差不得大于 50m，端部要用钢丝绑扎牢，钢绞线束外留量应从挡土、结构物连线算起，外留 1.5～2.5m，钢绞线与导向架要绑扎牢固。做土钉的钢管尾部要打扁，防止跑浆过量；钢管伸出土钉墙面 100mm 左右。钢管四周用井钢筋架与钢管焊接牢固，井字架应固定在导向架或土钉墙钢筋网上。

10）灌浆压力一般不得低于 0.4MPa，不宜大于 2.0MPa，宜采用封闭式压力灌浆或二次压浆。灌浆材料根据设计强度要求，视环境温度、土质情况和使用要求，适量加入早强剂、防冻剂或减水剂。

11）预张拉锚杆时，等灌浆的强度达到设计值的 70% 时，方可进行张拉工艺。

12）待土钉灌浆、土钉墙钢筋网与土钉端部连接牢固并通过隐蔽工程验收，可立即对土钉墙墙体进行混凝土喷射施工，喷射厚度大约为 100mm 时，可以分层喷锚，第一次与第二次喷浆间隔为 24h。当土墙浸透时，应分层喷锚混凝土墙。

13）锚杆与肋柱连接：支点连接可采用螺纹连接或焊接连接方式，有关螺杆的螺纹和螺母尺寸应进行强度验算，并参照螺纹和螺母的规定尺寸加工。采用焊头连接时，应对焊缝强度进行验算。

14）每段支护体分层施工完成后，应检查坡顶与坡面位移、坡顶沉降及周围环境变化，如有异常情况应采取措施，放慢施工速度，待恢复正常后方可继续施工。

15）土钉或锚杆与土体间经灌浆产生的抗拔力与养护时间有关，应有足够的强度后才开挖。

2．锚杆及土钉墙支护工程检验批施工质量验收

检验批的划分：相同材料、工艺和施工条件的按 300m² 或 100 根划分为一个检验批，不足 300m² 或不足 100 根的也应划分为一个检验批。

1）主控项目检验。锚杆及土钉墙支护主控项目检验标准及检验方法见表 4-18。

表 4-18　锚杆及土钉墙支护主控项目检验标准及检验方法

序　号	检 查 项 目	允许偏差或允许值		检 验 方 法	检 验 数 量
		单　位	数　值		
1	型钢长度	mm	±30	用钢尺量	根据经批准的施工方案
2	型钢垂直度	设计要求		现场实测	

2）一般项目检验。锚杆及土钉墙支护一般项目检验标准及检验方法见表 4-19。

表 4-19　锚杆及土钉墙支护一般项目检验标准及检验方法

序　号	检 查 项 目	允许偏差或允许值		检 验 方 法	检 验 数 量
		单　位	数　值		
1	锚杆或土钉位置	mm	±100	用钢尺量	根据经批准的施工方案
2	钻孔倾斜度	（°）	±1	测钻机倾角	
3	浆体强度	设计要求		试样送检	
4	注浆量	大于理论计算浆量		检查计量数据	
5	土钉墙面厚度	mm	±10	用钢尺量	
6	墙体强度	设计要求		试样送检	

3. 施工中常见的质量问题及预防措施

➤ 常见的质量问题：基坑挖到设计标高后，出现锚杆端部脱落，挡土桩连系横梁掉落，桩间土开裂，随后桩被折断，支护结构倒塌，邻近自来水管断裂，边坡塌方，基坑泡水。

✧ 预防措施：①预应力施工应由有经验的技工操作，如无经验，应经过培训并由有经验工人予以指导。当锚头锚住后还应检查横梁（一般为工字钢）是否受力。当发现横梁脱落时，应立即停止挖土，研究原因，采取措施。②基坑开挖时，应做排桩的位移检测，以便及时发现桩有无大的位移，一旦预报，应研究原因，采取措施。

➤ 常见的质量问题：锚杆倾角过小，使锚固力差，抗拔力不够。

✧ 预防措施：①正式施工锚杆前，必须做锚杆基本试验，得出倾角、锚杆长度关系，供设计研究决定。②倾角必须适宜，按规范规定：倾角为15°～25°，不大于45°。选择合适角度及合适极限承载力是必要的。

➤ 常见的质量问题：锚具在张拉锚固后不久，夹片产生滑脱，失去锚固作用，即钢绞线锚杆与挡土桩不起拉结作用。

✧ 预防措施：①夹片应采取表面渗碳工艺，提高硬度，使硬度达到50HRC～55HRC。②锚杆施工完后，应重新检查锚头有无松动、脱落，必要时将锚头张拉一下。③工厂交付锚具、夹片时，应作详细检查验收，施工单位对锚具的质量应切实负起责任。

➤ 常见的质量问题：采用地下连续墙及锚杆支护的工程，一般在地下连续墙施工时，在墙上一定位置预留孔洞，以作钻孔和穿锚杆之用。钻孔和装设锚杆时，锚杆外套管与地下连续墙预留孔之间常存在空隙，形成水流通道，在地下压力水作用下，水和粉细砂大量涌入基坑内；或拔出时，导致大量泥沙流入基坑内，造成地面坍陷，邻近建筑物开裂。

✧ 预防措施：①在孔口设橡皮垫圈，以阻止水和砂涌入基坑内。②在钻杆钻进时，保持钻头与外套管有一定距离，停钻时缩回外套管内，防止水、砂从套管内进入基坑。③锚杆灌注锚固体砂浆时，应保持注浆压力不小于0.4～0.6MPa。④拔管时，应保留最后两节外套管，在水泥初凝后才拔出。

➤ 常见的质量问题：土层锚杆孔钻完后，不进行清孔就穿放锚杆钢筋。由于孔内有许多泥土、水和杂物，不清除掉就会影响锚杆钢筋与砂浆之间、砂浆与土体之间的黏结力和挤密效果，降低锚杆的承载力。

✧ 预防措施：锚杆孔钻完后，应立即用清水在钻孔内充分冲洗，将孔内泥土、杂物、沉渣等冲出孔外，并用压缩空气将孔内积水吹干。

➤ 常见的质量问题：在土钉墙施工过程中，边壁裸露土体局部，或大面积发生坍塌。

✧ 预防措施：①合理安排、严格控制好每步开挖深度和作业顺序，未做好上层作业面的土钉与喷射混凝土支护之前，严禁进行下一层开挖，同时做好排水系统，阻截地表、地下水渗流入坡面。②对于易坍塌的不良土体，可采取以下措施：

a. 开挖出的基坑边壁经修整后，立即喷上一层薄的砂浆或混凝土，待凝结后再进行钻孔设置土钉，然后喷射混凝土面层；或在作业面上先设置钢筋网混凝土面层，而后进行钻孔并设置土钉。

b. 在水平方向上分小段间断开挖；或先将作业深度上的边壁做成斜坡保持稳定，待钻孔并设置土钉后再清坡；

c. 必要时，可在基坑开挖前，采用水泥压力注浆的方法对边坡部分土体进行加固后，再开挖边坡，设置土钉支护。

➤ 常见的质量问题：土钉墙支护施工，不先做好地表水和地下水的排降水工作，使坡面浸水。由于地表水、地下水的渗透会降低土体强度和土钉与土体之间的界面黏结力，并对喷射的混凝土面层产生压力，从而会降低土钉墙支护的强度、承载力和稳定性，面层脱离破坏，使支护失稳，失去效用。

◇ 预防措施：①土钉墙支护宜在降低地下水的条件下进行施工，并采取措施排除地表滞水和坑内渗水。降低地下水位，可根据土质情况、开挖深度和施工条件，选用轻型井点、喷射井点或深井井点等，将地下水位降至坑底以下 500mm。排除地表水的方法是先将基坑四周支护范围内的地面修整，设排水沟或截水沟及水泥地面，以阻截地表水向坡体渗透。②支护内部排水一般在支护面层背部设置长 400～600mm、直径 60～100mm 的水平塑料排水管，管壁带孔，内填滤水材料，随着开挖的加深，从上到下按一定间距和标高插入边壁土体，以便支护完成能将混凝土面层背面的积水及时排出。③基坑内积聚的渗水，可在坑底离边壁坡脚 0.5～1.0m 设排水沟或集水井，表面用砖砌砂浆抹面以防止渗漏，坑内积水用小型水泵抽出排走。

4.2.2.4　钢或混凝土支撑系统

1. 质量控制点

1）材料要求。

① 钢管规格、品种、型号应符合设计要求。管段顺直，法兰片与管段应垂直，十字节应垂直互交。

② 混凝土支撑用钢板选用 Q235 碳素结构钢。钢筋和混凝土材料要求同普通混凝土。

2）预制钢支撑的材料应经检验合格。预制管段、十字节、法兰片、斜撑应检验合格并在地面进行预拼装，符合设计要求后，才能投入基坑支撑使用（如为重复使用标准节可不做试拼装）。

3）确保钢或混凝土支撑安装在同一个水平面上。在围檩上用水平仪弹出钢支撑的十字线（标高和支撑中心位置），在十字线的上、下、左、右按支撑的直径（断面尺寸）划方框，每个支撑与围檩的接触面按方框上、左、右三个位置控制。确保每一根支撑两端标高差不大于 20～30mm。避免因偏心产生额外附加应力而增加支撑的负荷。

4）一根钢支撑的管段和十字节基本拼装后，用一根钢索在钢支撑两端的中心线向上约 500mm 左右地方固定并张紧，用钢索复核每个十字节的标高，使标高一致。要特别注意，严禁中间的十字节向上偏（防止钢支撑受力后上拱加剧），沿钢索垂下卷尺使各管段中心线对直，钢支撑水平轴线偏差在 20～30mm 之内，保证一根钢支撑顺直和水平。

5）在施工立柱（钻孔灌注桩）时，定位要准确，偏差控制在 d/4 内，施工立柱桩时，要与围护设计图对照，使立柱在支撑的一个侧面，在钢筋笼中下格构柱时（一般有角钢组成的正方形钢柱），使格构柱的边线与钢支撑的中心线基本平行，这样就能保证立柱对钢支撑的支托和抱箍对钢支撑的锁紧，符合支护结构的要求，确保施工安全。

6）钢支撑两端的斜撑（俗称琵琶撑）必须在钢支撑施加顶紧力后，并复校顶紧力符合设计要求时，才把钢支撑与围檩焊好，再把斜撑与钢支撑焊接顶紧，钢支撑与斜撑连接处应加焊加强钢板。

7）挖土前，应把钢立柱与钢支撑的包箍全部焊上，挖土至人能在支撑下站立时，立即全部检查仰焊质量和支撑下面一半螺栓拧紧的程度，使所有紧固件都处于受力状态。要认真测量钢支撑十字节的标高，发现十字节标高有上升现象，要立即研究，找出原因，给予处理。

8）钢筋混凝土支撑底用土模，严禁先做混凝土垫层，以避免支撑受力变形时垫层脱落伤人。如土模中有泥、水，可以用土工合成纤维、纤维板、夹板隔离，适当增加混凝土支撑下排钢筋的保护层。

9）围护墙体在挖土一侧平整度差，用钢围檩时，与墙体之间的间隙必须用细石混凝土夯实，保证围护墙体与围檩的密贴度。

10）钢支撑与围檩之间的预埋件或钢支撑与围檩之间有间隙时，必须用楔形钢板塞紧后电焊，保证支撑与围檩的密贴度。

2．钢或混凝土支撑工程检验批施工质量验收

检验批的划分：按有关施工质量验收规范及现场实际情况划分。

1）主控项目检验。钢或混凝土支撑主控项目检验标准及检验方法见表 4-20。

表 4-20　钢或混凝土支撑主控项目检验标准及检验方法

序　号	检查项目	允许偏差或允许值		检验方法	检验数量
		单　位	数　值		
1	支撑位置：标高 平面	mm	30 100	水准仪用钢尺量	根据经批准的施工方案确定
2	预加顶紧力	kN	±50	油泵读数或传感器	

2）一般项目检验。钢或混凝土支撑一般项目检验标准及检验方法见表 4-21。

表 4-21　钢或混凝土支撑一般项目检验标准及检验方法

序　号	检查项目	允许偏差或允许值		检验方法	检验数量
		单　位	数　值		
1	围檩标高	mm	30	水准仪	根据经批准的施工方案确定
2	立柱桩	参见 4.2.3 单元桩基础有关规定			
3	立柱位置：标高 平面	mm mm	30 50	水准仪用钢尺量	
4	开挖超深（开槽放支撑不在此范围）	mm	<200	水准仪	
5	支撑安装时间	设计要求		用钟表估测	

3．施工中常见的质量问题及预防措施

➤ 常见的质量问题：挡土排桩支护，采用钢支撑系统支顶，当基坑土方开挖至底时，出现个别支撑断裂失稳。

◇ 预防措施：①支撑系统的设计计算应按《建筑基坑支护技术规程》（JGJ 120—2012）中支撑体系计算规定设计。②根据现场土质情况和施工条件考虑适当的安全系数。

➤ 常见的质量问题：钢支撑系统布置不合理，如在平面上杆件不对称，受力不平衡，变形不一，空间小，妨碍土方机械下坑作业；在竖向布置与结构发生冲突；围护墙受力不合理，产生过大的弯矩和变形；或换撑不便等，从而导致施工困难，支撑易于变形失效，围护墙失去支撑迅速破坏。

◇ 预防措施：①内支撑体系的平面布置形式，随基坑的平面形状、尺寸、开挖深度、周围环境保护要求、地下结构的布置、土方开挖顺序和方法等而定，一般常用形式有角撑式、对撑式、框架式、边框式以及环梁与边框架、角撑与对撑组合等形式，也可两种或三种形式混合使用，可因地、因工程制宜，选用最合适的支撑形式。要求布置合理，尽可能做到平面对称，刚度大，变形小，整体性好，承载力高，坑内空间大，使用安全可靠；支撑拆除方便，能回收重复利用，而且有利于保护邻近建筑物和环境。②支撑在竖向的布置主要由基坑深度、围护排桩墙种类挖土方式、地下结构各层楼面和底板的位置等确定。支撑的层数由排桩墙的刚度和受力情况而定，设置标高以使不产生过大的弯矩和变形为宜。设置的标高要避开地下结构楼板的位置，一般宜布置在楼面上下不小于600mm，以便于支模浇筑地下结构时换撑。支撑竖向间距：采用人工挖土不宜小于3m，采用机械挖土不宜小于4m。

➤ 常见的质量问题：挡土排桩支护设两层钢支撑及角撑，施工中为抢进度，仅按施工方案设置支撑，而不及时设置角撑。基坑开挖到底后，土压力增大，由于未设角撑，造成角撑部位桩产生滑移、倾斜，带动其他桩也出现倾斜，导致场地、道路地面裂缝。

◇ 预防措施：基坑开挖必须按照施工方案规定施工，及时设置水平框架支撑，并与支撑同时设置角撑，不得先设支撑，不得在基坑开挖至底后再补装角撑，以防出现事故。支撑系统安全演算，宜适当提高安全度；施工时发现有漏水，应立即组织排除。

➤ 常见的质量问题：钢支撑安装时，同一根支撑一头高一头低，或各个节点在不同标高上，或同一根支撑各段不在同一轴线上，形成同一杆件不在同一水平面上，造成支撑受力偏心，甚至形成一对力矩，易使支撑失稳，导致整个支撑系统失效。

◇ 预防措施：①安装钢支撑时，应在围檩上用水平仪弹出钢支撑的标高和中心位置十字线，在十字线的上、下、左、右按支撑的直径划方框，每根支撑与围檩的接触面按方框上、左、右三个位置控制，使两个标高差不大于20mm。②一根支撑的管段和十字节的标高，可以使标线一致；沿钢索用卷尺量各管段中心线并对直，使钢支撑水平轴线偏差控制在20mm内，即可保持同一根钢支撑顺直和水平。

➤ 常见的质量问题：立柱主要用于支承钢支撑，同时在立柱上焊有抱箍扣住钢支撑，防止钢支撑受力后上拱，如偏位过大或方向不准，则失去控制钢支撑上拱的功能；又如立柱下沉，会使支撑下挠，受力不在一个平面内，导致支撑失效，支护结构破坏。

◇ 预防措施：①在施工灌注桩立柱时，定位要正确，偏差控制在1/4桩径范围内，施工立柱桩要与支护设计图对照，保证立柱对钢支撑的支托和抱箍对钢支撑的锁紧符合支护结构设计的要求。②立柱应支承在较好土层上，并尽可能利用工程桩作立柱支承，以减小下沉。

4.2.2.5　基坑降水与排水工程

1. 质量控制点

1）材料要求。

① 砂滤层。用于井点降水的黄砂和小砾石砂滤层应洁净，黄砂含泥量应小于2%，小砾石含泥量应小于1%，其填砂粒径应符合 $5d_{30} \leqslant D_{50} \leqslant 10d_{50}$ 要求，同时应尽量采用同一种类的砂粒，其不均匀系数应符合 $Cu=D_{60}/D_{10} \leqslant 5$ 的要求。

式中　d_{50}——天然土体颗粒 50% 的直径；

D_{50}——填砂颗粒 50% 的直径；

D_{60}——颗粒小于土体总质量 60% 的直径；

D_{10}——颗粒小于土体总质量 10% 的直径。

对于用于管井井点的砂滤层，其填砂粒径以含水层土颗粒 $d_{50} \sim d_{60}$（系筛分后留置在筛上的质量为 50%～60% 时筛孔直径）的 8～10 倍为最佳。

② 滤网。对于细砂宜采用平织网，对于中砂宜采用斜织网，对于粗砂、砾石则宜采用方格网。各种滤网均应采用耐水锈材料制成，如铜网、青铜网和尼龙丝布网等。

③ 黏土。用于井点管上口密封的黏土应呈可塑状，且黏性要好。

④ 绝缘沥青。用于电渗井点阳极上的绝缘沥青应呈液体状，也可用固体沥青将其熬制成液体。各种原材料进场应有产品合格证，对于砂滤层，还应进行原材料复试，合格后方可采用。

2）降水与排水是配合基坑开挖的安全措施，但降水会影响周边环境，在基坑降水时应有降水范围估算以估计对环境的影响，必要时需有回灌措施，尽可能减少对周边环境的影响。降水运转过程中要设立水位观测井及沉降观测点，以监控降水的影响。

3）降水系统施工后，应试运转，如发现抽出的是浑水或无抽水量的情况，这表示降水系统已失效，应采取措施恢复正常，如不能恢复，应另行打设新的井管。

4）在降水系统运转过程中，应随时检查观测孔中水位，最好坑内和坑外各有 2～3 个观测孔。

5）轻型井点。

① 井点布置应考虑挖土机和运土车辆出入方便。

② 井管距离基坑壁一般可取 0.7～1.0m，以防局部发生漏气。

③ 集水总管标高宜尽量接近地下水位线，并沿抽水水流方向有 0.25%～0.50% 的上坡度。

④ 井点管在转角部位宜适当加密。

6）喷射井点。

① 打设前，应对喷射井管逐根冲洗，开泵时压力要小一些，正常后逐步开足，防止喷射管损坏。

② 井点全面抽水 2d 后，应更换清水，以后要视水质浑浊程度定期更换清水。

③ 工作水压力以能满足降水要求即可，以减轻喷嘴的磨耗程度。

7）电渗井点。

① 电渗井点的阳极外露出地面为 20～40cm，入土深度应比井点管深 50cm，以保证水位能降到所要求的深度。

② 为避免大量电流从土表面通过，降低电渗效果，通电前应清除阴、阳极之间地面上的无关金属物和其他导电物，并使地面保持干燥，有条件可涂一层沥青，绝缘效果会更好。

③ 采用电渗井点时，为防止由于电解作用产生的气体附在电极附近，导致土体电阻加大，电能消耗增加，应采用间接通电法，通电 24h 后停电 2～3h 再通电。

8）管井井点。

① 滤水管井埋设宜采用泥浆护壁套管钻孔法。

② 井管下沉前，应进行清孔，并保持滤网畅通，然后将滤水管井居中插入，用圆木堵住管口，地面以下 0.5m 以内用黏土填充夯实。

③ 管井井点埋设孔应比管井的外径大 200mm 以上，以便在管井外侧与土壁之间用

2. 降水与排水工程检验批施工质量验收

检验批划分：相同材料、工艺和施工条件的井管为一个检验批，排水按 $500 \sim 1000m^2$ 划分为一个检验批，不足 $500m^2$ 的也应划分为一个检验批。

降水与排水工程没有主控项目，只有一般项目。降水与排水工程一般项目检验标准及检验方法见表 4-22。

表 4-22   降水与排水工程一般项目检验标准及检验方法

序　号	检查项目	允许偏差或允许值		检验方法	检验数量
		单　位	数　值		
1	排水沟坡度	%	$1 \sim 2$	目测：坑内不积水，沟内排水畅通	
2	井管（点）垂直度	%	1	插管时目测	
3	井管（点）间距（与设计相比）	%	$\leqslant 150$	用钢尺量	
4	井管（点）插入深度（与设计相比）	mm	$\leqslant 200$	水准仪	根据经批准的施工方案确定
5	过滤砂砾料填灌（与计算值相比）	mm	$\leqslant 5$	检查回填料用量	
6	井点真空度： 轻型井点 喷射井点	kPa kPa	>60 >93	真空度表 真空度表	
7	电渗井点阴阳极距离： 轻型井点 喷射井点	mm mm	$80 \sim 100$ $120 \sim 150$	用钢尺量 用钢尺量	

3. 施工中常见的质量问题及预防措施

➢ 常见的质量问题：井点抽出的水较浑浊，或出现清了又浑等情况。

✧ 预防措施：①滤管必须按要求设置滤网；砂井滤料应有一定级配。②埋设井管必须设在井孔的中心部位，使过滤层厚度一致；工作水应保持洁净。

➢ 常见的质量问题：井点使用后中途停泵，间歇时间过长，导致降水不连续。

✧ 预防措施：井点使用后，中途不得停泵。一般应设双回路供电，或备用一台发电机，停电时使用；同时加强排水设备维护，及时排除故障，确保连续降水。

➢ 常见的质量问题：降水时工作水压力正常，但真空度超过附近正常井点很多；或向被堵塞的井点内灌水，水渗不下去；如邻近同时有几根井点管堵塞，则附近基坑边坡土体潮湿，甚至出现流砂等。少量堵塞会降低出水效果，严重堵塞时会使井点失效。

✧ 预防措施：①安装水泵设备（包括循环水池或水箱）及泵的进出水管路，必要时搭临时泵房，铺进水总管和回水总管，挖井点坑和排泥沟；沉设井点管，灌填砂滤料，接通进水总管，单井及时试抽；全部井点沉设完毕后，立即把各根井点接通回水总管，进行全面试抽，合格后交付使用。②在成层土层中，井点滤管一般应设在透水性较大的土层中，必要时可扩大砂滤层直径，适当延深冲孔深度或增设砂井。③冲孔应垂直，孔径应不小于 40cm，孔深应大于井点底端 1m 以上，拔冲管时应先将高压水阀门关闭，防止把已成孔孔壁冲坍。④单井试抽时，排出的浑浊水不可回流回水总管，试抽开始时水质浑，而后变清是属于正常现象。水质变清后连续试抽不宜小于 1h，以提高砂滤层及其附近土层的渗水能力。⑤当滤管内被泥砂淤积时，可先提起井点内管少许，通过井点内外管之间的环形空间进水冲孔，由内管排水；或反之，通过内管进水，由环形空间排水，使反冲的压力水把淤积的泥砂冲散成浑水排出。⑥当淤泥堵塞滤网或砂滤层时，可通过井点内管压水，使高压水带动泥浆从井点孔滤层翻出地面，翻孔时间约 1h，停止压水后，悬浮的砂滤料逐渐沉积在井点滤管周围，重新组成滤层。⑦如果滤管埋设深度不当，应根据具体情况增设砂井，提高成层土层垂直渗透能力，或在透水性较好的含水层中另设井点滤管，或拔出井点重新埋设。

➤ 常见的质量问题：真空管内出现正压或喷水，甚至出现井点附近的地面翻砂、冒水或工作水箱中的水位不断下降等情况。

◇ 预防措施：①井点降水应连续进行，并应设双回电源，以防突然断电倒灌；在井点滤管的芯管下设一个单向阀，当井管因出现故障真空消失时，应采取措施阻止工作水进入基坑，浸泡地基。②如出现倒灌，应立即关闭供回水阀门，再加以修理，将芯管提起重新安装。

➤ 常见的质量问题：井点回水连接短管因井点阀门操作不慎引起爆裂，导致降水失控，难以继续进行。

◇ 预防措施：短管爆裂时，应立即关闭该井点，换上备用的回水连接短管，按井点阀门规定的操作程序进行开、关井点阀门，开井点时应先开回水阀门，后开进水阀门；关井点时，应先关进水阀门，后关回水阀门。

【工程案例 4-2】

1. 工程背景

某高层公共建筑，地下 1 层，地上主楼 25 层，裙楼 6 层，建筑总高度为 105.4m，总建筑面积 4.6 万 m^2。基础采用钢筋混凝土灌注桩，桩径 700mm，地下室底板下设承台与灌注桩相连。基坑开挖后，东西长 73.3m，南北宽 68.1m，基坑平均挖深 7m，主楼电梯井坑挖深达 10m，总土方量约为 3 万 m^3。

2. 施工背景

基坑采用钻孔灌注配合土层锚杆支护，内侧设深层搅拌桩止水帷幕。基坑东南角的医院锅炉房属于对不均匀沉降较敏感建筑，且锅炉房的动作状况关系到整个医院能否正常运转，因此沿锅炉房边布置了一道钻孔灌注桩。由于锅炉房边地方狭窄，无法架设深层搅拌机械，故基坑东南角处在灌注桩间嵌入一道素混凝土桩，用压密注浆的方法止水。

土层锚杆施工概况如下：由于钻孔灌注桩悬臂长度达 7m，为防止桩身倾覆，在桩顶下 3m 处设一道锚杆。锚杆倾角为 13°，锚杆杆体为 $\phi28+\phi25$，杆长 19m，锚固端长度为 16m。锚杆水平间距 2m。本工程锚杆施工机械选用 MG-50 土层锚杆机，该机钻进效率高、推力大，全螺旋自动出土钻进，电动机功率 17kW，孔径 150mm，最大钻长 50m，倾角为 0°～90°。

3. 假设

本工程地下水位为自然地面下 1～2m，基坑采用轻型井点降水。施工过程中坑内渗入地下水，使得坑底泥泞，影响了锚杆的钻孔施工。

4. 思考与问答

1）对本工程土层锚杆分项工程进行检验批划分，并说明理由。

2）简述土层锚杆施工与基坑降水施工工艺流程。

3）试分析导致基坑内产生渗水的可能因素。

4）简述土层锚杆施工的质量监理要点。

4.2.3　地基基础处理工程

当建筑物地基存在强度不足、压缩性过大或不均匀时，为保证建筑物的安全与正常使用，必须考虑对地基进行人工处理。我国各地自然地理环境不同、土质各异、地基条件区域性较强，因而使地基处理的方法复杂多样，不但要善于针对不同的地质条件、不同的结构物选定最合适的基础形式、尺寸和布置方案，而且要善于选取最恰当的地基处理方法。

4.2.3.1　灰土地基

1. 质量控制点

1）材料要求。

① 土料。采用就地挖出的黏性土及塑性指数大于 4 的粉土，土内不得含有松软杂质或使用耕植土；其颗粒粒径不应大于 15mm。

② 石灰。应用Ⅲ级以上新鲜的块灰，含氧化钙、氧化镁越高越好，使用前 1～2d 消解并过筛，其颗粒不得大于 5mm，且不应夹有未熟化的生石灰块粒及其他杂质，也不得含有过多的水分。

2）铺设前，应先检查基槽，待合格后方可施工。

3）灰土的体积配合比应满足一般规定，一般说来，体积比为 3:7 或 2:8。

4）灰土施工时，应适当控制其含水量，以手握成团、两指轻捏能碎为宜，如土料水分过多或不足时，可以晾干或洒水润湿。灰土应拌和均匀，颜色一致，拌好应及时铺设夯实。虚铺厚度按表 4-23 规定，厚度用样桩控制。每层灰土夯打遍数应根据设计的干土质量密度在现场试验确定。

表 4-23　灰土最大虚铺厚度

序　号	夯实机具种类	质量 /t	虚铺厚度 /mm	备　注
1	石夯	0.04～0.08	200～250	人力送夯，落距 400～500mm，一夯压半夯，夯实后约 80～100mm 厚
2	轻型夯实机械	0.12～0.40	200～250	蛙式夯机、柴油打夯机。夯实后约 100～150mm 厚
3	压路机	6～10	200～250	双轮

5）在地下水位以下的基槽、基坑内施工时，应先采取排水措施，一定要在无水的情况下施工。应注意夯实后的灰土三天内不得受水浸泡。

6）灰土分段施工时，不得在墙角、柱墩及承重窗间墙下接缝，上、下相邻两层灰土的接缝间距不得小于 500mm，接缝处的灰土应充分夯实。

7）灰土夯实后，应及时进行基础施工，并随时准备回填土；否则，须做临时遮盖，防止日晒雨淋。如刚夯实完毕或还未打完夯实的灰土，突然受雨淋浸泡，则须将积水及松软土除去并补填夯实，稍微受到浸泡的灰土，可以在晾干后再补夯。

8）冬季施工时，应采取有效的防冻措施，不得采用冻土或含有冻土的土块作为灰土地基的材料。

9）对于质量检查，可以用环刀取样测土质量密度，按设计要求或不小于表4-24的规定。

10）确定贯入度时，应先进行现场试验。

表4-24　灰土质量标准

项　次	土 料 种 类	灰土最小干土质量密度 / (g/cm³)
1	粉土	1.55～1.60
2	粉质黏土	1.50～1.55
3	黏土	1.45～1.50

2．灰土地基检验批施工质量验收

检验批的划分：地基基础的检验批划分原则为一个分项划为一个检验批。

1）主控项目检验：灰土地基主控项目检验标准及检验方法见表4-25。

表4-25　灰土地基主控项目检验标准及检验方法

序　号	检 查 项 目	允许偏差或允许值		检 验 方 法	检 验 数 量
		单　位	数　值		
1	地基承载力	设计要求		按规定方法	根据经批准的施工方案确定
2	配合比	设计要求		按拌和时的体积比	
3	压实系数	设计要求		现场实测	

2）一般项目检验：灰土地基一般项目检验标准及检验方法见表4-26。

表4-26　灰土地基一般项目检验标准及检验方法

序　号	检 查 项 目	允许偏差或允许值		检 验 方 法	检 验 数 量
		单　位	数　值		
1	石灰粒径	mm	≤5	筛选法	
2	土料有机质含量	%	≤5	实验室焙烧法	
3	土颗粒粒径	mm	≤5	筛分法	
4	含水量（与要求的最优含水量比较）	%	±2	烘干法	根据经批准的施工方案确定
5	分层厚度偏差（与设计要求比较）	mm	±50	水准仪	

3．施工中常见的质量问题及预防措施

➤ 常见的质量问题：灰土松散、密实性差。产生原因是土料不符合要求，石灰质量差，含氧化钙量低，未经消解就使用；灰土铺填后未及时夯实，未按分层厚度铺设，虚铺厚度超过夯实机具的有效影响深度，造成灰土地基承载力、稳定性、抗渗性降低。

✧ 预防措施：选用合格的土料并过筛；石灰选用Ⅲ级以上新鲜块石灰，并消解过筛；在场地或槽壁上标出每层铺设厚度，按要求铺设，分层及时夯打至密实为止。

➤ 常见的质量问题：灰土地基表面松散不平整。原因是灰土材料拌和不均匀，夯实完未进行最后一遍平夯工序，造成灰土地基强度降低，与上部结构结合不良。

✧ 预防措施：灰土地基表面应严格控制标高和平整度，最后满夯一遍；对于已出现的高差、凹凸不平部位，应修平、补填灰土，并夯实。

➤ 常见的质量问题：接槎位置不正确，接槎处灰土松散不密实。产生原因是未分层留槎，位置未按规范要求；上、下两层接槎未错开 500mm 以上，并做成直槎；接槎处铺设夯打未超过一定距离，导致接槎处强度降低，出现不均匀沉降，使上部建筑开裂。

✧ 预防措施：接槎位置应按规范规定位置留设；分段施工时，不得留设在墙角、桩基及承重窗间墙下接缝，上、下两层的接缝距离不得小于 500mm，接缝处应夯压密实；同时注意接槎质量，每层灰土应从留缝处垂直切齐，再铺下段夯实。

➤ 常见的质量问题：灰土铺设或夯打完后不久，遭受雨淋或被水浸泡。主要原因是雨天未及时进行基础施工与基坑回填，或未在灰土表面做临时性覆盖；在地下水位以下做灰土时，排水或降低地下水位的措施不当，造成灰土地基浸泡、疏松，强度、抗渗性下降。

✧ 预防措施：①灰土地基夯实完以后，应及时进行基础施工和基坑回填，或在表面做临时性覆盖，防止日晒雨淋。②在地下水位以下的基坑（槽）内施工时，应采取排水措施。夯实后的灰土 3d 内不得受雨水浸泡。③雨季施工时，应采取适当防雨、排水措施，以保证灰土基坑（槽）施工在无积水的状态下进行。④尚未夯实或刚夯实完的灰土，如遭受雨淋水泡，则应将积水和松软土除去，并补填夯实。稍受浸湿的灰土，可在晾干后再夯打密实。

➤ 常见的质量问题：灰土早期受冻胀，成片疏松、开裂、脱落。产生原因是冬季在受冻的基层上铺灰土或土料中夹有冻块，或夯完后未进行覆盖保温，使灰土受冻胀、鼓裂、疏松，灰土间粘结力降低，造成灰土强度、整体性、抗渗性降低。

✧ 预防措施：灰土冬季低温下施工应在基层不冻的状态下进行，土料应覆盖保温，不得使用冻土及夹有冻块的土料；已熟化的石灰应在次日用完，以充分利用石灰熟化时的热量；当日拌和的灰土应当日铺填夯完，表面应用塑料薄膜和草垫覆盖严密保温，以防灰土地基早期受冻降低强度。已受冻胀、松软的灰土应除去或补填夯打密实。

➤ 常见的质量问题：灰土防渗层局部或接缝处出现渗漏水。产生原因是灰土未严格认真分层铺填夯打实密；接缝处理马虎，造成灰土局部不密实、接缝处渗水，影响防水效果和耐水性。

✧ 预防措施：对于灰土铺填，应严格认真分层回填，并夯打密实；对于用作结构辅助防渗层的灰土，应把地下水位以下结构包围封闭，采用分层错缝搭接，接缝表面打毛，并适当洒水润湿，使紧密结合不渗水。水平接缝除上、下相邻两层互相错开 500mm 外，接缝处每层灰土均应从留缝处迁延 500mm，接缝时将其挖除，再重新铺灰土夯实。对于立面灰土，应先支侧模打好灰土，再回填外侧土方。

4.2.3.2 砂和砂石地基

1. 质量控制点

1) 材料要求。

① 砂。应使用颗粒级配良好、质地坚硬的中砂或粗砂，当用细砂、粉砂时，应掺加粒径 20~50mm 的卵石（或碎石），而且要分布均匀。砂中不得含有杂草、树根等有机杂物，含泥量应小于 5%，兼作排水垫层时，含泥量不得超过 3%。

② 砂石。用自然级配的砂石（或卵石、碎石）混合物，粒径应在 50mm 以内，不得含有植物残体、垃圾等杂物，含泥量小于 5%。

2) 铺设前，应先验槽，清除基底表面浮土、淤泥杂物。地基槽底如有孔洞、沟、井、墓穴，应先填实，基底无积水。槽应有一定坡度，防止振捣时塌方。

3) 砂石级配应根据设计要求或现场试验确定，拌和应均匀，再行铺夯填实。可选用振实或夯实等方法。

4) 由于垫层标高不尽相同，施工时应分段施工，接头处应做成斜坡或阶梯搭接，并按先深后浅的顺序施工。搭接处每层应错开 0.5~1.0m，并注意充分捣实。

5) 砂石地基应分层铺垫、分层夯实。每层铺设厚度、捣实方法应按规范规定选用。每铺好一层垫层，经干密度检验合格后方可进行上一层施工。

6) 当地下水位较高，或在饱和软土地基上铺设砂和砂石时，应加强基坑边坡稳定性措施，或采取降低地下水位措施，使地下水位降低到基坑底 500mm 以下。

7) 当采用水撼法或插振法施工时，以振捣棒振幅半径的 1.75 倍为间距（一般为 400~500mm）插入振捣，依次振实，以不再冒气泡为准，直至完成；同时，应采取措施做好注水和排水的控制。垫层接头应重叠振捣，插入式振动棒振完所留孔洞后，应用砂填实；在振动首层的垫层时，不得将振动棒插入原土层或基槽边部，以免泥土混入砂垫层而降低砂垫层的强度。

8) 垫层铺设完毕，应立即进行下道工序的施工，严禁人员及车辆在砂石层面上行走，必要时应在垫层上铺设板以供行走。

9) 冬季施工时，应注意防止砂石内水分冻结，须采取相应的防冻措施。

2. 砂和砂石地基检验批施工质量验收

检验批的划分：地基基础的检验批划分原则为一个分项划为一个检验批。

1) 主控项目检验：砂和砂石地基主控项目检验标准及检验方法见表 4-27。

表 4-27 砂和砂石地基主控项目检验标准及检验方法

序 号	检查项目	允许偏差或允许值		检验方法	检验数量
		单 位	数 值		
1	地基承载力	设计要求		按规定方法	根据经批准的施工方案确定
2	配合比	设计要求		检查拌和时的体积比或质量比	
3	压实系数	设计要求		现场实测	

2) 一般项目检验：砂和砂石地基一般项目检验标准及检验方法见表 4-28。

表 4-28　砂和砂石地基一般项目检验标准及检验方法

序　号	检查项目	允许偏差或允许值		检验方法	检验数量
		单　位	数　值		
1	砂石料有机质含量	%	≤ 5	焙烧法	
2	砂石料含泥量	%	≤ 5	水洗法	
3	石料粒径	mm	≤ 100	筛分法	根据经批准的施工方案确定
4	含水量（与最优含水量比较）	%	±2	烘干法	
5	分层厚度（与设计要求比较）	mm	±50	水准仪	

3．施工中常见的质量问题及预防措施

➤ 常见的质量问题：用干细砂或含泥量大的砂铺设砂地基，阻塞了排水通道，不利于下层地基孔隙水排出，两者都会造成地基承载力降低、变形大。

◇ 预防措施：砂地基宜用颗粒级配良好、质地坚硬的中砂或粗砂。当用细砂时，应掺加 25%～30% 粒径为 20～50mm 的卵石（或碎石），而且要分布均匀；或掺加一定比例的中砂、粗砂拌匀，在最优含水量下分层铺设，振捣或压实、夯实；砂含泥量应小于 5%，兼作排水地基时，含泥量不得超过 3%。

➤ 常见的质量问题：湿陷性黄土受水浸湿后，土的结构迅速破坏而发生显著附加下沉；膨胀土受水浸湿后膨胀，失水后收缩。

◇ 预防措施：应防止在湿陷性黄土地基和膨胀土地基上用水撼法施工砂和砂石地基。

➤ 常见的质量问题：人工级配砂石地基中的配合比例是通过试验确定的，如不拌和均匀铺设，地基中将存在不同比例的砂石料，甚至出现砂窝或石子窝，使密实度达不到要求，降低地基承载力，在荷载作用下产生不均匀沉陷。

◇ 预防措施：人工级配砂石料必须按体积比或质量比准确计量，用人工或机械拌和均匀，分层铺填夯、压实；对于不合要求的部位，应挖出，重新拌和均匀，再按要求铺填夯、压密实。

➤ 常见的质量问题：地基底面标高不同时，未挖成阶梯或斜坡搭接，不按先深后浅的顺序，不分层直接下料铺设，结果在斜坡面处很难夯实、密实，使斜坡处承载力不足，且易产生滑动，使地基产生不均匀下沉。

◇ 预防措施：地基底面标高不同时，边坡应挖成阶梯形或平缓斜坡搭接，并按先深后浅的顺序分层铺设，注意搭接处应充分夯压密实。

➤ 常见的质量问题：在地基中存在局部软弱土层，未经处理就直接在其上施工砂或砂石地基，将在该部位形成软弱土夹层，降低地基强度，产生不均匀沉降。

◇ 预防措施：①将局部软弱土层挖出，地基夯实后分层回填灰土或砂、砂石料，仔细夯压实。②如软弱土层为厚度较小的淤泥或淤泥质土，可采取挤淤处理。在软弱土面上填块石、片石等，将其压入以置换和挤出软弱土，再在其上施工砂或砂石地基。

4.2.3.3 水泥土搅拌桩地基

1. 质量控制点

1) 材料要求。

① 水泥。42.5 级以上普通硅酸盐水泥。

② 外掺剂要求。

a. 早强剂选用三乙醇胺、氯化钙、碳酸钠或水玻璃等材料，掺入量宜分别取水泥质量的 0.05%、2%、0.5%、2%。

b. 减水剂可选用木质素磺酸钙，其掺入量宜取水泥质量的 0.2%。

③ 石膏有缓凝和早强作用，其掺入量宜取水泥质量的 2%。

2) 检查水泥外掺剂和土体是否符合要求。

3) 调整好搅拌机、灰浆机、拌浆机等设备。

4) 施工现场事先应平整，必须清除地上、地下的一切障碍物。潮湿和场地低洼时，应抽水和清淤，分层夯实回填黏性土料，不得回填杂填土或生活垃圾。

5) 作为承重水泥土搅拌桩施工时，设计停浆（灰）面应高出基础地面标高 300～500mm（基础埋深大取小值、反之取大值），在开挖基坑时，应将施工条件较差段用手工开挖，以防止发生桩顶与挖土机械碰撞断裂的现象。

6) 为保证水泥土搅拌桩的垂直度，要注意起吊搅拌设备的平整度和导向架的垂直度，水泥土搅拌桩的垂直度应控制在不大于 1.5% 的范围内，桩位布置偏差不得大于 50mm，桩径偏差不得大于 $4D\%$（D 为桩径）。

7) 开机前，应先量测搅拌刀片直径是否达到 700mm，搅拌刀片有磨损时，应及时加焊，防止桩径偏小。

8) 预搅下沉时不宜冲水，当遇到较硬土层下沉太慢时，才可适当冲水，但应用缩小浆液水灰比或增加掺入浆液等方法来弥补冲水对桩身强度的影响。

9) 施工时因故障停浆，应将搅拌头下沉至停浆点以下 0.5m 处，待恢复供浆时再喷浆提升。若停机 3h 以上，应拆卸输浆管路，清洗干净，防止恢复施工时堵管。

10) 桩加固时，桩与桩的搭接长度宜为 200mm，搭接时间不大于 24h，如因特殊原因超时 24h 时，应对最后一根桩先进行空钻留出接头以待下一个桩搭接；如间隔时间过长，与下一根桩无法搭接时，应在设计和业主方认可后，采取局部补桩或注浆措施。

11) 拌浆、输浆、搅拌等均应有专人记录，桩深记录误差不得大于 100mm，时间记录误差不得大于 5s。

2. 水泥土搅拌桩地基检验批施工质量验收

水泥土搅拌桩地基检验见 4.2.2.2。

3. 施工中常见的质量问题及预防措施

➤ 常见的质量问题：搅拌头切土下沉时发生被黏土糊住抱钻现象。

◇ 预防措施：①施钻时，注意控制钻进速度，不使其过快或过慢。②当在软黏土层中下沉搅拌头时，宜先将搅拌头用水充分湿润，并在地表加适量的湿砂，以降低土的黏性；当在硬质黏土层中或较密实的粉质黏土中下沉搅拌头时，可采用"输水搅动—输浆拌和—搅拌"工艺进行操作。③如已抱钻，可从桩孔提出，清除搅拌头上的黏土后继续钻进。

➤ 常见的质量问题：施工中喷浆突然中断。

◇ 预防措施：①注浆泵、搅拌机等施工中应定期维修、试运转，保证正常使用；喷浆口采用止回阀，不得倒灌水泥；注浆应选用合适的水灰比；注浆作业应连续进行，不得中断，在钻头喷浆口上方设置越浆板，防止堵塞。②泵与管路用完后，要清洗干净，并在集浆池上部设细筛过滤，防止杂物及硬块进入管路，造成堵塞。

➤ 常见的质量问题：搅拌体质量不均匀，或出现无水泥浆拌和情况。

◇ 预防措施：施工前，应对搅拌机械、注浆设备、制浆设备等进行检查、维修、试运转；选择合理的成桩工艺，灰浆拌和搅拌时间应不少于 2min，增加拌和次数，保证拌和均匀，保证浆液不沉淀；采用提高搅拌转数，降低钻进速度，边搅拌边提升，提高拌和均匀性，使单位时间内注浆量相等；重复搅拌下沉及提升各一次，以解决钻进速度快和搅拌速度慢的矛盾，即采用一次喷浆二次补浆或重复搅拌的施工工艺。

➤ 常见的质量问题：桩顶加固体疏松，强度较低。

◇ 预防措施：在成桩时，将桩顶标高 1m 内作为加强段，进行一次注浆重复搅拌，并适当加掺 10%～15% 水泥量；在设计桩顶标高时，应考虑凿除 0.5m，以加强桩顶部位强度。

➤ 常见的质量问题：搅拌头切土下沉至桩底时，土被搅松散，如桩底不坐浆，采用提升喷浆，导致没有足够的水泥浆到达桩底进行充分搅拌加固桩底，便会在桩底出现松散层，使底端的强度偏低，进而使建筑物的附加沉降加大。

◇ 预防措施：①在切土下沉至桩底时，在桩底输送一次水泥浆液，在桩底喷浆 30s，边喷边搅不提升搅拌头，使水泥浆与底端的松散土体充分拌和，30s 后再提升喷浆，以保证桩底加固密实。②在桩底 0.5m 范围内进行二次提升喷浆二次搅拌，确保桩底的强度。

➤ 常见的质量问题：成桩时，由于搅拌头不断强力切削土层，会使搅拌头上的刀排不断受到磨损，使刀排的直径减小，因而使桩的直径也随之减小，导致成桩后直径达不到设计要求，降低复合地基的承载力。

◇ 预防措施：在成桩过程中，要经常定期量测刀排的直径，刀排直径小于桩直径允许偏差时，应及时加焊，至符合设计要求桩径时才能施工。

【工程案例 4-3】

1. 工程背景

某六层住宅工程，结构采用砖混结构形式，层高 2.8m，该建筑物长 42.2m，宽 12.2m，总建筑面积为 2966.24m^2，采用双头双喷双搅水泥土深层搅拌桩作为复合地基，水泥掺入质量比为 20%，直径 700mm、桩长 18.5m，共 291 根。采用 ϕ700 双头深搅钻机进行双提双搅方法施工。

2. 施工背景

深层搅拌桩施工是一个连续的搅拌—喷浆—复搅—再喷浆的过程，成桩的深度、水泥掺入量、搅拌的遍数等均难以在后续验收中检验出来。为此，深层搅拌桩施工时必须连续旁站，每 6h 换班一次，以确认和检查施工质量。

3. 假设

本工程场地地基较软，难以控制搅拌机的垂直度，施工过程中经常停机，对搅拌桩的施工质量产生了很大影响。

> **4．思考与问答**
>
> 1）对本工程深层搅拌水泥土桩分项工程进行检验批划分，并说明理由。
>
> 2）简述深层搅拌水泥土桩的施工工艺流程。
>
> 3）试分析搅拌机搅拌过程中停机时间过长会对搅拌桩施工产生怎样的影响。
>
> 4）水泥搅拌桩搅拌均匀性最难控制，最容易出现不均匀和断桩的问题，试分析可采取怎样的措施保证搅拌桩搅拌的均匀性。

4.2.4　桩基础

桩基础是由承台和埋置于土中的桩群组成的，通过桩杆（杆身）将荷载传给地基的土层或侧向土体。它是将建筑物的荷载（竖向的和水平的）全部或部分传递给地基土（或岩层）的具有一定刚度和抗弯能力的构件。

当建筑物荷载较大，地基承载力不能满足要求，或对地基沉降要求较严格，或受较大水平荷载作用等情况下，可考虑采用桩基础。

4.2.4.1　静力压桩

1．质量控制点

（1）桩质量控制　对于钢筋混凝土预制桩、锚杆静压成品桩、先张法预应力管桩，在制成或者运到施工现场后，经质量检验合格后方准使用，并应核查出厂合格证与产品质量是否相符。

（2）桩定位控制　压桩前，应对已放线定位的桩位按施工图进行系统的轴线复核，并检查定位桩一旦受外力影响时，第二套控制桩是否安全可靠以及能否立即投入使用。桩位的放样，群桩应控制在20mm偏差之内，单排桩应控制在10mm之内。做好定位放线记录，在压桩过程中，应对每根桩位进行复核，防止因压桩后引起桩位的偏移。

（3）桩位过程检验　当桩顶设计标高低于施工场地标高，送桩后无法对桩位进行检查时，对于压入桩，可在每根桩顶沉至场地标高后，在送桩前对每根桩的轴线位置进行中间验收，符合允许偏差范围时方可送桩到位。待全部压入，且达到控制标高设计标高后，再做桩的轴线位置最终验收。

（4）压桩顺序

1）根据基础设计标高，宜先深后浅，根据桩的规格，宜先大后小，先长后短。

2）根据桩的密集程度，可采用自中间向两个方向对称进行，自中间向四周进行，或由一侧向单一方向进行。

（5）桩身垂直度控制

1）场地应平整，有足够的承载力，保证桩架稳定、垂直。

2）压梁中心桩锤，用于打入法，桩帽和桩身应在同一中心线上。

3）桩或桩管插入时，垂直度偏差不得超过0.5%。

4）沉桩时，用两台经纬仪从两个面（构成90°的两个面）控制沉桩的垂直度。

（6）接桩的节点要求

1）焊接接桩。钢材宜用低碳钢。接桩处如有间隙，应用铁皮填实焊牢，对称焊接，焊缝连续饱满，并注意焊接变形。焊温冷却 1min 后方可压实。

2）硫磺胶泥接桩。

① 选用半成品硫磺胶泥。

② 浇筑硫磺胶泥的温度应控制在 140～150℃范围内。

③ 浇筑时间不得超过 2min。

④ 上、下节桩连接的中心线偏差不得大于 10mm，节点弯曲矢高不得大于 0.001L（L 为两节桩长）。

⑤ 硫磺胶泥灌筑后，停息的时间应大于 7min。

⑥ 硫磺胶泥半成品应每做一组试件（一组三件）。

2. 静力压桩检验批施工质量验收

检验批的划分：按有关施工质量验收规范及现场实际情况划分。

（1）主控项目检验　静力压桩主控项目检验标准及检验方法见表 4-29。

（2）一般项目检验　静力压桩一般项目检验标准及检验方法见表 4-30。

表 4-29　静力压桩主控项目检验标准及检验方法

序　号	检查项目	允许偏差或允许值		检验方法	检验数量
		单　位	数　值		
1	桩体质量检验	按基桩检测技术规范		按基桩检测技术规范	根据经批准的验收方案确定
2	桩位偏差	按规范要求		用钢尺量	
3	承载力	按基桩检测技术规范		按基桩检测技术规范	

表 4-30　静力压桩一般项目检验标准及检验方法

序　号	检查项目		允许偏差或允许值		检验方法	检验数量
			单　位	数　值		
1	成品桩质量：外观		表面平整，颜色均匀，掉角深度 <10mm，蜂窝面积小于总面积的 0.5%		直观	根据经批准的验收方案确定
	外形尺寸强度		按规范要求满足设计要求		按规范要求查产品合格证书或钻芯试压	
2	硫磺胶泥质量（半成品）		设计要求		查产品合格证书或抽样送检	
3	接桩	电焊接桩：焊缝质量	按规范要求		按规范要求	
		电焊结束后停歇时间	min	>1.0	秒表测定	
		硫磺胶泥接桩：胶泥浇筑时间	min	<2	秒表测定	
		浇筑后停歇时间	min	>7	秒表测定	
4	电焊条质量		设计要求		查产品合格证书	
5	压桩压力（设计有要求时）		%	±5	查压力表读数	
6	接桩时上、下节平面偏差		mm	<10	用钢尺量	
	接桩时节点弯曲矢高			<0.001L	用钢尺量	
7	桩顶标高		mm	±50	水准仪	

3．施工中常见的质量问题及预防措施

➢ 常见的质量问题：液压缸活塞动作不灵活、缓慢。产生原因是油压太低，液压缸内吸入空气；或液压油粘度过高；滤油器或吸油管被堵塞；或液压泵内泄漏，操纵阀内泄漏过大等，导致压桩力达不到要求，压桩速度慢，影响压桩功效。

◇ 预防措施：提高溢流阀卸载压力；添加液压油使油箱达到规定高度；修复或更换吸油管；按说明书要求更换液压油；拆下清洗、疏通；检修或更换。

➢ 常见的质量问题：压力表指示器停止工作。产生原因是油路堵塞；压力表损坏；或压力表未打开等，使压桩力难以判断，影响静压桩的控制。

◇ 预防措施：检查和清洗油路；更换压力表；打开压力表开关。

➢ 常见的质量问题：桩在正常压力下，压不下去。产生原因有桩端停在砂层中接桩，中途间断时间长；压桩机部分设备工作失灵，压桩停歇时间过长；施工降低地下水位过深，土体中孔隙水排出，压桩时失去超静水压力的"润滑作用"；桩尖遇到砂夹层，压桩阻力突然增大，甚至超过压桩机能力而使桩机上抬等，以致造成压入深度和承载力均达不到设计要求。

◇ 预防措施：沉桩时，应防止桩端停在砂层中接桩；定期检查压桩设备；适当控制降低地下水位；以最大的压桩力作用在桩顶，采用时停时压的办法，使桩有可能缓慢下沉穿过砂层。

➢ 常见的质量问题：压桩达不到设计要求深度。产生原因是桩端持力层深度与勘察报告不符；或桩压至接近设计标高时过早停压，造成桩长和承载力不能满足设计要求。

◇ 预防措施：按实际持力层深度变更实际桩长；沉桩时改变过早停压的做法。

➢ 常见的质量问题：压桩时，桩架出现较大的倾斜，产生原因是当压桩阻力超过压桩能力时未及时调整平衡，以致使桩架发生倾斜，影响桩的垂直度达不到规范要求，降低桩承载力。

◇ 预防措施：当桩架发生较大倾斜，应立即停压并采取措施调整，使之保持平衡。

➢ 常见的质量问题：成桩后，桩身垂直度偏差过大或产生横向位移。产生原因是压桩力偏心，未使桩保持轴心受压；或上、下节桩轴线不一致；或遇横向障碍物等，导致桩的承载力降低。

◇ 预防措施：加强检查、测量，遇压桩偏心及时调整；遇障碍物不深时，可挖除回填后再压；歪斜较大，可利用压桩油缸回程，将已压入的桩拔出，回填后重新压桩。

4.2.4.2　先张法预应力管桩

1．质量控制点

1）设备要求。

① 打入法施工可采用国产导杆式柴油打桩机、轮胎式两用打桩机、履带式导杆支撑打桩机（可打斜桩），应严格按设计规定选择锤重。

② 斜桩沉桩机械一般采用 K35 柴油打桩机，由于打斜桩桩架受力性能改变，因此要对桩架、顶升架及打桩机的稳定性进行复核，不能满足要求时，应进行加固。对于桩帽，应设滑槽并支承于桩架的滑杆上，使其与桩架平行，在桩架的底部增加一个活动卡桩器，以保证桩倾角正确，桩不会外倾。

2）施工前，应检查进入现场的成品桩、接桩用电焊条等产品质量。先张法预应力管桩均为工厂生产后运到现场施打，工厂生产时的质量检验应由生产单位负责，但运入工地后，打桩单位有必要对外观尺寸进行检验，并检查产品合格证书。

3）在施工过程中，应检查桩的贯入情况、桩顶完整状况、电焊接桩质量、桩体垂直度、电焊后的停歇时间。对于重要工程，应对电焊接头做 10% 的焊缝探头检查。先张法预应力管桩强度较高，锤击力性能比一般混凝土预制桩好，抗裂性强。因此，总的锤击数较高，相应的电焊接桩质量要求也高，尤其是电焊后要有一定间歇时间，不能焊完即锤击，这样容易使接头损伤。为此，对重要工程应对接头做 X 光检查。

4）施工结束后，应做承载力检验及桩体质量检验。由于锤击次数多，对桩体质量进行检验是很有必要的，可检查桩体是否被打裂，电焊接头是否完整。

2．先张法预应力管桩检验批施工质量验收

检验批的划分：按有关施工质量验收规范及现场实际情况划分。

（1）主控项目检验

先张法预应力管桩主控项目检验标准及检验方法见表 4-31。

表 4-31　先张法预应力管桩主控项目检验标准及检验方法

序　号	检查项目	允许偏差或允许值		检验方法	检验数量
		单　位	数　值		
1	桩体质量检验	按基桩检测技术规范		按基桩检测技术规范	根据经批准的验收方案确定
2	桩位偏差	按规范规定要求		用钢尺量	
3	承载力	按基桩检测技术规范		按基桩检测技术规范	

（2）一般项目检验

先张法预应力管桩一般项目检验标准及检验方法见表 4-32。

表 4-32　先张法预应力管桩一般项目检验标准及检验方法

序　号	检查项目		允许偏差或允许值		检验方法	检验数量
			单　位	数　值		
1	成品桩质量	外观	无蜂窝、露筋、裂缝、色感均匀、桩顶处无孔隙		直观	根据经批准的验收方案确定
		桩径	mm	±5	用钢尺量	
		管壁厚度	mm	±5	用钢尺量	
		桩尖中心线	mm	<2	用钢尺量	
		顶面平整度	mm	10	用水平尺量	
		桩体弯曲	mm	<0.001L	用钢尺量，L 为桩长	
2	接桩：焊缝质量		规范规定要求		规范规定要求	
	电焊结束后停歇时间		min	>1.0	秒表测定	
	上下节平面偏差		mm	<10	用钢尺量	
	节点弯曲矢高		mm	<0.001L	用钢尺量，L 为桩长	
3	停锤标准		设计要求		现场实测或查沉桩记录	
4	桩顶标高		mm	±50	水准仪	

3．施工中常见的质量问题及预防措施

➤ 常见的质量问题：桩接头处焊接质量不良，经锤击后，出现松脱、开裂。

✧ 预防措施：①接桩前，将桩连接部位上的杂质油污等清除干净；两桩间的缝隙应用薄铁片垫实、点焊牢；焊接时，电流强度应与所用的焊机和焊条相匹配，施焊应对称、分层，均匀连续进行，一气呵成，焊缝应连续、饱满。冬季焊接，应采取防风和预热措施，可采用氧乙炔火焰均匀烘烤的预热方法，使母材温度达到36℃以上再进行施焊；焊接后，应进行垂直度、外观检查，焊缝不得有夹渣、裂缝等缺陷，垂直度偏差应小于5%，焊缝应该自然冷却8min后，才能继续施打。②接桩时，两节桩应在同一条轴线上，并作严格的双向校正，焊缝预埋件应平整服帖，焊缝后应锤击几下再检查一遍，如有松脱、开裂等情况，应立即采取补焊措施。接桩时，桩尖处尽量避开坚硬土层。③对于已施打完毕的管桩，可把手把灯放入空心管中检查桩的接头松脱、开裂情况，如发现问题，可在空心管中放入钢筋骨架，浇筑混凝土进行补强，也可以用其他方法补救。

➤ 常见的质量问题：在沉桩过程中，相邻的桩产生横向偏移。产生原因有测量放线有误；或插桩对中工作马虎；或打桩顺序不当，受挤压，引起桩顶偏位；或在软土层中，先打设的桩易被挤动；或孤石等障碍物将桩挤向一旁；或桩尖沿基岩倾斜而滑移等，均会导致桩的垂直度和承载力达不到设计要求。

✧ 预防措施：①测量放线应经复测后使用；插桩应认真对中；打桩应按规定顺序进行；避免打桩期间同时开挖基坑。②施工前，用洛阳铲探明地下孤石、障碍物，较浅的挖除，深的用钻钻透或爆碎；接桩应吊线锤找正，垂直度偏差应控制在0.5%以内。③桩顶偏位过大应拔出、移位再打；偏位不大，可用木架顶正，再慢锤打入；障碍物不深，可挖出回填土后再打。

➤ 常见的质量问题：桩身倾斜度超过规范规定。产生原因有打桩机导杆弯曲或场地不坚实平整；插桩不正或桩身弯曲度过大；施打时桩锤、桩帽、桩身中心线不在同一直线上，受力偏心；锤垫不平或桩帽太大引起锤击偏心而使桩身倾斜；打桩顺序不当使先打的桩被挤斜；遇孤石或坚硬障碍物使桩尖倾斜产生滑移等，从而降低桩的承载力。

✧ 预防措施：①纠正打桩机导杆；打桩场地应整平夯压坚实；插桩要吊线锤检查，桩帽、桩身和桩尖必须在一条垂线上方可施打；桩身弯曲度应不大于1%。②打桩时，应使桩锤、桩帽、桩身在同一直线上，防止受力偏心；桩垫、锤垫应平整，桩帽与桩周围的间隙应为5～10mm，不宜过大；接桩应吊线锤找直，垂直度偏差应控制在0.5%以内；打桩顺序应按规定进行。

➤ 常见的质量问题：桩身出现断裂，包括桩尖破损、接头开裂，桩身出现横向、竖向裂缝或断裂等。

✧ 预防措施：①在砂土层中沉桩，桩端应设桩靴，避免采用开口管桩；遇孤石和基岩面避免硬打；接桩要保持上、下节桩在同一条轴线上，焊缝应饱满，填塞钢板应紧密；焊后自然冷却8～10min才可施打。②管桩制作严格控制漏浆、管壁厚度和桩身强度。桩身制作预应力值必须符合设计要求。③打桩时，要设置合适桩垫，厚度不宜小于12mm；沉桩桩身自由段长细比不宜超过40。④桩在堆放、吊装和搬运过程中，应避免碰撞产生裂缝或断裂；沉桩前，要认真检查，应避免使用已严重裂缝或断裂的桩。

➤ 常见的质量问题：沉桩未达到设计标高或最后贯入度及锤击数控制指标要求。造成

原因是勘察资料太粗或有误；设计选择持力层不当或设计要求过严；沉桩时遇到地下障碍物或厚度较大的硬夹层；选用桩锤太小，或柴油锤破旧，跳动不正常；桩尖遇到密实的粉土或粉细砂层时打桩会产生"假凝"现象，但间隔一段时间后，又可继续打下去；桩头被击碎或桩身被打断，无法继续施打；布桩密集或打桩顺序不当，使后打的桩难以达到设计深度，并使先打的桩上升涌起；打桩间隔时间过长，摩阻力加大等，导致桩入土深度、承载力达不到设计要求。

◇ 预防措施：①详细探明工程地质情况，必要时应作补勘；合理选择持力层或标高，探明地下障碍物和硬夹层，并清除、钻透或爆破。②选用适合桩锤，不应使用太小的桩锤；旧柴油锤应检修合格方可使用；桩头被打碎，桩身被打断应停止施打，或处理后再施打。③打桩应注意顺序，减少向一侧挤密；打桩应连续进行，不宜间歇时间过长，必须间歇时，控制不超过24h。

4.2.4.3　混凝土灌注桩

1. **质量控制点**

1）材料要求。

① 粗骨料。应采用质地坚硬的卵石、碎石，其粒径宜用15～25mm。卵石不宜大于50mm，碎石不宜大于40mm。含泥量不大于2%，无垃圾及杂物。

② 细骨料。应选用质地坚硬的中砂，含泥量不大于5%，无垃圾、草根、泥块等杂物。

③ 水泥。宜用42.5级的普通硅酸盐水泥或硅酸盐水泥，使用前必须查明其品种、强度等级、出厂日期，应有出厂质量证明，到现场后分批见证取样，复试合格后才准使用。严禁用快硬水泥浇筑水下混凝土。

④ 水。一般采用饮用水或洁净的自然水。

⑤ 钢筋。应有出厂合格证，钢筋到达现场，分批随机抽样，见证复试合格后方准使用。

2）泥浆护壁成孔灌注桩。

① 成孔设备就位。成孔设备就位后，必须保持平正、稳固，确保其在施工中不发生倾斜、移动。为准确控制成孔深度，应在桩架或桩管上设置标尺，以便在施工中进行观测记录。

② 成孔深度控制。成孔深度应符合下列要求：

a. 摩擦桩。摩擦桩以设计桩长控制成孔深度。当采用锤击沉管法成孔时，桩管入土深度以标高控制为主，以灌入度控制为辅。

b. 端承桩。当采用冲（钻）、挖掘成孔时，必须保证桩孔进入设计持力层的深度；当采用锤击沉管成孔时，沉管深度以贯入度控制为主，设计持力层控制为辅。

③ 护筒埋设。埋设护筒时，应满足下列要求：

a. 护筒埋设应准确、稳定，护筒中心与桩位中心的偏差不得大于50mm。

b. 护筒一般用4～8mm钢板制作，其内径应大于钻头直径100mm，其上部开设1、2个溢浆孔。

c. 护筒的埋设深度：在黏性土中不宜小于1.0m；在砂土中不宜小于1.5m；其高度尚应满足孔内泥浆面高度的要求，一般高出地面或水面400～600mm。

d. 对于受水位涨落影响或水下施工的钻孔灌注桩，其护筒应加高加深，必要时应打入不透水层。

④钻孔要求。

a．在松软土层中钻进，应根据泥浆补给情况控制钻进速度；在硬层或岩层中的钻进速度以钻机不发生跳动为准。

b．为了保证钻孔的垂直度，钻机设置的导向装置应符合下列规定：潜水钻孔的钻头上应有不小于3倍钻头直径长度的导向装置；利用钻杆加压的正循环回转钻机，应在钻具中加设扶正器。

c．加接钻杆时，应停止钻进，将钻具提离孔底80～100mm，冲洗液循环1～2min，以清洗孔底，并将管道内的钻渣携出排净，然后停泵加接钻杆。钻杆连接应拧紧上牢，防止螺栓、螺母、拧卸工具等掉入坑内。

d．在钻进过程中，如发生斜孔、塌孔和护筒周围冒浆时，应停钻，并采取相应措施后再行钻进。

⑤清孔要求。第一次清孔，应使孔底沉渣循环液中含砂量和孔壁泥垢厚度符合质量要求，也为下一道工序即在泥浆中灌注混凝土创造良好的条件。

当钻孔达到设计深度后，应立即停止钻进，此时提钻杆，使钻斗在距孔底10～20cm处空转，并保持泥浆正循环，将相对密度为1.05～1.10且不含杂质的新泥浆压入钻杆，把钻孔内悬浮较多钻渣的泥浆置换出孔外。清孔应符合下列规定：

a．孔底500mm以内的泥浆相对密度应小于1.25；含砂率≤8%；粘度≤28s。

b．灌注混凝土之前，孔底沉渣厚度指标应符合下列规定：端承桩不大于50mm；摩擦端承桩、端承摩擦桩不大于100mm。

在第一次清孔达到要求后，由于要安放钢筋笼及导管准备浇筑水下混凝土，这段时间间隙较长，孔底又会产生新的沉渣，所以待钢筋笼及导管安放就绪后，应利用导管进行第二次清孔。清孔方法是在导管顶部安设一个弯头和皮笼，用泵将泥浆压入导管内，再从孔底沿着导管外置换沉渣，清孔标准是孔深达到设计要求，复测沉渣厚度在100mm以内，此时清孔就算完成，立即进行浇筑水下混凝土的工作。

3）套管成孔灌注桩。

①必须预先制订防止缩孔和断桩等的措施。在沉管过程中，应经常探测管内有无地下水或泥浆，如发现水或泥浆较多，应拔出管桩进行处理后再继续沉管。

②活瓣桩尖应有足够强度和刚度，预制桩尖混凝土强度不得低于C30。

③浇筑混凝土和拔管时，应保证混凝土质量。桩管灌满混凝土后开始拔管，管内应保持不少于2m高度的混凝土。对于拔管速度，锤击沉管时应为0.3～1.0m/min；振动沉管时，对于预制桩尖，不宜大于4m/min，用活瓣桩尖，不宜大于2.5m/min。

④锤击沉管扩大灌注桩施工时，必须在第一次灌注的混凝土初凝前完成复打工作。第一次灌注的混凝土应接近自然地面标高，复打前应把管桩外壁的污泥清除，管桩每次打入时，中心线应重合。

⑤振动沉管灌注桩，采用单打法时，每次拔管高度应控制在50～100cm；采用反插法时，反插深度不宜大于活瓣桩尖长度的2/3。

⑥套管成孔灌注桩任意一段平均直径与设计直径之比严禁小于1。实际浇筑混凝土量严禁小于计算体积，混凝土强度必须达到设计要求。

4）干作业成孔灌注桩。

① 钻孔（扩底）灌注桩成孔。

a. 钻孔扩底桩的施工直孔部分应符合下列规定：钻杆应保持垂直稳固，位置正确，防止因钻杆晃动而扩大孔径；钻进速度应根据电流值变化及时调整；在钻进过程中，应随时清理孔口积土，遇到地下水、塌孔、缩孔等异常情况时，应及时处理。

b. 钻孔扩底部位应符合下列规定：根据电流值或油压值调节扩孔刀片切削土量，防止出现超负荷现象；扩底直径应符合设计要求，经清底扫腔，孔底的虚土厚度应符合规定。

c. 成孔达到设计要求后，孔口应予保护，按规定验收，并做好记录。

d. 浇筑混凝土前，应先放置孔口护孔漏斗，随后放置钢筋笼，并再次测量孔内虚土厚度。扩底桩灌注混凝土时，第一次应灌到扩底部位的顶面，随即振捣密实；浇筑桩顶以下 5m 范围内的混凝土时，应随浇随振动，每次浇筑高度不得大于 1.5m。

② 人工挖孔灌注桩。

a. 开挖前，桩位应准确，在桩外设置龙门桩。安装护壁板时，须用桩心点校正模板位置，并有专人负责。

b. 挖孔的孔径（不含护壁）不宜小于 0.8m，当桩净距小于 2 倍桩径且小于 2.5m 时，应采用间隔开挖。排桩跳挖的最小施工净距不得小于 4.5m，孔深不得大于 40m。

c. 人工挖孔桩混凝土护壁厚度不宜小于 100mm，混凝土强度等级不得低于桩身混凝土强度等级，采用多节护壁时，应用钢筋拉结起来。

d. 第一节井圈护壁应符合下列规定：护壁的厚度以及拉结钢筋、配筋、混凝土强度均应符合设计要求；井圈顶面应比场地高出 150～200mm，壁厚比下面井壁厚度增加100～150mm。

e. 浇筑井圈护壁时，应注意护壁搭接长度不应少于 50mm；护壁混凝土、钢筋应符合设计要求，并应当日施工完毕保证在 24h 之后拆除；发现异常现象，应采取补救措施。

f. 遇有局部或厚度不大于 1.5m 的流动性淤泥和可能出现的涌土涌砂时，护壁施工时，应注意减小护壁高度，并随挖、随验、随浇混凝土；采用钢护筒等有效降水措施。

g. 挖到设计标高时，须进行孔底清理，不得含有残渣、积水等杂物。验收合格后方可进行混凝土的浇筑。

h. 浇筑时应注意：必须通过导管下流。当高度超过 3m 时，应采用串筒、并用插入式振捣器振实；为了保证浇筑质量，应采取相应的措施防止渗水及离析等现象。

5）灌注桩钢筋笼制作与安装。

① 钢筋笼的制作。

a. 钢筋的种类、钢号及规格尺寸应符合设计要求。

b. 钢筋笼的绑扎地宜选择现场内运输和就位都较方便的场地。

c. 钢筋笼的绑扎顺序是先将主筋间距布置好，待固定架立筋后，再按规定的间距绑扎箍筋。主筋净距必须大于混凝土粗集料粒径 3 倍以上。主筋与架立筋、箍筋之间的节点固定可用电弧焊接等方法。主筋一般不设弯钩，根据施工工艺要求，所设弯钩不得向内侧伸露，以免妨碍导管工作。钢筋笼的内径应比导管接头处外径大 100mm 以上。

d. 从加工、控制变形以及搬运、吊装等综合因素考虑，钢筋笼不宜太长，应分段制作。钢筋分段长度一般为 8m 左右。但对于长桩，在采取一些辅助措施后，也可为 12m 左右或更长一些。

e. 为防止钢筋笼在搬运、吊装和安放时变形，可采取下列措施：每隔 2.0～2.5m 设置一道加劲箍，加劲箍宜设置在主筋外侧；在钢筋笼内，每隔 3～4m 装一个可拆卸的十字形临时加劲架，钢筋笼安放入孔后再拆除。在直径为 2～3m 的大直径桩中，可使用角钢或扁钢作为架立钢筋，以增大钢筋笼的刚度。在钢筋笼外侧或内侧的轴线方向安设支柱。

② 钢筋笼的制作允许偏差见表 4-33。

表 4-33　钢筋笼制作允许偏差

项　　次	项　　目	允许偏差 /mm
1	主筋间距	±10
2	箍筋间距或螺旋筋螺距	±20
3	钢筋笼直径	±10
4	钢筋笼长度	+50

③ 清孔。钢筋笼入孔前，要先进行清孔。清孔时，应把泥渣清理干净，保证实际有效深度，满足设计要求，以免钢筋笼放不到设计深度。

④ 钢筋笼的安放与连接。钢筋笼安放入孔时，要对准孔位，垂直缓慢地放入孔内，避免碰撞孔壁。钢筋笼放入孔内后，要立即采取措施固定好位置。

当桩长度较大时，钢筋笼采用逐段接长放入孔内。先将第一段钢筋笼放入孔中，利用其上部架立筋暂时固定在护筒（泥浆护壁钻孔桩）或套管（贝诺托桩）等上部。然后吊起第二段钢筋笼，对准位置后，其接头用焊接连接。

钢筋笼安放完毕后，一定要检测确认钢筋笼顶端的高度。

2．混凝土灌注桩检验批施工质量验收

检验批的划分：对于同一规格，且材料、工艺和施工条件相同的混凝土灌注桩，每 300 根桩划分为一个检验批，不足 300 根的也应划分为一个检验批。

（1）主控项目检验

混凝土灌注桩主控项目检验标准及检验方法见表 4-34。

表 4-34　混凝土灌注桩主控项目检验标准及检验方法

序　号	检查项目	允许偏差或允许值		检验方法	检验数量
		单　位	数　值		
1	桩位	规范规定要求		基坑开挖前量护筒，开挖后量桩中心	根据经批准的施工验收方案确定
2	孔深	mm	+300	按有关施工质量验收规范及现场实际情况划分	
3	桩体质量检验	按基桩检测技术规范。如钻芯取样，大直径嵌岩桩应钻至桩尖下 50mm		检查检测报告	
4	混凝土强度	设计要求		试件报告或钻芯取样送检	
5	承载力	按基桩检测技术规范		按基桩检测技术规范	

（2）一般项目检验

混凝土灌注桩一般项目检验标准及检验方法见表4-35。

表4-35 混凝土灌注桩一般项目检验标准及检验方法

序 号	检查项目	允许偏差或允许值		检验方法	检验数量
		单 位	数 值		
1	垂直度	规范规定要求		测大管或钻杆，或用超声波探测，干施工时吊垂球	全数
2	桩径	规范规定要求		井径仪或超声波检测，干施工时吊垂球	全数
3	泥浆比重（黏土或砂性土中）	1.15～1.20		用比重计测，清孔后在距孔底50cm处取样	全数
4	泥浆面标高（高于地下水位）	m	0.5～1.0	目测	全数
5	沉渣厚度：端承桩　　　　　摩擦桩	mm　mm	≤50　≤150	用沉渣仪或重锤测量	全数
6	混凝土坍落度：水下　　　　灌注干施工	mm　mm	160～220　70～100	坍落度仪	每工班不少于4次
7	钢筋笼安装深度	mm	±100	用钢尺量	全数
8	混凝土充盈系数	>1		检查每根桩的实际灌注量	全数
9	桩顶标高	mm	+30　−50	水准仪，需扣除桩顶浮浆层及劣质桩体	全数

3．施工中常见的质量问题及预防措施

➤ 常见的质量问题：成桩前，不进行成孔试验，随意选用成孔工艺参数，由于未经实践检验，所成桩孔直径、孔径形状、扩孔率、孔垂直度均没有保证。

◇ 预防措施：成桩前，应进行成孔试验，严格按通过不同土层成孔试验所得到的符合设计要求的工艺参数，如冲层（对冲击钻、冲抓锥）、转速、钻压（对回转钻，潜水钻）、泥浆指标、钻头直径等进行操作控制。

➤ 常见的质量问题：桩成孔洞口不设置护筒，地表杂物易掉入孔内，孔口土方易坍塌，同时难以控制成孔轴线和泥浆面，从而难以保证成孔质量，严重时会破坏成孔质量。

◇ 预防措施：桩成孔时，应先在孔口设置6～8mm厚圆形钢板护筒或砖砌护圈，它的作用是保护孔口、定位、导向，维护泥浆面，防止杂物掉入和坍方。护筒（圈）内径应比钻头直径大100～200mm，深度一般为1.0～1.5m。护筒口略高于自然地面，防止杂物掉入桩孔内。如上部松土较厚，护筒应穿过松土层，以保护孔内和防止塌孔。

➤ 常见的质量问题：泥浆在成孔过程中起护壁、携渣、冷却钻具等作用。泥浆在孔壁上形成一层不透水的泥皮，在非黏性土地层中保护孔壁稳定，避免剥落，防止地下水流入或泥浆漏掉。其中，最重要的是保护孔壁稳定，但护筒内的泥浆面要高于地下水位，才会起到液体支撑的作用；否则，会在地下水与浆面的高差范围内发生坍孔，使孔壁破坏。

◇ 预防措施：桩孔内循环泥浆的界面要保持高于最高地下水位 0.5m 以上，以保证孔壁稳定。

➢ 常见的质量问题：孔口设置的钢护筒周围不用黏土封闭紧密，护筒周围大量渗漏水，会造成严重坍孔，使钻孔无法进行。

◇ 预防措施：钢护筒埋设，在黏性土中埋深不小于 1.0m；在砂性土中埋深不小于 1.5m，在护筒周围用含水量保持在最佳范围内的黏性土分层夯击密实，使其不漏浆和渗漏水。

➢ 常见的质量问题：机架安装不平稳，钻杆导向架不垂直，钻杆弯曲，接头弯折，未纠正就开机钻进；成孔后会出现孔径大小不一，扩孔率大，桩孔垂直度达不到设计和规范要求。

◇ 预防措施：安装钻机前，应将场地整平夯（压）实。机架安装应平稳牢靠，对钻杆导向架要进行水平和双向垂直度校正，钻机机台平面要用水平尺在十字方向整平；弯曲的钻机后接头弯折，要随时剔除更换。遇软硬不匀的土层时，要低速钻进，避免钻孔出现偏斜。

➢ 常见的质量问题：在流砂、淤泥、破碎地带及松散砂层等软弱地层中钻进成孔操作时，如进尺和转速太快，停放一处空转时间过长，护壁泥浆密度过低，会造成孔壁大片坍塌，无法成孔。

◇ 预防措施：在流砂、淤泥、破碎地带及松散砂层等软弱土层中钻进作业时，应适当加大护壁泥浆密度，缓慢进尺、低速钻进，避免停留一处不进尺空转，或尽量缩短空转时间，以保护孔壁稳定。

➢ 常见的质量问题：冲击成孔时，一开始就采用高冲程冲孔，此时，冲锤还没有在土中定向插稳，采用高锤冲击操作容易发生桩孔倾斜，甚至坍孔。

◇ 预防措施：冲击钻成孔，开始应低锤（小冲程）密击，锤高一般为 0.4～0.6m，并及时加块石与黏土泥浆护壁，使护壁挤压密实，直至孔深达到护筒下 3～4m 后，桩孔扶正垂直，才加快速度，加大冲程（提高 1～2m），转入正常连续冲击成孔，造孔时，应将孔内残渣排出孔外，以免孔内残渣太多，出现埋钻现象。

➢ 常见的质量问题：桩孔内大量冒砂，将桩孔涌塞。产生原因是孔外水压比孔内大，孔壁松散，使大量流砂涌塞桩孔；遇粉砂层，泥浆密度不够，孔壁未形成泥皮等，导致成孔无法进行。

◇ 预防措施：①使孔内水压高于孔外水位 0.5m 以上，并适当加大水泥浆密度。②流砂严重时，可抛入碎砖、石、黏土，用锤冲入流砂层，做泥浆结块，使其成坚厚护壁，阻止流砂涌入。

➢ 常见的质量问题：冲成的孔断面形状不规则，呈梅花形。产生的原因是冲孔时转向环失灵，冲锤不能自由转动；泥浆太稠，阻力太大；后提锤太低，冲锤得不到转动时间，换不了方向、角度便又落下，致使成孔时很难改变冲击位置，导致孔径、孔形不符合设计要求。

◇ 预防措施：在成桩过程中，应经常检查、检修转向吊环，使其保持灵活；操作时要勤掏渣，并适当降低泥浆的稠度；保持适当的提锤高度，必要时铺以人工转动；用低冲锤时，隔一段时间更换高一些的冲层，使冲击锤有足够的转动时间，防止出现断面形状不规则的桩孔。

➢ 常见的质量问题：钻进成孔时，排渣不通畅，大量泥块、沉渣不能及时排出，使泥浆密度过大,在钻头周围糊满黏土(俗称黏钻),使刀具钻进时碰不到孔壁,切削不下土体,导致钻机不进尺。

◇ 预防措施:从孔壁切削下来的土块沉渣要用正循环力或反循环力及时排出孔外,并补充新鲜泥浆,降低孔内泥浆稠度。施钻时,注意控制钻进速度,不可过快或过慢。对于已糊住的钻头,可提出孔外,清除钻头上的泥块后重新钻进。

➤ 常见的质量问题:在成孔过程中或成孔后,泥浆大量向孔外漏失。产生原因是遇到透水性强或有地下水流动的土层;护筒埋设太浅,回填土不密实或护筒接缝不严实,导致在护筒刃脚或接缝处漏浆;孔内泥浆面过高使孔壁渗浆等。由于孔内泥浆向孔外流失,会造成孔内泥浆的标高低于孔外的地下水位,使内、外水头不平衡而引发坍孔。

◇ 预防措施:①加稠泥浆或倒入黏土,慢速钻进;或在回填土内掺片石、卵石,反复冲击,增强护壁。②在有护筒范围内,接缝处可用棉絮堵塞,封闭接缝,稳住水头。③在容易产生泥浆渗漏的土层中,应采取维持孔壁稳定的措施。④在施工期间,护筒内的泥浆面应高出地下水位 1.0m 以上,在受水位涨落影响时,泥浆面应高出最高水位 1.5m 以上。

➤ 常见的质量问题:钻进时钻头脱落掉入孔内。产生原因是钢丝绳在转向装置连接处被折断,或在靠转向装置处被扭断或绳卡松脱;转向装置与顶锥上网连接处脱开或冲锤(锥)本身在薄弱截面处折断等,导致成孔不能进行。

◇ 预防处理措施:用打捞活套打捞;或用打捞钩打捞;或用冲抓锥抓去掉落的冲锥;勤检查易受损部位和机构。

➤ 常见的质量问题:在成孔过程中或成孔后,孔壁发生坍落,造成钢筋笼放不到底,桩底部有很厚的泥夹层。产生的原因有泥浆密度不够,起不到护壁作用;孔内水头高度不够或孔内出现承压水,降低了静水压力;护筒埋置太浅,下端孔坍塌;在松散砂层中钻进,进尺和转速过快,或停在一处空转时间太长;冲击(抓)锤(锥)或掏渣筒倾倒,撞击孔壁等,导致孔底存在很厚的泥渣,降低了桩的承载力。

◇ 预防措施:①在松散砂土或流砂中钻进时,应控制进尺,选用较大密度、粘度、胶体率的优质泥浆护壁,或在黏土中掺片石、卵石,低锤密击,使黏土膏、片石、卵石挤入孔壁。②如地下水位变化过大,应采取增高泥浆面,增大水头措施。③对于复杂地质,应加密探孔,以便预先制订技术措施,施工中发现坍孔时,应停止钻进,采取相应措施后再继续钻进,如加大泥浆稠度稳定孔壁,也可投入黏土、泥膏,使钻机空转不进尺进行固壁。④如发现孔口坍塌,应查明位置,将砂和黏土(或砂砾和黄土)混合物回填到坍孔位置以上 $1 \sim 2m$,如坍孔严重,应全部回填,待沉积密实后再进行钻孔。

➤ 常见的质量问题:成孔后不直,出现较大的垂直偏差。产生原因有桩架不稳,钻杆导架不垂直,钻机磨损,部件松动,或钻杆弯曲,接头不直;土层软硬不均;钻机成孔时,遇较大孤石或探头石,或基岩倾斜未处理,或在粒径悬殊的砂、卵石层中钻进,钻头所受阻力不匀,使钻头偏离方向等,导致桩孔倾斜,垂直度偏差超过要求,降低桩的承载力。

◇ 预防措施:①安装钻机时,要对导杆进行水平和垂直校正,检修钻孔设备,如钻杆弯曲,应及时调换或更换;遇软硬土层、倾斜岩层或砂卵石层,应控制进尺,低速钻进。②桩孔偏斜过大时,可填入石子、黏土重新钻进,控制钻速,慢速上下提升、下降,往复扫孔纠正;如遇探头石,宜用钻机钻透;用新鸿基钻时,宜用低锤密击,把石块击碎;遇倾斜基岩时,可投入块石,使表面略平,再用冲锤密打。

【工程案例 4-4】

1. 工程背景

某商业中心工程地处某市中心广场的东南角，为大型的综合性商业大厦，由 61 层主楼和 8 层裙楼两部分组成。占地面积为 8041m²，总建筑面积为 13 万 m²，总高度为 226m，地下三层为框架结构，主楼为筒中筒结构。

2. 施工背景

主楼有 137 根工程桩，由当地的建筑设计院根据勘察单位提供的地质勘察资料设计，单桩承载力标准值 1000kN，采用直径为 1200mm 钻孔灌注桩。要求桩尖嵌入持力层深度平均为 7.8m，桩端绝对标高 −34.0m，桩顶绝对标高 −4.0m。桩身混凝土强度 C35，桩底允许沉渣厚度小于 5cm。

3. 假设

钻孔灌注桩工序较多，技术要求较高，施工难度大，因此施工过程中易出现质量问题。本工程施工过程中，通过监理检验，发现出现了坍孔、扩径、缩颈、钢筋笼上拱、断桩、导管堵塞等质量问题。

4. 思考与问答

1）对本工程钻孔灌注桩进行检验批划分，并说明理由。

2）简述产生坍孔的主要原因和预防措施。

3）简述产生缩颈的主要原因和预防措施。

4）简述产生钢筋笼上拱的主要原因和预防措施。

5）简述产生导管堵塞的主要原因和预防措施。

4.2.5 地下防水工程

地下防水工程是指对工业与民用建筑地下防水工程、防护工程、隧道及地下铁道等建（构）筑物，进行防水设计、防水施工和维护管理等各项技术工作及工程实体。根据《统一标准》的规定，确定地下防水工程为地基基础分部工程中的一个子分部工程，包括主体结构防水工程、细部构造防水工程、特殊施工法防水工程、排水工程和注浆工程等主要内容。其中主体结构防水工程包括防水混凝土、水泥砂浆防水层、卷材防水层、涂料防水层、塑料板防水层、金属板防水层、膨胀土防水材料防水层等。本节重点介绍防水混凝土、水泥砂浆防水层、卷材防水层等分项工程，主要根据《统一标准》和《地下防水工程质量验收规范》（GB 50208—2011）进行编写，其他分项工程的验收应按《地下防水工程质量验收规范》（GB 50208—2011）有关要求进行。

4.2.5.1 防水混凝土

1. 质量控制点

1）材料要求。

① 水泥品种应按设计要求选用，宜采用普通硅酸盐水泥或硅酸盐水泥，不得使用过期或受潮结块水泥。

② 碎石或卵石的粒径宜为 5～40mm，含泥量不得大于 1.0%，泥块含量不得大于 0.5%。

③ 砂宜用中砂，含泥量不得大于 3.0%，泥块含量不得大于 1.0%。

④ 拌制混凝土所用的水，应采用不含有害物质的洁净水，应符合现行行业标准《混凝土用水标准》（JGJ 63—2006）的有关规定。

⑤ 外加剂的技术性能，应符合国家或行业标准一等品及以上的质量要求。

⑥ 粉煤灰的组别不应低于二级，掺量不宜大于 20%；硅粉掺量不应大于 3%，其他掺合料的掺量应通过试验确定。

2）防水混凝土的配合比应符合下列规定：

① 试配要求的抗渗水压值应比设计值提高 0.2MPa。

② 水泥用量不得少于 $300kg/m^3$；掺有活性掺合料时，水泥用量不得少于 $280kg/m^3$。

③ 砂率宜为 35%～45%，灰砂比宜为（1:2.5）～（1:2）。

④ 水灰比不得大于 0.55。

⑤ 普通防水混凝土坍落度不宜大于 50mm，泵送时入泵坍落度宜为 100～140mm。

3）混凝土拌制和浇筑过程控制应符合下列规定：

① 拌制混凝土所用材料的品种、规格和用量，每工作班检查不应少于两次。每盘混凝土各组成材料计量结果的允许偏差应符合表 4-36 的规定。

表 4-36　混凝土组成材料计量结果的允许偏差

混凝土组成材料	每盘计量（%）	累计计量（%）
水泥、掺合料	±2	±1
粗、细骨料	±3	±2
水、外加剂	±2	±1

注：累计计量仅适用于计算机控制计量的搅拌站。

② 混凝土在浇筑地点的坍落度，每工作班至少检查两次。混凝土的坍落度试验应符合现行《普通混凝土拌合物性能试验方法标准》（GB/T 50080—2016）的有关规定。混凝土实测的坍落度与要求坍落度之间的允许偏差应符合表 4-37 的规定。

表 4-37　混凝土坍落度允许偏差

要求坍落度 /mm	允许偏差 /mm
≤40	±10
50～90	±15
＞90	±20

4）防水混凝土抗渗性能，应采用标准条件下养护混凝土抗渗试件的试验结果评定。试件应在浇筑地点制作。

连续浇筑混凝土时，每 $500m^3$ 应留置一组抗渗试件（一组为 6 个抗渗试件），且每项工程不得少于两组。采用预拌混凝土的抗渗试件，留置组数应视结构的规模和要求而定。

抗渗性能试验应符合现行《普通混凝土长期性能和耐久性能试验方法标准》（GB/T 50082—2009）的有关规定。

2. 防水混凝土工程检验批施工质量验收

检验批的划分：在施工方案中确定，按不同地下层的层次、变形缝、施工段或施工面积划分，同时不超过 500m²（展开面积）为一个检验批。假定某高层地下室结构，地下室底板和周围地下室混凝土墙都是防水混凝土，按照设计要求，地下室底板和周围地下室墙体分开施工，留设了水平施工缝；又因为建筑物较长，在建筑物的长度方向设置了后浇带（地下室地板没有）。这样防水混凝土分项工程就形成了三个检验批（注意，因设置了后浇带，此处形成了一个细部构造分项工程检验批）。若设计中地下室底板或周围地下室墙体的混凝土由不同的抗渗等级组成，还应增加检验批的数量。

（1）主控项目检验 防水混凝土主控项目检验标准及检验方法见表4-38。

表4-38 防水混凝土主控项目检验标准及检验方法

序 号	项 目	质量标准及要求	检 验 方 法	检 验 数 量
1	原材料、配合比及坍落度	防水混凝土的原材料、配合比及坍落度必须符合设计要求及有关标准的规定	检查出厂合格证、质量检验报告，配合比通知单、计量措施和现场抽样试验报告	每个检验批应按混凝土外露面积每100m²抽查一处，每处10m²，且不得少于3处
2	抗压强度、抗渗压力	防水混凝土的抗压强度和抗渗压力必须符合设计要求	检查混凝土抗压、抗渗试验报告	
3	细部做法	防水混凝土的变形缝、施工缝、后浇带、穿墙管道、埋设件等设置和构造，均应符合设计要求，严禁有渗漏	观察检查和检查隐蔽工程验收记录	全数

（2）一般项目检验 防水混凝土一般项目检验标准及检验方法见表4-39。

表4-39 防水混凝土一般项目检验标准及检验方法

序 号	项 目	质量标准及要求	检 验 方 法	检 验 数 量
1	表面质量	防水混凝土结构表面应坚实、洁净、平整、干燥，不得有露筋、蜂窝等缺陷；埋设件的位置应正确	观察和尺量检查	按混凝土外露面积每100m²抽查一处，每处10m²，且不得少于3处
2	裂缝宽度	防水混凝土结构表面的裂缝宽度不应大于0.2mm，并不得贯通	用刻度放大镜检查	全数
3	防水混凝土结构厚度及迎水面钢筋保护层厚度	防水混凝土的结构厚度不应小于250mm，其允许偏差为+15mm，-10mm；迎水面钢筋保护层厚度不应小于50mm，其允许偏差为±10mm	用尺量和检查隐蔽工程验收记录	按混凝土外露面积每100m²抽查一处，每处10m²，且不得少于3处

3. 施工中常见的质量问题及预防措施

➤ 常见的质量问题：防水混凝土结构的钢筋保护层厚度设置不当。如保护层过薄造成混凝土开裂，成为渗水通道；钢筋、钢丝等直接接触到模板，拆模后铁件裸露在外，成为渗水通道。水沿渗水通道渗向混凝土内部，在混凝土不密实处出现渗漏。

　　◇ 预防措施：①绑扎钢筋时，应以合适的间距设置钢筋保护层垫块，在钢筋工程全部完成浇筑混凝土前再进行一次全面检查，看有无垫块被压碎或移位的情况，若有，应及时补放或调整。②钢筋不得用铁钉或钢丝固定在模板上，而必须用同配合比的细石混凝土或砂浆块做垫块，确保保护层厚度。垫块宜呈梅花形设置，垫块要扎在竖向钢筋和横向钢筋的交叉点上。此外，绑扎钢筋或垫块钢丝的结头应弯向钢筋内侧，严禁向外接触模板。

　　➤ 常见的质量问题：模板或基底未清理即浇筑防水混凝土，影响混凝土质量，浇筑后混凝土易发生蜂窝、麻面、孔洞等问题。

　　◇ 预防措施：①采用木模时，施工前应用水充分湿润其表面，避免浇筑混凝土后，干燥的木模吸取混凝土中的水分而造成养护不良，或导致混凝土表面出现裂纹。②采用钢模时，每隔一定时间，必须将模板内表面的水泥浆清除干净，以保证混凝土有光滑的表面。③浇筑混凝土前，应注意清理模板或基底内的积水、泥土、木屑、钢丝等杂物，避免浇筑混凝土时杂物混入其中，成为渗漏水隐患。

　　➤ 常见的质量问题：施工期间基坑的降排水措施设置不当或没有采取措施，造成地下水、雨水等淹没基坑和防水层，出现流砂、边坡不稳定，甚至发生坍塌等事故。由于没有将地下水降到基坑底，带水浇筑混凝土，混凝土在终凝前被水浸泡，影响防水混凝土的正常硬化，增大了混凝土的水灰比或混进泥水，降低了混凝土强度和抗渗性。

　　◇ 预防措施：地下工程施工前和施工期间必须设置系统降排水措施，以保证防水工程在无水干燥状态下作业。可采取井点降水、地面排水及基坑排水等措施，将施工范围内的地下水位降至工程底部最低高程 500mm 以下，降水作业应持续至回填完毕。

　　➤ 常见的质量问题：墙体分批浇筑防水混凝土时，振捣深度不够，振捣器未插入前一层已振实的混凝土中，导致两次浇筑的混凝土界面间结合得不严密，形成施工缝，或局部出现蜂窝、麻面、孔洞等缺陷，影响了混凝土的密实性和整体性，成为防水工程渗漏的隐患。

　　◇ 预防措施：①若采用插入式振捣器振捣时，浇筑分层厚度一般为 300mm 左右，分层浇筑间隔时间不超过 2h，气温超过 30℃时不超过 1h。②第二层防水混凝土浇筑时间应在第一层初凝之前，将振捣器插入第一层混凝土中 50～80mm，并充分振捣，减除第一层混凝土表面的泌水、气泡，使两层混凝土混为一体，形成均匀整体的防水混凝土结构。

　　➤ 常见的质量问题：混凝土养护不良、不及时造成早期脱水，使水泥水化不完全，游离水通过表面迅速蒸发形成彼此连通的毛细管孔网，成为渗水通路。同时混凝土收缩增大，出现龟裂，使混凝土抗渗性能急剧下降，甚至完全丧失抗渗能力。

　　◇ 预防措施：①加强早期养护，特别是 7d 内的养护对混凝土极为重要。一般养护期不少于 14d，采用火山灰硅酸盐水泥配制的防水混凝土养护期不应少于 21d，每天浇水 2～3 次，并用湿草袋覆盖混凝土表面。②在炎热季节，防水混凝土拆木模板前应先向木模板上浇水，以保持混凝土表面有充足的水分。拆模后，应立即浇水养护，并覆盖湿草袋、塑料薄膜，或喷涂养护剂，以避免混凝土失水过快。此外，在炎热季节，切忌防水混凝土在中午或温度最高的时间拆模，以防失水过快出现干缩裂缝，拆模时间以早、晚间为宜。

　　➤ 常见的质量问题：施工缝是混凝土结构的薄弱环节，也是地下工程易出现渗漏的部位，如果施工缝处理不当，极易形成渗漏水的通道。

　　◇ 预防措施：①防水混凝土应连续浇筑，宜少留施工缝，尤其是顶板、底板更不宜留设施工缝，墙体必须留设施工缝时，只准留水平施工缝。②在留设施工缝的位置，混凝土浇筑时间间隔不能太久，以免接缝处新、旧混凝土收缩值相差太大而产生裂缝。③为使接缝严密，浇筑前，应对缝面进行凿毛处理，清除浮粉和杂物，用水冲洗干净，保持湿润，再铺一层水泥砂浆或混凝土界面处理剂，并及时浇筑混凝土。

4.2.5.2 水泥砂浆防水层

1. 质量控制点

1）水泥砂浆防水层所用的材料应符合下列规定：

① 水泥品种应按设计要求选用普通硅酸盐水泥、硅酸盐水泥或特种水泥，不得使用过期或受潮结块水泥。

② 砂宜采用中砂，粒径3mm以下，含泥量不得大于1%，且硫化物和硫酸盐含量不得大于1%。

③ 应采用不含有害物质的洁净水。

④ 聚合物乳液的外观质量要求是无颗粒、异物和凝固物。

⑤ 外加剂的技术性能应符合国家或行业标准一等品及以上的质量要求。

2）水泥砂浆防水层的基层质量应符合下列要求：

① 基层表面应坚实、平整、粗糙、洁净，并充分湿润，无积水。

② 基层表面的孔洞、缝隙应用与防水层相同的砂浆填塞抹平。

③ 施工前，应将埋设件、穿墙管预留凹槽内嵌填密封材料后，再进行水泥砂浆防水层施工。

3）普通水泥砂浆防水层的配合比应按表4-40选用，掺外加剂、掺合料、聚合物等防水砂浆的配合比和施工方法应符合所掺材料的规定，其中聚合物砂浆的用水量应包括乳液中的含水量。

表4-40 普通水泥砂浆防水层的配合比

名 称	配合比（质量比）		水 灰 比	适 用 范 围
	水 泥	砂		
水泥浆	1	—	0.55～0.60	水泥砂浆防水层的第一层
水泥浆	1	—	0.37～0.40	水泥砂浆防水层的第三、五层
水泥砂浆	1	1.5～2.0	0.40～0.50	水泥砂浆防水层的第二、四层

4）水泥砂浆防水层施工应符合下列要求：

① 水泥砂浆防水层应分层铺抹或喷射，铺抹时应压实、抹平，最后一层表面应提浆压光。

② 聚合物水泥砂浆拌和后应在1h内用完，且施工中不得任意加水。

③ 水泥砂浆防水层各层应紧密贴合，每层宜连续施工，如必须留槎时，采用阶梯坡形槎，但离阴阳角处不得小于200mm，接槎要依层次顺序操作，层层搭接紧密。

④ 防水层的阴阳角处应做成圆弧形。

⑤ 普通水泥砂浆防水层终凝后，应及时进行养护，养护温度不宜低于5℃，养护时间不得少于14d，养护期间应保持湿润。使用特种水泥、外加剂、掺合料的防水砂浆，养护应按产品有关规定执行。

2. 水泥砂浆防水层工程检验批施工质量验收

检验批的划分：在施工方案中确定，按地下楼层、变形缝、施工段及施工面积划分，同时不超过500m²（展开面积）为一个检验批。

（1）主控项目检验

水泥砂浆防水层主控项目检验标准及检验方法见表 4-41。

表 4-41　水泥砂浆防水层主控项目检验标准及检验方法

序　号	项　目	质量标准及要求	检验方法	检验数量
1	原材料及配合比	水泥砂浆防水层的原材料及配合比必须符合设计要求	检查出厂合格证、质量检验报告、计量措施和现场抽样试验报告	按施工面积每 100m² 抽查 1 处，每处 10m²，且不得少于 3 处
2	结合牢固	水泥砂浆防水层各层之间必须结合牢固，无空鼓现象	观察和用小锤轻击检查	

（2）一般项目检验

水泥砂浆防水层一般项目检验标准及检验方法见表 4-42。

表 4-42　水泥砂浆防水层一般项目检验标准及检验方法

序　号	项　目	质量标准及要求	检验方法	检验数量
1	表面质量	水泥砂浆防水层表面应密实、平整，不得有裂纹、起砂、麻面等缺陷；阴阳角处应做成圆弧形	观察	按施工面积每 100m² 抽查 1 处，每处 10m²，且不得少于 3 处
2	留槎和接槎	水泥砂浆防水层施工缝留槎位置应正确，接槎应按层次顺序操作，层层搭接紧密	观察和检查隐蔽工程验收记录	
3	厚度	水泥砂浆防水层的平均厚度应符合设计要求，最小厚度不得小于设计值的 85%	观察和尺量检查	

3．施工中常见的质量问题及预防措施

➤ 常见的质量问题：施工人员对质量重视不够，未严格按照防水层有关要求进行操作，忽视防水层的连续性，会造成水泥砂浆防水层上一块块潮湿痕迹，在通风不良、水分蒸发缓慢的情况下，潮湿面积会慢慢扩展，或形成渗漏。

◇ 预防措施：施工单位应对施工操作人员进行充分的技术交底，明确防水质量对工程的正常使用及寿命的重要性。操作要仔细认真，要求素灰层刮抹严密，均匀一致，并不遭破坏。加强对防水层的质量检查工作。

➤ 常见的质量问题：基层清理不干净，表面光滑，或有油污、浮灰；基层干燥，防水层抹上后，水分立即被基层吸干；水泥选用不当，稳定性不好；砂子粒度过细；没有严格按配合比配制灰浆，致使灰浆收缩不均；浇水养护不及时等原因均会造成水泥砂浆防水层与基层脱离，甚至隆起，或引起表面出现缝隙、大小不等的交叉裂缝，而处于地下水位以下的裂缝处，会有不同流量的渗漏。

◇ 预防措施：基层表面须去污、剁毛、刷洗清理，并保持潮湿、清洁、坚实、粗糙。选用水泥、黄砂必须符合防水工程规范要求，严格按配合比要求配制各种灰浆，认真执行操作规程，素灰层必须反复用力刮抹，以提高粘结力。砂浆层抹后用扫帚扫出粗糙的条纹，以利于粘结。砂浆层表面析出的游离氢氧化钙（白色膜状）要用钢丝刷刷掉。加强对防水层的养护工作。

➤ 常见的质量问题：选用的水泥标号较低，降低了防水层的强度和耐磨性能；砂子含泥量大，影响了砂浆的强度；砂子颗粒过细，表面积加大，造成水泥用量不足，砂浆泌水现象加重，推迟了压光时间，从而破坏了水泥石结构，同时产生大量的毛细管路，降低了防水层强度；养护时间不当，过早使水泥胶质受到浸泡而影响其粘结力和强度的增长；防水层硬化过程中脱水；过早插入其他工序，人员走动等使表面遭受磨损破坏等，造成水泥砂浆防水层表面不坚硬，用手擦时，可擦掉粉末或细砂粒，显露出砂颗粒。

◇ 预防措施：所选材料应符合有关规定，尽量选用早期强度较高的普通硅酸盐水泥。在满足施工稠度要求的情况下，力求降低灰浆用水量，在潮湿环境下作业，可采取通风去湿措施。防水层的压光交活必须在水泥终凝前完成，压光遍数以 3～4 遍为宜。加强养护，防止早期脱水，在养护期间，不得插入其他工序。

4.2.5.3 卷材防水层

1. 质量控制点

1）卷材防水层应采用高聚物改性沥青防水卷材和合成高分子防水卷材。所选用的基层处理剂、胶粘剂、密封材料等配套材料，均应与铺贴的卷材材性相容。

目前国内外用的主要卷材品种如下：高聚物改性沥青防水卷材，如 SBS、APP 等防水卷材；合成高分子防水卷材，有三元乙丙、氯化聚乙烯、聚氯乙烯等防水卷材，该类材料具有延伸率较大、对基层伸缩或开裂变形适应性较强的特点，适用于地下防水施工。不同种类卷材的配套材料不能相互混用，否则有可能发生腐蚀侵害，或达不到粘结质量标准。

2）铺贴防水卷材前，应将找平层清扫干净。在基面上涂刷基层处理剂；当基面较潮湿时，应涂刷湿固化型胶粘剂或潮湿界面隔离剂。

3）防水卷材厚度选用应符合表 4-43 的规定。

4）两幅卷材短边和长边的搭接宽度均不应小于 100mm。采用多层卷材时，上、下两层和相邻两幅卷材的接缝应错开 1/4 幅宽。且两层卷材不得相互垂直铺贴。

表 4-43 防水卷材厚度

防 水 等 级	设 防 道 数	合成高分子防水卷材	高聚物改性沥青防水卷材
1 级	三道或三道以上设防	单层：不应小于 1.5mm；	单层：不应小于 4mm；
2 级	二道设防	双层：每层不应小于 1.2mm	双层：每层不应小于 3mm
3 级	一道设防	不应小于 1.5mm	不应小于 4mm
	复合设防	不应小于 1.2mm	不应小于 3mm

铺贴建筑工程地下防水的卷材时，主要采用冷粘法和热熔法。底板垫层混凝土平面部位的卷材宜采用空铺法、点粘法或条粘法，其他与混凝土结构相接触的部位应采用满铺法。

5）冷粘法铺贴卷材应符合下列规定：

① 胶粘剂应涂刷均匀，不露底，不堆积。

② 铺贴卷材时应控制涂刷胶粘剂与铺贴卷材的间隔时间，排除卷材下面的空气，并辊压粘结牢固，不得有空鼓。

③ 铺贴卷材应平整、顺直，搭接尺寸正确，不得有扭曲、皱折。

④ 接缝口应用密封材料封严，其宽度不应小于 10mm。

6）热熔法铺贴卷材应符合下列规定：

① 火焰加热器加热卷材应均匀，不得过分加热或烧穿卷材；对于厚度小于 3mm 的高聚物改性沥青防水卷材，严禁采用热熔法施工。

② 卷材表面热熔后，应立即滚铺卷材，排除卷材下面的空气，并辊压粘结牢固，不得有空鼓。

③ 滚铺卷材时，接缝部位必须溢出沥青热熔胶，并应随即刮封接口使接缝粘结严密。

④ 铺贴后的卷材应平整、顺直，搭接尺寸正确，不得有扭曲、皱折。

7) 卷材防水层完工并经验收合格后，应及时做保护层。保护层应符合下列规定：

① 顶板的细石混凝土保护层与防水层之间宜设置隔离层。

② 底板的细石混凝土保护层厚度应大于 50mm。

③ 侧墙宜采用聚苯乙烯泡沫塑料保护层，或砌保护砖墙（边砌边填实）和铺抹 30mm 厚水泥砂浆。

2. 卷材防水层工程检验批施工质量验收

检验批的划分：在施工方案中确定，按地下楼层、变形缝、施工段及施工面积划分，同时不超过 500m²（展开面积）为一个检验批。

（1）主控项目检验　卷材防水层主控项目检验标准及检验方法见表 4-44。

表 4-44　卷材防水层主控项目检验标准及检验方法

序　号	项　目	质量标准及要求	检验方法	检验数量
1	材料要求	卷材防水层所用卷材及主要配套材料必须符合设计要求	检查出厂合格证、质量检验报告和现场抽样试验报告	按铺贴面积每 100m² 抽查 1 处，每处 10m²，且不得少于 3 处
2	细部做法	卷材防水层及其转角处、变形缝、穿墙管道等细部做法均需符合设计要求	观察检查和检查隐蔽工程验收记录	

（2）一般项目检验　卷材防水层一般项目检验标准及检验方法见表 4-45。

表 4-45　卷材防水层一般项目检验标准及检验方法

序　号	项　目	质量标准及要求	检验方法	检验数量
1	基层	卷材防水层的基层应牢固，基面应洁净、平整。不得有空鼓、松动、起砂和脱皮现象，基层阴阳角处应做成圆弧形	观察检查和检查隐蔽工程验收记录	按混凝土外露面积每 100m² 抽查 1 处。每处 10m²，且不得少于 3 处
2	搭接缝	卷材防水层的搭接缝应粘（焊）结牢固，密封严密，不得有皱折、翘边和鼓泡等缺陷	观察检查	
3	保护层	侧墙卷材防水层的保护层与防水层应粘结牢固，结合紧密，厚度均匀一致	观察检查	
4	卷材搭接宽度的允许偏差	卷材搭接宽度的允许偏差为 10mm	观察和尺量检查	

3. 施工中常见的质量问题及预防措施

➤ 常见的质量问题：①由于卷材铺贴质量问题，卷材韧性较差，转角处未按有关要求增设卷材附加层，造成转角部位渗漏水。②由于搭接接头宽度不够，搭接不严，铺贴卷材甩槎污损撕破，层次不清，造成卷材搭接不良，有的甚至在搭接处张口而造成渗漏。③由于基层潮湿，沥青胶结材料与基层粘结不良，找平层被沾污，铺贴卷材时施压不够，以及热作业铺贴不严造成防水层与施工基层脱开，形成空鼓，一旦水进入结构外层，还可能进一步造成防水层与结构混凝土的脱离，为其他部位的防水带来隐患。④由于卷材与管道粘结不良（管道表面未认真清理、除锈），穿管处周边呈死角，使卷材铺贴不严密，出现张口翘边现象，地下水沿此处进入室内，产生渗漏。

✧ 预防措施：①提高对地下室防水工程的复杂性认识，树立以预防为主的方针，建立全面、严格、全过程的质量控制措施，作为建筑施工的关键过程加以落实。②加强对防水材料的选择，当使用两种不同材料时，要考虑施工作业的相容性，防水材料的厚度要与建筑耐久性相适应。③为加强防水层与结构的牢固粘结，可在卷材的上部粘结预制的水泥砂浆块，砂浆块为100mm×100mm水泥块，上带与结构混凝土浇筑连接的钢丝，每平方米卷材上粘铺的水泥砂浆块不少于9块，应采用分别在卷材和水泥砂浆块上双向涂抹粘结剂的方法，使卷材与预制水泥砂浆块粘结，其余卷材空位做现抹水泥砂浆保护层。④底板的外沿及地下室墙体竖向阳角线都应做成弧形的阳角线。在施行外防内贴法时，在基层的末端向上做一小段（大于100mm）的立面基层，在角处做成弧角，在弧角的200mm范围内做防水加强层，同时该段落内不与水泥砂浆粘结，使防水层内、外面都是空隔。对墙体竖向阳角线，应在支模时做成弧角，抹灰中修正。凡阴、阳角线的防水材料粘贴时，都要增设附加层，附加层的做法及埋地的地下顶板可参照屋面防水工程的要求设置和施工。⑤穿过地下室结构的水电设备管道应在防水套管内穿行。地下室立面防水层要伸入套管内与防水套闭合，管道在套内要设止水环，套管的间隙填好防水材料，填料内、外用密封膏封闭。

4.2.5.4　细部构造

1. 质量控制点

1）防水混凝土结构的变形缝、施工缝、后浇带等细部构造，应采用止水带、遇水膨胀橡胶腻子止水条等高分子防水材料和接缝密封材料。

地下工程应设置封闭严密的变形缝，变形缝的构造应以简单可靠、易于施工为原则。选用变形缝的构造形式和材料时，应考虑工程特点、地基或结构变形情况以及水压、水质影响等因素，适应防水混凝土结构的伸缩和沉降的需要，并保证防水结构不被破坏。对于水压大于0.3MPa、变形量为20～30mm、结构厚度不小于300mm的变形缝，应采用中埋式橡胶止水带；对于环境温度高于50℃、结构厚度不小于30mm的变形缝，可采用2mm厚的紫铜片或3mm厚的不锈钢等金属止水带，其中间呈圆弧形。

2）变形缝的防水施工应符合下列规定：

① 止水带宽度和材质的物理性能均应符合设计要求，无裂缝和气泡；接头应采用热接，不得叠接，接缝应平整、牢固，不得有裂口和脱胶等现象。

② 中埋式止水带中心线应与变形缝中心线重合，止水带不得穿孔或用铁钉固定。

③ 变形缝设置中埋式止水带时，浇筑混凝土前，应校正止水带位置，将表面清理干净，修补止水带损坏处。顶、底板止水带的下侧混凝土应振捣密实。边墙止水带内、外侧混凝土应均匀，保持止水带位置正确、平直，无卷曲现象。

④ 变形缝处增设的卷材或涂料层应按设计要求施工。

3）施工缝的防水施工应符合下列规定。

① 水平施工缝浇筑混凝土前，应将其表面浮浆和杂物清除，铺水泥砂浆或涂刷混凝土界面处理剂，并及时浇筑混凝土。

② 垂直施工缝浇筑混凝土前，应将其表面清理干净，涂刷混凝土界面处理剂，并及时浇筑混凝土。

③ 施工缝采用遇水膨胀橡胶腻子止水条时，应将止水条牢固地安装在缝表面预留槽内。

④ 施工缝采用中埋式止水带时，应确保止水带位置准确、固定牢靠。

4）后浇带的防水施工应符合下列规定。

① 后浇带应在其两侧混凝土龄期达到 42d 后再施工。

② 后浇带的接缝处理应符合第 3 条施工缝的规定。

③ 后浇带应采用补偿收缩混凝土，其强度等级不得低于两侧混凝土。

④ 后浇带混凝土养护时间不得少于 28d。

5）穿墙管道的防水施工应符合下列规定。

① 穿墙管止水环与主管或翼环与套管应连续满焊，并做好防腐处理。

② 穿墙管处防水层施工前，应将套管内表面清理干净。

③ 套管内的管道安装完毕后，应在两管间嵌入内衬填料，端部用密封材料填缝。柔性穿墙时，穿墙内侧应用法兰压紧。

④ 穿墙管外侧防水层应铺设严密，不留接槎；增铺附加层时，应按设计要求施工。

6）埋设件的防水施工应符合下列规定。

① 埋设件端部或预留孔（槽）底部的混凝土厚度不得小于 250mm；当厚度小于 250mm 时，必须局部加厚，或采取其他防水措施。

② 预留地坑、孔洞、沟槽内的防水层，应与孔（槽）外的结构防水层保持连续。

③ 固定模板用的螺栓必须穿过混凝土结构时，螺栓或套管应满焊止水环或翼环；采用工具式螺栓或螺栓加堵头做法时，拆模后，应采取加强防水措施将留下的凹槽封堵密实。

7）密封材料的防水施工应符合下列规定。

① 检查粘结基层的干燥程度以及接缝的尺寸，应将接缝内部的杂物清除干净。

② 热灌法施工应自下向上进行，并尽量减少接头，接头应采用斜槎；应按有关材料要求严格控制密封材料熬制及浇灌温度。

③ 冷嵌法施工应分次将密封材料嵌填在缝内，压嵌密实，并与缝壁粘结牢固，防止裹入空气。接头应采用斜槎。

④ 接缝处的密封材料底部应嵌填背衬材料，外露密封材料上应设置保护层，其宽度不得小于 100mm。

2．细部构造工程检验批施工质量验收

检验批的划分：在施工方案中确定，根据建筑物地下室的部位和分段施工的要求划分。

（1）主控项目检验

细部构造工程主控项目检验标准及检验方法见表 4-46。

表 4-46　细部构造工程主控项目检验标准及检验方法

序号	项目	质量标准及要求	检验方法	检验数量
1	材料要求	卷材防水层所用卷材及主要配套材料必须符合设计要求	检查出厂合格证、质量检验报告和现场抽样试验报告	全数检查
2	细部做法	卷材防水层及其转角处、变形缝、穿墙管道等细部做法均需符合设计要求	观察检查和检查隐蔽工程验收记录	

（2）一般项目检验

细部构造工程一般项目检验标准及检验方法见表 4-47。

表 4-47　细部构造工程一般项目检验标准及检验方法

序　号	项　目	质量标准及要求	检验方法	检验数量
1	止水带埋设	中埋式止水带中心线应与变形缝中心线重合，止水带应固定牢靠、平直，不得有扭曲现象	观察和检查隐蔽工程验收记录	全数检查
2	穿墙管止水环加工	穿墙管止水环与主管或翼环与套管应连续满焊，并做防腐处理		
3	接缝密封材料	接缝处混凝土表面应密实、洁净、干燥。密封材料应嵌填严密、粘结牢固。不得有开裂、鼓泡和下坍现象	观察检查	

3. **施工中常见的质量问题及预防措施**

➤ 常见的质量问题：没有严格按照地下防水工程施工及验收规范的规定施工，造成墙板施工缝处的渗漏水。

✧ 预防措施：严格按照地下防水工程施工及验收规范的规定施工。除了在混凝土墙板上留置施工缝的高度应满足规范规定的条件外，为方便工程施工，当底板上设置有垂直于墙板的地梁时，应将墙板施工缝的高度设在高于梁顶标高的位置；在墙与柱交接处，应利用柱箍筋的间隙保持凸缝的混凝土强度完全达到不缺楞掉角的强度时，方可拆除凸缝两侧模板；对于已损坏的凸缝部位，可在墙板上凿除部分混凝土，重新形成凸缝；对于凸缝台阶处成形不密实的混凝土，应在安装上部墙模板之前凿去，直到肉眼观察无细小气孔为止，同时，要将凸缝的凸出部分凿毛，除去表面浮浆层，并认真检查施工缝封口模板的密实性以及牢固性。铺设水泥砂浆的厚度以盖住凸缝为标准，铺浆长度要适应混凝土的浇筑速度，不宜过长或者间断漏铺。当混凝土砂浆在墙板中的卸料高度大于 3m 时，可根据墙板厚度选用柔性流管浇灌，避免混凝土出现离析现象。

➤ 常见的质量问题：变形缝止水带局部出现卷边或接头粘接不牢，造成变形缝部位渗漏水。

✧ 预防措施：①选购止水带时，应按图样要求选购长度能够满足底板加两侧墙板的长度尺寸的产品。②止水带安装过程中的支模和其他工序施工时，要注意不应有金属一类的硬物损伤止水带。③浇筑混凝土时，应先将底板处的止水带下侧混凝土振捣密实，并密切注意止水带有无上翘现象；对于墙板处的混凝土，应从止水带两侧对称振捣，并注意止水带有无相对位移现象，使止水带始终处于中间位置。④为便于施工，变形缝中填塞的衬垫材料应改用聚苯乙烯泡沫塑料板或沥青浸泡过的木丝板。

➤ 常见的质量问题：后浇带部位的混凝土施工过早，且浇灌混凝土的落差较大，使得后浇带接缝处产生过大的拉应力；浇灌前对后浇带混凝土接缝处的截面局部遗留的混凝土残渣或碎片未能清除干净，或后浇带底板位置的接缝处长时间的暴露，以至沾了泥污而又未处理干净，严重影响了新、老混凝土的结合等，造成后浇带两侧混凝土的接缝处渗漏。

✧ 预防措施：后浇带的施工时间宜在两侧混凝土成形 6 周后，混凝土的收缩变形基本完成后再进行。或者通过沉降观测，当两侧沉降基本一致，结合上部结构荷载增加情况以及底部结构混凝土浇筑后的延续时间确定。施工前，应将接缝面用钢丝刷认真清理，最好用錾子凿去表面砂浆层，使其完全露出新鲜混凝土后再浇筑。施工时，可根据浇筑混凝土的速度在接缝面上再涂刷一遍素水泥浆，但每次涂刷的超前量不宜过长，以免失去结合层的作用。

混凝土浇筑应采用二次振捣法，以提高密实性和界面的结合力。

➤ 常见的质量问题：对预埋的穿墙地脚螺栓、穿墙套管，以及为安装模板设置的穿墙螺栓施工中的止水环焊缝的检查要求不够严格，以至于施工中存在局部漏焊和严重夹渣等现象，为渗水提供了通道。

◇ 预防措施：应加强对止水环焊缝的检查，在满焊的条件下，逐个检验焊缝，对于不合格的焊缝，要补焊后方可用到工程中。用于支模的穿墙螺栓也可采用气压焊和电渣压焊顶锻形成止水环工艺，但需注意顶锻后形成的止水环径部分应大于钢筋直径 2.5 倍以上，而且止水环相对穿墙螺栓中心不得有严重偏移现象。当混凝土达到一定强度后，应在穿墙螺栓端头迎水面侧凿除 20～30mm 深的混凝土，截去穿墙螺栓，用膨胀砂浆做墙面处理。对于较大的方形套管，管子的底部常因无法振捣而出现空洞蜂窝现象，对此类套管，应采取在止水环两侧分别开出直径不小于振捣棒直径的洞口的方法，便于将振捣棒插入套管下部混凝土中振捣，同时排出气体，从而保证了这部分混凝土的密实性。

【工程案例 4-5】

1. 工程背景

某省医院新病房大楼工程位于市中心，周边原有建筑密集，场地狭小。主楼地上 15 层，裙房地上 4 层，均设 2 层地下室。建筑面积为 27000m²，属于框架剪力墙结构。工程采用上翻式承台、地梁的筏板基础，底板厚 900mm，承台地梁高 1800mm。平面形状近似为矩形，长 54m，宽 33m，主楼与裙房间设一条宽 800mm 后浇带。基础地下室混凝土强度等级 C40，抗渗等级 S8，基础底板混凝土约 2000m³。

2. 施工背景

工程进入基础底板混凝土浇筑阶段，由于基础混凝土工程量大，基坑较深，为确保基础结构的整体性和安全性，考虑施工搭接和市区施工的困难，基础底板以后浇带为界分成 A、B 两段施工：A 段为后浇带以西的裙房部分，混凝土量为 540m³；B 段为后浇带以东的主楼部分，混凝土量为 1500m³。每段水平向不留施工缝，一次性浇筑；竖向在基础上翻梁以上 500mm 处设施工缝。混凝土下料振捣时按"分层、分段、连续不断地薄层浇筑"的原则进行，先浇筑底板部分，并注意振捣密实，上翻梁部分在底板部分浇捣后 2h 再行浇筑，使底板混凝土有一定的沉落时间。

3. 假设

假设基础底板混凝土是在冬季施工，天气晴朗，气温为 2～6℃，底板混凝土施工完成后，施工方进行了洒水养护，但在混凝土浇筑完成几天后，混凝土表面出现了裂缝现象，经技术人员检查，判断为混凝土干缩裂缝，裂缝宽度小于 0.2mm。

4. 思考与问答

1）对本工程地下防水混凝土分项工程进行检验批划分，并说明理由。

2）本工程对施工缝的设置是否合理，试说明理由。

3）在底板混凝土浇筑过程中，施工现场应制作几组、多少个混凝土抗渗试件？每个试件必须达到多少抗渗水压值才能满足工程抗渗性能的要求？

4）请从技术人员的角度分析一下这个工程底板混凝土干缩裂缝产生的原因。

5）基础底板混凝土浇筑施工之前，作为施工质检员，应做哪些自检（自检合格后应向监理方报验资料）？

子单元3 主体结构工程

4.3.1 混凝土结构工程

混凝土是当代最主要的土木工程材料之一。它由胶结材料、骨料和水按一定比例配制，经搅拌振捣成形，在一定条件下养护而成。混凝土具有原料丰富、价格低廉、生产工艺简单的特点，因而使用量越来越大；同时，混凝土还具有抗压强度高、耐久性好、强度等级范围宽等特点，因而不仅应用在各种土木工程中，而且在造船业、机械工业、海洋的开发、地热工程等中，混凝土也是重要的材料。

混凝土结构包括素混凝土结构、钢筋混凝土结构、预应力混凝土结构和装配式结构。其中，钢筋混凝土结构是建筑工程主体结构中最常见的结构形式。钢筋混凝土工程的材料是由混凝土和钢筋两种不同特性的材料互补而成，并且能够相互粘结、共同受力。预应力混凝土是为了避免钢筋混凝土结构的裂缝过早出现，充分利用高强度钢筋及高强度混凝土，设法在混凝土结构或构件承受使用荷载前，预先对受拉区的混凝土施加压力后的混凝土。

根据《统一标准》的规定和工程实际情况，混凝土工程可划分为子分部工程，具体可由模板工程、钢筋工程、混凝土工程、预应力工程、现浇结构工程、装配式结构工程等分项工程组成。

本子单元重点介绍模板工程、钢筋工程、混凝土工程、预应力工程、现浇结构工程等分项工程，主要根据《统一标准》、《混凝土结构工程施工质量验收规范》（GB 50204—2015）及《钢筋焊接及验收规程》（JGJ 18—2012）进行编写。

4.3.1.1 模板工程

1. 质量控制点

1）模板及其支架应根据工程结构形式、荷载大小、地基土类别、施工设备和材料供应等条件进行设计。模板及其支架应具有足够的承载能力、刚度和稳定性，能可靠地承受所浇筑混凝土的重力、侧压力以及施工荷载。

2）在浇筑混凝土之前，应对模板工程进行验收。模板安装和浇筑混凝土时，应对模板及其支架进行观察和维护。发生异常情况时，应按施工技术方案及时进行处理。

3）模板及其支架拆除的顺序及安全措施应按施工技术方案执行。

2. 模板安装工程检验批施工质量验收

检验批的划分：模板分项工程所含检验批通常根据模板安装和拆除的数量确定。

（1）主控项目检验

模板安装工程主控项目检验方法及检验标准见表4-48。

表 4-48　模板安装工程主控项目检验方法及检验标准

序号	项目	质量标准及要求	检验方法	检验数量
1	模板及支架用材料	按国家现行有关标准的规定确定	检查质量证明文件；观察，尺量	按国家现行有关标准的规定确定
2	现浇混凝土结构模板及支架	按国家现行有关标准的规定确定	按国家现行有关标准的规定执行	按国家现行有关标准的规定确定
3	后浇带处的模板及支架	—	观察	全数检查
4	支架竖杆或竖向模板安装	符合施工方案要求	观察；检查土层密实度检测报告、土层承载力验算或现场检测报告	全数检查

（2）一般项目检验

模板安装工程一般项目检验方法及检验标准见表 4-49。

表 4-49　模板安装工程一般项目检验方法及检验标准

序号	项目	质量标准及要求	检验方法	检验数量
1	模板安装	模板的接缝不应漏浆；在浇筑混凝土前，木模板应浇水湿润，但模板内不应有积水 模板与混凝土的接触面应清理干净，并涂刷隔离剂，但不得采用影响结构性能或妨碍装饰工程施工的隔离剂 浇筑混凝土前，模板内的杂物应清理干净 对于清水混凝土工程及装饰混凝土工程，应使用能达到设计效果的模板	观察	全数检查
2	涂刷模板隔离剂	应符合施工方案要求；涂刷模板隔离剂不得沾污钢筋和混凝土接槎处	检查质量证明文件、观察	全数检查
3	模板的起拱	应符合现行国家标准《混凝土结构工程施工规范》（GB 50666—2011）的规定；应符合设计及施工方案要求	水准仪或尺量	在同一检验批内，对梁、跨度大于18m 时应全数检查，跨度不大于18m 时应抽查构件数量的10%，且不少于3 件；对板，应按有代表性的自然间抽查10%，且不少于3 间；对大空间结构，板可按纵、横轴线划分检查面，抽查10%，且均不少于3 面
4	现浇混凝土结构多层连续支模	符合施工方案规定	观察	全数检查
5	预埋件、预留孔洞	均不得遗漏，且应安装牢固。其偏差应符合表 4-50 的规定	观察、钢尺检查	在同一检验批内，对梁、柱和独立基础，应抽查构件数量的10%，且不少于3 件；对墙和板，应按有代表性的自然间抽查10%，且不少于3 间；对大空间结构，墙可按相邻轴线间高度5m 左右划分检查面，板可按纵、横轴线划分检查面，抽查10%，且均不少于3 面
6	现浇结构模板	允许安装的偏差应符合表 4-51 的规定	—	—
7	预制构件模板安装	偏差应符合表 4-52 的规定	—	对于首次使用及大修后的模板，应全数检查；使用中的模板应抽查10%，且不少于5 件，不足5 件时应全数检查

表 4-50　预埋件和预留孔洞的允许偏差

项　目		允许偏差 /mm	检 验 方 法
预埋钢板中心线位置		3	钢尺检查
预埋管，预留孔中心线位置		3	钢尺检查
插筋	中心线位置	5	钢尺检查
	外露长度	+10，0	钢尺检查
预埋螺栓	中心线位置	2	钢尺检查
	外露长度	+10，0	钢尺检查
预留洞	中心线位置	10	钢尺检查
	外露长度	+10，0	钢尺检查

注：检查中心线位置时，应沿纵、横两个方向量测，并取其中的较大值。

表 4-51　现浇结构模板安装的允许偏差及检验方法

项　目		允许偏差 /mm	检 验 方 法
轴线位置		5	尺量
底模上表面标高		±5	水准仪或拉线、尺量
模板内部尺寸	基础	±10	尺量
	柱、墙、梁	+5	尺量
	楼梯相邻踏步高差	5	尺量
柱、墙垂直度	层高≤6m	8	经纬仪或吊线、尺量
	层高>6m	10	经纬仪或吊线、尺量
相邻模板表面高差		2	尺量
表面平整度		5	2m靠尺和塞尺量测

注：检查中心线位置时，应沿纵、横两个方向量测，并取其中偏差的较大值。

表 4-52　预制构件模板安装的允许偏差及检验方法

项　目		允许偏差 /mm	检 验 方 法
长度	梁、板	±4	尺量两侧边，取其中较大值
	薄腹梁、桁架	±8	
	柱	0，−10	
	墙板	0，−5	—
宽度	板、墙板	0，−5	尺量两端及中部，取其中较大值
	梁、薄腹梁、桁架	+2，−5	
高（厚）度	板	+2，−3	尺量两端及中部，取其中较大值
	墙板	0，−5	
	梁、薄腹梁、桁架、柱	+2，−5	
侧向弯曲	梁、板、柱	$L/1000$ 且 ≤15	拉线、尺量最大弯曲处
	墙板、薄腹梁、桁架	$L/1500$ 且 ≤15	
板的表面平整度		3	2m靠尺和塞尺量测
相邻两板表面高低差		1	尺量
对角线差	板	7	尺量两对角线
	墙板	5	
翘曲	板、墙板	$L/1500$	水平尺在两端量测
设计起拱	薄腹梁、桁架、梁	±3	拉线、尺量跨中

注：L 为构件长度（mm）。

3. 施工中常见的质量问题及预防措施

➤ 常见的质量问题：采用易变形的木材制作模板，模板拼缝不严。采用此类木材制作的模板，因其材质软，吸水率高，混凝土浇捣后模板变形较大，混凝土容易产生裂缝，表面毛糙。模板与支撑面结合不严或者模板拼缝处没刨光的，拼缝处易产生蜂窝、裂缝或"砂线"。

✧ 预防措施：采用木材制作模板时，应选用质地坚硬的木料，不宜使用黄花松木或其他易变形的木材制作模板。模板拼缝处应刨光拼严，模板与支撑面应贴紧，缝隙处可用薄海绵封贴，或拼嵌纸筋灰等嵌缝材料，使其不漏浆。

➤ 常见的质量问题：竖向混凝土构件的模板安装未吊垂线检查垂直度。墙体、立柱等竖向构件模板安装后，未经过垂直度校正，如各层垂直度累积偏差过大，将造成构筑物向一侧倾斜；如各层垂直度累积偏差不大，但相互间相对偏差较大，也将导致混凝土实测质量不合格，且给面层装饰找平带来困难和隐患。如需凿除局部外倾部位，可能危及结构安全及露出结构钢筋，造成受力不利及钢筋易锈蚀；如需补足粉刷局部内倾部位，则粉刷层过厚会造成起壳等隐患，且规范规定外墙粉刷厚度超过 3cm，即结构不能评为优良。

✧ 预防措施：安装竖向构件每层施工模板后，均须在立面内、外侧用线锤吊测垂直度，并校正模板垂直度是否在允许偏差范围内。在每施工一定层次后，须从顶到底统一吊垂直线检查垂直度，如发现问题，应立即加以纠正。对每层模板垂直度校正后，须及时加支撑牢固，以防止浇捣混凝土过程中模板受力后再次引起偏位。

➤ 常见的质量问题：对拉螺杆质量达不到牢固固定模板的作用。固定内、外模板用的对拉螺杆加工质量差、不合格，使用中达不到模板设计要求的抗拉力，导致模板固定不牢，承受侧压力的能力差，在浇捣混凝土过程中易产生爆模。

✧ 预防措施：①在模板方案设计中，应明确固定模板用单根对拉螺杆的抗拉力，同时一定要通过明确的计算确定对拉螺杆的使用数量、布置间距及尺寸规格。②加工螺杆要有加工清单，由专人申请、专人审核并验收。③加工完成后进入现场的螺杆，应在施工使用前验收，用游标卡尺检查其直径是否合格，螺纹深浅可直接用抗拉力试验检查，其他均目测。

➤ 常见的质量问题：未到规定时间或结构混凝土未到规定强度即拆模。由于现场急于周转模板使用，或因为不了解混凝土构件拆模时应遵守的强度和时间龄期要求，不按施工方案要求，过早将混凝土强度等级和龄期还没有达到设计要求的构件底模拆除，此时混凝土还不能承受全部使用荷载或施工荷载，造成构件出现裂缝、破坏甚至坍塌的质量事故。

✧ 预防措施：①应在施工组织设计、施工方案中明确考虑施工工序安排、进度计划和模板安装及拆除的要求。拆模一定要严格按施工组织设计要求落实，满足一定的工艺时间间隙要求。同时施工现场应落实拆模令，即拆除重要混凝土结构件的模板必须由现场施工员提出申请，技术员签字把关。②现场可以制作混凝土试块，并与现浇混凝土构件同条件养护，达到施工组织方案规定拆模时间时进行抗压强度试验，以检查现场混凝土是否已达到拆模要求的强度标准。③施工现场交底要明确，不能使操作人员处于不了解拆模要求的状况。④按照施工组织方案配备足够数量的模板，不能因为模板周转数量少而影响施工工期或提早拆模。

4.3.1.2　钢筋工程

1. 质量控制点

（1）一般规定

1）在浇筑混凝土之前，应进行钢筋隐蔽工程验收。隐蔽工程验收应包括下列主要内容：

① 纵向受力钢筋的牌号、规格、数量、位置。

② 钢筋的连接方式、接头位置、接头质量、接头面积百分率、搭接长度、锚固方式及锚固长度。

③ 箍筋、横向钢筋的牌号、规格、数量、间距、位置，箍筋弯钩的弯折角度及平直段长度。

④ 预埋件的规格、数量、位置等。

2）钢筋、成型钢筋进场检验，当满足下列条件之一时，其检验批容量可扩大一倍：

① 所选钢筋为获得认证的钢筋、成型钢筋。

② 同一厂家、同一牌号、同一规格的钢筋，连续三批均一次检验合格。

③ 同一厂家、同一牌号、同一规格的钢筋来源的成型钢筋，连续三批均一次检验合格。

（2）材料要求

1）钢筋进场时，应按国家现行相关标准的规定抽取试件作力学性能检验，其质量必须符合有关标准的规定。

由于工程量、运输条件和各种钢筋的用量等的差异，很难对各种钢筋的进场检查数量作出统一规定。实际检查时，若有关标准中对进场检验数量作了具体规定，应遵照执行；若有关标准中只有对产品出厂检验数量的规定，则在进场检验时，检查数量可按下列情况确定：

① 当一次进场的数量大于该产品的出厂检验批量时，应划分为若干个出厂检验批量，然后按出厂检验的抽样方案执行。

② 当一次进场的数量小于或等于该产品的出厂检验批量时，应作为一个检验批量，然后按出厂检验的抽样方案执行。

③ 对于连续进场的同批钢筋，当有可靠依据时，可按一次进场的钢筋处理。

本条的检验方法中，产品合格证、出厂检验报告是对产品质量的证明资料，通常应列出产品的主要性能指标；当用户有特别要求时，还应列出某些专门检验数据。有时，产品合格证、出厂检验报告可以合并。进场复验报告是进场抽样检验的结果，并作为判断材料能否在工程中应用的依据。

2）对于有抗震设防要求的框架结构，其纵向受力钢筋的强度应满足设计要求；当设计无具体要求时，对于一、二级抗震等级，检验所得的强度实测值应符合下列规定：

① 钢筋的抗拉强度实测值与屈服强度实测值的比值不应小于1.25。

② 钢筋的屈服强度实测值与强度标准值的比值不应大于1.3。

③ 最大力下总伸长率不应小于9%。

3）当发现钢筋脆断、焊接性能不良或力学性能显著不正常等现象时，应对该批钢筋进行化学成分检验或其他专项检验。

在钢筋分项工程施工过程中，若发现钢筋性能异常，应立即停止使用，并对同批钢筋进行专项检验。

4）钢筋应平直、无损伤、表面不得有裂纹、油污、颗粒状或片状老锈。

2. 钢筋加工工程检验批施工质量验收

检验批划分：钢筋分项工程所含的检验批可根据施工工序和验收的需要确定。

（1）主控项目检验　钢筋加工工程主控项目检验方法及检验标准见表4-53。

表 4-53　钢筋加工工程主控项目检验方法及检验标准

序　号	项　目	质量标准及要求	检验方法	检验数量
1	钢筋弯折的弯弧内直径	光圆钢筋，不应小于钢筋直径的 2.5 倍；末端做 180° 弯钩时，弯钩的弯后平直部分长度不应小于钢筋直径的 3 倍 HRB335 级、HRB400 级带肋钢筋，不应小于钢筋直径的 4 倍 500MPa 级带肋钢筋，当直径为 28mm 以下时不应小于钢筋直径的 6 倍，当直径为 28mm 及以上时不应小于钢筋直径的 7 倍 箍筋弯折处尚不应小于纵向受力钢筋的直径	尺量	同一设备加工的同一种类型钢筋，每工作班抽查不应少于 3 件
2	箍筋的弯钩	箍筋的末端应作弯钩，弯钩形式应符合设计要求；当设计无具体要求时，应符合下列规定： 对一般结构构件，箍筋弯钩的弯折角度不应小于 90°，弯折后平直段长度不应小于箍筋直径的 5 倍；对有抗震等要求的结构应为 135°，弯折后平直段长度不应小于箍筋直径的 10 倍 圆形箍筋的搭接长度不应小于其受拉锚固长度，且两端弯钩的弯折角度不应小于 135°，弯折后平直段长度对一般结构构件不应小于箍筋直径的 5 倍，对有抗震设防要求的结构构件不应小于箍筋直径的 10 倍 梁、柱复合箍筋中的单肢箍筋两端弯钩的弯折角度均不应小于 135°，弯折后平直段长度应符合本条第 1 款对箍筋的有关规定	尺量	按每工作班同一类型钢筋、同一加工设备抽查不应少于 3 件

（2）力学性能和质量偏差检验　盘卷钢筋调直后应进行力学性能和质量偏差检验，其强度应符合国家现行有关标准的规定，其断后伸长率、质量偏差应符合表 4-54 的规定。力学性能和质量偏差检验应符合下列规定：

1）应对 3 个试件先进行质量偏差检验，再取其中 2 个试件进行力学性能检验。

2）质量偏差应按下式计算：

$$\Delta = \frac{W_\mathrm{d} - W_\mathrm{o}}{W_\mathrm{o}} \times 100\% \tag{4-1}$$

式中　Δ——质量偏差（%）；

W_d——3 个调直钢筋试件的实际质量之和（kg）；

W_o——钢筋理论质量（kg），取每米理论质量（kg/m）与 3 个调直钢筋试件长度之和（m）的乘积。

3）检验质量偏差时，试件切口应平滑并与长度方向垂直，其长度不应小于 500mm；长度和质量的量测精度分别不应低于 1mm 和 1g。

采用无延伸功能的机械设备调直的钢筋，可不进行本条规定的检验。

表 4-54　盘卷钢筋调直后的断后伸长率、质量偏差要求

钢筋牌号	断后伸长率（%）	质量偏差（%）	
		直径 6～12mm	直径 14～16mm
HPB300	≥ 21	≥ -10	—
HRB335、HRBF335	≥ 16		
HRB400、HRBF400	≥ 15	≥ -8	≥ -6
RRB400	≥ 13		
HRB500、HRBF500	≥ 14		

注：断后伸长率 A 的量测标距为 5 倍钢筋直径。

检查数量：同一加工设备、同一牌号、同一规格的调直钢筋，质量不大于 30t 为一批，

每批见证抽取 3 个试件。

检验方法：检查抽样检验报告。

（3）钢筋加工的形状、尺寸

钢筋加工的形状、尺寸应符合设计要求，其偏差应符合表 4-55 的规定。

检查数据：按每工作班同一类型钢筋、同一加工设备抽查不应少于 3 件。

检验方法：尺量。

表 4-55　钢筋加工的允许偏差

项　目	允许偏差 /mm
受力钢筋沿长度方向的净尺寸	±10
弯起钢筋的弯折位置	±20
箍筋外廓尺寸	±5

3. 钢筋安装工程检验批施工质量验收

检验批划分：钢筋分项工程所含的检验批可根据施工工序和验收的需要确定。

（1）主控项目检验

钢筋安装工程主控项目检验方法及检验标准见表 4-56。

表 4-56　钢筋安装工程主控项目检验方法及检验标准

项　目	质量标准及要求	检验方法	检验数量
材料	受力钢筋的品种、级别、规格和数量必须符合设计要求	观察，钢尺检查	全数检查
钢筋安装牢固	受力钢筋的安装位置、锚固方式应符合设计要求	观察，钢尺检查	全数检查

（2）一般项目检验

钢筋安装工程一般项目检验方法及检验标准见表 4-57。

表 4-57　钢筋安装工程一般项目检验方法及检验标准

项　目	质量标准及要求	检验方法	检验数量
钢筋安装位置的偏差	应符合表 4-58 的规定	尺量	在同一检验批内，对梁、柱和独立基础，应抽查构件数量的 10%，且不少于 3 件；对墙和板，应按有代表性的自然间抽查 10%，且不少于 3 间；对大空间结构，墙可按相邻轴线间高度 5m 左右划分检查面，板可按纵、横轴线划分检查面，抽查 10%，且均不少于 3 面

表 4-58　钢筋安装位置的允许偏差和检验方法

项　目		允许偏差 /mm	检验方法
绑扎钢筋网	长、宽	±10	尺量
	网眼尺寸	±20	尺量连续三档，取最大偏差值
绑扎钢筋骨架	长	±10	尺量
	宽、高	±5	尺量
纵向受力钢筋	锚固长度	-20	尺量
	间距	±10	尺量两端、中间各一点，取最大偏差值
	排距	±5	
纵向受力钢筋、箍筋的混凝土保护层厚度	基础	±10	尺量
	柱、梁	±5	尺量
	板、墙、壳	±3	尺量
绑扎箍筋、横向钢筋间距		±20	尺量连续三挡，取最大偏差值
钢筋弯起点位置		20	尺量
预埋件	中心线位置	5	尺量
	水平高差	+3，0	塞尺量测

注：检查中心线位置时，沿纵、横两个方向量测，并取其偏差的较大值。

4．钢筋连接工程检验批施工质量验收

检验批划分：钢筋分项工程所含的检验批可根据施工工序和验收的需要确定。

（1）主控项目检验

钢筋焊接工程主控项目检验方法及检验标准见表 4-59。

表 4-59　钢筋焊接工程主控项目检验方法及检验标准

序　号	项　目	质量标准及要求	检 验 方 法	检 验 数 量
1	接头连接方式	应符合设计要求	观察	全数检查
2	钢筋接头检验	在施工现场，应按照国家现行标准《钢筋机械连接技术规程》（JGJ 107—2016）、《钢筋焊接及验收规程》（JGJ 18—2012）的规定，抽取纵向受力钢筋焊接接头，包括闪光对焊接头、电弧焊接头、电渣压焊接头、气压焊接头做力学性能检验，其质量应符合有关规程的规定；螺纹接头应检验拧紧扭矩值，挤压接头应测压痕直径	检查钢筋出厂质量证明书、钢筋进场复验报告、各项焊接材料产品合格证、接头试件力学性能试验报告等。机械连接时采用专用扭力扳手或专用量规检查	按照国家现行标准《钢筋机械连接技术规程》（JGJ 107—2016）、《钢筋焊接及验收规程》（JGJ 18—2012）的规定执行

注：当接头试件虽断于焊缝或热影响区，呈脆性断裂，但其抗拉强度大于或等于钢筋规定抗拉强度的 1.1 倍时，可按断于焊缝或热影响区之外，呈延性断裂同等对待。

（2）一般项目检验

钢筋焊接工程一般项目检验方法及检验标准见表 4-60。

表 4-60　钢筋焊接工程一般项目检验方法及检验标准

序　号	项　目	质量标准及要求	检 验 方 法	检 验 数 量
1	钢筋接头外观检查	在施工现场应按国家现行标准《钢筋焊接及验收规程》（JGJ 18—2012）的规定，对钢筋机械连接接头、焊接接头的外观进行检查，其质量应符合有关规程的规定	观察	全数检查
2	非纵向受力钢筋焊接接头	包括交叉钢筋电阻点焊焊点、封闭环式箍筋闪光对焊接头、钢筋与钢板电弧搭接焊接头、预埋件钢筋电弧焊接头	—	—

（3）钢筋焊接骨架和焊接网项目检验

1）焊接骨架和焊接网的质量检验应包括外观检查和力学性能检验，并应按下列规定抽取试件：

①凡钢筋牌号、直径及尺寸相同的焊接骨架和焊接网应视为同一类型制品，且每 300 件作为一批，一周内不足 300 件的也应按一批计算。

②外观应按同一类型制品分批检查，每批抽查 5%，且不得少于 5 件。

③力学性能检验的试件，应从每批成品中切取；切取过试件的制品，应补焊同牌号、同直径的钢筋，其每边的搭接长度不应小于 2 个孔格的长度；当焊接骨架所切取试件的尺寸小于规定的试件尺寸，或受力钢筋直径大于 8mm 时，可在生产过程中制作模拟焊接试验网片，从中切取试件。

④由几种直径钢筋组合的焊接骨架或焊接网，应对每种组合的焊点作力学性能检验。

⑤热轧钢筋的焊点应作剪切试验，试件应为 3 件；冷轧带肋钢筋焊点除作剪切试验外，尚应对纵向和横向冷轧带肋钢筋作拉伸试验，试件应各为 1 件。

⑥焊接网剪切试件应沿同一横向钢筋随机切取。

⑦切取剪切试件时，应使制品中的纵向钢筋成为试件的受拉钢筋。

2）焊接骨架外观质量检查结果，应符合下列要求：

① 每件制品的焊点脱落、漏焊数量不得超过焊点总数的4%，且相邻两焊点不得有漏焊及脱落。

② 应量测焊接骨架的长度和宽度，并应抽查纵、横方向3～5个网格的尺寸，其允许偏差应符合表4-61的规定。

当外观检查结果不符合上述要求时，应逐件检查，并剔出不合格品。对不合格品经整修后，可提交二次验收。

表4-61 焊接骨架的允许偏差

项 目		允许偏差/mm
焊接骨架	长度	±10
	宽度	±5
	高度	±5
骨架箍筋间距		±10
受力主筋	间距	±15
	排距	±5

3）焊接网外形尺寸检查和外观质量检查结果，应符合下列要求：

① 焊接网的长度、宽度及网格尺寸的允许偏差均为±10mm；网片两对角线之差不得大于10mm；网格数量应符合设计规定。

② 焊接网交叉点开焊数量不得大于整个网片交叉点总数的1%，并且任一根横筋上开焊点数不得大于该根横筋交叉点总数的1/2；焊接网最外边钢筋上的交叉点不得开焊。

③ 焊接网组成的钢筋表面不得有裂纹、折叠、结疤、凹坑、油污及其他影响使用的缺陷；但焊点处可有不大的毛刺和表面浮锈。

4）做剪切试验时，应采用能悬挂于试验机上专用的剪切试验夹具；或采用现行行业标准《钢筋焊接接头试验方法标准》（JGJ/T 27—2014）中规定的夹具。

5）钢筋焊接骨架、焊接网焊点剪切试验结果，3个试件的抗剪力平均值应符合下式要求：

$$F \geqslant 0.3A_0\sigma_s \tag{4-2}$$

式中 F——抗剪力（N）；

A_0——纵向钢筋的横截面面积（mm^2）；

σ_s——纵向钢筋规定的屈服强度（N/mm^2）。

注：冷轧带肋钢筋的屈服强度按440N/mm^2计算。

6）冷轧带肋钢筋试件拉伸试验结果，其抗拉强度不得小于550N/mm^2。

7）当拉伸试验结果不合格时，应再切取双倍数量试件进行复检；复验结果均合格时，应评定该批焊接制品焊点拉伸试验合格。

当剪切试验结果不合格时，应从该批制品中再切取6个试件进行复验；当全部试件平均值达到要求时，应评定该批焊接制品焊点剪切试验合格。

（4）钢筋电弧焊接头检验

1）电弧焊接头的质量检验，应分批进行外观检查和力学性能检验，并应按下列规定作为一个检验批：

① 在现浇混凝土结构中，应以300个同牌号钢筋、同形式接头作为一批；在房屋结构中，应在不超过二层中取300个同牌号钢筋、同形式接头作为一批。每批随机切取3个接头，做拉伸试验。

② 在装配式结构中，可按生产条件制作模拟试件，每批 3 个，做拉伸试验。

③ 钢筋与钢板电弧搭接焊接头可只进行外观检查。

注：在同一批中，若有几种不同直径的钢筋焊接接头，应在最大直径钢筋接头中切取 3 个试件。电渣压焊接头、气压焊接头取样均同。

2）电弧焊接头外观检查结果，应符合下列要求：

① 焊缝表面应平整，不得有凹陷或焊瘤。

② 焊接接头区域不得有肉眼可见的裂纹。

③ 咬边深度、气孔、夹渣等缺陷允许值及接头尺寸的允许偏差，应符合国家现行标准《钢筋焊接及验收规程》（JGJ18—2012）的规定。

④ 坡口焊、熔槽帮条焊和窄间隙焊接头的焊缝余高不得大于 3mm。

3）当模拟试件试验结果不符合要求时，应进行复验。复验时，应从现场焊接接头中切取，其数量和要求与初始试验时相同。

（5）钢筋闪光电焊接头检验

1）闪光对焊接头的质量检验，应分批进行外观检查和力学性能检验，并应按下列规定作为一个检验批：

① 在同一台班内，由同一焊工完成的 300 个同牌号、同直径钢筋焊接接头作为一批。当同一台班内焊接的接头数量较少，可在一周之内累计计算；累计仍不足 300 个接头时，应按一批计算。

② 力学性能检验时，应从每批接头中随机切取 6 个接头，其中 3 个做拉伸试验，3 个做弯曲试验。

③ 焊接等长的预应力钢筋（包括螺钉端杆与钢筋）时，可按生产时同等条件制作模拟试件。

④ 螺钉端杆接头可只做拉伸试验。

⑤ 封闭环式箍筋闪光对焊接头，以 600 个同牌号、同规格的接头作为一批，只做拉伸试验。

2）闪光对焊接头外观检查结果，应符合下列要求：

① 接头处不得有横向裂纹。

② 与电极接触处的钢筋表面不得有明显烧伤。

③ 接头处的弯折角不得大于 3°。

④ 接头处的轴线偏移不得大于钢筋直径的 0.1 倍，且不得大于 2mm。

3）当模拟试件试验结果不符合要求时，应进行复验。复验应从现场焊接接头中切取，其数量和要求与初始试验相同。

（6）电渣压焊接头检验

1）电渣压焊接头的质量检验，应分批进行外观检查和力学性能检验，并应按下列规定作为一个检验批：在现浇钢筋混凝土结构中，应以 300 个同牌号钢筋接头作为一批；在房屋结构中，应在不超过二层中取 300 个同牌号钢筋接头作为一批；当不足 300 个接头时，仍应作为一批。每批随机切取 3 个接头做拉伸试验。

2）电渣压焊接头外观检查结果，应符合下列要求：

① 四周焊包凸出钢筋表面的高度不得小于 4mm。

② 钢筋与电极接触处，应无烧伤缺陷。

③ 接头处的弯折角不得大于 3°。

④ 接头处的轴线偏移不得大于钢筋直径的 0.1 倍，且不得大于 2mm。

5. 钢筋机械连接工程检验批施工质量验收

检验批划分：钢筋分项工程所含的检验批可根据施工工序和验收的需要确定。

（1）主控项目检验

钢筋机械连接工程主控项目检验方法及检验标准见表 4-62。

表 4-62　钢筋机械连接工程主控项目检验方法及检验标准

序　号	项　目	质量标准及要求	检　验　方　法	检　验　数　量
1	向受力钢筋的连接方式	符合设计要求	观察	全数检查
2	抽取钢筋机械连接接头、焊接接头试件作力学性能检验	在施工现场应按国家现行标准《钢筋机械连接技术规程》（JGJ 107—2016）的规定，其质量应符合有关规程的规定	检查产品合格证、接头力学性能试验报告	按有关规程确定

（2）一般项目检验

钢筋机械连接工程一般项目检验方法及检验标准见表 4-63。

表 4-63　钢筋机械连接工程一般项目检验方法及检验标准

序　号	项　目	质量标准及要求	检验方法	检验数量
1	钢筋的接头	宜设置在受力较小处。同一纵向受力钢筋不宜设置两个或两个以上接头。接头末端至钢筋弯起点的距离不应小于钢筋直径的 10 倍	观察，钢尺检查	全数检查
2	钢筋机械连接接头、焊接接头	在施工现场应按国家现行标准《钢筋机械连接技术规程》（JGJ 107—2016）的规定，其质量应符合有关规程的规定	观察	全数检查
3	受力钢筋采用机械连接接头或焊接接头	设置在同一构件内的接头宜相互错开 纵向受力钢筋机械连接接头及焊接接头连接区段的长度为 35d（d 为纵向受力钢筋的较大直径），且不小于 500mm，凡接头中点位于该连接区段长度内的接头，均属于同一连接区段。同一连接区段内，纵向受力钢筋机械连接及焊接的接头面积百分率为该区段内有接头的纵向受力钢筋截面面积与全部纵向受力钢筋截面面积的比值 同一连接区段内，纵向受力钢筋的接头面积百分率应符合设计要求；当设计无具体要求时，应符合下列规定： ① 在受压区不宜大于 50% ② 接头不宜设置在有抗震设防要求的框架梁端、柱端的箍筋加密区；当无法避开时，对等强度高质量机械连接接头，不应大于 50% ③ 直接承受动力荷载的结构构件中，不宜采用焊接接头；当采用机械连接接头时，不应大于 50%	观察，钢尺检查	在同一检验批内，对梁、柱和独立基础，应抽查构件数量的 10%，且不少于 3 件；对墙和板，应按有代表性的自然间抽查 10%，且不少于 3 间；对大空间结构，墙可按相邻轴线间高度 5m 左右划分检查面，板可按纵、横轴线划分检查面，抽查 10%，且均不少于 3 面

（续）

序　号	项　目	质 量 标 准 及 要 求	检 验 方 法	检 验 数 量
4	相邻纵向受力钢筋	同一构件中绑扎搭接接头宜相互错开。绑扎搭接接头中钢筋的横向净距不应小于钢筋直径，且不应小于25mm。钢筋绑扎搭接接头连接区段的长度为$1.3l_1$（l_1为搭接长度），凡搭接接头中点位于该连接区段长度内的搭接接头均属于同一连接区段。同一连接区段内，纵向钢筋搭接接头面积百分率为该区段内有搭接接头的纵向受力钢筋截面面积与全部纵向受力钢筋截面面积的比值（图4-1） 同一连接区段内，纵向受拉钢筋搭接接头面积百分率应符合设计要求；当设计无具体要求时，应符合下列规定： ①对梁类、板类及墙类构件不宜大于25% ②对柱类构件不宜大于50% ③当工程中确有必要增大接头面积百分率时，对梁类构件不应大于50%，对其他构件可根据实际情况放宽。纵向受力钢筋绑扎搭接接头的最小搭接长度应符合《混凝土结构工程施工质量验收规范》（GB 50204—2015）的规定	观察，钢尺检查	在同一检验批内，对梁、柱和独立基础，应抽查构件数量的10%，且不少于3件；对墙和板，应按有代表性的自然间抽查10%，且不少于3间；对大空间结构，墙可按相邻轴线间高度5m左右划分检查面，板可按纵、横轴线划分检查面，抽查10%，且均不少于3面
5	箍筋	在梁、柱类构件的纵向受力钢筋搭接长度范围内，应按设计要求配置；当设计无具体要求时，应符合下列规定： ①箍筋直径不应小于搭接钢筋较大直径的0.25倍 ②受拉搭接区段的箍筋间距不应大于搭接钢筋较小直径的5倍，且不应大于100mm ③受压搭接区段的箍筋间距不应大于搭接钢筋较小直径的10倍，且不应大于200mm ④当柱中纵向受力钢筋直径大于25mm时，应在搭接接头两个端面外100mm范围内各设置两个箍筋，其间距宜为50mm	钢尺检查	在同一检验批内，对梁、柱和独立基础，应抽查构件数量的10%，且不少于3件；对墙和板，应按有代表性的自然间抽查10%，且不少于3间；对大空间结构，墙可按相邻轴线间高度5m左右划分检查面，板可按纵、横轴线划分检查面，抽查10%，且均不少于3面

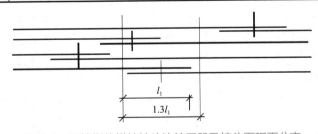

图4-1　钢筋绑扎搭接接头连接区段及接头面积百分率

注：图中所示搭接接头同一连接区段内的搭接钢筋为两根，当各钢筋直径相同时，接头面积百分率为50%。

6. 施工中常见的质量问题及预防措施

➤ 常见的质量问题：在工程中使用带有颗粒状（或片状）老锈的钢筋，或使用外观质量有明显缺陷的钢筋。钢筋锈蚀后直径减小会影响强度，锈蚀钢筋特别是带有颗粒状（或片状）老锈的钢筋会体积膨胀，并影响与混凝土的握裹力。钢筋外观质量明显缺陷，包括裂纹、结疤、分层、划痕、麻面、表面油污或因严重锈蚀和机械损伤造成的钢筋截面局部减小，冷拉钢筋的局部缩颈等，会影响强度，造成钢筋混凝土构件断裂等质量事故。

◇ 预防措施：①钢筋表面应保持洁净、无损伤。油渣、漆污和铁锈应在使用前清洗干净，不得使用带有颗粒状或片状老锈的钢筋。②钢筋进场应加强外观检查，对有所述明显外观缺陷的钢筋，要视不同情况进行技术处理，不得随意使用，锈蚀严重及机械损伤的应降低使用或另作处理。

➤ 常见的质量问题：钢筋成形后，弯曲处外侧产生横向裂缝。

◇ 预防措施：①每批钢筋送交仓库时，都要认真核对合格证件，应特别注意冷弯栏所写弯曲角度和弯心直径是否符合钢筋技术标准的规定；寒冷地区成形场所应采取保温或取暖的措施，维持温度在 5℃ 以上。②取样复查冷弯性能；取样分析化学成分，检查磷的含量是否超过规定值。检查裂纹是否由于原先已弯折或碰损而形成，如有这类痕迹，则属于局部外伤，可不必对原材料进行性能检查。

➤ 常见的质量问题：柱子外伸钢筋错位。下柱外伸钢筋从柱顶甩出，由于位置偏离设计要求过大，与上柱钢筋搭接不上。

◇ 预防措施：①在外伸部分加一道临时箍筋，按图样位置安置好，然后用样板、铁卡或木方卡好固定；浇混凝土前再复查一遍，如发生移位，则应矫正后再浇混凝土。②注意浇筑操作，尽量不碰撞钢筋；浇筑过程中应有专人随时检查，及时校核改正。③在靠紧搭接不可能时，应使上柱钢筋保持设计位置，并采取垫筋焊接联系；对错位严重的外伸钢筋（甚至超出上柱模板范围），应采取专门措施处理，例如加大柱截面，设置附加箍筋以联系上、下柱钢筋，具体方案视实际情况由有关技术部门确定。

➤ 常见的质量问题：框架梁插筋错位。预制框架梁两端外伸插筋是准备与柱身侧向外伸插筋顶头焊接（一般采用坡口焊）的，由于梁插筋错位，与柱插筋对不上，无法进行焊接。

◇ 预防措施：①外伸插筋通过样模用特制箍筋套上，再利用端部模板进行固定，端部模板一般做成上、下两片，在钢筋位置上各留卡口，卡口深度约等于外伸插筋半径，每根钢筋都有上、下卡口卡住，再加以固定。此外，在浇筑过程中，应随时注意检查，如固定处松脱，应及时补救。②如梁与柱插筋不能对顶施加坡口焊，只好采取垫筋焊接联系，但这样做会使框架节点钢筋承受偏心力，对结构工作很不利。因此，垫筋焊接方案的选择必须通过设计部门核实同意。

➤ 常见的质量问题：梁、板的受拉钢筋上移。由于施工中未加看护，或由于梁底水泥垫块太厚，或受拉钢筋处垃圾未清理干净、有异物，造成保护层过厚，受拉钢筋上移。如果梁内受拉钢筋上移，有效高度 h_0 减小，梁在该截面处抵抗弯矩也因之减小，使构件在设计荷载作用下产生严重裂纹或很大的挠度而影响使用。有效高度减小太多，可造成构件破坏、断裂。

◇ 预防措施：①梁板底受拉钢筋下要用规定厚度的预制水泥垫块垫稳，不得用砂子、碎砖代替，也不能用两块薄垫块合成一块使用，垫块间距为 1m 左右，板底垫块应放在钢筋交叉处底下。②要严格控制梁板的截面高度。③钢筋绑扎安装完成后，必须认真进行隐蔽工程验收，仔细检查钢筋的位置，如有移位，应及时修复。

➤ 常见的质量问题：柱箍设置的间距太大。不掌握混凝土侧压力对模板的影响程度，使用的模板的柱箍材料截面刚度小，柱箍设置的间距大，浇捣混凝土侧压力会将模板柱箍向外推移，柱箍被拉开，造成模板爆模，混凝土漏浆、不密实，形成蜂窝或孔洞，混凝土截面尺寸超过允许差值。

◇ 预防措施：根据柱子的混凝土体量及截面尺寸、侧压力大小，合理选择柱箍的用料，柱箍的间距根据柱子的断面大小及高度，每隔 600～1000mm 加设一道牢固的柱箍，柱箍应卡紧模板，防止爆模。

➤ 常见的质量问题：在普通混凝土中，对于直径大于 22mm 的受拉钢筋，采用非焊接的搭接接头。施工中图省事或不了解钢筋接头连接方向的适用范围，将直径大于 22mm 的受拉钢筋采用非焊接的搭接接头。这样做，由于钢筋直径过大，使混凝土部分保护层相对变薄，或钢筋箍筋减小，传递间断，引起的应力集中，沿两根钢筋与混凝土之间产生纵向劈裂，导致钢筋滑移拔出。这种劈裂裂缝由接头两端迅速向中间发展，导致混凝土连接强度降低，影响钢筋混凝土的质量。

◇ 预防措施：按规范要求，轴心受拉和小偏心受拉杆件中的钢筋接头均应焊接，对有抗震要求的受拉钢筋接头，宜优先采用焊接或机械连接，普通混凝土中直径大于 22mm 的钢筋，轻骨料混凝土中直径大于 20mm 的 Ⅰ 级钢筋及直径大于 25mm 的 Ⅱ 级、Ⅲ 级钢筋接头，均宜采用焊接。

➤ 常见的质量问题：预留洞口未设置加固钢筋。建筑物结构碰到剪力墙门窗洞口或楼板预留洞口，如未按设计要求设置加固钢筋或漏放洞口钢筋，造成留洞处截面发生破坏，给结构带来隐患。

◇ 预防措施：①剪力墙上门窗洞口周边应配置不小于 2φ12 的水平和竖向构造钢筋。②对于现浇楼板、墙板预留孔洞（如厕所、厨房等）处四周钢筋（包括后凿洞），必须采取设计认可的加固措施。③板上圆洞或方洞垂直于边跨方向的边长小于 300mm 时，可将板的受力钢筋绕过洞口，不必加固。④当 $300mm \leqslant D（B）\leqslant 1000mm$ 时，应沿洞边每侧设置加强钢筋，其面积不小于洞口宽度内被切断的受力钢筋的面积的 1/2，且不小于 2φ10。⑤当 $D（B）$>300mm 时，且孔洞周边有集中荷载时，或 $D（B）$>1000mm 时，应在孔洞边加设边梁。

➤ 常见的质量问题：钢筋焊接区焊点过烧。钢筋焊接区上、下电极与钢筋表面接触处均有烧伤，焊点周界熔化钢液外溢过大，而且毛刺较多，外观不美，焊点处钢筋呈现蓝黑色。

◇ 预防措施：①除严格执行班前试验，正确优选焊接参数外，还必须进行试焊样品质量自检，目测焊点外观是否与班前合格试件相同，制品几何尺寸和外形是否符合规范和设计要求，全部合格后方可成批焊接。②电压的变化直接影响焊点强度。在一般情况下，电压降低 15%，焊点强度可降低 20%；电压降低 20%，焊点强度可降低 40%。因此，要随时注意电压的变化，电压降低或升高应控制在 5% 的范围内。③发现钢筋点焊制品焊点过烧时，应降低变压器级数，缩短通电时间，按新调整的焊接参数制作焊接试件，经试验合格后方可成批焊制产品。

➤ 常见的质量问题：焊点压陷深度过大或过小。焊点实际压陷深度大于或小于焊接参数规定的上、下限时，均称为焊点压陷深度过大或过小，并认为是不合格的焊接产品。

◇ 预防措施：焊点压陷深度的大小，与焊接电流、通电时间和电极挤压力有密切关系。要达到最佳的焊点压陷深度，关键是正确选择焊接参数，并经试验合格后，才能成批生产。

➤ 常见的质量问题：电弧烧伤钢筋表面，钢筋表面局部有缺肉或凹坑。电弧烧伤钢筋表面对钢筋有严重的脆化作用，尤其是 Ⅱ 级、Ⅲ 级钢筋在低温焊接时表面烧伤，往往是发生脆性破坏的起源点。

◇ 预防措施：①精心操作，避免带电金属与钢筋相碰引起电弧。②不得在非焊接部位随意引燃电弧。③地线与钢筋接触要良好紧固。④在外观检查中发现 Ⅱ 级、Ⅲ 级钢筋有烧伤缺陷时，应予以铲除磨平，视情况焊补加固，然后进行回火处理，回火温度一般以 500 ～ 600℃为宜。

➢ 常见的质量问题：带肋钢筋套筒挤压连接偏心、弯折。被连接的钢筋的轴线与套筒的轴线不在同一轴线上，接头处弯折大于 4°。

✧ 预防措施：①摆正钢筋，使被连接钢筋处于同一轴线上，调整压钳，使压模对准套筒表面的压痕标志，并使压模压接方向与钢套筒轴线垂直，在钢筋压接过程中，始终注意接头两端钢筋轴线应保持一致。②切除或调直钢筋弯头。

➢ 常见的质量问题：带肋钢筋挤压接头，钢筋进入钢套筒长度不足。挤压前没有检查钢筋伸入钢套筒的长度，致使钢筋伸入钢套筒长度不足，造成不能满足钢筋插入深度的要求，难以发挥钢筋受力性能。

✧ 预防措施：①施工前，应在钢筋上做好定位标志和检查标志。定位标志距钢筋端部的距离为套筒长度的一半，检查标志与定位标志距离（当套筒的长度小于 200mm 时）为 10mm 或（当套筒长度大于等于 200mm 时）为 15mm，以确保在挤压时和挤压后可按检查标志检查钢筋伸入套筒内的长度。②钢筋进场用游标卡尺检查，公差较大的钢筋进行退货处理；钢筋扭曲、弯折应切除，端部纵肋尺寸过大时，应用手提砂轮修磨，或砸平带肋钢筋花纹，严禁用电气焊切割。钢筋下料切面与钢筋轴线应垂直。

4.3.1.3　预应力工程

预应力分项工程是预应力筋、锚具、夹具、连接器等材料的进场检验，后张法预留管道设置或预应力筋布置，预应力筋张拉、放张，灌浆直至封锚保护等一系列技术工作和完成实体的总称。由于预应力施工工艺复杂、专业性较强、质量要求较高，故预应力分项工程所含检验项目较多，且规定较为具体。根据具体情况，预应力分项工程可与混凝土结构一同验收，也可单独验收。

1. 质量控制点

1）后张法预应力工程的施工应由具有相应资质等级的预应力专业施工单位承担。

2）预应力筋张拉机具设备及仪表，应定期维护和校验。张拉设备应配套标定，并配套使用。张拉设备的标定期限不应超过半年。当在使用过程中出现反常现象时，或在千斤顶检修后，应重新标定。

① 张拉设备标定时，千斤顶活塞的运行方向应与实际张拉工作状态一致。

② 压力表的精度不应低于 1.5 级，标定张拉设备用的试验机或测力计精度不应低于 ±2%。

3）在浇筑混凝土之前，应进行预应力隐蔽工程验收，包括以下内容：

① 预应力筋的品种、规格、数量、位置等。

② 预应力筋锚具和连接器的品种、规格、数量、位置等。

③ 预留孔道的规格、数量、位置、形状及灌浆孔、排气兼泌水管等。

④ 锚固区局部加强构造等。

4）原材料。

① 常用的预应力筋有钢丝、钢绞线、热处理钢筋等，其质量应符合相应的现行国家标准《预应力混凝土用钢丝》（GB/T 5223—2014）、《预应力混凝土用钢绞线》（GB/T 5224—2014）、《预应力混凝土用钢棒》（GB/T 5223.3—2017）等的要求。预应力筋是预

应力分项工程中最重要的原材料，进场时应根据进场批次和产品的抽样检验方案确定检验批，进行进场复验。由于各厂家提供的预应力筋产品合格证内容与格式不尽相同，为统一及明确有关内容，要求厂家除了提供产品合格证，还应提供反映预应力筋主要性能的出厂检验报告，两者也可合并提供。进场复验可仅作主要的力学性能试验。本章中，涉及原材料进场检查数量和检验方法时，除有明确规定外，都应按《混凝土结构工程施工质量验收规范》（GB 50204—2015）的说明理解、执行。本条为强制性条文，应严格执行。

②无粘结预应力筋的涂包质量应符合《无粘结预应力钢绞线》（JG/T 161—2016）的规定。

③预应力筋用锚具、夹具和连接器应按设计要求采用，其性能应符合现行国家标准《预应力筋用锚具、夹具和连接器》（GB/T 14370—2015）等的规定。

④孔道灌浆用水泥应采用普通硅酸盐水泥，其质量应符合《混凝土结构工程施工质量验收规范》（GB 50204—2015）第 7.2.1 条的规定。孔道灌浆用外加剂的质量应符合该规范第 7.2.2 条的规定。

2．预应力筋制作与安装工程检验批施工质量验收

（1）主控项目检验

预应力筋制作与安装工程主控项目检验方法及检验标准见表 4-64。

表 4-64 预应力筋制作与安装工程主控项目检验方法及检验标准

序　号	项　　目	质量标准及要求	检 验 方 法	检 验 数 量
1	预应力筋安装	其品种、级别、规格、数量必须符合设计要求	观察，尺量	全数检查
2	预应力筋安装位置	符合设计要求	观察，尺量	全数检查

（2）一般项目检验

预应力筋制作与安装工程一般项目检验方法及检验标准。

1）预应力筋端部锚具的制作质量应符合下列规定：

①钢绞线挤压锚具挤压完成后，预应力筋外端露出挤压套筒的长度不应小于 1mm。

②钢绞线压花锚具的梨形头尺寸和直线锚固段长度不应小于设计值。

③钢丝镦头不应出现横向裂纹，镦头的强度不得低于钢丝强度标准值的 98%。

检查数量：对挤压锚，每工作班抽查 5%，且不应少于 5 件；对压花锚，每工作班抽查 3 件。对钢丝镦头强度，每批钢丝检查 6 个镦头试件。

检验方法：观察，尺量，检查镦头强度试验报告。

2）预应力筋或成孔管道的安装质量应符合下列规定：

①成孔管道应密封连接。

②预应力筋或成孔管道应平顺，并应与定位支撑钢筋绑扎牢固。

③锚垫板的承压面应与预应力筋或孔道曲线末端垂直，预应力筋或孔道曲线末端直线段长度应符合表 4-65 规定。

④当后张有粘结预应力筋曲线孔道波峰和波谷的高差大于 300mm，且采用普通灌浆工艺时，应在孔道波峰设置排气孔。

表 4-65 预应力筋曲线起始点与张拉锚固点之间直线段最小长度

预应力筋张拉控制力 N/kN	$N \leqslant 1500$	$1500 < N \leqslant 6000$	$N > 6000$
直线段最小长度 /mm	400	500	600

检查数量：全数检查。

检验方法：观察，尺量检查。

3）预应力筋或成孔管道定位控制点的竖向位置允许偏差应符合表 4-66 的规定，其合格点率应达到 90% 及以上，且不得有超过表中数值 1.5 倍的尺寸偏差。

表 4-66　预应力筋或成孔管道定位控制点的竖向位置允许偏差

构件截面高（厚）度 /mm	$h \leqslant 300$	$300 < h \leqslant 1500$	$h > 1500$
允许偏差 /mm	±5	±10	±15

检查数量：在同一检验批内，抽查各类型构件总数的 10%，且不少于 3 个构件，每个构件不应少于 5 处。

检验方法：尺量。

3. 预应力筋张拉与放张工程检验批施工质量验收

（1）主控项目检验

预应力筋张拉与放张工程主控项目质量标准及要求见表 4-67。

表 4-67　预应力筋张拉与放张工程主控项目质量标准及要求

序　号	项　目	质量标准及要求	检验方法	检验数量
1	预应力筋张拉或放张前	应对构件混凝土强度进行检验。同条件养护的混凝土立方体试件抗压强度应符合设计要求，当设计无要求时，应符合下列规定：①应符合配套锚固产品技术要求的混凝土最低强度，且不应低于设计混凝土强度等级值的 75%；②对采用消除应力钢丝或钢绞线作为预应力筋的先张法构件，不应低于 30MPa	检查同条件养护试件试验报告	全数检查
2	对后张法预应力结构构件	钢绞线出现断裂或滑脱的数量不应超过同一截面钢绞线总根数的 3%，且每根断裂的钢绞线断丝不得超过一丝；对多跨双向连续板，其同一截面应按每跨计算	观察，检查张拉记录	全数检查
3	先张法预应力筋张拉锚固后	实际建立的预应力值与工程设计规定检验值的相对允许偏差为 ±5%	检查预应力筋应力检测记录	每工作班抽查预应力筋总数的 1%，且不应少于 3 根

（2）一般项目检验

预应力筋张拉与放张工程一般项目质量标准及要求见表 4-68。

表 4-68　预应力筋张拉与放张工程一般项目质量标准及要求

序　号	项　目	质量标准及要求	检验方法	检验数量
1	锚固阶段张拉端预应力筋的内缩量	锚固阶段应符合设计要求；当设计无具体要求时，应符合表 4-69 的规定	钢尺检查	每工作班抽查预应力筋总数的 3%，且不少于 3 束
2	先张法预应力筋	张拉后与设计位置的偏差不得大于 5mm，且不得大于构件截面短边边长的 4%	尺量	每工作班抽查预应力筋总数的 3%，且不应少于 3 束
3	预应力筋张拉质量	① 采用应力控制方法张拉时，张拉力下预应力筋的实测伸长值与计算伸长值的相对允许偏差为 ±6%　② 最大张拉应力不应大于现行国家标准《混凝土结构工程施工规范》（GB 50666—2011）的规定	检查张拉记录	全数检查

表 4-69　张拉端预应力筋的内缩量限值

锚具类别		内缩量限值/mm
支承式锚具（镦头锚具等）	螺母缝隙	1
	每块后加垫板的缝隙	1
锥塞式锚具		5
夹片式锚具	有预压	5
	无预压	6～8

4．预应力筋灌浆与封锚工程施工质量检验批验收

（1）主控项目检验

预应力筋灌浆与封锚工程主控项目质量标准及要求见表 4-70。

表 4-70　预应力筋灌浆与封锚工程主控项目质量标准及要求

序号	项目	质量标准及要求	检验方法	检验数量
1	后张法	有粘结预应力筋张拉后，应尽早进行孔道灌浆，孔道内水泥浆应饱满、密实	观察，检查灌浆记录	全数检查
2	锚具的封闭保护	锚具的封闭保护措施应符合设计要求。当设计无要求时，外露锚具和预应力筋的混凝土保护层厚度不应小于：一类环境时 20mm，二 a、二 b 类环境时 50mm，三 a、三 b 类环境时 80mm	观察，钢尺检查	在同一检验批内，抽查预应力筋总数的 5%，且不少于 5 处
3	现场搅拌的灌浆用水泥浆	①3h 自由泌水率宜为 0，且不应大于 1%，泌水应在 24h 内全部被水泥浆吸收 ②水泥浆中氯离子含量不应超过水泥质量的 0.06% ③采用普通灌浆工艺时，24h 自由膨胀率不应大于 6%；采用真空灌浆工艺时，24h 自由膨胀率不应大于 3%	检查水泥浆配比性能试验报告	同一配合比检查一次
4	孔道灌浆料试件	现场留置的孔道灌浆料试件的抗压强度不应低于 30MPa 试件抗压强度检验应符合下列规定： ① 每组应留取 6 个边长为 70.7mm 的立方体试件，并应标准养护 28d ② 试件抗压强度应取 6 个试件的平均值；当一组试件中抗压强度最大值或最小值与平均值相差超过 20% 时，应取中间 4 个试件强度的平均值	检查试件强度试验报告	每工作班留置一组

（2）一般项目检验

预应力筋灌浆与封锚工程一般项目质量标准及要求如下：

后张法预应力筋锚固后，锚具外的外露长度不应小于预应力筋直径的 1.5 倍，且不应小于 30mm。

检查数量：在同一检验批内，抽查预应力筋总数的 3%，且不应少于 5 束。

检验方法：观察，尺量。

5．材料

（1）主控项目

1）预应力筋进场时，应按国家现行标准《预应力混凝土用钢绞线》（GB/T 5224—2014）、《预应力混凝土用钢丝》（GB/T 5223—2014）、《预应力混凝土用螺纹钢筋》（GB/T 20065—2016）和《无粘结预应力钢绞线》JG/T 161—2016 的规定抽取试件进行抗拉强度、伸长率检验，其检验结果应符合相关标准的规定。

检查数量：按进场的批次和产品抽样检验方案确定。

检验方法：检查质量证明文件和抽样检验报告。

2）无粘结预应力钢绞线进场时，应进行防腐润滑脂量和护套厚度的检验，检验结果应符合现行行业标准《无粘结预应力钢绞线》（JG/T 161—2016）的规定。

经观察认为涂包质量有保证时，无粘结预应力筋可不作油脂量和护套厚度抽样检验。

检查数量：按现行行业标准《无粘结预应力钢绞线》（JG/T 161—2016）的规定确定。

检验方法：观察，检查质量证明文件和抽样检验报告。

3）预应力筋用锚具应与锚垫板、局部加强钢筋配套使用，锚具、夹具和连接器进场时，应按现行行业标准《预应力筋用锚具、夹具和连接器应用技术规程》（JGJ 85—2010）的相关规定对其性能进行检验，检验结果应符合该标准的规定。

锚具、夹具和连接器用量不足检验批规定数量的 50%，且供货方提供有效的试验报告时，可不作静载锚固性能试验。

检查数量：按现行行业标准《预应力筋用锚具、夹具和连接器应用技术规程》（JGJ 85—2010）的规定确定。

检查方法：检查质量证明文件、锚固区传力性能试验报告和抽样检验报告。

4）处于三 a、三 b 环境条件下的无粘结预应力筋用锚具系统，应按现行行业标准《无粘结预应力混凝土结构技术规程》（JGJ 92—2016）的相关规定检验其防水性能，检验结果应符合该标准的规定。

检查数量：同一品种、同一规格的锚具系统为一批，每批抽取 3 套。

检验方法：检查质量证明文件和抽样检验报告。

5）孔道灌浆应采用硅酸盐水泥或普通硅酸盐水泥，水泥、外加剂的质量应分别符合《混凝土结构工程施工质量验收规范》（GB 50204—2015）第 7.2.1 条、第 7.2.2 条的规定；成品灌浆材料的质量应符合现行国家标准《水泥基灌浆材料应用技术规范》（GB/T 50448—2015）的规定。

检查数量：按进场批次和产品的抽样检验方案确定。

检验方法：检查质量证明文件和抽样复验报告。

（2）一般项目

1）预应力筋进场时，应进行外观检查，其外观质量应符合下列规定：

① 有粘结预应力筋的表面不应有裂纹、小刺、机械损伤、氧化铁皮和油污等，展开后应平顺，不应有弯折。

② 无粘结预应力钢绞线护套应光滑、无裂缝，无明显褶皱；轻微破损处应外包防水塑料胶带修补，严重破损者不得使用。

检查数量：全数检查。

检验方法：观察。

2）预应力筋用锚具、夹具和连接器进场时，应进行外观检查，其表面应无污物、锈蚀、机械损伤和裂纹。

检查数量：全数检查。

检验方法：观察。

3）预应力成孔管道进场时，应进行管道外观质量检查、径向刚度和抗渗漏性能检验，其检验结果应符合下列规定：

① 金属管道外观应清洁，内外表面应无锈蚀、油污、附着物、孔洞；波纹管不应有不规则褶皱，咬口应无开裂、脱扣；钢管焊缝应连续。

② 塑料波纹管的外观应光滑、色泽均匀，内外壁不应有气泡、裂口、硬块、油污、附着物、孔洞及影响使用的划伤。

③ 径向刚度和抗渗漏性能应符合现行行业标准《预应力混凝土桥梁用塑料波纹管》（JT/T 529—2016）和《预应力混凝土用金属波纹管》（JG 225—2007）的规定。

检查数量：外观应全数检查；径向刚度和抗渗漏性能的检查数量应按进场的批次和产品的抽样检验方案确定。

检验方法：观察，检查质量证明文件和抽样检验报告。

6. 施工中常见的质量问题及预防措施

➤ 常见的质量问题：先张法构件预应力钢丝放张时发生钢丝滑移。由于钢丝表面不洁净，沾上油污，或混凝土强度低、密实性差、放张速度快等原因，造成预应力钢丝放张时，钢丝与混凝土之间的粘结力遭到破坏，钢丝向构件内回缩，导致预应力损失过大。

✧ 预防措施：①保持钢丝表面洁净，隔离剂宜选用皂角类，采用废机油时，必须待台面上的油稍干后，洒上滑石粉才能铺放钢丝，并以木条将钢丝与台面隔开。②混凝土必须振捣密实，防止踩踏、敲击刚浇筑混凝土的构件两端外露钢丝。③预应力筋放张时最好先试剪 1～2 根预应力筋，如无滑动现象，再继续进行，并尽量保持平衡、对称，以防产生裂缝和薄壁构件翘曲。

➤ 常见的质量问题：预应力筋张拉或放张时，混凝土强度未达到设计规定的强度。张拉或放张预应力筋时，由于混凝土强度低，造成构件过早开裂或构件预应力损失过大，在使用荷载作用下的实际挠度超过设计规定值。

✧ 预防措施：预应力混凝土应留置同条件养护的混凝土试块，用以检验张拉或放张时的混凝土强度。预应力筋张拉时，结构的混凝土强度应符合设计要求，当设计无具体要求时，不应低于设计强度等级的 75%；放张预应力筋时，混凝土强度必须符合设计要求，当设计无具体要求时，不得低于设计强度等级的 75%。

➤ 常见的质量问题：预应力锚固区锚垫板下（后）混凝土振捣不密实。后张预应力构件锚固区的锚垫板下（后）混凝土振捣不密实、强度不足，造成在张拉时，锚垫板、锚具突然沉陷，甚至预应力筋断裂。

✧ 预防措施：加强混凝土振捣，振捣棒应捣入锚垫板后面的部位，确保该部位混凝土振捣密实。在预应力筋张拉前，应检查锚垫板下（后）的混凝土质量，如该处混凝土有空鼓现象，应在张拉前修补。

➤ 常见的质量问题：预应力结构端部节点尺寸不够，横向钢筋网片或螺旋筋配置数量不足、预应力结构端部节点尺寸不够，配筋不足，当张拉时，其端部锚固区承受不住垂直预应力钢筋方向的"劈裂拉应力"而产生沿预应力筋方向的纵向裂缝。

✧ 预防措施：设计上应充分考虑在吊车梁、桁架、托架等构件的端部锚固区节点处增配钢筋网片或箍筋，并保证预应力筋外围混凝土有一定的厚度。如出现轻微的张拉裂缝，如不影响承载力，可以不处理，或采取涂刷环氧胶泥、粘贴环氧玻璃丝布等方法进行封闭处理。如有严重的裂缝、明显降低结构刚度的，应通过设计单位，根据具体情况采取预应力加固或用钢套箍等方法加固处理。

➤ 常见的质量问题：无粘结预应力筋外包材料选用了聚氯乙烯。无粘结预应力筋若选用了聚氯乙烯作外包材料，在长期的使用过程中氯离子将析出，对周围的材料有腐蚀作用，影响无粘结预应力混凝土的耐久性。

✧ 预防措施：①无粘结预应力筋外包材料应采用高密度聚乙烯或聚丙烯塑料布、塑料管等，严禁使用聚氯乙烯。外包材料性能应符合下列要求：

a. 在 −20℃～70℃温度范围内，低温不脆化，高温化学稳定性好。

b. 必须有足够的韧性，抗破损性强。

c. 对周围材料（如混凝土、钢材）无侵蚀作用。

d. 防水性能好。

② 高密度聚乙烯或聚丙烯塑料布厚 0.17～0.20mm、宽度切成约 70mm、分两层交叉缠绕在预应力筋上，每层重叠一半，实为 4 层，总厚度为 0.7～0.8mm。要求外观挺直规整。塑料管可用一般塑料管套在预应力筋上，或管子挤出成形包裹在预应力筋上，壁厚 0.8～1.0mm。

➤ 常见的质量问题：无粘结预应力筋承压钢板凹陷。无粘结预应力筋一般采用单根张拉方式。张拉端承压钢板有单孔与多孔两种。在内埋式固定端为了穿筋方便，承压钢板不宜多于 3 孔。在张拉锚固无粘结预应力筋时，承压钢板发生凹陷，张拉力随之下降，预应力损失大，甚至预应力失效。

✧ 预防措施：①预应力筋张拉前，应提供混凝土试块强度试压报告；合格后方可进行张拉。②单孔承压锚板的尺寸不应小于 80mm×80mm，厚度不小于 12mm，多孔钢板的厚度不小于 14mm。③检查内埋式承压钢板的埋设情况，承压钢板之间不得重叠，并要有可靠固定。④梁板端模要密合并钉牢；混凝土振捣要适度，以确保密实。⑤预应力筋张拉前，应检查承压钢板后面的混凝土质量，如有空鼓现象，应及时修补。⑥对承压钢板发生凹陷的，可按下列方法处理：

a. 张拉力已足而钢板仅凹陷 1～2mm，可不作处理。

b. 张拉力低于 60% 时，如钢板开始凹陷，则应将该钢板拆除，重新修补后再张拉。

c. 张拉力等于或高于 60% 预应力时，如钢板开始凹陷，则应停止张拉，不足部分可通过其他预应力筋增加张拉力来补足。

d. 在张拉过程中，如遇到内埋式钢板滑移，张拉力下降，则应将该处混凝土凿开，重新摆正钢板位置，再将混凝土填塞密实。

➤ 常见的质量问题：预应力构件灌浆孔道不畅通，灌浆不密实。灌浆不密实将影响预应力筋与混凝土共同作用的效果，并且易造成预应力筋生锈。

✧ 预防措施：①浇捣混凝土时，注意振动器不得碰坏预埋的孔道芯管，孔道成形后，应立即逐个孔道进行检查，发现堵塞时，应及时疏通。②孔道设灌浆孔，末端应设置排气孔，采用自锚头构件。在浇捣自锚头混凝土时，必须在自锚孔内插一根 φ6 钢筋，待混凝土初凝后拔出，形成排气孔。③灌浆前，应全面检查预应力构件孔道及进浆孔、排气孔、排水孔是否畅通；检查灌浆设备、管道及阀门的可靠性，压浆泵压力表应进行计量校验。④孔道灌浆顺序为先灌下面孔道，后灌上面孔道，集中一处的孔道应一次完成，以免孔道串浆。发现串浆时，应用压力水将串浆孔道冲洗畅通。曲线孔道由侧向和竖向灌浆时，应由最低点的压浆孔灌入水泥浆，由最高点的排气孔排水及溢出浓浆。

➤ 常见的质量问题：在露天平卧支模生产的预应力薄腹屋面梁，其预应力筋放张并起吊后出现侧向弯曲。一般轻微的侧向弯曲不到梁长的 1‰，严重时可达梁长 1/300。

✧ 预防措施：①生产台座必须坚实牢固，不允许有下沉和变形现象。木模板龙骨下面要垫实，上表面要用水准仪找平，确保在同一水平面上。②采用先张法生产放张预应力主筋时，应先放松上翼缘的预应力筋。放松下部主筋时，应从中间开始，然后由内向外两边同时进行。③后张法生产张拉钢筋时，构件最好处在立放位置。当采用平卧码放张拉时，应检查构件的支点是否落实在垫木上。未垫实的可用木楔垫实，并用水准仪检查构件是否卧平，在确保无下垂时方可张拉预应力主筋。④采用后张法生产时，预留孔道位置必须准确，并要求平直。可以采用钢丝绑扎悬吊或有钢筋马凳支起，其间距以 200～400mm 为宜。⑤张拉预应力钢筋（束）时，要两端相对同时张拉。

4.3.1.4　混凝土工程

混凝土分项工程是从水泥、砂、石、水、外加剂、矿物掺合料等原材料进场检验，混凝土配合比设计及称量，拌制、运输、浇筑、养护、试件制作，直至混凝土达到预定强度等一系列技术工作和完成实体的总称。混凝土分项工程所含的检验批可根据施工工序和验收的需要确定。

1. 质量控制点

（1）一般规定

1）结构构件的混凝土强度，应按现行国家标准《混凝土强度检验评定标准》（GB/T 50107—2010）要求。

对采用蒸汽法养护的混凝土结构构件，其混凝土试件应先随同结构构件同条件蒸汽养护，再转入标准条件养护共 28d。

当混凝土中掺用矿物掺合料时，确定混凝土强度时的龄期可按现行国家标准《粉煤灰混凝土应用技术规范》（GB/T 50146—2014）等的规定取值。

2）检验评定混凝土强度用的混凝土试件尺寸及强度的尺寸换算系数应按表 4-71 取用，其标准成形方法、标准养护条件及强度试验方法应符合普通混凝土力学性能试验方法标准的规定。

表 4-71　混凝土试件尺寸及强度的尺寸换算系数

骨料最大粒径 /mm	试件尺寸 /mm	强度的尺寸换算系数
≤ 31.5	100×100×100	0.95
≤ 40	150×150×150	1.00
≤ 63	200×200×200	1.05

注：对强度等级为 C60 及以上的混凝土试件，其强度的尺寸换算系数可通过试验确定。混凝土试件强度的试验方法应符合普通混凝土力学性能试验方法标准的规定。混凝土试件的尺寸应根据骨料的最大粒径确定。当采用非标准尺寸的试件时，其抗压强度应乘以相应的尺寸换算系数。

3）结构构件拆模、出池、出厂、吊装、张拉、放张及施工期间临时负荷时的混凝土强度，应根据同条件养护的标准尺寸试件的混凝土强度确定。

4）当混凝土试件强度评定为不合格时，可根据国家现行有关标准采用回弹法、超声回弹综合法、钻芯法、后装拔出法等推定结构的混凝土强度。通过检测得到的推定强度可作为判断结构是否需要处理的依据。

5）混凝土的冬期施工应符合国家现行标准《建筑工程冬期施工规程》（JGJ/T 104—2011）和施工技术方案的规定。

（2）原材料

1）水泥进场时，应对其品种、级别、包装或散装仓号、出厂日期等进行检查，并应对其强度、安定性及其他必要的性能指标进行复验，其质量必须符合现行国家标准《通用硅酸盐水泥》（GB 175—2007）等的规定。

2）混凝土中掺用外加剂的质量及应用技术应符合现行国家标准《混凝土外加剂》（GB 8076—2008）、《混凝土外加剂应用技术规范》（GB 50119—2013）等和有关环境保护的规定。

3）混凝土中氯化物和碱的总含量应符合现行国家标准《混凝土结构设计规范》（GB 50010—2010）和设计的要求。

4）混凝土中掺用矿物掺合料的质量应符合现行国家标准《用于水泥和混凝土中的粉煤灰》（GB/T 1596—2017）等的规定。矿物掺合料的掺量应通过试验确定。

混凝土掺合料的种类主要有粉煤灰、粒化高炉矿渣粉、沸石粉、硅灰和复合掺合料等，有些目前尚没有产品质量标准。对各种掺合料，均应提出相应的质量要求，并通过试验确定其掺量。工程应用时，尚应符合国家现行标准《粉煤灰混凝土应用技术规范》（GB/T 50146—2014）、《用于水泥、砂浆和混凝土中的粒化高炉矿渣粉》（GB/T 18046—2017）等的规定。

5）普通混凝土所用的粗、细骨料的质量，应符合国家现行标准《普通混凝土用砂、石质量及检验方法标准》（JGJ 52—2006）的规定。

注：①混凝土用的粗骨料，其最大颗粒粒径不得超过构件截面最小尺寸的1/4，且不得超过钢筋最小净间距的3/4。

②混凝土实心板骨料的最大粒径不宜超过板厚的1/3，且不得超过40mm。

6）拌制混凝土宜采用饮用水，当采用其他水源时，水质应符合国家现行标准《混凝土用水标准》（JGJ 63—2006）的规定。

（3）配合比

1）混凝土应按国家现行标准《普通混凝土配合比设计规程》（JGJ 55—2011）的有关规定，根据混凝土强度等级、耐久性和工作性等要求进行配合比设计。对有特殊要求的混凝土，其配合比设计尚应符合国家现行有关标准的专门规定。

2）对首次使用的混凝土配合比，应进行开盘鉴定，其工作性应满足设计配合比的要求。开始生产时，应至少留置一组标准养护试件，作为验证配合比的依据。

3）混凝土拌制前，应测定砂、石含水率，并根据测试结果调整材料用量，提出施工配合比。

2. 原材料

（1）主控项目

1）水泥进场时，应对其品种、代号、强度等级、包装或散装仓号、出厂日期等进行检查，并应对水泥的强度、安定性和凝结时间进行检验，检验结果应符合现行国家标准《通用硅酸盐水泥》（GB 175—2007）的相关规定。

检查数量：按同一厂家、同一品种、同一代号、同一强度等级、同一批号且连续进场的水泥，袋装不超过200t为一批，散装不超过500t为一批，每批抽样数量不应少于一次。

检验方法：检查质量证明文件和抽样检验报告。

2）混凝土外加剂进场时，应对其品种、性能、出厂日期等进行检查，并应对外加剂的相关性能指标进行检验，检验结果应符合现行国家标准《混凝土外加剂》（GB 8076—2008）和《混凝土外加剂应用技术规范》（GB 50119—2013）的规定。

检查数量：按同一厂家、同一品种、同一性能、同一批号且连续进场的混凝土外加剂，不超过 50t 为一批，每批抽样数量不应少于一次。

检验方法：检查质量证明文件和抽样检验报告。

3）水泥、外加剂进场检验，当满足下列条件之一时，其检验批容量可扩大一倍：

①获得认证的产品。

②同一厂家、同一品种、同一规格的产品，连续三次进场检验均一次检验合格。

（2）一般项目

1）混凝土用矿物掺合料进场时，应对其品种、性能、出厂日期等进行检查，并应对矿物掺合料的相关性能指标进行检验，检验结果应符合国家现行有关标准的规定。

检查数量：按同一厂家、同一品种、同一批号且连续进场的矿物掺合料，粉煤灰、矿渣粉、磷渣粉、钢铁渣粉和复合矿物掺合料不超过 200t 为一批，沸石粉不超过 120t 为一批，硅灰不超过 30t 为一批，每批抽样数量不应少于一次。

检验方法：检查质量证明文件和抽样检验报告。

2）混凝土原材料中的粗骨料、细骨料质量应符合现行行业标准《普通混凝土用砂、石质量及检验方法标准》（JGJ 52—2006）的规定，使用经过净化处理的海砂应符合现行行业标准《海砂混凝土应用技术规范》（JGJ 206—2010）的规定，再生混凝土骨料应符合现行国家标准《混凝土用再生粗骨料》（GB/T 25177—2010）和《混凝土和砂浆用再生细骨料》（GB/T 25176—2010）的规定。

检查数量：按现行行业标准《普通混凝土用砂、石质量及检验方法标准》（JGJ 52—2006）的规定确定。

检验方法：检查抽样检验报告。

3）混凝土拌制及养护用水应符合现行行业标准《混凝土用水标准》（JGJ 63—2006）的规定。采用饮用水作为混凝土用水时，可不检验；采用中水、搅拌站清洗水、施工现场循环水等其他水源时，应对其成份进行检验。

检查数量：同一水源检查不应少于一次。

检验方法：检查水质检验报告。

3. 混凝土拌合物

（1）主控项目

1）预拌混凝土进场时，其质量应符合现行国家标准《预拌混凝土》（GB/T 14902—2012）的规定。

检查数量：全数检查。

检查方法：检查质量证明文件。

2）混凝土拌合物不应离析。

检查数量：全数检查。

检查方法：观察。

3）混凝土中氯离子含量和碱总含量应符合现行国家标准《混凝土结构设计规范》（GB 50010—2010）的规定和设计要求。

检查数量：同一配合比的混凝土检查不应少于一次。

检查方法：检查原材料试验报告和氯离子、碱的总含量计算书。

4）首次使用的混凝土配合比应进行开盘鉴定，其原材料、强度、凝结时间、稠度等应满足设计配合比的要求。

检查数量：同一配合比的混凝土检查不应少于一次。

检验方法：检查开盘鉴定资料和强度试验报告。

（2）一般项目

1）混凝土拌合物稠度应满足施工方案的要求。

检查数量：对同一配合比混凝土，取样应符合下列规定：

①每拌制100盘且不超过100m³时，取样不得少于一次。

②每工作班拌制不足100盘时，取样不得少于一次。

③每次连续浇筑超过1000m³时，每200m³取样不得少于一次。

④每一楼层取样不得少于一次。

检验方法：检查稠度抽样检验记录。

2）混凝土有耐久性指标要求时，应在施工现场随机抽取试件进行耐久性检验，其检验结果应符合国家现行有关标准的规定和设计要求。

检查数量：同一配合比的混凝土，取样不应少于一次，留置试件数量应符合国家现行标准《普通混凝土长期性能和耐久性能试验方法标准》（GB/T 50082—2009）和《混凝土耐久性检验评定标准》（JGJ/T 193—2009）的规定。

检验方法：检查试件耐久性试验报告。

3）混凝土有抗冻要求时，应在施工现场进行混凝土含气量检验，其检验结果应符合国家现行有关标准的规定和设计要求。

检查数量：同一配合比的混凝土，取样不应少于一次，取样数量应符合现行国家标准《普通混凝土拌合物性能试验方法标准》（GB/T 50080—2016）的规定。

检验方法：检查混凝土含气量检验报告。

4. 混凝土施工

（1）主控项目　混凝土的强度等级必须符合设计要求。用于检验混凝土强度的试件应在浇筑地点随机抽取。

检查数量：对同一配合比混凝土，取样与试件留置应符合下列规定：

①每拌制100盘且不超过100m³时，取样不得少于一次。

②每工作班拌制不是100盘时，取样不得少于一次。

③连续浇筑超过1000m³时，每200m³取样不得少于一次。

④每一楼层取样不得少于一次。

⑤每次取样应至少留置一组试件。

检验方法：检查施工记录及混凝土强度试验报告。

（2）一般项目

1）后浇带的留设位置应符合设计要求，后浇带和施工缝的留设及处理方法应符合施工方案要求。

检查数量：全数检查。

检验方法：观察。

2）混凝土浇筑完毕后，应及时进行养护，养护时间以及养护方法应符合施工方案要求。

检查数量：全数检查。

检验方法：观察，检查混凝土养护记录。

5. 施工中常见的质量问题及预防措施

➤ 常见的质量问题：粗骨料粒径过大、颗粒级配不连续。粗骨料粒径过大，用在钢筋间距较小的结构中，会产生粗骨料浇灌不到位，被钢筋卡住，混凝土产生蜂窝、孔洞的质量问题。颗粒级配不连续，将增加混凝土中的用水量及水泥用量、降低混凝土的和易性，使混凝土产生分层、离析现象。

✧ 预防措施：混凝土用的粗骨料粒径应根据混凝土性能要求、结构截面尺寸、钢筋间距等进行选择，其最大颗粒粒径不得超过结构截面最小尺寸的 1/4，且不得超过钢筋间最小净距的 3/4，对混凝土实心板，骨料的最大粒径不宜超过板厚的 1/2，且不超过 50mm。配制高强混凝土（C60 以上强度等级）用粗骨料的最大粒径不应大于 31.5mm；大体积混凝土的粗骨料宜采用连续级配；泵送混凝土所用粗骨料的最大粒径与输送管之比：当泵送高度在 50m 以下时，对碎石不宜大于 1:3，对卵石不宜大于 1:2.5；泵送高度在 50～100m 时，对碎石不宜大于 1:4，对卵石不宜大于 1:3；泵送高度在 100m 以上时，对碎石不宜大于 1:5，对卵石不宜大于 1:4。粗骨料应采用连续级配，且针片状颗粒含量不宜大于 10%。单粒级宜用于组合成具有要求级配的连续级配，也可与连续级粒混合使用，以改善其级配或配成较大粒度的连续粒级。

➤ 常见的质量问题：混凝土骨料抗压强度太低。配制高强混凝土时，骨料的抗压强度太低。高强混凝土破坏时，粗骨料首先破坏，降低混凝土的强度。

✧ 预防措施：在试配混凝土之前，应合理地确定各种粗骨料的抗压强度。应尽量采用优质骨料，按规定，配制高强混凝土时必须采用强度指标大于 2 的粗骨料，即

$$强度指标 = \frac{岩石抗压强度}{混凝土抗压强度} \geqslant 2 \qquad (4-3)$$

所以，最好是采用致密的花岗岩、辉绿岩、大理石等作骨料。但是，即使采用坚硬的粗骨料，也未必能制出强度最高的混凝土，因为水泥浆与骨料的粘结也必须考虑在内。

➤ 常见的质量问题：大体积混凝土配合比中未采用低水化热的水泥。大体积混凝土由于体量大，在混凝土硬化过程中产生的水化热不易散发，如不采取措施，会由于混凝土内、外温差过大而出现混凝土裂缝。

✧ 预防措施：配制大体积混凝土时，应先用水化热低、凝结时间长的水泥。采用低水化热的水泥配制大体积混凝土是降低混凝土内部温度的可靠方法。优先选用大坝水泥、矿渣水泥、粉煤灰硅酸盐水泥、火山灰质硅酸盐水泥，进行配合比设计时，应在保证混凝土强度及满足坍落度要求的前提下，提高掺合料和骨料的含量以降低单方混凝土的水泥用量。大体积混凝土配合比确定后，宜进行水化热的演算和测定，以了解混凝土内部水化热温度，控制混凝土的内、外温差。在施工中，必须使温差控制在设计要求以内，当设计无要求时，内、外温差以不超过 25℃为宜。

➤ 常见的质量问题：混凝土表面酥松、脱落。混凝土结构构件浇筑脱模后，表面出现酥松、脱落等现象，表面强度比内部要低很多。

◇ 预防措施：①表面较浅的酥松、脱落，可将酥松部分凿去，洗刷干净充分湿润后，用1:2或1:2.5水泥砂浆抹平压实。②较深的酥松、脱落，可将酥松和突出颗粒凿去，刷洗干净充分湿润后支模，用比结构高一强度等级的细石混凝土浇筑，强力捣实，并加强养护。

➤ 常见的质量问题：混凝土表面不平整。混凝土表面凹凸不平，或板厚薄不一，表面不平，甚至出现凹坑脚印。

◇ 预防措施：①严格按施工技术规程操作，浇筑混凝土后，应根据水平控制标志或弹线用抹子找平、压光，终凝后浇水养护。②模板应有足够的承载力、刚度和稳定性。支柱和支撑必须支承在坚实的土层上，应有足够的支承面积，并防止浸水，以保证结构不发生过量下沉。③在浇筑混凝土过程中，应经常检查模板和支撑情况，如有松动变形，应立即停止浇筑，并在混凝土凝结前修整加固好，再继续浇筑。混凝土强度达到1.2MPa以上，方可在已浇结构上走动。④表面局部不平整的，可用细石混凝土或1:2水泥砂浆修补。

4.3.1.5 现浇结构工程

现浇结构分项工程以模板、钢筋、预应力、混凝土四个分项工程为依托，是拆除模板后的混凝土结构实物外观质量、几何尺寸检验等一系列技术工作的总称。

1. 质量控制点

1）现浇结构的外观质量缺陷应由监理（建设）单位、施工单位等各方根据其对结构性能和使用功能影响的严重程度按表4-72确定。

表4-72 现浇结构外观质量

名　称	现　象	严　重　缺　陷	一　般　缺　陷
露筋	构件内钢筋未被混凝土包裹而外露	纵向受力钢筋有露筋	其他钢筋有少量露筋
蜂窝	混凝土表面缺少水泥浆而形成石子外露	构件主要受力部位有蜂窝	其他部位有少量蜂窝
孔洞	混凝土中孔穴深度和长度均超过保护层厚度	构件主要受力部位有孔洞	其他部位有少量孔洞
夹渣	混凝土中夹有杂物，且深度超过保护层厚度	构件主要受力部位有夹渣	其他部位有少量夹渣
疏松	混凝土中局部不密实	构件主要受力部位有疏松	其他部位有少量疏松
裂缝	缝隙从混凝土表面延伸至混凝土内部	构件主要受力部位有影响结构性能或使用功能的裂缝	其他部位有少量不影响结构性能或使用功能的裂缝
连接部位缺陷	构件连接处混凝土缺陷及连接钢筋、连接铁件松动	连接部位有影响结构传力性能的缺陷	连接部位有基本不影响结构传力性能的缺陷
外形缺陷	缺棱掉角、棱角不直、翘曲不平、飞边凸肋等	清水混凝土构件内有影响使用功能或装饰效果的外形缺陷	其他混凝土构件有不影响使用功能的外形缺陷
外表缺陷	构件表面麻面、掉皮、起砂、沾污等	具有重要装饰效果的清水混凝土构件有外表缺陷	其他混凝土构件有不影响使用功能的外表缺陷

2）现浇结构拆模后，应由监理（建设）单位、施工单位对其外观质量和尺寸偏差进行检查，作出记录，并应及时按施工技术方案对缺陷进行处理。

2. 现浇结构工程检验批施工质量验收

检验批划分：现浇结构分项工程可按楼层、结构缝或施工段划分检验批。

（1）主控项目检验

现浇结构工程主控项目质量标准及要求见表4-73。

表 4-73　现浇结构工程主控项目质量标准及要求

序号	项目	质量标准及要求	检验方法	检验数量
1	现浇结构的外观质量	不应有严重缺陷。对已经出现的严重缺陷，应由施工单位提出技术处理方案，并经监理单位认可后进行处理；对裂缝、连接部位出现的严重缺陷及其他影响结构安全的严重缺陷，技术处理方案尚应经设计单位认可。对经处理的部位，应重新检查验收	观察，检查处理记录	全数检查
2	现浇结构和混凝土设备位置和尺寸偏差	对超过尺寸允许偏差且影响结构性能和安装、使用功能的部位，应由施工单位提出技术处理方案，并经监理、设计单位认可后进行处理。对经处理的部位，应重新检查验收	量测，检查处理记录	全数检查

（2）一般项目检验　现浇结构工程一般项目质量标准及要求见表 4-74。

表 4-74　现浇结构工程一般项目质量标准及要求

项目	质量标准及要求	检验方法	检验数量
现浇结构的外观质量	现浇结构的外观质量不应有一般缺陷 对已经出现的一般缺陷，应由施工单位按技术处理方案进行处理。对经处理的部位应重新验收	观察，检查处理记录	全数检查
现浇结构和混凝土设备位置和尺寸偏差	基础拆模后的尺寸偏差应符合表 4-75、表 4-76 的规定	量测检查	按楼层、结构缝或施工段划分检验批。在同一检验批内，对梁、柱和独立基础，应抽查构件数量的 10%，且不少于 3 件；对墙和板，应按有代表性的自然间抽查 10%，且不少于 3 间；对大空间结构，墙可按相邻轴线间高度 5m 左右划分检查面，板可按纵、横轴线划分检查面，抽查 10%，且均不少于 3 面；对电梯井应全数检查

表 4-75　现浇结构尺寸允许偏差和检验方法

项　目			允许偏差 /mm	检　验　方　法
轴线位置	整体基础		15	经纬仪及尺量
	独立基础		10	
	柱、墙、梁		8	尺量
垂直度	层高	≤ 6m	10	经纬仪或吊线、尺量
		>6m	12	经纬仪或吊线、尺量
	全高（H）≤ 300m		$H/30000+20$	经纬仪、尺量
	全高（H）> 300m		$H/10000$ 且 ≤ 80	经纬仪、尺量
标高	层高		±10	水准仪或拉线、尺量
	全高		±30	水准仪或拉线、尺量
截面尺寸	基础		+15，-10	尺量
	柱、梁、板、墙		+10，-5	尺量
	楼梯相邻踏步高差		6	尺量
电梯井	中心位置		10	尺量
	长、宽尺寸		+25，0	尺量
表面平整度			8	2m 靠尺和塞尺量测
预埋件中心位置	预埋板		10	尺量
	预埋螺栓		5	
	预埋管		5	
	其他		10	
预留洞、孔中心线位置			15	尺量

注：1. 检查柱轴线、中心线位置时，应沿纵、横两个方向测量，并取其中偏差的较大值。

2. H 为全高，单位为 mm。

表 4-76 混凝土设备基础尺寸允许偏差和检验方法

项　目		允许偏差 /mm	检 验 方 法
坐标位置		20	经纬仪及尺量
不同平面的标高		0，−20	水准仪或拉线，尺量
平面外形尺寸		±20	尺量
凸台上平面外形尺寸		0，−20	尺量
凹槽尺寸		+20，0	尺量
平面水平度	每米	5	水平尺、塞尺量测
	全长	10	水准仪或拉线、尺量
垂直度	每米	5	经纬仪或吊线、尺量
	全高	10	经纬仪或吊线、尺量
预埋地脚螺栓	中心位置	2	尺量
	顶标高	+20，0	水准仪或拉线、尺量
	中心距	±2	尺量
	垂直度	5	吊线、尺量
预埋地脚螺栓孔	中心线位置	10	尺量
	截面尺寸	+20，0	尺量
	深度	+20，0	尺量
	垂直度	$H/100$ 且 ≤ 10	吊线、尺量
预埋活动地脚螺栓锚板	中心线位置	5	尺量
	标高	+20，0	水准仪或拉线、尺量
	带槽锚板平整度	5	直尺、塞尺量测
	带螺纹孔锚板平整度	2	直尺、塞尺量测

注：1. 检查坐标、中心线位置时，应沿纵、横两个方向量测，并取其中偏差的较大值。

　　2. H 为预埋地脚螺栓孔孔深，单位为 mm。

3．施工中常见的质量问题及预防措施

➤ 常见的质量问题：结构混凝土缺棱掉角。由于木模板在浇筑混凝土前未充分浇水湿润或湿润不够；混凝土浇筑后养护不好，棱角处混凝土的水分被模板大量吸收，造成混凝土脱水，强度降低，或模板吸水膨胀将边角拉裂，拆模时棱角被粘掉，造成截面不规则、棱角缺损。

✧ 预防措施：①木模板在浇筑混凝土前应充分湿润，混凝土浇筑后应认真浇水养护。②拆除侧面非承重模板时，混凝土应具有 1.2MPa 以上强度。③拆模时注意保护棱角，避免用力过猛、过急；吊运模板时，防止撞击棱角；运料时，通道处的混凝土阳角，用角钢、草袋等保护好，以免碰损。④对混凝土结构缺棱掉角的，可按下列方法处理：

a. 如有较小缺棱掉角，可将该处松散颗粒凿除，用钢丝刷刷干净，清水冲洗并充分湿润后，用配合比为 1:2 或 1:2.5 的水泥砂浆抹补齐整。

b. 对较大的缺棱掉角，可将不结实的混凝土和突出的颗粒凿除，用水冲刷干净湿透，然后支模，用比原混凝土高一强度等级的细石混凝土填灌捣实，并认真养护。

➤ 常见的质量问题：结构混凝土表面露筋现象。混凝土结构内部主筋、副筋或箍筋局部裸露在表面，没有被混凝土包裹，从而影响结构性能。

✧ 预防措施：①浇筑混凝土，应保证钢筋位置正确和保护层厚度正确，并加强检查。②钢筋密集时，应选用适当粒径的石子，保证混凝土配合比正确和良好的和易性。浇筑高度超过 2m，应用串桶、溜槽下料，以防离析。③表面露筋，刷洗干净后，在表面抹配合比为 1:2 或 1:2.5 的水泥砂浆，将露筋部位抹平；对较深露筋，凿去薄弱混凝土和突出颗粒，刷洗干净后，支模并用高一级的细石混凝土填塞压实，认真养护。

➤ 常见的质量问题：混凝土结构根部出现烂脖子（吊脚）。基础、柱、墙混凝土浇筑后，与底板、基础、柱、台阶交接处出现蜂窝状空隙，台阶或底板混凝土被挤隆起。

✧ 预防措施：①基础、柱、墙根部应在下部底板（或板）、台阶混凝土浇筑完间隙 1.0～1.5h 沉实后，再浇上部混凝土，以阻止根部混凝土向下滑动。②基础台阶或柱、墙底板浇筑完后，在浇筑上部基础台阶或柱、墙前，应先沿上部基础台阶或柱、墙模板底圈做成内、外坡度，待上部混凝土浇筑完毕，再将下部台阶或底板混凝土铲平、拍实、拍平。③将烂脖子处松散混凝土和软弱颗粒凿去，洗刷干净并充分浇水湿润后，支模浇筑比原混凝土强度高一级的细石混凝土填补并捣实。

➤ 常见的质量问题：混凝土梁、柱侧面产生裂缝。用木模板制作的梁或柱脱模后，构件的侧面有时出现一些不规则的裂缝。宽度小的为 0.2mm 左右，宽的缝可达 1～2mm。T 形梁的腹板与上檐交界处经常出现纵向裂缝，宽度为 0.1～2.0mm。这种裂缝是不连续的，个别的沿梁的全长出现。

✧ 预防措施：①在浇筑混凝土前，必须将模板用水湿透。采用蒸汽养护时，对新制作的模板，应用蒸汽蒸 4h 以上。②在设计许可的条件下，T 形梁的上檐与腹板交界处最好做成圆角，可以减小交界处的应力集中，从而在很大程度上消灭该处的裂缝。

➤ 常见的质量问题：混凝土结构构件凹凸、鼓胀、歪斜。柱、梁、墙等混凝土表面出现凹凸、鼓胀、竖向歪斜变形，偏差超过允许值。严重的凹凸、鼓胀和歪斜，将影响结构的受力性能、使用功能以及装饰效果。

✧ 预防措施：①模板工程施工前，应编制模板工程施工方案，对模板进行设计与计算，以保证模板有足够的强度、刚度和稳定性。②模板应支承在坚实的地基上，有足够的支承面积，并防止浸水，以保证不发生下沉。③混凝土浇筑时，每排柱子应由外向内对称顺序进行，不可由一端向另一端推进，防止柱子模板倾斜；现浇独立柱模板，四周应支上斜撑或斜拉杆，用花篮螺栓调整，混凝土浇筑后在初凝前，应对其垂直度再次进行复核，如有偏差应及时纠正。④如凹凸、鼓胀、歪斜不影响结构性能时，只需进行局部剔凿，用 1:2.5 水泥砂浆或比原强度等级高一级的细石混凝土进行修补；凡影响结构受力性能时，应会同有关部门研究处理方案后，按方案进行处理。

➤ 常见的质量问题：混凝土结构预埋铁件空鼓。混凝土结构预埋铁件钢板与混凝土之间存在空隙，用锤子轻轻敲击时，发出"铛铛"鼓音，影响铁件的受力、使用功能和耐久性。

✧ 预防措施：①预埋铁件背面的混凝土应仔细振捣并辅以人工捣实。水平预埋铁件下面的混凝土应采用赶浆法浇筑，由一侧下料振捣，另一侧挤出，并辅以人工横向插捣，使达到密实、无气泡为止。②预埋铁件背面的混凝土应采用较干硬性混凝土浇筑，以减少干缩。③水平预埋铁件应在钢板上钻 1～2 个排气孔，以利气泡和泌水的排出。④结构预埋件发生空鼓的，可按下列方法处理：

a. 如在浇筑时发现空鼓，应立即将未凝结的混凝土挖出，重新填充混凝土并插捣，使饱满密实。

b. 如在混凝土硬化后发现空鼓，可在钢板外侧凿一个小孔，用二次压浆法压灌饱满。

【工程案例4-6】

1．工程背景

某市新建一幢商住楼工程项目，建筑面积为26380m²，其中地上建筑面积为21340m²，地下室建筑面积为5040m²，大楼分为裙楼和主楼，其中主楼11层，裙楼5层，均为框架结构。建设单位A与施工单位B、监理单位C分别签订了施工承包合同和施工阶段委托监理合同。该工程项目的主体工程为钢筋混凝土框架式结构，设计要求混凝土抗压强度为C30。

2．施工背景

该工程位于市中心，施工场地狭小，项目部为保证工程质量，采用商品混凝土，但是最近的商品混凝土厂家距离工地需要1.5h的车程。因市区交通拥挤，进场堵车。混凝土到场时间经常延误浇筑计划。

3．假设

在主体工程施工至第三层时，钢筋混凝土柱浇筑完毕拆模后，发现第三层有50根钢筋混凝土柱的外观质量很差，不仅蜂窝麻面严重，而且表面的混凝土质地酥松，用锤轻敲即有混凝土碎块脱落。经检查，施工单位提交的9根柱施工现场取样的3d混凝土强度试验结果表明，混凝土抗压强度值均未达到设计要求值。

4．思考与问答

1）请根据《混凝土结构工程施工质量验收规范》（GB 50204—2015）的规定简要说明混凝土强度的控制方法和内容。混凝土强度不足主要有哪些原因？

2）本工程中的混凝土施工中出现蜂窝、麻面的原因是什么？其预防措施有哪些？

3）该工程出现的问题是否处理？作为施工单位的质检员，你会如何处理该事件？

4）如果继续施工到四层时，发现该工程三层混凝土的抗压强度普遍为20MPa，那么又该如何处理该问题，处理的程序是什么？

4.3.2　钢结构工程

钢结构包括钢网架结构、轻钢结构、高层钢结构等结构形式，钢结构在发达国家得到广泛运用。近年来，钢结构在我国的高层建筑、大跨结构、轻型工业厂房工程中也得到越来越多的应用。

根据《统一标准》的规定和工程具体情况，钢结构工程可作为主体分部工程中的一个子分部工程，包括钢零件及钢部件加工、钢结构焊接、钢结构紧固件连接工程、钢结构组装和拼装工程、钢结构安装工程、压型金属板工程和钢结构涂料等分项工程。本子单元主要根据《统一标准》和《钢结构工程施工质量验收规范》（GB 50205—2001）进行编写。

4.3.2.1　钢零件及钢部件加工

1．材料要求

（1）钢材

1）钢材、钢铸件的品种、规格、性能等应符合现行国家产品标准和设计要求。进口钢材产品的质量应符合设计和合同规定标准的要求。

2）对属于下列情况之一的钢材，应进行抽样复验，其复验结果应符合现行国家产品标准和设计要求。

① 国外进口钢材。

② 钢材混批。

③ 板厚大于或等于 40mm，且设计有 Z 向性能要求的厚板。

④ 建筑结构安全等级为一级，大跨度钢结构中主要受力构件所采用的钢材。

⑤ 设计有复验要求的钢材。

⑥ 对质量有疑义的钢材。

对质量有疑义主要是指：对质量证明文件有疑义时的钢材；质量证明文件不全的钢材；质量证明书中的项目少于设计要求的钢材。

（2）焊接材料

1）焊接材料的品种、规格、性能等应符合现行国家产品标准和设计要求。所有进场的焊接材料，必须进行全数检查，施工企业应做好自检和报验工作。重点检查产品的质量合格证明文件、中文标志及检验报告等。本条为强制性条文，应严格执行。

2）重要钢结构采用的焊接材料应进行抽样复验，复验结果应符合现行国家产品标准和设计要求。该复验应为见证取样、送样检验项目。本条中"重要"有以下含义：

① 建筑结构安全等级为一级的一、二级焊缝。

② 建筑结构安全等级为二级的一级焊缝。

③ 大跨度结构中一级焊缝。

④ 重级工作制吊车梁结构中一级焊缝。

⑤ 设计要求。

（3）连接用紧固标准件

1）钢结构连接用高强度大六角头螺栓连接副、扭剪型高强度螺栓连接副、钢网架用高强度螺栓、普通螺栓、铆钉、自攻钉、拉铆钉、射钉、锚栓（机械型和化学试剂型）、地脚锚栓等紧固标准件及螺母、垫圈等标准配件，其品种、规格、性能等应符合现行国家产品标准和设计要求。高强度大六角头螺栓连接副和扭剪型高强度螺栓连接副出厂时，应分别随箱带有扭矩系数和紧固轴力（预拉力）的检验报告。

对于上述材料，应作全数检查。重点检查产品的质量合格证明文件、中文标志及检验报告等。

2）对于高强度大六角头螺栓连接副，应检验其扭矩系数，其检验结果应符合《钢结构工程施工质量验收规范》（GB 50205—2001）的规定。

高强度大六角头螺栓连接副扭矩系数的检查数量参见《钢结构工程施工质量验收规范》（GB 50205—2001）附录 B 的规定。重点检查复验报告。

3）对于扭剪型高强度螺栓连接副，应检验其预拉力，其检验结果应符合《钢结构工程施工质量验收规范》（GB 50205—2001）附录 B 的规定。

4）对建筑结构安全等级为一级，跨度 40m 及以上的螺栓球节点钢网架结构，其连接高强度螺栓应进行表面硬度试验；对 8.8 级的高强度螺栓，其硬度应为 HRC21～29；对 10.9 级高强度螺栓，其硬度应为 HRC32～36，且不得有裂纹或损伤。

进行硬度检测时，应按照每种规格 8 只抽查，检验方法有硬度计、10 倍放大镜或磁粉探伤。

（4）焊接球

1）焊接球及制造焊接球所采用的原材料，其品种、规格、性能等应符合现行国家产品标准和设计要求。

上述所有材料都要全数检查，重点检查产品的质量合格证明文件、中文标志及检验报告等。

2）焊接球焊缝应进行无损检验，其质量应符合设计要求，当设计无要求时应符合《钢结构工程施工质量验收规范》（GB 50205—2001）中规定的二级质量标准。

无损检测数量按规格抽查 5%，且不应少于 3 个，采用超声波探伤或检查有资质的检测单位出具的检验报告。

（5）螺栓球

1）螺栓球及制造螺栓球节点所采用的原材料，其品种、规格、性能等应符合现行国家产品标准和设计要求。

上述所有材料都要全数检查，重点检查产品的质量合格证明文件、中文标志及检验报告等。

2）螺栓球不得过烧、裂纹及褶皱。

进行外观检查时，每种规格抽查 5%，且不应少于 5 只，采用 10 倍放大镜观察和表面探伤方法。

（6）封板、锥头和套筒

1）封板、锥头和套筒及制造封板、锥头和套筒所采用的原材料，其品种、规格、性能等应符合现行国家产品标准和设计要求。

上述所有材料都要全数检查，重点检查产品的质量合格证明文件、中文标志及检验报告等。

2）封板、锥头、套筒外观不得有裂纹、过烧及氧化皮。

进行外观检查时，每种规格抽查 5%，且不应少于 10 只，采用 10 倍放大镜观察和表面探伤方法。

（7）金属压型板

1）金属压型板及制造金属压型板所采用的原材料，其品种、规格、性能等应符合现行国家产品标准和设计要求。

上述所有材料都要全数检查，重点检查产品的质量合格证明文件、中文标志及检验报告等。

2）压型金属泛水板、包角板和零配件的品种、规格以及防水密封材料的性能应符合现行国家产品标准和设计要求。

上述所有材料都要全数检查，重点检查产品的质量合格证明文件、中文标志及检验报告等。

（8）涂装材料

1）钢结构防腐涂料、稀释剂和固化剂等材料的品种、规格、性能等应符合现行国家产品标准和设计要求。

上述所有材料都要全数检查，重点检查产品的质量合格证明文件、中文标志及检验报告等。

2）钢结构防火涂料的品种和技术性能应符合设计要求，并应经过具有资质的检测机构检测符合国家现行有关标准的规定。

上述所有材料都要全数检查，重点检查产品的质量合格证明文件、中文标志及检验报告等。

（9）其他

1）钢结构用橡胶垫的品种、规格、性能等应符合现行国家产品标准和设计要求。

上述所有材料都要全数检查，重点检查产品的质量合格证明文件、中文标志及检验报告等。

2）钢结构工程所涉及的其他特殊材料，其品种、规格、性能等应符合现行国家产品标准和设计要求。

上述所有材料都要全数检查，重点检查产品的质量合格证明文件、中文标志及检验报告等。

2. 钢零件及钢部件检验批施工质量验收

检验批的划分：钢零件及钢部件加工工程，可按相应的钢结构制作工程或钢结构安装工程检验批的划分原则划分为一个或若干个检验批。

（1）主控项目检验

钢零件及钢部件主控项目检验标准及检验方法见表4-77。

表 4-77　钢零件及钢部件主控项目检验标准及检验方法

序号	项目	质量标准及要求	检验方法	检验数量
1	切割	钢材切割面或剪切面应无裂纹、夹渣、分层和大于 1mm 的缺棱	观察或用放大镜及百分尺检查，有疑义时作渗透、磁粉或超声波探伤检查	全数检查
2	矫正和成形	碳素结构钢在环境温度低于 −16℃、低合金结构钢在环境温度低于 −12℃时，不应进行冷矫正和冷弯曲。碳素结构钢和低合金结构钢在加热矫正时，加热温度不应超过 900℃。低合金结构钢在加热矫正后应自然冷却	检查制作工艺报告和施工记录	全数检查
		当零件采用热加工成形时，加热温度应控制在 900～1000℃；碳素结构钢和低合金结构钢在温度分别下降到 700℃和 800℃之前，应结束加工；低合金结构钢应自然冷却	检查制作工艺报告和施工记录	全数检查
3	边缘加工	气割或机械剪切的零件，需要进行边缘加工时，其刨削量不应小于 2.0mm	检查工艺报告和施工记录	全数检查
4	管、球加工	螺栓球成形后，不应有裂纹、褶皱、过烧	10 倍放大镜观察检查或表面探伤	全数检查
		钢板压成半圆球后，表面不应有裂纹、褶皱；焊接球的对接坡口应采用机械加工，对接焊缝表面应打磨平整		
5	制孔	A、B 级螺栓孔（I类孔）应具有 H12 的精度，孔壁表面粗糙度不应该大于 12.5μm。其孔径允许偏差应符合表 4-78 的规定	用游标卡尺或孔径量规检查	按钢构件数量抽查 10%，且不应少于 3 件
		C 级螺栓孔（II类孔），孔壁表面粗糙度不应大于 25μm，其允许偏差应符合表 4-79 的规定		

表4-78　A、B级螺栓孔孔径的允许偏差

序号	螺栓公称直径、螺栓孔直径/mm	螺径公称直径允许偏差/mm	螺栓孔直径允许偏差/mm
1	10～18	0.00～0.18	+0.18 0.00
2	18～30	0.00～0.21	+0.21 0.00
3	30～50	0.00～0.25	+0.25 0.00

表4-79　C级螺栓孔的允许偏差

项　　目	允许偏差/mm
直径	+1.0 0.0
圆度	2.0
垂直度	0.03t，且不应大于2.0

注：t为切割面厚度。

（2）一般项目检验

钢零件及钢部件一般项目检验标准及检验方法见表4-80。

表4-80　钢零件及钢部件一般项目检验标准及检验方法

序号	项目	质量标准及要求	检验方法	检验数量
1	切割	气割的允许偏差应符合表4-81的规定	观察检查或用钢尺、塞尺检查	按切割面数抽查10%，且不应少于3个
		机械剪切的允许偏差应符合表4-82的规定	观察检查或用钢尺、塞尺检查	按切割面数抽查10%，且不应少于3个
2	矫正和成形	矫正后的钢材表面，不应有明显的凹面或损伤，划痕深度不得大于0.5mm，且不应大于该钢材厚度负允许偏差的1/2	观察检查和实测检查	全数检查
		冷矫正和冷弯曲的最小曲率半径和最大弯曲矢高应符合表4-83的规定		按冷矫正和冷弯曲的件数抽查10%，且不少于3个
		钢材矫正后的允许偏差，应符合表4-84的规定		按矫正件数抽查10%，且不应少于3件
3	边缘加工	边缘加工的允许偏差应符合表4-85的规定	观察检查和实测检查	按加工面数抽查10%，且不少于3件
4	管、球加工	螺栓球加工的允许偏差应符合表4-86的规定	见表4-86	每种规格抽查10%，且不应少于5个（根）
		焊接球加工的允许偏差应符合表4-87的规定	见表4-87	
		钢网架（桁架）用钢管杆件加工的允许偏差应符合表4-88的规定	见表4-88	
5	制孔	螺栓孔孔距的允许偏差应符合表4-89的规定	用钢尺检查	按钢构件数量抽查10%，且不应少于3件
		螺栓孔孔距的允许偏差超过本规范上表规定的允许偏差时，应采用与母材材质相匹配的焊条补焊后重新制孔	观察检查	全数检查

表4-81　气割的允许偏差

项　　目	允许偏差/mm
零件宽度、长度	±3.0
切割面平面度	0.05t，且不应大于2.0
割纹深度	0.3
局部缺口深度	1.0

注：t为切割面厚度。

表 4-82　机械剪切的允许偏差

项　目	允许偏差 /mm
零件宽度、长度	±3.0
边缘缺棱	1.0
型钢端部垂直度	2.0

表 4-83　冷矫正和冷弯曲的最小曲率半径和最大弯曲矢高　（单位：mm）

钢材类别	图　例	对 应 轴	矫　正		弯　曲	
			r	f	r	f
钢板扁钢		$x-x$	$50t$	$\dfrac{l^2}{400t}$	$25t$	$\dfrac{l^2}{200t}$
		$y-y$（仅对扁钢轴线）	$100b$	$\dfrac{l^2}{800b}$	$50b$	$\dfrac{l^2}{400b}$
角钢		$x-x$	$90b$	$\dfrac{l^2}{720b}$	$45b$	$\dfrac{l^2}{360b}$
槽钢		$x-x$	$50h$	$\dfrac{l^2}{400h}$	$25h$	$\dfrac{l^2}{200h}$
		$y-y$	$90b$	$\dfrac{l^2}{720b}$	$45b$	$\dfrac{l^2}{360b}$
工字钢		$x-x$	$50h$	$\dfrac{l^2}{400b}$	$25h$	$\dfrac{l^2}{200b}$
		$y-y$	$50b$	$\dfrac{l^2}{400b}$	$25b$	$\dfrac{l^2}{200b}$

注：r 为曲率半径；f 为弯曲矢高；l 为弯曲弦长；t 为钢板厚度。

表 4-84　钢材矫正后的允许偏差　（单位：mm）

项　目		允 许 偏 差	图　例
钢板的局部平面度	$t \leqslant 14$	1.5	
	$t > 14$	1.0	
型钢弯曲矢高		$l/1000$，且不应大于 5.0	
角钢肢的垂直度		$b/100$ 双肢栓接角钢的角度不得大于 90°	
槽钢翼缘对腹板的垂直度		$b/80$	
工字钢、H 型钢翼缘对腹板的垂直度		$b/100$ 且不大于 2.0	

表4-85 边缘加工的允许偏差

项　目	允许偏差/mm
零件宽度、长度	±1.0
加工边直线度	$l/3000$，且不应大于2.0
相邻两边夹角	±6′
加工面垂直度	$0.025t$，且不应大于0.5
加工面表面粗糙度	$\overset{50}{\triangledown}$

注：l—加工件长度；t—加工件厚度。

表4-86 螺栓球加工的允许偏差 （单位：mm）

项　目		允许偏差	检验方法
圆度	$d \leqslant 120$	1.5	用卡尺和游标卡尺检查
	$d > 120$	2.5	
同一轴线上两铣平面平行度	$d \leqslant 120$	0.2	用百分表V形块检查
	$d > 120$	0.3	
铣平面距离中心距离		±0.2	用游标卡尺检查
相邻两螺栓孔中心线夹角		±30′	用分度头检查
两铣平面与螺栓孔轴垂直度		$0.005r$	用百分表检查
球毛坯直径	$d \leqslant 120$	+2.0 −0.1	用卡尺和游标卡尺检查
	$d > 120$	+3.0 −1.5	

注：d—球毛坯直径；r—半径。

表4-87 焊接球加工的允许偏差

项　目	允许偏差/mm	检验方法
直径	±0.0005d ±2.5	用卡尺和游标卡尺检查
圆度	2.5	用卡尺和游标卡尺检查
壁厚减薄量	$0.13t$，且不应大于1.5	用卡尺和测厚仪检查
两半球对口错边	1.0	用套模和游标卡尺检查

注：d—球毛坯直径；t—加工件厚度。

表4-88 钢网架（桁架）用钢管杆件加工的允许偏差

项　目	允许偏差/mm	检验方法
长度	±1.0	用钢尺和百分表检查
端面对管轴的垂直度	$0.005r$	用百分表V形块检查
管口曲线	1.0	用套模和游标卡尺检查

注：r—半径。

表4-89 螺栓孔孔距的允许偏差 （单位：mm）

螺栓孔孔距范围	≤500	501～1200	1201～3000	>3000
同一组内任意两孔间距离	±1.0	±1.5	—	—
相邻两组的端孔间距离	±1.5	±2.0	±2.5	±3.0

注：1. 在节点中，连接板与一根杆件相连的所有螺栓孔为一组。

2. 对接接头在拼接板一侧的螺栓孔为一组。

3. 在两相邻节点或接头间的螺栓孔为一组，但不包括上述两款所规定的螺栓孔。

4. 受弯构件翼缘上的连接螺栓孔，每米长度范围内的螺栓孔为一组。

3．施工中常见的质量问题及预防措施

➤ 常见的质量问题：钢材材质不符合设计要求。选用的钢材等级、物理性能、化学性能、钢材表面质量及形状尺寸等与设计要求不同，无法保证钢结构工程质量。

◇ 预防措施：①根据钢结构特点选择其牌号和材质，并应保证抗拉强度、伸长值、屈服点、冷弯试验、冲击韧性合格，硫、磷含量符合限值。对焊接结构，尚应保证碳含量符合限值。②抗震结构钢材的强屈比不应小于 1.2，应有明显的屈服台阶；断后伸长率应大于20%；应有良好的焊接性。③承重结构处于外露情况和低温环境时，其钢材性能尚应符合耐大气腐蚀和避免低温冷脆的要求。④钢材表面不允许有裂纹、结疤、折叠、麻纹、气泡和夹杂等局部缺陷，不允许焊补和堵塞，钢材表面的锈蚀、麻点、划伤，其深度不得大于钢材厚度负公差的 1/2，表面锈蚀等级应符合现行国家标准《涂覆涂料前钢材表面处理　表面清洁度的目视评定　第 1 部分：未涂覆过的钢材表面和全面清除原有涂层后的钢材表面的锈蚀等级和处理等级》（GB/T 8923.1—2011）规定的 A、B、C 级。对钢材表面锈蚀严重达到 D级时，不得用作结构钢材。⑤用于钢结构的钢材（型材、板材）外形、尺寸、质量及允许偏差，应符合有关国家标准要求。⑥对进口钢材，商检不合格者不得使用。⑦代用钢材必须征得设计部门同意方可使用。⑧当对钢材质量有疑义时，应抽样复验，其试验结果符合国家标准和有关技术文件要求时方可使用。

➤ 常见的质量问题：使用无质量证明书的钢材或钢材表面锈蚀严重，无法保证其性能，且当前钢材品种较多，容易混堆、混放，误用了无出厂质量证明的钢材，会影响钢结构的工程质量。锈蚀严重的钢材，表面出现麻点和片状锈斑，其钢材厚度减少，达不到设计要求。

◇ 预防措施：①严格检查验收进场钢材，使用的钢材应具有质量证明书，并应符合设计要求。钢材表面质量除应符合国家现行标准规定外，其表面锈蚀等级应符合现行国家标准《涂覆涂料前钢材表面处理　表面清洁度的目视评定　第 1 部分：未涂覆过的钢材表面和全面清除原有涂层后的钢材表面的锈蚀等级和处理等级》（GB/T 8923.1—2011）规定的 A、B、C 级；当钢材表面有锈蚀、麻点或划痕等缺陷时，其深度不得大于该钢材厚度负偏差值的 1/2；不符合要求的，不得用作结构材料。②钢材使用前，必须认真复核其化学成分、力学性能，符合标准及设计要求的方可使用。用于重要部位的钢结构，新生产的钢号及进口钢材，在必要时，还要进行加工工艺性能试验（如焊接性能试验）等。钢材代用必须通过设计单位核定。③进场钢材应分批分规格堆放，并有防止钢材锈蚀的存放措施，遇有混堆混放、难以区分的钢材，必须按有关标准抽样复试。

➤ 常见的质量问题：对进场的钢材未进行检验。未核对进场钢材的质量证明书，未进行外观检查就直接使用。这样有可能会使化学成分、力学性能不符合国家标准的钢材应用到工程中，造成重大安全事故。

◇ 预防措施：对进场的钢材，应核对质量证明书上的化学元素含量（硫、磷、碳）、力学性能（抗拉强度、屈服点、断后伸长率、冷弯、冲击值），核查其是否在国家标准范围内。

核对质量证明书上的炉号、批号、材质、规格是否与钢材上标注一致。一般应全数检查，用游标卡尺或千分尺检查钢板厚度及允许偏差、型钢的规格尺寸及允许偏差是否符合有关标准的要求。每一品种、规格的钢板、型材抽查 5 处，此外，还应检查钢材的外观质量是否符合有关现行国家标准的规定。

➤ 常见的质量问题：钢结构代用材料不符合规定。不按规范和设计规定，随意代用钢结构材料，使力学性能、化学成分等指标不符合要求，造成工程结构强度性能下降。导致焊接裂纹，承载后失稳断裂，甚至发生严重事故。

◇ 预防措施：①重要的或大型结构工程要按设计要求的材质、规格订货；钢材进厂时，应按施工规范规定进行检测或工艺试验。②为避免混料应严格保管，明确区分材质，钢材端部分别涂色标志；切割后的余料仍用不同色标标注材质。③钢材进厂（场）时，应按出厂产品记录的规格、数量、材质与材料明细表认真核对一致。④如设计或制作单位提出代用材料，采用其他钢种和钢号时，除应符合相应的技术标准要求外，还需进行必要的工艺性能试验，试验结果符合国家标准的规定和设计文件的要求方可采用。⑤钢结构设计及施工所用的材料选用原则如下：

a. 承重结构和钢材应保证抗拉强度、屈服点、断后伸长率、冷弯、冲击韧度以及硫、磷的极限含量满足规范要求，其中，对焊接结构，除了要保证上述必要的项目，还应保证碳的极限含量。

b. 对重要结构，如吊车梁、设有5t以上锻锤等振动设备和重型、特重型厂房的屋架、托架、柱子，跨度不小于24m的托架、屋架以及冷弯成形的构件等，除保证结构性能外，还应具有冷弯试验的合格保证。

c. 对重级工作制和起重机起重量不小于50t的中级工作制焊接的吊车梁或类似钢结构，以及跨度大于18m、起重量不小于75t的重级工作制非焊接吊车梁等重要结构，所用的钢材都应具有常温冲击韧度的保证。当设计工作温度等于或低于−20℃时，使用不同钢号材料应保证在不同温度下的冲击韧度。

⑥ 在实际施工中，如所供应的钢材不能完全满足设计要求而采用代用材料时，一般按如下变通方法处理：

a. 钢材的化学成分应符合钢材的化学成分的标准规定；其允许偏差符合钢材化学成分允许偏差所示数值范围内时方准使用。

b. 对于造成混批的钢材，当用于主要承重结构时，必须逐一（型钢逐根，板材逐张）按现行标准对其力学性能和化学成分进行试验；如检验不符合要求时，可根据实际性能用于非承重结构构件。

c. 由于备料规格不能完全满足设计要求，需要代用钢材时，应按下列原则进行：代用钢材的力学性能和化学成分应与原设计一致；代用钢材时，应认真复核构件的强度、稳定性和刚度；应特别注意，因材料代用可能产生的偏心影响，在力学性能达到保证的条件下，还应兼顾同厚度、截面一致规格材料；因代用材料可能引起构件之间连接尺寸与设计要求有变动或不符，设计者应在采用代用材料时给予合理的修改；代用钢材时不可以大代小，引起自重荷载增加，导致结构的疲劳，应在可能的范围内尽量做到使用上和经济上合理。

➤ 常见的质量问题：号线下料时不注意留足切割、加工余量。由于切割、加工、焊接收缩都会引起工件尺寸变化，不留足余量，将会使工件组装后不符合制作尺寸要求，导致返工、返修、甚至报废，增加成本。

◇ 预防措施：号线下料前，应仔细学习、审核图样，逐个核对图样之间的尺寸和方向等，熟悉制作工艺。对需切割、刨、铣、边缘加工的工件，应依据工件尺寸的长、短尺寸留足切割、加工余量。对于焊接量大、尺寸精度要求高的工件，要根据焊缝的多少及尺寸的大小，留出焊接收缩余量，其值可根据经验或与工艺师研究确定。

➤ 常见的质量问题：钢材切割面或剪切面出现裂纹、夹渣等缺陷。钢材切割后在切割面或剪切面出现裂纹、夹渣、分层和大于1mm的缺棱等，影响钢结构连接的力学性能和工程质量，尤其是承受动荷载的结构存在裂纹、夹渣、分层缺陷，将会造成质量安全事故。

◇ 预防措施：钢材经气割或机械切割后，应全数用观察或用放大镜及百分尺检查切割面或剪切面。对有特殊要求的气割面或剪切面，或对外观检查有疑义时，应作渗透、磁粉或超声波探伤检查。

➢ 常见的质量问题：板材边缘加工超偏。板材边线弯曲、缺口，坡口的角度小，间隙小，钝边大，面不平整和反坡口，影响焊接质量。

✧ 预防措施：①对边缘加工的钢构件，宜采用精密切割，按规定留有加工余量。一般焊接坡口可采用一般切割方法，但必须有正确的工艺和熟练的操作。加工后表面不应有损伤和裂缝，手工切割后，应清理表面，不能有超过 1mm 的水平面度误差。②坡口加工必须采用样板控制坡口角度和各部分尺寸，应符合国家标准《气焊、焊条电弧焊、气体保护焊和高能束焊的推荐坡口》（GB/T 985.1—2008）和《埋弧焊的推荐坡口》（GB/T 985.2—2008）中的有关规定或工艺要求。

➢ 常见的质量问题：气割或机械剪切的零件进行边缘加工时，刨削量过小。气割或机械剪切的零件，需要进行边缘加工时，其刨削量过小，小于规范规定 2.0mm 以上的要求。这样不利于消除切割对主体钢材造成的冷作硬化和对热影响区的有害影响，易磨损或打坏切削刀具，同时使边缘加工达不到设计规范中的有关要求，影响焊接连接及组装、拼装质量。

✧ 预防措施：对要求边缘加工的工件，其刨削量不应小于 2mm。在号料、下料时，除要考虑切割余量外，每一道需边缘加工的切割余量应大于 2mm。这样可避免冷作硬化和热影响区对切削刀具的磨损。

➢ 常见的质量问题：钢材进行剪切、冲孔和矫正、弯曲时，不注意控制温度。钢材若在超过其极限的最低环境温度条件下进行剪切、冲孔和矫正、弯曲，会造成钢材的冷脆断裂。同样，钢材进行热矫正、热弯曲时，若在低于规定的加工温度条件下继续进行矫正、弯曲，也会造成钢材变脆。

✧ 预防措施：①钢材进行剪切、冲孔时，其环境温度：碳素钢结构不应低于 −20℃，低合金结构钢不应低于 −15℃。②进行冷矫正和冷弯曲时，其环境温度：碳素钢结构不应低于 −16℃，低合金结构钢不应低于 −12℃；当进行热加工成形时，加热温度宜控制在 900～1000℃，碳素结构钢在温度下降到 700℃前，低合金结构在温度下降到 800℃前，应停止加工。③低合金结构钢应缓慢冷却。

➢ 常见的质量问题：矫正后的钢材表面出现明显的凹面或损伤、划痕。划痕深度大于 0.5mm 以上，对截面造成削弱，并影响外表质量。

✧ 预防措施：矫正时，要注意矫正设备和吊运夹具对表面产生的影响，应采取垫橡胶或多次矫正的方法，防止摔、碰损伤。控制热成形造成表面出现凹凸及较深划痕。矫正后的钢材表面，不应有明显的凹面或损伤，划痕深度不得大于 0.5mm，且不应大于该钢材厚度负允许偏差的 1/2，以保证表面质量。

➢ 常见的质量问题：螺栓球成形后出现裂纹、褶皱、过烧等缺陷，降低其力学性能，影响网架结构承载力和使用寿命。

✧ 预防措施：螺栓球是网架杆件互相连接的重要受力部件，锻造时要加强作业中的温度和操作控制，加强成形后的检查，不准存在裂纹、褶皱及过烧等缺陷。检查数量为每种规格抽查 10%，且不得少于 5 只。检查方法为用 10 倍放大镜观察和表面探伤。不得使用不符合要求的螺栓球。

➢ 常见的质量问题：螺栓球、焊接球加工偏差过大。螺栓球、焊接球加工的允许偏差超过规范规定，使网架小拼、中拼及安装超偏，外形尺寸、轴线等达不到设计要求精度，影响网架受力性能，降低承载力。

✧ 预防措施：螺栓球、焊接球加工应先做好工艺试验评定，确定合理工艺，精心操作，严格进行质量监控，其加工的允许偏差和检验方法应符合表 4-86、表 4-87 的规定。检查数量为每种规格抽查 10%，且不应少于 5 个。不符合要求的应修整或更换。

➤ 常见的质量问题：高强度螺栓孔径大小、圆度、倾斜及孔间距离超偏，螺栓不能自由穿入。

✧ 预防措施：①制孔必须采用钻孔工艺，因为冲孔工艺会使孔边产生微裂纹，孔壁周围产生冷作硬化现象，降低钢结构疲劳强度，还会使钢板表面局部不平整，所以必须采用经过计量检验合格的高精度的多轴立式钻床或数控机床钻孔。②制成的螺栓孔应为正圆柱形，孔壁应保持与构件表面垂直。按划线钻孔时，应先试钻，确定中心后开始钻孔。在斜面或高低不平的面上钻孔时，应先用锪孔锪出一个小平面后，再钻孔。孔周边应无毛刺、破裂、喇叭口或凹凸的痕迹，切屑应清除干净。③凡量规不能通过的孔，经设计同意，方可扩钻或补焊后重新钻孔。扩孔后，孔径不得大于 1.2d（d 为螺栓直径），扩孔方法严禁气割。应用与母材力学性能相当的焊条补焊，严禁用钢块填塞。每组孔中经补焊重新钻孔的数量不得大于 20%。

4.3.2.2 钢结构焊接

1. 质量控制点

1）碳素结构钢应在焊缝冷却到环境温度，低合金结构钢应在完成焊接 24h 以后，进行焊缝探伤检验。

2）焊缝施焊后，应在工艺规定的焊缝及部位打上焊工钢印。

2. 钢结构焊接工程检验批施工质量验收

检验批的划分：钢结构焊接工程可按相应的钢结构制作或安装工程检验批划分为一个或若干个检验批。

（1）主控项目检验

钢结构焊接工程主控项目检验标准及检验方法见表 4-90。

表 4-90　钢结构焊接工程主控项目检验标准及检验方法

序号	项目	质量标准及要求	检验方法	检验数量
1	钢构件的焊接工程	焊条、焊丝、焊剂、电渣焊熔嘴等焊接材料与母材的匹配应符合设计要求及国家现行行业标准《钢结构焊接规范》（GB 50661—2011）的规定。焊条、焊剂、药芯焊丝、熔嘴等在使用前，应按其产品说明书及焊接工艺文件的规定进行烘焙和存放	检查质量证明书和烘焙记录	全数检查
		焊工必须经考试合格并取得合格证书。持证焊工必须在其考试合格项目及其认可范围内施焊	检查焊工合格证及其认可范围、有效期	
		施工单位对其首次采用的钢材、焊接材料、焊接方法、焊后热处理等，应进行焊接工艺评定，并应根据评定报告确定焊接工艺	检查焊接工艺评定报告	
		设计要求全焊透的一、二级焊缝应采用超声波探伤进行内部缺陷的检验，超声波探伤不能对缺陷作出判断时，应采用射线探伤，其内部缺陷分级及探伤方法应符合现行国家标准《焊缝无损检测　超声检测　技术、检测等级和评定》（GB/T 11345—2013）或《金属熔化焊焊接接头射线照相》（GB/T 3323—2005）的规定 焊接球节点网架焊缝、螺栓球节点网架焊缝及圆管 T、K、Y 形点相贯线焊缝，其内部缺陷分级及探伤方法应分别符合国家现行标准《钢结构超声波探伤及质量分级法》（JG/T 203—2007）、《钢结构焊接规范》（GB 50661—2011）的规定 一级、二级焊缝的质量等级及缺陷分级应符合表 4-91 的规定	检查超声波或射线探伤记录	

（续）

序号	项目	质量标准及要求	检验方法	检验数量
1	钢构件的焊接工程	T 形接头、十字接头、角接接头等要求熔透的对接和角对接组合焊缝，其焊脚尺寸不应小于 $t/4$（图 4-2a、b、c）；设计有疲劳验算要求的吊车梁或类似构件的腹板与上翼缘连接焊缝的焊脚尺寸为 $t/2$（图 4-2d），且不应小于 10mm。焊脚尺寸的允许偏差为 0～4mm	观察检查，用焊缝量规抽查测量	资料全数检查；同类焊缝抽查 10%，且不应少于 3 条
		焊缝表面不得有裂纹、焊瘤等缺陷。一级、二级焊缝不得有表面气孔、夹渣、弧坑裂纹、电弧擦伤等缺陷。且一级焊缝不许有咬边、未焊满、根部收缩等缺陷	观察检查或使用放大镜、焊缝量规和钢尺检查，当存在疑义时，采用渗透或磁粉探伤检查	每批同类构件抽查 10%，且不应少于 3 件；被抽查构件中，每一类型焊缝按条数抽查 5%，且不应少于 1 条；每条检查 1 处，总抽查数不应少于 10 处
2	焊钉（栓钉）焊接工程	施工单位应对其采用的焊钉和钢材焊接进行焊接工艺评定，其结果应符合设计要求和国家现行有关标准的规定。瓷环应按其产品说明书进行烘焙	检查焊接工艺评定报告和烘焙记录	全数检查
		焊钉焊接后，应进行弯曲试验检查，其焊缝和热影响区不应有肉眼可见的裂纹	焊钉弯曲 30° 后，用角尺检查和观察检查	每批同类构件抽查 10%，且不应少于 10 件；被抽查构件中，每件检查焊钉数量的 1%，但不应少于 1 个

表 4-91　一、二级焊缝质量等级及缺陷分级

焊缝质量等级		一级	二级
内部缺陷超声波探伤	评定等级	II	III
	检验等级	B 级	B 级
	探伤比例	100%	20%
内部缺陷射线探伤	评定等级	II	III
	检验等级	AB 级	AB 级
	探伤比例	100%	20%

注：探伤比例的计数方法应按以下原则确定，对工厂制作焊缝，应按每条焊缝计算百分比，且探伤长度应不小于 200mm，当焊缝长度不足 200mm 时，应对整条焊缝进行探伤；对现场安装焊缝，应按同一类型、同一施焊条件的焊缝条数计算百分比，探伤长度应不小于 200mm，并应不少于 1 条焊缝。

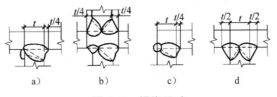

a)　　　b)　　　c)　　　d

图 4-2　焊脚尺寸

（2）一般项目检验

钢结构焊接工程一般项目检验标准及检验方法见表 4-92。

表4-92 钢结构焊接工程一般项目检验标准及检验方法

序号	项目	质量标准及要求	检验方法	检验数量
1	钢构件的焊接工程	对于需要进行焊前预热或焊后热处理的焊缝,其预热温度或后热温度应符合国家现行有关标准的规定或通过工艺试验确定。预热区在焊道两侧,每侧宽度均应大于焊件厚度的1.5倍以上,且不应小于100mm;后热处理应在焊后立即进行,保温时间应根据板厚按每25mm板厚1h确定	检查预、后热施工记录和工艺试验报告	全数检查
		二级、三级焊缝外观质量标准应符合表4-93的规定。三级对接缝应按二级焊缝标准进行外观质量检验	观察检查或使用放大镜、焊缝量规和钢尺检查	每批同类构件抽查10%,且不应少于3件;被抽查构件中,每一类型焊缝按条数抽查5%,且不应少于1条;每条检查1处,总抽查数不应少于10条
		焊缝尺寸允许偏差应符合表4-94的规定	用焊缝量规检查	每批同类构件抽查10%,且不应少于3件;被抽查构件中,每种焊缝按条数各抽查5%,但不应少于1条;每条检查1处,总抽查数不应少于10处
		焊出凹形的角焊缝,焊缝金属与母材间应平缓过渡;加工成凹形的角焊缝,不得在其表面留下切痕	观察检查	每批同类构件抽查10%,且不应少于3件
		焊缝感观应外形均匀、成形较好,焊道与焊道、焊道与基本金属间过渡较平滑,焊渣和飞溅物基本清除干净	观察检查	每批同类构件抽查10%,且不应少于3件;被抽查构件中,每种焊缝按数量各抽查5%,总抽查处不应少于5处
2	焊钉(栓钉)焊接工程	焊钉根部焊脚应均匀,焊脚立面的局部未熔合或不足360°的焊脚应进行修补	观察检查	按总焊钉数量抽查1%,且不小于10个

表4-93 二级、三级焊缝外观质量标准 （单位：mm）

项 目	允 许 偏 差	
缺陷类型	二级	三级
未焊满(指不足设计要求)	$\leq 0.2+0.02t$,且≤ 1.0	$\leq 0.2+0.04t$,且≤ 2.0
	每100.0焊缝内缺陷总长≤ 25.0	
根部收缩	$\leq 0.2+0.02t$,且≤ 1.0	$\leq 0.2+0.04t$,且≤ 2.0
	长度不限	
咬边	$\leq 0.05t$,且≤ 0.5;连续长度≤ 100.0,且焊缝两侧咬边总长$\leq 10\%$焊缝全长	$\leq 0.1t$,且≤ 1.0,长度不限
弧坑裂纹	—	允许存在个别长度≤ 5.0的弧坑裂纹
电弧擦伤	—	允许存在个别电弧擦伤
接头不良	缺口深度$0.05t$,且≤ 0.5	缺口深度$0.1t$,且≤ 1.0
	每1000.0焊缝不应超过1处	
表面夹渣	—	深$\leq 0.2t$,长$\leq 0.5t$,且≤ 20.0
表面气孔	—	每50.0焊缝长度内允许直径$\leq 0.4t$,且≤ 3.0的气孔2个,孔距≥ 6倍孔径

注：t为连接处较薄的板厚。

表 4-94　对接焊缝及完全熔透组合焊缝尺寸允许偏差

（单位：mm）

序 号	项 目	图 例	允 许 偏 差	
			一、二级	三级
1	对接焊缝余高 C		$B<20,\ 0\sim3.0$ $B\geqslant20,\ 0\sim4.0$	$B<20,\ 0\sim4.0$ $B\geqslant20,\ 0\sim5.0$
2	对接焊错边 d		$d>0.15t$，且 $\leqslant2.0$	$d<0.15t$，且 $\leqslant3.0$

3. 施工中常见的质量问题及预防措施

➤ 常见的质量问题：焊接材料与焊接母材材质不匹配，或使用不符合要求的焊接材料。焊接材料与焊接母材的化学成分、力学性能不相匹配，多由于图样出现错误或不明确，选错了焊材，未被发现造成，如母材为 Q345 钢，选用了 T422 焊条、H08A 焊丝。或不同强度的母材，选用了与较低强度母材相适应的焊材，从而导致焊材的强度指标与母材相差甚大，不相匹配，对焊接质量产生严重影响。

◇ 预防措施：①焊接材料应按设计文件的要求选用，其化学成分、力学性能和其他要求必须符合现行国家标准和行业标准规定，并应具有生产厂家出具的质量证明书，不准使用无质量证明书的焊接材料。②应注意焊接材料须同母材的钢材材质相匹配。③焊条、焊丝、焊剂和粉芯焊丝均应储存在干燥、通风的室内仓库，并由专人保管。严禁使用焊条药皮脱落、严重污染或过期的产品。④在使用焊条、焊丝、焊剂和粉芯焊丝前，必须按产品说明书及有关工艺文件规定进行烘烤。

➤ 常见的质量问题：引弧板的材质、板厚、尺寸等不符合要求。在焊接件的焊缝两端随意设置引弧板和引出板，随手拾到一块钢板就当引弧板（引出板，下同）使用，不论其材质、厚度、尺寸和坡口角度是否符合要求。这种做法的后果是因材质、厚度、坡口角度与被焊工件不一致，焊接时，在引弧板构件接缝处的过渡段电流、电压会出现不稳定而易产生未熔合、夹渣、气孔、裂纹等缺陷，而在多层焊缝两端，缺陷堆积问题更加突出。

◇ 预防措施：①在 T 形接头、十字形接头、角接接头和对接接头主焊缝两端，必须设置引弧板和引出板，其材质应与被焊母材相同，坡口形式与被焊工件相同，不得使用其他材质的钢板充当引弧板和引出板。②焊条电弧焊和半自动气体保护电弧焊焊缝引出长度应大于25mm，其引弧板和引出板宽度应大于 50mm，长度宜为板厚的 1.5 倍，且不小于 30mm，厚度不小于 6mm。自动埋弧焊焊缝引出长度应大于 80mm，其引弧板和引出板宽度应大于80mm，长度宜为板厚的 2 倍，且不小于 100mm，厚度不应小于 10mm。在切割工件时，可利用工件的余料，有计划地将引弧板和引出板切割出来，以保证引弧板、引出板与工件材质、厚度相同，并加工使之符合尺寸、坡口角度要求。

➤ 常见的质量问题：T 形接头、十字接头、角接接头等要求熔透的对接和角对接组合焊缝，其焊脚尺寸不够，或设计有疲劳验算要求的吊车梁或类似构件的腹板与上翼缘连接焊缝的焊脚尺寸不够。这样，会使焊接的强度和刚度均达不到设计要求。

◇ 预防措施：T 形接头、十字接头、角接头等要求熔透的对接组合焊缝，应按设计要求，一般其焊脚尺寸不应小于 $0.25t$（t 为连接处较薄的板厚）。设计有疲劳验算要求的吊车梁或类似构件的腹板与上翼缘连接焊缝的焊脚尺寸为 $0.5t$，且不应大于 10mm。焊接尺寸的允许偏差为 0 ~ 4mm。

➤ 常见的质量问题：焊缝未熔合。填充金属与母材未熔合在一起，主要表现在侧壁未熔合、层间未熔合、焊缝根部未熔合，这也是焊接接头最危险的缺陷。

✧ 预防措施：①对未作焊接性试验的母材，必须按规定进行试验，方可对母材进行施焊。②母材坡口表面及焊缝的锈、氧化铁、熔渣、污物必须清理干净。③未熔合的焊缝危险性在于根部未焊上，必须返工。由焊接工程师及有关单位焊接人员研究后进行技术处理，一般方法是用碳弧气刨刨掉焊缝金属，用砂轮打磨干净，采取新的焊接工艺及参数进行施焊，检验合格，方可使用。但返修次数不宜超过两次。

➤ 常见的质量问题：焊缝未焊透。焊缝根部未焊透、层间未焊透、边缘未焊透。

✧ 预防措施：①焊接工艺必须由焊接责任工程师确认，并监督执行焊接工艺实施；焊工应具有相应的焊接合格证，对焊工焊接质量有疑义时，可进行现场同环境考试，合格者方可施焊。②被焊工件的坡口、间隙、钝边必须符合有关规定，否则应处理后再进行焊接，打底焊宜用 $\phi3.2mm$ 焊条进行焊透。③双面焊接时，背面清根必须彻底干净。但采用自动埋弧焊并能保证焊透的情况下，允许不进行清根。④对未焊透的焊缝，可按下列方法处理：

a．根据设计文件，按照国家标准对焊缝质量的要求进行探伤。对超标的焊缝由焊接责任工程师及有关单位焊接技术人员分析得出的结论，定出处理措施，进行补救。

b．一般做法是用碳弧气刨刨掉不合格部分焊缝，砂轮打磨后重焊，采取新的工艺及参数进行施焊，返修次数不宜超过两次。

➤ 常见的质量问题：焊缝出现一般性飞溅、熔合性飞溅。焊条电弧焊焊接时，在焊缝及其两侧母材上产生一般性飞溅和严重熔合性飞溅，即出现粘连焊材飞出的钢渣。焊接出现一般性飞溅，会影响焊接外观质量。存在严重性熔合性飞溅时，则危害性甚大，会增加母材局部表面淬硬组织，易产生硬化、脆裂及加速局部腐蚀性等缺陷。

✧ 预防措施：①加强焊条保管，防止焊条变质、受潮。在雨、露、雪等潮湿环境下，应采取有效预防措施，方可进行焊接。使用焊条前，应进行烘焙、干燥，并保温。②对不锈钢工件焊接，除保证焊条干燥外，可采取在焊缝两侧母材金属表面涂刷防护涂料的保护措施或采用氩弧焊，可避免产生一般性飞溅或熔合性飞溅。③产生一般性飞溅时，可用锉刀或手铲等工具除掉。如属于熔合性飞溅，可用砂轮打磨法彻底除掉，使与焊缝母材相平。一、二、三级焊缝均不允许存在熔合性飞溅。

➤ 常见的质量问题：焊缝出现咬边及边缘不满。咬边又称为咬肉，是由于焊接时的电弧或气焊时的火焰将焊缝边缘熔化后没有得到熔敷金属的补充，在焊缝两侧及其边缘与母材的交界处形成凹陷或沟槽，边缘不满。过深的咬边（边缘不满），会使母材的有效截面减少，减弱焊接接头强度，造成局部应力集中，承受荷载后会在咬边处产生裂纹或造成结构严重破坏。

✧ 预防措施：①选择适当的焊接电流，避免过大；保护运条速度均匀不宜太快；尽量采用短弧焊接，不要拉得过长或过短。②气焊时，要调整合适的火焰能率，焊炬与焊条的摆动要协调配合。③咬边深度或长度超过规范允许值时，可经砂轮打磨后用与母材相同材质的小直径焊条、相同的焊接工艺，采用补焊法修整补焊填满；修整后的质量必须达到设计要求或规范规定。

➤ 常见的质量问题：钢结构焊缝焊后出现裂纹。钢结构焊缝焊后出现结晶裂纹、液化裂纹、再热裂纹、氢致延迟裂纹等。焊接裂纹是焊接接头最危险的缺陷，是导致结构断裂的主要原因。

❖ 预防措施：①对重要结构，必须有经焊接专家认可的焊接工艺，施工过程中有焊接工程师做现场指导。②结晶裂纹：限制焊缝金属碳、硫含量，在焊接工艺上调整焊缝形状系数，减小深度比，减小热输入，采取预热措施，减少焊件约束度。③液化裂纹：减少焊接热输入，限制母材与焊缝金属的碳、硫、磷含量，提高锰含量，减少焊缝熔透深度。④再热裂纹：防止未焊透、咬边、定位焊或正式焊的凹陷弧坑，减少约束、应力集中，降低残余应力，尽量减少工件的刚度，合理预热和焊后热处理，延长后热时间，预防再热裂纹产生。⑤氢致延迟裂纹：选择合理的焊接规范及热输入，改善焊缝及热影响区组织状态。焊前预热，控制层间温度及焊后缓慢冷却或后热，加快氢分子逸出。焊前应认真清除焊丝及坡口的油锈、水分，焊条严格按规定温度烘干，低氢型焊条 300～350℃，保温 1h；酸性焊条 100～150℃，保温 1h；焊剂 200～250℃，保温 2h。⑥焊后及时热处理，可清除焊接内应力及降低接头焊缝的含氢量。对板厚超过 25mm 和抗拉强度在 500N/mm² 以上的钢材，应选用碱性低氢焊条或低氢的焊接方法，如气体保护焊，选择合理的焊接顺序，减小焊接内应力，改进接头设计，减小约束度，避免应力集中。⑦凡需预热的构件，焊前应在焊道两侧各 100mm 范围内均匀预热，板厚超过 30mm，且有淬硬倾向和约束度较大的低合金结构钢的焊接，必要时可进行后热处理。常用预热温度，当普通碳素结构钢板厚不小于 50mm、低合金结构钢板厚不小于 36mm 时，预热及层间温度应控制在 70～100℃。（环境温度 0℃ 以上）。低合金结构钢的后热处理温度为 200～300℃，后热时间为每 30mm 板厚 1h。⑧钢结构焊缝一旦出现裂纹，焊工不得擅自处理，应及时通知焊接工程师，找有关单位的焊接专家及原结构设计人员进行分析采取处理措施，再进行返修，返修次数不宜超过两次。⑨受负荷的钢结构出现裂纹，应根据情况进行补强或加固，按以下方法处理：

a. 卸荷补强加固。

b. 负荷状态下进行补强加固，应尽量减少活荷载和恒载，通过验算其应力不大于设计的 80%，拉杆焊缝方向应与构件拉应力方向一致。

c. 对于轻钢结构，不宜在负荷情况下进行焊接补强或加固，尤其对受拉构件，更要禁止在负荷情况下焊接补强或加固。

⑩ 焊缝金属中的裂纹在修补前应用超声波探伤确定裂纹深度及长度，用碳弧气刨刨掉的实际长度应比实测裂纹长两端各加 50mm，而后修补。对焊接母材中的裂纹，原则上应更换母材。

➤ 常见的质量问题：构件在同一部位焊接进行多次缺陷返工、返修。这样在工件同一部位焊接返修次数过多，在同一部位进行多次加热施焊，易造成在热影响区变脆，韧性、塑性下降，对结构安全带来严重危害。

❖ 预防措施：构件在同一部位焊接区域返修次数不宜超过 2 次。为防止同一部位焊接返修次数过多，当检查发现焊缝有缺陷时，不得擅自处理，应查明原因，按以下方法处理：

a. 处理前，应找出原因，找准缺陷部位，编制返修方案，经有关部门审查认可或批准后，方可实施。

b. 应根据检查确定的缺陷位置、深度，用砂轮打磨或碳弧气刨清除缺陷。缺陷为裂纹时，在碳弧气刨前，应在裂纹两端钻止裂孔，并应清除裂纹两端各 50mm 长的母材。

c. 清除缺陷时，刨槽应成侧边大于 10° 的坡口，并修正表面，磨除气刨渗碳层，必要时应采用渗透或磁粉探伤的方法确认裂纹是否清除干净。

d. 焊接时，应在坡口内引弧，熄弧时，应填满弧坑。多层焊层间应错开接头，焊缝长度应在100mm以上，如长度超过500mm时，应采用分段倒退焊法。

e. 返修焊接部位应一次连续焊成，如因故中断焊接时，应采取后热、保温措施，防止产生裂纹。再次焊接前，应用渗透或磁粉探伤等方法检测，确认无裂纹后方可继续施焊。

f. 焊接修补的预热温度应比同样条件下的一般焊接预热温度高25～50℃，并应根据实际情况确定是否需要用超低氢焊条或增加焊后清氢处理。

g. 对于返修两次仍不合格的部位，应分析原因，采取有效措施，重新制订修补方案，并经有关各方面确定后执行。

4.3.2.3 钢结构紧固件连接工程

检验批的划分：紧固件连接工程可按相应的钢结构制作或安装工程检验批的划分原则划分为一个或若干个检验批。

1. 钢结构紧固件连接工程检验批施工质量验收

（1）主控项目检验

钢结构紧固件连接工程主控项目检验标准及检验方法见表4-95。

表4-95 钢结构紧固件连接工程主控项目检验标准及检验方法

序号	项目	质量标准及要求	检验方法	检验数量
1	普通紧固件连接	普通螺栓作为永久性连接螺栓时，当设计有要求或对其质量有疑义时，应进行螺栓实物最小拉力载荷复验，试验方法见《钢结构工程施工质量验收规范》（GB 50205—2001）附录B，其结果应符合现行国家标准《紧固件机械性能 螺栓、螺钉和螺柱》（GB/T 3098.1—2010）的规定	检查螺栓实物复验报告	每一规格螺栓抽查8个
		连接薄钢板采用的自攻螺栓、拉铆钉、射钉等规格尺寸应与连接钢板相匹配，其间距、边距等应符合设计要求	观察和尺量检查	按连接节点数抽查1%，且不应少于3个
2	高强度螺栓连接	钢结构制作和安装单位应按《钢结构工程施工质量验收规范》（GB 50205—2001）附录B的规定分别进行高强度螺栓连接摩擦面的抗滑移系数试验和复验，现场处理的构件摩擦应单独进行摩擦面抗滑移系数试验，其结果应符合设计要求	检查摩擦面抗滑移系数试验报告和复验报告	见《钢结构工程施工质量验收规范》（GB 50205—2001）附录B
		高强度大六角头螺栓连接副终拧完成1h后、48h内，应进行终拧扭矩检查，检查结果应符合《钢结构工程施工质量验收规范》（GB 50205—2001）附录B的规定	见《钢结构工程施工质量验收规范》（GB 50205—2001）附录B	按节点数检查10%，且不应少于10个；每个被抽查节点按螺栓数抽查10%，且不应少于2个
		扭剪型高强度螺栓连接副终拧后，除因构造原因无法使用专用扳手拧掉花头者外，未在终拧中拧掉梅花头的螺栓数不应大于该节点螺栓数的5%。对所有梅花头未拧掉的扭剪型高强度螺栓连接副，应采用扭矩法或转角头进行终拧并标记，且按《钢结构工程施工质量验收规范》（GB 50205—2001）的规定进行拧扭矩检查	观察检查及《钢结构工程施工质量验收规范》（GB 50205—2001）附录B	按节点数抽查10%，但不应少于10节点，被抽查节点中梅花头未拧掉的扭剪型高强度螺栓连接副全数进行终拧扭矩检查

（2）一般项目检验

钢结构紧固件连接工程一般项目检验标准及检验方法见表 4-96。

表 4-96　钢结构紧固件连接工程一般项目检验标准及检验方法

序　号	项　目	质量标准及要求	检验方法	检验数量
1	普通紧固件连接	永久普通螺栓紧固应牢固、可靠、外露丝扣不应少于 2 扣	观察和用小锤敲击检查	按连接节点数抽查 10%，且不应少于 3 个
		自攻螺钉、钢拉铆钉、射钉等与连接钢板紧固密贴，外观排列整齐	观察或用小锤敲击检查	按连接节点数抽查 10%，且不应少于 3 个
2	高强度螺栓连接	高强度螺栓连接副的施拧顺序和初拧、复拧扭矩应符合设计要求和《钢结构高强度螺栓连接技术规程》（JGJ 82—2011）的规定	检查扭矩扳手标定记录和螺栓施工记录	全数检查资料
		高强度螺栓连接副拧后，螺栓丝扣外露应为 2～3 扣，其中允许有 10% 的螺栓丝扣外露 1 扣或 4 扣	观察检查	按节点数抽查 5%，且不应少于 10 个
		高强度螺栓连接摩擦面应保持干燥、整洁，不应有飞边、毛刺、焊接飞溅物、焊疤、氧气铁皮、污垢等，除设计要求外，摩擦面不应涂漆	观察检查	全数检查
		高强度螺栓应自由穿入螺栓孔。高强度螺栓孔不应采用气割扩孔，扩孔数量应征得设计同意，扩孔后的孔径不应超过 1.2d（d 为螺栓直径）	观察检查及用卡尺检查	被扩螺栓孔全数检查
		螺栓球节点网架总拼完成后，高强度螺栓与球节点应紧固连接，高强度螺栓拧入螺栓球内的螺纹长度不应小于 1.0d（d 为螺栓直径），连接处不应出现有间隙、松动等未拧紧情况	普通扳手及尺量检查	按节点数抽查 5%，且不应少于 10 个

2. 施工中常见的质量问题及预防措施

➤ 常见的质量问题：螺栓的螺纹损伤及锈蚀。螺栓的螺纹段损伤，使螺母无法旋入螺扣内；构件用螺栓连接后，螺栓伸出螺母外的长度部分锈蚀，降低连接结构的强度或缩短设计规定的正常使用期限。

◇ 预防措施：①对高强螺栓，在储存、运输和施工过程中，应防止其受潮生锈、沾污和碰伤。施工中剩余的螺栓必须按批号单独存放，不得与其他零部件混放在一起，以防撞击损伤螺纹。②领用高强螺栓或使用前，应检查螺纹有无损伤；并用钢丝刷清理螺纹段的油污、锈蚀等杂物后，将螺母与螺栓配套顺畅通过螺纹段。配套的螺栓组件，使用时不宜互换。③为了防止螺纹损伤，高强螺栓不得作临时安装螺栓用；安装孔必须符合设计要求，使螺栓能顺畅穿入孔内，不得强行击入孔内；对连接构件不重合的孔，应进行修理，达到符合要求后方可进行安装。④安装时，为防止穿入孔内的螺纹被损伤，每个节点用的临时螺栓和冲钉不得少于安装孔总数的 1/3，且至少应穿两个临时螺栓；冲钉穿入的数量不宜多于临时螺栓的 30%。否则，当其中一构件窜动时使孔位移，导致孔内螺纹被侧向水平力或垂直力作用剪切损伤，降低螺栓截面的受力强度。⑤为防止安装紧固后的螺栓被锈蚀、损伤，应将伸出螺母外的螺纹部分涂上工业凡士林油或黄干油等作防腐保护；对于特殊、重要部位的连接结构，为防止外露螺纹腐蚀、损伤，也可加装专用螺母，如顶端具有防护盖的压紧螺母或防松副螺母保护，可避免腐蚀生锈和被外力损伤。

➤ 常见的质量问题：构件摩擦接触面处理不符合规定。用摩擦型高强度螺栓连接的构件的摩擦接触面处理不符合设计或规范的规定。

◇ 预防措施：①对于用高强螺栓连接的钢结构工程，应按设计要求或现行施工规范规定，对连接构件接触表面的油污、锈蚀等杂物，进行加工处理。处理后的表面摩擦因数应符合设计要求的额定值，一般为0.45～0.55。②为了使接触摩擦面处理后达到规定摩擦因数要求，应采用合理的施工工艺处理摩擦面。③处理完的构件摩擦面，应有保护措施，不得涂油漆或污损其表面；制作加工的构件摩擦面，出厂时应有3组与构件同材质、同处理方法的试件，作为工地安装前的复验使用。

➤ 常见的质量问题：用于永久性连接的普通螺栓，在螺母下垫多层垫圈或大螺母替代垫圈。在螺母下垫多个垫圈，垫圈之间可能产生间隙，以及多个垫圈或大螺母的弹性变形均会引起螺栓轴力的损失，另外，这种做法也会对节点构造的外观质量产生不良影响。

◇ 预防措施：①应根据连接板叠的厚度合理选择螺栓长度，满足螺栓有效长度要求，使螺栓拧紧后，外露螺栓不应少于两个螺牙。②若节点安装时，连接板叠间隙缝较大，按要求选择的螺栓长度不够时，可用较长的螺栓将连接板叠紧固密贴后，再替换原选用长度的螺栓。③严禁用超长螺栓加多层垫圈或大螺母替代垫圈。

4.3.2.4　钢结构组装和预拼装工程

检验批划分：钢构件组装工程可按钢结构制作工程检验批的划分原则划分为一个或若干个检验批。钢构件预拼装工程可按钢结构制作工程检验批的划分原则划分为一个或若干个检验批。

1. 钢结构组装和预拼装工程检验批施工质量验收

（1）主控项目检验

钢结构组装和预拼装工程主控项目检验标准及检验方法见表4-97。

表4-97　钢结构组装和预拼装工程主控项目检验标准及检验方法

序　号	项　目	质量标准及要求	检验方法	检验数量
1	组装	吊车梁和吊车桁架不应下挠	构件直立，在两端支承后，用水准仪和钢尺检查	全数检查
2	端部铣平及安装焊缝坡口	端部铣平的允许偏差应符合表4-98的规定	用钢尺、角尺、塞尺等检查	按铣平面数量抽查10%，且不应少于3个
3	钢构件外形尺寸	钢构件外形尺寸主控项目的允许偏差应符合表4-99的规定	用钢尺检查	全数检查
4	预拼装	高强螺栓和普通螺栓连接的多层板叠，应采用试孔器进行检查，并应符合下列规定： ① 当采用比孔公称直径小1.0mm的试孔器检查时，每组孔的通过率不应小于85% ② 当采用比螺栓公称直径大0.3mm的试孔器检查时，通过率应为100%	采用试孔器检查	按预拼装单元全数检查

表 4-98　端部铣平的允许偏差

项　目	允许偏差 /mm
两端铣平时构件长度	±2.0
两端铣平时零件长度	±0.5
铣平面的平面度	0.3
铣平面对轴线的垂直度	1/1500

表 4-99　钢构件外形尺寸主控项目的允许偏差

项　目	允许偏差 /mm
单层柱、梁、桁架受力支托（支承面）表面至第一安装孔距离	±1.0
多节柱铣平面至第一安装孔距离	±1.0
实腹梁两端最外侧安装孔距离	±3.0
构件连接处的截面几何尺寸	±3.0
柱、梁连接处的腹板中心线偏移	2.0
受压构件（杆件）弯曲矢高	$l/1000$，且不应大于 10.0

（2）一般项目检验

钢结构组装和预拼装工程一般项目检验标准及检验方法见表 4-100。

表 4-100　钢结构组装和预拼装工程一般项目检验标准及检验方法

序号	项目	质量标准及要求	检验方法	检验数量
1	焊接 H 型钢	焊接 H 型钢的翼缘板拼接缝和腹板拼接缝的间距不应小于 200mm。翼缘板拼接长度不应小于 2 倍板宽；腹板拼接宽度不应小于 300mm，长度不应小于 600mm	观察和用钢尺检查	全数检查
		焊接 H 型钢的允许偏差应符合《钢结构工程施工质量验收规范》（GB 50205—2011）附录 C 中表 C.0.1 的规定	用钢尺、角尺、塞尺等检查	按钢构件数抽出 10%，宜不小于 3 件
2	组装	焊接连接组装的允许偏差应符合《钢结构工程施工质量验收规范》（GB 50205—2011）附录 C 中表 C.0.2 的规定	用钢尺检验	按构件数抽查 10%，且不应少于 3 个
		顶紧触面应有 75% 以上的面积紧贴	用 0.3mm 塞入面积应小于 25%，边缘间隙不应大于 0.8mm	按接触面的数量抽查 10%，且不少于 10 个
		桁架结构杆件轴件交点错位的允许偏差不得大于 3.0mm	尺量检查	按构件数抽查 10%，且不应少于 3 个，每个抽查构件按节点数抽查 10%，且不少于 3 个节点
3	端部铣平及安装焊缝坡口	安装焊缝坡口的允许偏差应符合表 4-101 的规定	用焊缝量检查	按坡口数量抽查 10%，且不少于 3 条
		外露铣平面应防锈保护	观察检查	全数检查
4	钢构件外形尺寸	钢构件外形尺寸一般项目的允许偏差允许应符合《钢结构工程施工质量验收规范》（GB 50205—2011）附录 C 中表 C.0.3～表 C.0.9 的规定	见《钢结构工程施工质量验收规范》（GB 50205—2011）附录 C 中表 C.0.3～表 C.0.9	按构件数量抽查 10%，不应少于 3 件
5	预拼装	预拼装的允许偏差应符合《钢结构工程施工质量验收规范》（GB 50205—2011）附录 D 表 D 的规定	见《钢结构工程施工质量验收规范》（GB 50205—2011）附录 D 表 D	按预拼装单元全数检查

表 4-101　安装焊缝坡口的允许偏差

项　目	允　许　偏　差
坡口角度	±5°
钝边	±1.0mm

2. 施工中常见的质量问题及预防措施

➤ 常见的质量问题：钢构件组装拼接口超过允许偏差。钢构件组装拼接口错位（错边）、不平，间隙大小不合规定、不均匀，从而造成拼接口误差超过允许偏差，受力不匀，降低拼接口强度，影响构件质量。

◇ 预防措施：①仔细检查组装零部件的外观、材质、规格、尺寸和数量，应符合图样和规范要求，并控制在允许偏差范围内。②构件组装拼接口错位（错边）应控制在允许偏差范围内，接口应平整，连接间隙必须按有关焊接规范规定，做到大小均匀一致。③组装大样定形后，应进行自检、监理检查，首件组装完成后，也应进行自检、监理检查。

➤ 常见的质量问题：构件起拱不准确。构件起拱数值大于或小于设计数值，造成组装后质量不符合规定。

◇ 预防措施：①在制造厂进行预拼，严格按照钢结构构件制作允许偏差进行检验，如拼接点处角度有误，应及时处理。②在小拼过程中，应严格控制累积偏差，注意采取措施消除焊接收缩量的影响。③拼装钢屋架或钢梁时，应按规定起拱，可根据施工经验适当加施工起拱。

➤ 常见的质量问题：吊车梁和吊车桁架出现下挠。吊车梁和吊车桁架组装完后经检查出现下挠，使吊车梁和吊车桁架的稳定性和承载力降低，影响安装质量。

◇ 预防措施：吊车梁（或吊车桁架，下同）组装必须按设计要求起拱，设计无要求时，经验起拱值规定如下：不小于 24m 吊车梁为 15～20mm；12m 吊车梁为 5～10mm。组装完后，要检查其起拱度或下挠与否，检查数量为全数检查。不符合设计起拱要求的应返工、返修，直至达到设计起拱要求，方可使用。

➤ 常见的质量问题：钢结构焊接拼装不注意焊接变形控制。钢结构焊接拼装时，若不注意焊接变形控制，会增加拼装后钢结构矫正难度，影响构件制作精度。

◇ 预防措施：①按下列要求选择合理的焊接顺序，并按选定的顺序施焊。

a. 对称焊接法：对于对接和角对接坡口焊接，在工件放置条件允许或易于翻身的情况下，宜采用双面坡口对称顺序焊接。对于有对称截面的构件，宜采用对称于构件中和轴的施焊顺序。

b. 对双面非对称坡口焊接，宜先焊深坡口侧，后焊浅坡口侧。

c. 对长焊缝，宜采用分级倒退法，或与多人对称焊接法同时运用。

d. 宜采用跳焊法以避免工件局部加热集中。

②宜采用能量密度相对较高的焊接方法，如自保护焊等，并采用较小的热输入，以减少焊接变形。③宜采用反变形法控制角变形和线变形。④除对一般构件用定位焊固定同时限制变形外，对大型、厚板构件，宜用刚性固定法增加结构焊接时的刚性。⑤对于大型结构，宜采取分部组装焊接，各分部分别进行矫正后，进行总装焊接或连接。

➤ 常见的质量问题：大型构件焊缝尺寸达不到要求。大型构件上的节点焊缝宽度、厚度、饱满度等不符合设计和规范要求，使节点焊缝强度降低，影响构件的承载力。

◇ 预防措施：①对尺寸大且要求严的腹板坡口，应采用机加工，组对时注意间隙均匀，使符合规范要求。②自动焊时，要注意调整焊嘴对准焊缝。③加强焊工技术培训和操作控制以及焊缝的监测检查，及时处理不合要求的焊缝。

➤ 常见的质量问题：钢构件预拼装超过允许偏差。钢构件预拼装几何尺寸、对角线、拱度、弯曲矢高超过允许值，质量达不到设计要求。

◇ 预防措施：①预拼装比例按合同和设计要求，一般按实际平面情况预装10%～20%。②钢构件制作、预拼用的钢直尺必须经计量检验，并相互核对，测量时间在早晨日出前、下午日落后最佳。③钢构件预拼装地面应坚实，胎架强度、刚度必须经设计计算而定，各支承点的水平精度可用已计量检验的各种仪器逐点测定调整。④高强螺栓连接预拼装时，所使用的冲钉直径必须与孔径一致，每个节点要多于 3 只，临时普通螺栓数量一般为螺栓孔的三分之一。对孔径检测，试孔器必须垂直自由穿落。⑤在预拼装中，由于钢构件制作误差或预拼装状态误差造成预拼装不能在自由状态下进行时，应对预拼装状态及钢构件进行修正，确保预拼装在自由状态下进行，预拼装的允许偏差应符合验收规范的规定。

➤ 常见的质量问题：构件跨度不准确。构件跨度值大于或小于设计数值，造成组装困难。

◇ 预防措施：①由于构件制作偏差，起拱与跨度值发生矛盾时，应先满足起拱数值。为保证起拱和跨度数值准确，必须严格按照《钢结构工程施工质量验收规范》（GB 50205—2001）检查构件制作尺寸的精确度。②构件在制作、拼装、吊装中所用的钢直尺应统一，小拼构件偏差必须在中拼时消除。

➤ 常见的质量问题：钢构件翻身、起吊损伤边角。钢构件制作翻身、运输装卸、堆放起吊，随意绑扎吊点，不加保护，使构件边（棱）角受到损伤，使钢构件净截面面积减少，受力状态改变，影响构件的承载力。

◇ 预防措施：钢构件制作运输翻身、装卸、堆放中，绑扎的节点处、吊索与钢构件之间应垫以麻袋、橡胶、废轮胎或木块，使型钢棱角受力均匀，防止应力集中、吊索被磨断和型钢边角损坏。对箱形构件，吊点处应用方木支撑加固翼缘。

➤ 常见的质量问题：钢构件成品运输变形。钢构件在运输中出现变形，产生死弯或缓弯，影响安装就位和安装质量。

◇ 预防措施：①构件运输、装卸起吊，选定吊点部位及在车上放置垫点位置都应按设计要求进行；运输道路要平整坚实，并有足够的路面宽度和转弯半径，上、下坡度应平缓。②构件出现死弯变形，可采用机械矫正法治理，即用千斤顶或其他工具矫正或辅以氧乙炔火焰烤后矫正。构件出现缓弯变形时，可采用氧乙炔火焰加热矫正，或采用大型氧乙炔火焰枪烤。

4.3.2.5　钢结构安装工程

1. 单层钢结构安装工程质量验收

检验批的划分：单层钢结构安装工程可按变形缝或空间刚度单元等划分成一个或若干个检验批。地下钢结构可按不同地下层划分检验批。

（1）主控项目检验

单层钢结构安装工程主控项目检验标准及检验方法见表 4-102。

表 4-102　单层钢结构安装工程主控项目检验标准及检验方法

序号	项目	质量标准及要求	检验方法	检验数量
1	基础与支持面	建筑物的定位轴线、基础轴线和标高、地脚螺栓的规格及其紧固应符合设计要求	用经纬仪、水准仪、全站仪和钢尺现场实测	按柱基数抽查10%，且不应少于3个
		基础顶面直接作为柱的支承面和基础顶面预埋钢板或支座作为柱的支承面时，其支承面、地脚螺栓（锚栓）位置的允许偏差应符合表4-103的规定	用经纬仪、水准仪、全站仪、水平尺和钢尺实测	按柱基数抽查10%，且不应少于3个
		采用坐浆垫板时，坐浆垫板的允许偏差应符合表4-104的规定	用水准仪、全站仪、水平尺和钢尺现场实测	资料应全数检查。按柱基数抽查10%，且不应少于3个
		采用杯口基础时，杯口尺寸的允许偏差应符合表4-105的规定	观察及尺量检查	按基础数抽查10%，且不应少于4处
2	安装与校正	钢构件应符合设计要求和《钢结构工程施工质量验收规范》（GB 50205—2001）的规定。运输、堆放和吊装等造成钢构件变形及涂层脱落，应进行矫正和修补	用拉线、钢尺现场实测或观察	按构件数抽查10%，且不应少于3个
		设计要求顶紧的节点，接触面不应少于70%紧贴，且边缘最大间隙不应大于0.8mm	用钢尺及0.3mm和0.8mm厚的塞尺现场实测	按节点数抽查10%，且不应少于3个
		钢屋（托）架、桁架、梁及受压杆件的垂直度和侧向弯曲矢高的允许偏差应符合表4-106的规定	用吊线、拉线、经纬仪和钢尺现场实测	按同类构件数抽查10%，且不少于3个
		单层钢结构主体结构的整体垂直度和整体平面弯曲的允许偏差符合表4-107的规定	采用经纬仪、全站仪等测量	全部检查主要立面。对每个所检查的立面，除两列角柱外，尚应至少选取一列为间柱

表 4-103　支承面、地脚螺栓（锚栓）位置的允许偏差

项　　目		允许偏差 /mm
支承面	标高	±3.0
	水平度	$L/1000$
地脚螺栓（锚栓）	螺栓中心偏移	5.0
预留孔中心偏移		10.0

表 4-104　坐浆垫板的允许偏差

项　　目	允许偏差 /mm
顶面标高	0 −3.0
水平度	$L/1000$
位置	20.0

表 4-105　杯口尺寸的允许偏差

项　　目	允许偏差 /mm
底面标高	0 −5.0
杯口深度 H	±5.0
杯口垂直度	$H/1000$，且不应大于10.0
位置	10.0

表 4-106　钢屋（托）架、桁架、梁及受压杆件的垂直度和侧向弯曲矢高的允许偏差

（单位：mm）

项　目	允　许　偏　差	图　例
跨中的垂直度	$h/250$，且不应大于 15.0	
侧向弯曲矢高	$L \leqslant 30\text{m}$　$L/1000$，且不应大于 10.0	
	$30\text{m}<L \leqslant 60\text{m}$　$L/1000$，且不应大于 30.0	
	$L>60\text{m}$　$L/1000$，且不应大于 30.0	

表 4-107　整体垂直度和整体平面弯曲的允许偏差　　　　　（单位：mm）

项　目	允　许　偏　差	图　例
主体结构的整体垂直度	$H/1000$，且不应大于 25.0	
主体结构的整体平面弯曲	$L/1500$，且不应大于 25.0	

（2）一般项目检验

单层钢结构安装工程一般项目检验标准及检验方法见表 4-108。

表 4-108　单层钢结构安装工程一般项目检验标准及检验方法

序号	项目	质量标准及要求	检验方法	检验数量
1	基础与支持面	地脚螺栓（锚栓）尺寸的允许偏差应符合表 4-109 的规定。地脚螺栓（锚栓）的螺纹应受到保护	用钢尺现场实测	按柱基数抽查 10%，且不应少于 3 个
2	安装与校正	钢柱等主要构件的中心线及标高基准点等标记应齐全	观察检查	按同类构件数抽查 10%，且不应少于 3 件

（续）

序号	项目	质量标准及要求	检验方法	检验数量
2	安装与校正	当钢桁架（或梁）安装在混凝土柱上时，其支座中心对定位轴线的偏差不应大于10mm；当采用大型混凝土屋面板时，钢桁架（或梁）间距的偏差不应该大于10mm	用拉线和钢尺现场实测	按同类构件数抽查10%，且不应少于3件
		钢柱安装的允许偏差应符合《钢结构工程施工质量验收规范》（GB 50205—2001）附录E中表E.0.1的规定	见《钢结构工程施工质量验收规范》（GB 50205—2001）附录E中表E.0.1	按钢柱数抽查10%，且不应少于3件
		钢吊车梁或直接承受动力荷载的类似构件，其安装的允许偏差应符合《钢结构工程施工质量验收规范》（GB 50205—2001）附录E中表E.0.2的规定	见《钢结构工程施工质量验收规范》（GB 50205—2001）附录E中表E.0.2	按钢吊车梁抽查10%，且不应少于3榀
		檩条、墙架等构件数安装的允许偏差应符合《钢结构工程施工质量验收规范》（GB 50205—2001）附录E中表E.0.3的规定	见《钢结构工程施工质量验收规范》（GB 50205—2001）附录E中表E.0.3	按同类构件数抽查10%，且不应少于3件
		钢平台、钢梯、栏杆安装应符合现行国家标准《固定式钢梯及平台安全要求 第1部分：钢直梯》（GB 4053.1—2009）、《固定式钢梯及平台安全要求 第2部分：钢斜梯》（GB 4053.2—2009）、《固定式钢梯及平台安全要求 第3部分：工业防护栏杆及钢平台》（GB 4053.3—2009）的规定。钢平台、钢梯和防护栏杆安装的允许偏差应符合《钢结构工程施工质量验收规范》（GB 50205—2001）附录E中表E.0.4的规定	见《钢结构工程施工质量验收规范》（GB 50205—2001）附录E中表E.0.4	按钢平台总数抽查10%，栏杆、钢梯按总长度各抽查10%，但钢平台不应少于1个，栏杆不应少于5m，钢梯不应少于1跑
		现场焊缝组对间隙的允许偏差应符合表4-110的规定	尺量检查	按同类节点数抽查10%，且不应少于3个
		钢结构表面应干净，结构主要表面不应有疤痕、泥沙等污垢	观察检查	按同类构件数抽查10%，且不应少于3件

表4-109 地脚螺栓（锚栓）尺寸的允许偏差

项　　目	允许偏差/mm
螺栓（锚栓）露出长度	+30.0 0
螺纹长度	+30.0 0

表4-110 现场焊缝组对间隙的允许偏差

项　　目	允许偏差/mm
无垫板间隙	+3.0 0
有垫板间隙	+3.0 0

2. 多层及高层钢结构安装工程质量验收

检验批的划分：多层及高层钢结构安装工程可按楼层或施工段等划分为一个或若干个检验批。地下钢结构可按不同地下层划分检验批。

（1）主控项目检验

多层及高层钢结构安装工程主控项目检验标准及检验方法见表4-111。

表 4-111　多层及高层钢结构安装工程主控项目检验标准及检验方法

序号	项目	质量标准及要求	检验方法	检验数量
1	基础与支持面	建筑物的定位轴线、基础上柱的定位轴线和标高、地脚螺栓（锚栓）的规格和位置、地脚螺栓（锚栓）紧固应符合设计要求。当设计无要求时，应符合表 4-112 的规定	采用经纬仪、水准仪、全站仪和钢尺实测	按柱基数抽查 10%，且不应少于 3 个
		多层建筑以基础顶面直接作为柱的支承面，或以基础顶面预埋钢板或支座作为柱的支承面时，其支承面、地脚螺栓（锚栓）位置的允许偏差应符合表 4-103 的规定	用经纬仪、水准仪、全站仪、水平尺和钢尺实测	按柱基数抽查 10%，且不应少于 3 个
		多层建筑采用坐浆垫板时，坐浆垫板的允许偏差应符合表 4-104 的规定	用水准仪、全站仪、水平尺和钢尺实测	资料应全数检查。柱基数抽查 10%，且不应少于 3 个
		当采用杯口基础时，杯口尺寸的允许偏差应符合表 4-105 的规定	观察及尺量检查	按基础数抽查 10%，且不应少于 4 处
2	安装与校正	钢构件应符合设计要求和规范。运输、堆放和吊装等造成的钢构件变形及涂层脱落，应进行矫正和修补	用拉线、钢尺现场实测或观察	按构件数检查 10%，且不应少于 3 个
		柱子安装的允许偏差应符合表 4-113 的规定	用全站仪或激光经纬仪和钢尺实测	标准柱应全部检查；非标准柱抽查 10%，且不应少于 3 根
		设计要求顶紧的节点，接触面不应少于 70% 紧贴，且边缘最大间隙不大于 0.8mm	用钢尺及 0.3mm 和 0.8mm 厚的塞尺现场实测	按节点数检查 10%，且不应少于 3 个
		钢主梁、次梁及受压杆件的垂直度和侧向弯曲矢高的允许偏差应符合表 4-106 中有关钢屋（托）架允许偏差的规定	用吊线、拉线、经纬仪和钢尺现场实测	按同类构件数抽查 10%，且不应少于 3 个
		多层及高层钢结构主体结构的整体垂直度和整体平面弯曲矢高的允许偏差符合表 4-114 的规定	对于整体垂直度，可采用激光经纬仪、全站仪测量，也可根据各节柱的垂直度允许偏差累计（代数和）计算。对于整体平面弯曲，可按产生的允许偏差累计（代数和）计算	全部检查主要立面。对每个所检查的立面，除两列角柱外，尚应至少选取一列中间柱

表 4-112　建筑物的定位轴线、基础上柱的定位轴线和标高、地脚螺栓（锚栓）的允许偏差

项　　目	允许偏差 /mm	图　　例
建筑物定位轴线	$L/20000$，且不应大于 3.0	
基础上柱的定位轴线	1.0	
基础上柱底标高	±2.0	
地脚螺柱（锚栓）位移	2.0	

表4-113　柱子安装的允许偏差

项　目	允许偏差/mm	图　例
底层柱柱底轴线 对定位轴线偏移	3.0	
柱子定位轴线	1.0	
单节柱的垂直度	$h/1000$，且应大于 10.0	

表4-114　整体垂直度和整体平面弯曲矢高的允许偏差

项　目	允许偏差/mm	图　例
主体结构的整体垂直度	$(H/2500+10.0)$， 且不应大于 25.0	
主体结构的整体平面弯曲	$L/1500$，且不应大于 25.0	

（2）一般项目检验

多层及高层钢结构安装工程一般项目检验标准及检验方法见表4-115。

表 4-115　多层及高层钢结构安装工程一般项目检验标准及检验方法

序号	项目	质量标准及要求	检验方法	检验数量
1	基础与支持面	地脚螺栓（锚栓）尺寸的允许偏差应符合规定。地脚螺栓（锚栓）的螺纹应受保护	用钢尺现场实测	按柱基数抽查10%，且不应少于3个
2	安装与校正	钢结构表面应干净，结构主要表面不应有疤痕、泥沙等污垢	观察检查	按同类构件数抽查10%，且不应少于3件
		钢柱等主要构件的中心线及高基准点等标记应齐全	观察检查	按同类构件数抽查10%，且不应少于3件
		钢构件安装的允许偏差应符合表4-116的规定	见表4-116	按同类构件或节点数抽查10%。其中，柱和梁各不应少于3件，主梁与次梁连接节点不应少于3个，支承压型金属板的钢梁长度不应少于5mm
		主体结构总高度的允许偏差应符合表4-117的规定	采用全站仪、水准仪和钢尺实测	按标准柱列数抽查10%，且不应少于4列
		当钢构件安装在混凝土柱上时，其支座中心对定位轴线的偏差不应大于10mm；当采用大型混凝土屋面板时，钢梁（或桁架）间距的偏差不应大于10mm	用拉线和钢尺现场实测	按同类构件数抽查10%，且不应少于3榀
		对于多层及高层钢结构中的钢吊车梁或直接承受动力荷载的类似构件，其安装的允许偏差应符合表4-118的规定	见表4-118	按钢吊车梁数抽查10%，且不应少于3榀
		多层及高层钢结构中檩条、墙架等次要构件安装的允许偏差应符合表4-119的规定	见表4-119	按同类构件数抽查10%，且不应少于3榀
		多层及高层钢结构中钢平台、钢梯、栏杆安装应符合现行国家标准《固定式钢梯及平台安全要求　第1部分：钢直梯》（GB 4053.1—2009）、《固定式钢梯及平台安全要求　第2部分：钢斜梯》（GB 4053.2—2009）、《固定式钢梯及平台安全要求　第3部分：工业防护栏杆及钢平台》（GB 4053.3—2009）的规定。钢平台、钢梯和防护栏杆安装的允许偏差应符合表4-120的规定	见表4-120	按钢平台总数抽查10%，栏杆、钢梯按总长度各抽查10%，但钢平台不应少于1个，栏杆不应少于5mm，钢梯不应少于1跑
		多层及高层结构中现场焊缝组对间隙的允许偏差应符合《钢结构工程施工质量验收规范》（GB 50205—2001）附录表4-116的规定	尺量检查	按同类节点数抽查10%，且不应少于3个

表 4-116　多层及高层钢结构中构件安装的允许偏差

项　目	允许偏差 /mm	图　例	检 验 方 法
上、下柱连接处的错位	3.0		用钢尺检查
同一层柱的各柱顶高度差	5.0		用水准仪检查
同一根梁两端顶面的高差	$L/1000$，且不应大于 10.0		用水准仪检查
主梁与次梁表面的高差	±2.0		用直尺和钢尺检查
压型金属板在钢梁上相邻列的错位	15.00		用直尺和钢尺检查

表 4-117　多层及高层钢结构主体结构总高度的允许偏差

项　目	允许偏差 /mm	图　例
用相对标高度控制安装	$\pm\sum(\Delta h+\Delta z+\Delta w)$	
用设计标高控制安装	$H/1000$，且不应大于 30.0 $-H/1000$，且不应大于 -30.0	

注：1. Δh 为每节柱子长度的制造允许偏差。

　　2. Δz 为每节柱子长度受荷载后的压缩值。

　　3. Δw 为每节柱子接头焊缝的收缩值。

表 4-118   钢吊车梁安装的允许偏差

项　目		允许偏差/mm	图　例	检 验 方 法
梁的跨中垂直度 Δ		$h/500$		用吊线和钢尺检查
侧向弯曲矢高		$L/1500$，且不应大于 10.0		用拉线和钢尺检查
垂直上拱矢高		10.0		
两端支座中心位移 Δ	安装在钢柱上时，对牛脚中心的偏移	5.0		
	安装在混凝土柱上时，对定位的轴线的偏移	5.0		
吊车梁支座加劲板中心与柱子承压加劲板中心的偏移		$t/2$		用吊线和钢尺检查
同跨间内同一横截面吊车梁顶面高差 Δ	支座处	10.0		用经纬仪、水准仪和钢尺检查
	其他处	15.0		
同跨间内同一横截面下挂式吊车梁顶面高差 Δ		10.0		
同列相邻两柱间吊车梁顶面高差 Δ		$L/1500$，且不应大于 10.0		用水准仪和钢尺检查
相邻两吊车梁接头部位 Δ	中心错位	3.0		用钢尺检查
	上承式顶高差	1.0		
	下承式底面高差	1.0		
同跨间任一截面的吊车梁中心跨距 Δ		±10.0		用经纬仪和光电测距仪检查；跨度小时，可用钢尺检查
轨道中心对吊车梁腹板轴线的偏移 Δ		$t/2$		用吊线和钢尺检查

表4-119 檩条、墙架等次要构件安装的允许偏差

项　目		允许偏差/mm	检 验 方 法
架立柱	中心线对定位轴线的偏移	10.0	用钢尺方法
	垂直度	$H/1000$，且不应大于10.0	用经纬仪或吊线和钢尺检查
	弯曲矢高	$H/1000$，且不应大于15.0	用经纬仪或吊线和钢尺检查
抗风桁架的垂直度		$h/250$，且不应大于15.0	用吊线和钢尺检查
檩条、墙梁的间距		±5.0	用钢尺检查
檩条的弯曲矢高		$L/750$，且不应大于12.0	用拉线和钢尺检查
墙梁弯曲矢高		$L/750$，且不应大于10.0	用拉线和钢尺检查

注：1. H 为墙架立柱的高度。

　　2. h 为抗风桁架的高度。

　　3. L 为檩条或墙梁的长度。

表4-120 钢平台、钢梯和防护栏杆安装的允许偏差

项　目	允许偏差/mm	检 验 方 法
平台高度	±15.0	用水准仪检查
平台梁水平度	$l/1000$，且不应大于20.0	用水准仪检查
平台支柱垂直度	$H/1000$，且不应大于15.0	用经纬仪或吊线和钢尺检查
承重平台梁侧向弯曲	$l/1000$，且不应大于10.0	用拉线和钢尺检查
承重平台梁侧垂直度	$h/1000$，且不应大于10.0	用吊线和钢尺检查
直梯垂直度	$l/250$，且不应大于15.0	用吊线和钢尺检查
栏杆高度	±15.0	用钢尺检查
栏杆立柱间距	±15.0	用钢尺检查

3．钢网架结构安装工程质量验收

检验批的划分：钢网架结构安装工程可按变形缝、施工段或空间刚度单元划分成一个或若干检验批。

（1）主控项目检验

钢网架结构安装工程主控项目检验标准及检验方法见表4-121。

表4-121 钢网架结构安装工程主控项目检验标准及检验方法

序号	项目	质量标准及要求	检验方法	检验数量
1	支承面顶板和支承垫块	钢网架结构支座定位轴线的位置、支座锚栓的规格应符合设计要求	用经纬仪和钢尺实测	按支座数抽查10%，且不应少于4处
		支承面顶板的位置、标高、水平度以及支座锚栓位置的允许偏差应符合表4-122的规定	用经纬仪、水准仪、水平尺和钢尺实测	按支座数抽查10%，且不应少于4处
		支承垫块的种类、规格、摆放位置和朝向，必须符合设计要求和国家现行有关标准的规定。橡胶垫块与刚性垫块之间或不同类型刚性垫块之间不得互换使用	观察和用钢尺实测	按支座数抽查10%，且不应少于4处
		网架支座锚栓的紧固应符合设计要求	观察检查	按支座数抽查10%，且不应少于4处
2	总拼与安装	小拼单元的允许偏差应符合表4-123的规定	用钢尺和拉线等辅助量具实测	按单元数抽查5%，且不应少于5个
		中拼单元的允许偏差应符合表4-124的规定	用钢尺和辅助量具实测	全数检查

164

（续）

序号	项目	质量标准及要求	检验方法	检验数量
2	总拼与安装	对建筑结构安全等级为一级，跨度 40m 及以上的公共建筑钢网架结构，且设计有要求时，应按下列项目进行节点承载力试验，其结果应符合以下规定： ① 焊接球节点应按设计指定规格的球及其匹配的钢管焊接成试件，进行轴心拉、压承载力试验，其试验破坏荷载值大于或等于 1.6 倍设计承载力为合格 ② 螺栓球节点应按设计指定规格的球最大螺栓孔螺纹进行抗拉强度保证荷载试验，当达到螺栓的设计承载力时，螺孔、螺纹及封板仍完好无损为合格	在万能试验机上进行检验，检查试验报告	每项试验做 3 个试件
		钢网架结构总拼完成后，及屋面工程完成后，应分别测量其挠度值，且所测的挠度值不应超过相应设计值的 1.15 倍	用钢尺和水准仪实测	跨度 24m 及以下钢网架结构测量下弦中央一点；跨度 24m 以上钢网架结构测量下弦中央一点及各向下弦跨度的四等分点

表 4-122　支承面顶板、支座锚栓位置的允许偏差

项　目		允许偏差 /mm
支承面顶板	位置	15.0
	顶面标高	0 -0.3
	顶面水平度	$L/1000$
支座锚栓	中心偏移	±5.0

表 4-123　小拼单元的允许偏差

项　目		允许偏差 /mm
节点中心偏移		2.0
焊接球节点与钢管中心的偏移		1.0
杆件轴线的弯曲		$L_1/1000$，且不应大于 5.0
锥体型小拼单元	弦杆长度	±2.0
	锥体高度	±2.0
	上弦杆对角线长度	±3.0
平面桁架型小拼单元	跨长	≤24mm	+3.0 -7.0
		>24mm	+5.0 -10.0
	跨中高度		±3.0
	跨中拱度	设计要求起拱	±L/5000
		设计未要求起拱	+10.0

注：L_1 为杆件长度；L 为跨长。

表 4-124　中拼单元的允许偏差

项　目		允许偏差 /mm
单元长度≤20m，拼接长度	单跨	±10.0
	多跨连续	±5.0
单元长度 >20m，拼接长度	单跨	±20.0
	多跨连续	±10.0

（2）一般项目检验

钢网架结构安装工程一般项目检验标准及检验方法见表4-125。

表4-125 钢网架结构安装工程一般项目检验标准及检验方法

序号	项 目	质量标准及要求	检验方法	检验数量
1	支承面顶板和支承垫块	钢网架结构安装完成后，其节点及杆件表面应干净，不应有明显的疤痕、泥沙和污垢。螺栓球节点应将所有接缝用油腻子填嵌严密，并应将多余螺孔封口	观察检查	按节点及杆件数量抽查5%，且不应少于10个节点
2	总拼与安装	钢网架结构安装完成后，其安装的允许偏差应符合表4-126的规定	见表4-126	全数检查

表4-126 钢网架结构安装的允许偏差

项 目	允许偏差/mm	检验方法
纵向、横向长度	$L/2000$，且 $\leqslant 30.0$ $-L/2000$，且 $\leqslant -30.0$	用钢尺实测
支座中心偏移	$L/3000$，且 $\leqslant 30.0$	用钢尺和经纬仪实测
周边支承网架相邻支座高差	$L/400$，且 $\leqslant 15.0$	用钢尺和水准仪实测
支座最大高差	30.0	
多点支承网架相邻支座高差	$L_1/800$，且 $\leqslant 30.0$	

注：L 为纵向、横向长度；L_1 为相邻支座间距。

4．施工中常见的质量问题及预防措施

➤ 常见的质量问题：柱地脚螺栓产生位移。钢柱底部预留孔与预埋螺栓不对中，造成安装困难。

◇ 预防措施：①在浇筑混凝土前，预埋螺栓位置应用定型卡盘卡住，以免浇筑混凝土时发生错位。②钢柱底部预留孔应放大样，确定孔位后再做预留孔。③预留孔与螺栓不对中时，应根据情况，经设计人许可，沿偏差方向将孔扩大为椭圆孔，然后换用加大的垫圈进行安装；如果螺栓孔相对位移较大，经设计方同意，可将螺栓割除，将根部螺栓焊于预埋钢板上，附上一块与预埋钢板等厚的钢板，再与预埋钢板采取铆钉塞焊法焊上，然后根据设计要求焊上新螺栓。

➤ 常见的质量问题：钢柱底座坐浆垫板设置不符合要求。钢柱底座坐浆垫板随意设置，标高、水平度及位置等不符合设计和规范要求，达不到均匀传递荷载的作用，降低了柱的受力性能，影响上部结构的稳定性。

◇ 预防措施：①为使垫板组平稳地传力给基础，应使垫板与基础面坐浆紧密结合。对不平的基础上表面，需凿平、找平。②垫板设置的位置及分布应正确，一般应根据钢柱底座板受力面积大小，布置在钢板中心及两侧受力集中部位或靠近地脚螺栓的两侧，使底座板、垫板和基础起到全面承受压力荷载的作用。③直接承受荷载的垫板面积应符合受力需要，由计算确定，面积不宜过大或过小。过大造成浪费，过小易使基础局部过载，影响基础全面均匀受力。④垫板在坐浆前，应将其表面的铁锈、油污和加工的毛刺等清理干净，以备坐浆、灌浆时，能与混凝土牢固地结合；坐浆后的垫板组露出底座板边缘外侧的长度约为10～20mm。

➤ 常见的质量问题：固定钢柱底脚采用杯口基础尺寸超过规范允许偏差值，钢柱吊装前，杯底不进行垫板找平。杯底不设钢垫板找平，难以保证柱支承强度和安装的标高、垂直度要求，影响钢柱安装质量和稳定性。

◇ 预防措施：杯口基础施工时，应加强杯口尺寸的控制，基础模板支设、钢筋绑扎、混凝土浇筑应严格进行监理，其尺寸允许偏差应符合验收规范的规定。

➤ 常见的质量问题：钢结构安装忽视日照、温差的影响。钢结构受日照时，构件向阳面的温度明显高于背阳面的温度，构件会向背阳面一侧弯曲，随着日照方向的变化，构件弯曲也在不断变化。因此，在钢结构安装过程中，若忽视日照影响，将无法确定构件精度控制的基准状态，影响安装精度。同样，钢结构安装忽视温差影响，不采取必要的消除温差措施，也会影响结构安装精度或增加安装应力。

◇ 预防措施：①日照对单根竖向构件影响比较敏感，同时，在钢结构安装中，钢柱等竖向构件安装就位后，应及时安装相连的承重构件，形成相对稳定的空间体系，以减少由于日照使钢柱柱端产生的位移。②钢柱或柱梁结构节间的复核、最后校正，应安排在日照影响较小的早晨或下午 16 时以后或阴天进行。③最后校正完毕的钢结构节间，其节点应及时最后固定。④温差产生的影响主要是对长度较大的钢柱，对 10m 以上柱，施工各阶段的长度测量值应进行温差换算，换算的标准为 20℃；对 10m 以内的钢柱，一般可不考虑温差的影响。

➤ 常见的质量问题：钢吊车梁垂直偏差过大。钢吊车梁垂直偏差超过允许值，造成安装质量不符合要求。

◇ 预防措施：①按缝隙大小，将垫板刨成楔形垫好，但楔形垫板不能超过 3 块，并要求楔紧，用电焊点固定位。尤其是吊车梁两支点必须严格按设计要求施工。②吊车梁、柱和制动架连接尺寸要准确。如果发现影响吊车梁垂直度时，要进行技术处理。

➤ 常见的质量问题：屋架、天窗架垂直度和侧向弯曲偏差过大。安装后的钢屋架及天窗架垂直度及侧向弯曲偏差超过规范允许值。由于垂直度和侧向弯曲偏差过大，会使受力不在一个平面内，将会影响屋架、天窗架的受力性能和稳定性。

◇ 预防措施：①钢屋架制作过程中，应严格控制各道工序的质量。安装屋架时，应及时在中部吊线锤进行校正、固定，使偏差控制在允许范围内，避免误差累积。天窗架垂直度偏差应采用经纬仪或线锤对天窗架两支柱进行校正。②钢屋架发生垂直度、弯曲度超过允许偏差时，应在吊装屋面板前，用起重机配合来调整处理。如屋架、天窗架垂直度很大，屋面板已安装上，并焊接固定，不能再对屋架、天窗架进行调整，此时可在屋架、天窗架间加设垂直支撑，以增强稳定性。

➤ 常见的质量问题：在钢吊车梁受拉翼缘或吊车受拉弦杆上进行焊接。钢吊车梁是直接承受动荷载作用的构件，其受拉翼缘是受力的敏感区域。若在钢吊车梁的受拉翼缘进行焊接，引弧或焊接搭接，极易造成翼缘外边缘母材受损，产生缺陷或缺口，使吊车梁受力时应力集中而造成危害性影响。

◇ 预防措施：钢吊车梁翼缘外边缘应平直、平整、无缺陷，钢吊车梁或钢吊车桁架的受拉弦杆上不得进行焊接、引弧或焊接搭接。

➤ 常见的质量问题：钢结构安装形成空间单元后，未及时清底、灌浆固定。单层钢结构节间安装形成空间刚度单元后，不及时对柱底板和基础顶面的空隙最后灌浆固定，由于钢结构安装形成空间刚度单元后，结构上部已无调整余地，而结构底部的柱底板和基础顶面间尚未固结，仍有调整空隙，若不在空隙处及时灌注细石混凝土，根部一旦移动，会使结构产生无法校正的偏差。

◇ 预防措施：钢结构安装形成空间刚度单元后，应及时对柱底板和基础顶面的空隙灌注细石混凝土作最后固定，使柱底端由铰接变为固接，增强整体的稳定性。

➤ 常见的质量问题：多高层钢结构安装尺寸，上节柱的定位轴线直接从下节柱的轴线引出，会使定位轴线引出基准不断变化，造成累积误差，影响钢结构安装精度。

◇ 预防措施：钢柱安装时，上节柱的定位轴线应从地面的控制定位轴线上引出，不得从下节柱的定位轴线上直接引出。

➤ 常见的质量问题：安装后的钢柱高度尺寸或相对位置标高尺寸超过允许偏差，使各柱总高度、牛腿处的高度偏差数值不一致。由于超过允许偏差，造成与它连接的构件安装、调整困难，矫正难度很大，费工费时。

◇ 预防措施：①基础施工时，应严格控制标高尺寸，保证标高准确。对基础上表面标高尺寸，应结合钢柱的实际长度或牛腿支承面的标高尺寸进行调整处理，使安装后各钢柱的高度、标高尺寸达到一致。②多高层钢结构安装中，建筑物高度可以按相对标高控制，也可以按设计标高控制。

a. 用相对标高时，不考虑焊缝收缩弯曲变形和荷载对柱的压缩变形，只考虑柱全长的累计偏差不得大于分段制作允许偏差，再加上荷载对柱子的压缩变形和柱焊接收缩值的总和。采用这种方法安装比较简便。

b. 用设计标高控制时，每节柱的调整都可以地面上第一节柱的柱底标高基准点进行柱标高的调整，要预留焊缝收缩量、荷载对柱的压缩量。

无论采用哪种方法，事前应确定统一，避免施工中混用，并且必须重视安装过程中楼层水平标高控制和及时调整水平标高误差，避免积累过多误差。当楼层水平标高误差达到5mm时，应对下节钢柱网的各柱顶标高进行调整后，方可进行上节钢柱的安装。

4.3.2.6 压型金属板工程

检验批的划分：压型金属板的制作和安装工程可按变形缝、楼层、施工段或屋面、墙面、楼面等划分为一个或若干个检验批。

（1）主控项目检验

压型金属板工程主控项目检验标准及检验方法见表4-127。

表4-127 压型金属板工程主控项目检验标准及检验方法

序号	项目	质量标准及要求	检验方法	检验数量
1	压型金属板制作	压型金属板成形后，其基板不应有裂纹	观察和用10倍放大镜检查	按计件数抽查5%，且不应少于10件
		有涂层、镀层压型金属板成形后，涂层、镀层不应有肉眼可见的裂纹、剥落和擦痕等缺陷	观察检查	按计件数抽查5%，且不应少于10件
2	压型金属板安装	压型金属板、泛水板和包角板等应固定可靠、牢固，防腐涂料涂刷和密封材料敷设应完好，连接件数量、间距应符合设计要求和国家现行有关标准规定	观察检查及尺量	全数检查
		压型金属板应在支承构件上可靠搭接，搭接长度应符合设计要求，且不应小于表4-128所规定的数值	观察和用钢尺检查	按搭接部位总长度抽查10%，且不应少于10m
		组合楼板中压型钢板与主体结构（梁）的锚固支承长度应符合设计要求，且不应小于50mm，端部锚固件连接可靠，设置位置应符合设计要求	观察和用钢尺检查	沿连接纵向长度抽查10%，且不应少于10m

表 4-128　压型金属板在支承构件上的搭接长度

项　目		搭接长度 /mm
截面高度 >70mm		375
截面高度 ≤ 70mm	屋面坡度 <1/10	250
	屋面坡度 ≥ 1/10	200
墙面		120

（2）一般项目检验

压型金属板工程一般项目检验标准及检验方法见表 4-129。

表 4-129　压型金属板工程一般项目检验标准及检验方法

序号	项目	质量标准及要求	检验方法	检验数量
1	钢结构防腐涂料涂装	压型金属板的尺寸允许偏差应符合表 4-130 的规定	用拉线和钢尺检查	按计件数抽查 5%，且不应少于 10 件
		压型金属板成形后，表面应干净，不应有明显凹凸和皱褶	观察检查	按计件数抽查 5%，且不应少于 10 件
		压型金属板施工现场制作的允许偏差应符合表 4-131 的规定	用钢尺、角尺检查	按计件数抽查 5%，且不应少于 10 件
2	钢结构防火涂料涂装	压型金属板安装应平整、顺直、板面不应有施工残留和污物。檐口和墙下端应吊直线，不应有未经处理的错钻孔洞	观察检查	按面积抽查 10%，且不应少于 10m²
		压型金属板安装的允许偏差应符合表 4-132 的规定	用拉线、吊线和钢尺检查	檐口与屋脊的平行度：按长度抽查 10%，且不应少于 10m。其他项目：每 20m 长度应抽查 1 处，不应少于 2 处

表 4-130　压型金属板的尺寸允许偏差　　　　　（单位：mm）

项　目			允 许 偏 差
波距			±2.0
波高	压型钢板	截面高度 ≤ 70	±1.5
		截面高度 >70	±2.0
侧向弯曲	L_1 范围内		20.0

注：L_1 为测量长度，指板长扣除两端各 0.5m 后的实际长度（小于 10m），或扣除任选的 10m 长度。

表 4-131　压型金属板施工现场制作的允许偏差　　　　　（单位：mm）

项　目		允 许 偏 差
压型金属板的覆盖宽度	截面高度 ≤ 70	+10.0，-0.2
	截面高度 >70	+6.0，-2.0
板长		±9.0
横向剪切		6.0
泛水板、包角板尺寸	板长	±6.0
	折弯曲宽度	±3.0
	折弯曲夹角	2°

169

表4-132 压型金属板安装的允许偏差

项	目	允许偏差/mm
屋面	檐口与屋脊的平行度	12.0
	压型金属板波纹线对屋脊的垂直度	$L/800$，且不应大于25.0
	檐口相邻两块压型金属板端部错位	6.0
	压型金属板卷边板件最大波浪高	4.0
墙面	墙板波纹线的垂直度	$H/800$，且不应大于25.0
	墙板包角板的垂直度	$H/800$，且不应大于25.0
	相邻两块压型金属板的下端错位	6.0

注：L为屋面半坡或单坡长度；H为墙面高度。

4.3.2.7 钢结构涂料

检验批划分：钢结构涂装工程可按钢结构制作或钢结构安装工程检验批的划分原则划分成一个或若干个检验批。

1. 钢结构涂料工程检验批施工质量验收

（1）主控项目检验

钢结构涂料主控项目检验标准及检验方法见表4-133。

表4-133 钢结构涂料主控项目检验标准及检验方法

序号	项目	质量标准及要求	检验方法	检验数量
1	钢结构防腐涂料涂装	涂装前，钢材表面除锈应符合设计要求和国家现行有关标准和规定。处理后的钢材表面不应有焊渣、焊疤、灰尘、油污、水和毛刺等。当设计无要求时，钢材表面除锈等级应符合表4-134的规定	用铲刀检查和用现行国家标准《涂装前钢材表面锈蚀等级和除锈等级》（GB 8923）规定的图片对照观察检查	按构件数量抽查10%，且同类构件不应少于3件
		漆料、涂装遍数、涂层厚度均应符合设计要求。当设计对涂层厚度无要求时，涂层干漆膜总厚度规定如下：室外应为150μm，室内应为125μm，其允许偏差−25μm。每遍涂层干漆膜厚度的允许偏差为−5μm	用干漆膜测量厚仪检查。每个构件检测5处，每处的数值为3个相距50mm测点涂层干漆膜厚度的平均值	按构件数抽查10%，且同类构件不应少于3件
2	钢结构防火涂料涂装	防火漆料涂装前，钢材表面除锈及防锈底漆涂装应符合设计要求和国家现行有关标准的规定	表面除锈用铲刀检查和用现行国家标准《涂装前钢材表面锈蚀等级和除锈等级》（GB 8923）规定的图片对照观察检查。底漆涂装用干漆膜测厚仪检查，每个构件检测5处，每处的数值为3个相距50mm测点涂层干漆膜厚度的平均值	按构件数抽查10%，且同类构件不应少于3件
		钢结构防火涂料的粘结强度、抗压强度应符合国家现行标准《钢结构防火涂料应用技术规范》（CECS 24—1990）规定。检验方法应符合现行国家标准《建筑构件用防火保护材料通用要求》（GA/T 110—2013）的规定	检查复检报告	每使用100t或不足100t薄涂型防火涂料应抽检一次粘结强度；每使用500t或不足500t厚涂型防火涂料应抽检一次粘结强度和抗压强度
		薄涂型防火涂料的涂层厚度应符合有关耐火极限的设计要求。厚涂型防火涂料涂层的厚度，80%及以上面积应符合有关耐火极限的设计要求，且最薄处厚度不应低于设计要求的85%	用涂层厚度测量仪、测针和钢尺检查。测量方法应符合国家现行标准《钢结构防火涂料应用技术规范》（CECS 24—1990）的规定及《钢结构工程施工质量验收规范》（GB 50205—2001）附录F	按同类构件数抽查10%，且均不应少于3件
		薄涂型防火漆料漆层表面裂纹宽度不应大于0.5mm；厚涂型防火漆料涂层表面裂宽度不应大于1mm	观察和用尺量检查	按同类构件数量抽查10%，且均不应少于3件

表 4-134　各种底漆或防锈漆要求最低的除锈等级

涂料品种	除锈等级
油性酚醛、醇酸等底漆或防锈漆	St2
高氯化聚乙烯、氯化橡胶、氯磺化聚乙烯、环氧树脂、聚氨酯等底漆或防锈漆	Sa2
无机富锌、有机硅、过氯乙烯等底漆	Sa21/2

（2）一般项目检验

钢结构涂料一般项目检验标准及检验方法见表 4-135。

表 4-135　钢结构涂料一般项目检验标准及检验方法

序号	项目	质量标准及要求	检验方法	检验数量
1	压型金属板制作	构件表面不应误漆、漏涂，涂层不应脱皮和返锈等。涂层应均匀、无明显皱皮、流坠、针眼和气泡等	观察检查	全数检查
		当钢结构处在有腐蚀介质环境或外露且设计有要求时，应进行涂层附着力测试，在检测处范围内，当涂层完整程度达到 70%以上时，涂层附着力达到合格质量标准的要求	按照现行国家标准《漆膜附着力测定法》（GB 1720—1979）或《色漆和清漆　漆膜的划格试验》（GB/T 9286—1998）执行	按构件数抽查 1%，且不应少于 3 件，每件测 3 处
		涂装完成后，构件的标志、标记和编号应清晰完整	观察检查	全数检查
2	压型金属板安装	防火漆料漆装基层不应有油污、灰尘和泥砂等污垢	观察检查	全数检查
		防火漆料不应有误涂、漏涂，涂层应闭合无脱层、空鼓、明显凹陷、粉化松散和浮浆等外观缺陷，乳突已剔除	观察检查	全数检查

2．施工中常见的质量问题及预防措施

➤ 常见的质量问题：防腐涂料和防火涂料的型号、名称、颜色等与其质量证明文件不相符，也不符合设计要求及有关国家产品标准，使钢结构涂装质量难以得到保证，降低结构的使用寿命。

◇ 预防措施：①防腐涂料和防火涂料进场时，应严格进行检查验收；检查数量为按桶数抽查 5%，且不少于 3 桶。②检验方法为观察检查，凡与质量证明不符合或不符合设计要求及有关标准规定的涂料不能使用。

➤ 常见的质量问题：在不应涂装的部位误涂装，会影响后道工序作业，造成质量隐患。如在高强螺栓连接部位误涂装油漆，会严重影响连接面的抗滑移系数，对连接节点造成严重的质量隐患。同样，在焊接部位误涂油漆，在涂过油漆的钢材表面上施焊，焊缝根部会出现密集气泡而影响焊缝质量。

◇ 预防措施：在施工图中注明不涂装的部位，不得随意涂装。钢构件不应涂装的部位包括高强螺栓连接面、安装焊缝处 30～50mm 范围内、拼接部位、钢柱脚埋入基础混凝土内（±0.000m 以下）部分。为防止误涂，应加强技术交底，并在不刷涂料部位做出明显标记，或采取有效保护措施（如用宽胶带纸将不刷涂料部位贴住，以后再揭下来）。若发生误涂装，应按构件表面原除锈方法对误涂装部位进行处理，达到要求后，方可进行下道工序作业。

➤ 常见的质量问题：钢构件涂料涂装遍数、涂层厚度均不符合设计和规范要求。由于钢构件涂料涂装遍数是保证防腐的重要构成部分，涂装遍数不足，会降低防腐效果。而涂层厚度是保证其耐火性的重要指标，涂层厚度不足，会影响涂层的使用年限，对钢结构的防腐产生不良影响。

◇ 预防措施：钢构件涂装时，采用的涂料及涂装遍数、涂层厚度均应符合设计和规范要求。当设计对涂层厚度无要求时，涂层干漆膜总厚度：室外应为 150μm，室内应为 125μm，其允许偏差为 -25μm。涂层宜涂刷 4、5 遍，每层涂层干漆膜厚度的允许偏差为 -5μm，各层涂层涂刷时，下一涂层的涂刷应在上一层干燥后方可进行。涂装时，应严格认真检查，对于不符合要求的部位，应进行补涂刷。

➤ 常见的质量问题：钢结构防火涂料涂层表面裂缝宽度超过设计和规范允许值。由于涂层表面裂缝宽度超过允许偏差，裂缝会在使用中发展，影响涂层的整体性和绝缘性，从而会降低涂层的耐火极限等级和使用寿命。

◇ 预防措施：防火涂料涂层表面的裂缝宽度：对薄涂型防火涂料涂层，不应大于 0.5mm，对厚涂型防火涂料涂层，不应大于 1mm。涂装时，应加强监控和检查，发现裂缝宽度超过允许偏差，应用同类涂料抹压修补。

➤ 常见的质量问题：构件表面涂装质量缺陷。构件表面出现漏涂、涂层脱皮、返锈及涂层不均匀，有明显皱皮、流坠、针眼和气孔等缺陷；这些缺陷会影响涂层的使用寿命。

◇ 预防措施：涂层涂刷应针对以上缺陷造成的原因采取措施加以防止。涂装中要加强监控，全数观察检查，如发现缺陷，应及时清除，进行补涂。

4.3.3 砌体工程

4.3.3.1 砌筑砂浆

1. 质量控制点

（1）材料要求

1）水泥进场使用前，应分批对其强度、安定性进行复验。检验批应以同一生产厂家、同一编号为一批。当使用中对水泥质量有怀疑或水泥出厂超过 3 个月（快硬硅酸盐水泥超过 1 个月）时，应复查试验，并按其复查结果使用；不同品种的水泥不得混合使用。

2）砂浆用砂宜采用中砂，并应过筛，而且不得含有有害杂物。对于水泥砂浆强度等级不小于 M5 的水泥混合砂浆，其砂中含泥量不应超过 5%；对于强度等级小于 M5 的水泥混合砂浆，其砂中含泥量不应超过 10%；人工砂、山砂及特细砂，应经试配能满足砌筑砂浆技术条件的要求。

3）配制水泥石灰砂浆时，不得采用脱水硬化的石灰膏。

4）消石灰粉不得直接使用于砌筑砂浆中。

5）拌制砂浆用水，其水质应符合国家现行标准《混凝土用水标准》（JGJ 63—2006）的规定。

6）凡在砂浆中掺入有机塑化剂、早强剂、缓凝剂、防冻剂等，应经检验和试配符合要求后，方可使用。有机塑化剂应有砌体强度的形式检验报告。

7）砌筑砂浆的强度等级宜采用 M20、M15、M10、M7.5、M5。

8）水泥砂浆拌合物的密度不宜小于 1900kg/m³；水泥混合砂浆拌合物的密度不宜小于 1800kg/m³。

9）砌筑砂浆稠度、分层度、试配抗压强度必须符合要求。砌筑砂浆分层度不得大于 30mm。砌筑砂浆稠度见表 4-136。

表 4-136　砌筑砂浆稠度

砌体种类	砂浆稠度 /mm
烧结普通砖砌体 蒸压粉煤灰砖砌体	70 ～ 90
混凝土实心砖、混凝土多孔砖砌体 普通混凝土小型空心砌块砌体 蒸压灰砂砖砌体	50 ～ 70
烧结多孔砖、空心砖砌体 轻骨料小型空心砌块砌体 蒸压加气混凝土砌块砌体	60 ～ 80
石砌体	30 ～ 50

注：1. 采用薄灰砌筑法砌筑蒸压加气混凝土砌块时，加气混凝土粘结砂浆的加水量应按照其产品说明书控制；

　　2. 当砌筑其他块体时，其砌筑砂浆的稠度可根据块体吸水特性及气候条件确定。

10）水泥砂浆中水泥用量不应小于 200kg/m³；水泥混合砂浆中水泥和掺加料总量宜为 300 ～ 350kg/m³。具有冻融循环次数要求的砌筑砂浆，经冻融试验后，质量损失率不得大于 5%，抗压强度损失率不得大于 25%。

（2）拌制要求

1）砂浆现场拌制时，各组分材料应采用质量计量。

2）砌筑砂浆应采用机械搅拌，自投料完起算其搅拌时间，水泥砂浆和水泥混合砂浆不少于 2min；水泥粉煤灰砂浆和掺用外加剂的砂浆不得少于 3min；掺用有机塑化剂的砂浆应控制在 35min。对于掺用缓凝剂的砂浆，其使用时间可根据具体情况而适当延长。

3）砌筑砂浆应随拌随用。水泥砂浆和水泥混合砂浆应分别在 3h 和 4h 内使用完毕；当施工期间最高气温超过 30℃时，必须分别在拌成后 2h 和 3h 内使用完毕。不得使用超出上述时间的砂浆，并不应再次拌和使用。

4）砂浆拌和后和使用过程中，当出现泌水现象时，应在砌筑前再次拌和方可使用。

5）拌制水泥砂浆时，应先将砂和水泥干拌均匀后，再加水搅拌均匀。

6）拌制水泥混合砂浆时，应先将砂与水泥干拌均匀后，再添掺加料（石灰膏、黏土膏）和水搅拌均匀。

7）拌制水泥粉煤灰砂浆时，应先将水泥、粉煤灰、砂干拌均匀后，再加水搅拌均匀。

8）掺用外加剂拌制砂浆时，应先将外加剂按规定浓度溶于水中，在加入拌合水时投入外加剂溶液，外加剂不得直接加入拌制的砂浆中。

2．砌筑砂浆检验批施工质量验收

砌筑砂浆试块强度应符合以下规定：同一检验批砌筑砂浆试块强度平均值必须大于或等于设计强度等级值的 1.1 倍；同一检验批砂浆试块抗压强度的最小一组平均值也必须大于或等于设计强度等级值的 85%。砌筑砂浆的检验批，同一类型、同一强度等级的砂浆试块应不少于 3 组。当同一检验批中只有 1 组试块时，该试块抗压强度的平均值必须大于或等于设计强度等级值的 1.1 倍。

砂浆强度必须以在标准条件下进行养护、龄期为 28d 的试块抗压试验结果为准。

抽检数量：每一检验批且不超过 250m³ 砌体的各种类型及强度等级的砌筑砂浆，每台砂浆搅拌机至少抽检 1 次。

检验方法：在砂浆搅拌机出料口随机取样制作砂浆试块（同盘砂浆只应制作 1 组试块），最后检查试块强度试验报告单。

3．施工中常见的质量问题及预防措施

➤ 常见的质量问题：砌筑砂浆的稠度、保水性不合适；砌筑砂浆的强度等级不能满足设计要求，有偏差。

✧ 采取的预防措施：水泥、砂、水及掺合料（外加剂）计量要准确；砂浆搅拌的方法、搅拌的时间正确；砂浆试块的留置、取样方法、制作、养护、试压等应符合规定要求。砂浆的强度取决于水泥的强度，因此，水泥的品种、规格、级别等必须符合设计要求；另外，砂浆的运输、使用时间等都有明确的规定，施工人员必须严格按照墙体砌筑技术规程进行，方可达到预防的目的。

4.3.3.2 混凝土小型空心砌块砌体工程

1．质量控制点

（1）材料要求

1）施工时所用的小型砌块的产品龄期不应小于 28d。

2）施工时所用的砂浆，宜选用专用的小型砌块砌筑砂浆。

3）小型砌块和砌筑砂浆的强度等级必须符合设计要求。

4）底层室内地面以下或防潮层以下的砌体，应采用强度等级不低于 C20 的混凝土灌实小砌块的孔洞。

5）对于地面以下或防潮层以下的砌体、潮湿房间的墙，所用材料的最低强度等级应符合表 4-137 的要求。

表 4-137 潮湿房间、砌体所用材料的最低强度等级

基土的潮湿	烧结普通砖、蒸压灰砂砖		混凝土	石	水泥
程度	严寒地区	一般地区	砌块	材	砂浆
稍潮湿的	MU10	MU10	MU7.5	MU30	M5
很潮湿的	MU15	MU10	MU7.5	MU30	M7.5
含水饱和的	MU20	MU15	MU10	MU40	M10

（2）砌筑要求

1）砌筑小砌块时，在天气干燥炎热的情况下，应提前洒水湿润小砌块；对轻骨料混凝土小砌块，可提前浇水湿润。另外，小砌块表面有浮水时，不得施工。

2）砌筑承重墙体时，严禁使用断裂的小砌块；砌筑时，小砌块应底面朝上反砌于墙上。

3）砌筑小砌块墙体时，应对孔错缝搭砌，搭接长度不应小于 90mm。墙体的个别部位不能满足上述要求时，应在灰缝中设置拉结钢筋或钢筋网片，但竖向通缝仍不得超过 2 皮小砌块。

4）砌筑时，对于需要移动砌体中的小砌块或小砌块被撞动的，应重新铺砌。

5）砌体水平灰缝的砂浆饱满度，应按净面积计算，不得低于 90%；竖向灰缝砂浆饱满度不得低于 80%，竖缝凹槽部位必须用砌筑砂浆灌实；不得出现瞎缝、透明缝。

6）应同时砌筑墙体转角处和纵横墙交接处。临时间断处应砌成斜槎，斜槎水平投影长度不应小于高度的 2/3。

7）墙体的水平灰缝厚度和竖向灰缝宽度宜为 10mm，但不应大于 12mm，也不应小于 8mm。

8）小型砌块砌体的轴线偏移和垂直度偏差应符合规范规定要求。

9）小型砌块墙体的一般尺寸允许偏差也应符合规范要求。

2. 混凝土小型空心砌块砌体工程检验批施工质量验收

检验批划分：依据拟定的施工方案内容要求，按不同的结构层、变形缝、施工段以及不同砌块规格、品种、组砌形式、砌筑方法或砌筑面积大小为一个检验批。

（1）主控项目检验

混凝土小型空心砌块砌体主控项目检验标准及检验方法介绍如下。

1）小砌块和芯柱混凝土、砌筑砂浆的强度等级必须符合设计要求。

抽检数量：每一生产厂家，每 1 万块小砌块为一检验批，不足 1 万块按一批计，抽检数量为一组；用于多层以上建筑的基础和底层的小砌块抽检数量不应少于 2 组。砂浆试块的抽检数量执行《砌体结构工程施工质量验收规范》（GB 50203—2011）第 4.0.12 条的有关规定。

检验方法：检查小砌块和芯柱混凝土、砌筑砂浆试块试验报告。

2）砌体水平灰缝和竖向灰缝的砂浆饱满度，按净面积计算不得低于 90%。

抽检数量：每检验批抽查不应少于 5 处。

检验方法：用专用百格网检测小砌块与砂浆粘结痕迹，每处检测 3 块小砌块，取其平均值。

3）应同时砌筑墙体转角处和纵横墙交接处。临时间断处应砌成斜槎，斜槎水平投影长度不应小于斜槎高度。施工洞口可预留直槎，但在洞口砌筑和补砌时，应在直槎上下搭砌的小砌块孔洞内用强度等级不低于 C20（或 Cb20）的混凝土灌实。

抽检数量：每检验批抽查不应少于 5 处。

检验方法：观察检查。

4）小砌块砌体的芯柱在楼盖处应贯通，不得削弱芯柱截面尺寸；芯柱混凝土不得漏灌。

抽检数量：每检验批抽查不应少于 5 处。

检验方法：观察检查。

（2）一般项目检验

混凝土小型空心砌块砌体一般项目检验标准及检验方法见表 4-138。

表 4-138　混凝土小型空心砌块砌体一般项目检验标准及检验方法

序号	项目	检验标准及要求		检验方法	检验数量
1	混凝土小型空心砌块砌体水平灰缝厚度和竖向灰缝宽度	砌块砌体水平灰缝厚度和竖向灰缝宽度宜为 10mm，但不应大于 12mm，也不应小于 8mm		用尺量 5 皮小砌块的高度和 2m 砌体长度折算	每层楼的检测点不应少于 5 处
2	混凝土小型空心砌块砌体的一般尺寸允许偏差	检验项目	允许偏差 /mm	—	—
		轴线位移	10	用经纬仪和尺检查，或用其他测量仪器检查	承重墙、柱全数检查
		基础、墙、柱顶面标高	±15	用水准仪和尺检查	不应少于 5 处
		墙面垂直度　每层	5	用 2m 托线板检查	不应少于 5 处
		墙面垂直度　全高　≤10m	10	用经纬仪、吊线和尺检查，或用其他测量仪器检查	外墙全部阳角
		墙面垂直度　全高　>10m	20		
		表面平整度　清水墙、柱	5	用 2m 靠尺和楔形塞尺检查	—
		表面平整度　混水墙、柱	8		
		水平灰缝平直度　清水墙	7	拉 5m 线和尺检查	—
		水平灰缝平直度　混水墙	10		
		门窗洞口高、宽（后塞口）	±10	用尺检查	不应少于 5 处
		外墙上、下窗口偏移	20	以底层窗口为准，用经纬仪或吊线检查	不应少于 5 处
		清水墙游丁走缝	20	以每层第一皮砖为准，用吊线和尺检查	不应少于 5 处

3．施工中常见的质量问题及预防措施

➤ 常见的质量问题：由于屋面存在温差应力，在建筑物顶层或最上两层外纵墙两端1～2个开间的窗角，沿着砌体灰缝易产生阶梯形的斜裂缝。

◇ 预防措施：减少屋面温度变化的影响。在屋面板施工完毕后，应抓紧做好屋面保温隔热层。对现浇屋面，要加强顶层屋面圈梁，并在屋面板或圈梁与支承墙体之间采用隔离滑动层或缓冲层的做法。对预应力多孔板屋面，要注意做好屋面板与女儿墙之间的温度伸缩缝。在平屋面的适当部位，要设置分格缝。

➤ 常见的质量问题：由于砌块的干缩变形，一般在平屋顶檐口下或顶层圈梁下与砌体交接处的灰缝位置，裂缝呈现为水平方向断续的水平缝，房屋两端比中间严重，以外纵墙尤为突出，且洞口的斜裂缝多种多样。

◇ 预防措施：要严把材料进场关。小型砌块生产后，静置养护龄期不足28d的不准使用，使用小型砌块时，严禁浇水砌筑或先湿润再砌筑，当天气干燥炎热时，可稍喷水湿润。不得使用含饱和水的小型砌块，雨天砌块和已砌墙体应遮盖防雨。另外，砌体施工中，应采用合理的砌筑工艺，做到灰缝饱满、错缝搭接、小型砌块孔肋相对，特别是对承重墙砌筑时，灰砂砖、小型砌块、黏土砖等不同品种不得同层混砌。

➤ 常见的质量问题：由于砌筑时砂浆饱满度不够、厚度不足，导致接槎不符合要求，墙面不平整、垂直度差等。在门窗口部位，以外纵墙尤为突出，且洞口的斜裂缝多种多样。

◇ 预防措施：提高砌筑砂浆的粘结性能。宜采用较大灰膏比的混合砂浆，提高砂浆的粘结强度，增大其弹性模量，降低砂浆的收缩性，提供砌体的抗剪强度。

➤ 常见的质量问题：框架结构的填充墙，比较常见的是在梁和柱与砌体交接处出现水平和垂直的裂缝，而在砖混结构横隔承重墙上，个别会有呈正八字形的斜裂缝。

◇ 预防措施：建筑设计平面布置应规正、平直，纵横墙布置要均匀对称，应采用合理的结构措施，加强地基圈梁的刚度，增强基础对建筑物沉降变形的协调能力，用以提高建筑物整体性和抗侧向力能力。

4.3.3.3 配筋砌体工程

1．质量控制点

（1）材料要求

1）钢筋的品种、规格和数量应符合设计要求。

2）配筋砌块砌体剪力墙，应采用专用的小砌块砌筑砂浆和专用的小砌块灌孔混凝土。

3）构造柱、芯柱、组合砌体构件、配筋砌体剪力墙构件的混凝土或砂浆的强度等级应符合设计要求。

4）钢筋混凝土结构及预应力混凝土结构的钢筋，应按下列规定选用：普通钢筋宜采用HRB400级和HRB335级钢筋，也可采用HPB235级和RRB400级钢筋；预应力钢筋宜采用预应力钢绞线、钢丝，也可采用热处理钢筋。

5）钢筋的强度标准值应具有不小于95%的保证率。

6）水平配筋砂浆的强度等级不应低于M7.5；水平钢筋宜采用HPB235、HRB335钢筋。

7）配筋小型空心砌块抗震墙房屋的灌芯混凝土，应采用坍落度、流动性、和易性好，并与砌块结合良好的混凝土，灌芯混凝土的强度等级不应低于C20。

8）剪力墙砌体砌块强度等级不应低于MU10；砌筑砂浆强度等级不应低于M7.5。

（2）砌筑要求

1）设置在砌体水平灰缝内的钢筋，应居中置于灰缝中。水平灰缝厚度应大于钢筋直径 4mm 以上。砌体外露面砂浆保护层的厚度不应小于 15mm；设置在砌体水平灰缝中钢筋的锚固长度不宜小于 50d（d 为钢筋直径），且其水平或垂直弯折段的长度不宜小于 20d 和 150mm；钢筋的搭接长度不应小于 55d。

2）网状配筋砖砌体中的体积配筋率不应小于 0.1%，并不应大于 1%。采用钢筋网时，钢筋的直径宜采用 3 ~ 4mm；当采用连弯钢筋网时，钢筋的直径不应大于 8mm；钢筋网中的钢筋间距，不应大于 120mm，且不小于 30mm；钢筋网的竖向间距，不应大于 5 皮砖，且不大于 400mm。

3）对配筋混凝土小型空心砌块砌体，芯柱混凝土应在装配式楼盖处贯通，不得削弱芯柱截面尺寸。配筋砌块砌体剪力墙中，采用搭接接头的受力钢筋搭接长度不应小于 35d，且不应少于 300mm。

4）钢筋的直径不宜大于 25mm，当设置在灰缝中时不应小于 4mm；且不宜大于灰缝厚度的 1/2；配置在孔洞或空腔中的钢筋面积不应大于孔洞或空腔面积的 6%；两平行钢筋间的净距不宜小于 25mm；柱和壁柱中的竖向钢筋的净距不宜小于 40mm。

5）钢筋的直径大于 22mm 时宜采用机械连接接头，其他直径的钢筋可采用搭接接头，接头的质量应符合有关标准、规范的规定。

6）水平受力钢筋（网片）在凹槽砌块混凝土带中的锚固长度不宜小于 30d，且其水平或垂直弯折段的长度不宜小于 15d 和 200mm；钢筋的搭接长度不宜小于 35d；在砌体水平灰缝中，钢筋的锚固长度不宜小于 50d，且其水平或垂直弯折段的长度不宜小于 20d 和 150mm；钢筋的搭接长度不宜小于 55d。

7）灰缝中钢筋外露砂浆保护层不宜小于 15mm；位于砌块孔槽中的钢筋保护层，在室内正常环境不宜小于 20mm；在室外或潮湿环境不宜小于 30mm。

8）配筋砌块砌体剪力墙应在墙的转角、端部和孔洞的两侧配置竖向连续的钢筋，钢筋的直径不宜小于 12mm；应在洞口的底部和顶部设置不小于 2φ10 的水平钢筋，其伸入墙内的长度不宜小于 35d 和 400mm。

9）配筋砌块砌体柱截面边长不宜小于 400mm，柱高度与截面短边之比不宜大于 30；柱的纵向钢筋的直径不宜小于 12mm，数量不应少于 4 根，全部纵向受力钢筋的配筋率不宜小于 0.2%；箍筋直径不宜小于 6mm，间距不应大于 16 倍的纵向箍筋直径、48 倍箍筋直径及柱截面短边尺寸较小者，箍筋应封闭，端部应做成弯钩。

10）配筋砌块砌体剪力墙水平分布钢筋可绕端部主筋弯 180° 弯钩，弯钩端部直段长度不宜小于 12d；该钢筋也可垂直弯入端部灌孔混凝土中锚固，其弯折长度，对于一、二级抗震等级不应小于 250mm；对于三、四级抗震等级不应小于 200mm。对于配筋砌块砌体剪力墙，当采用焊接网片作为水平钢筋时，应在钢筋网片的弯折端部加焊 2 根直径与抗剪钢筋相同的横向钢筋，弯入灌孔混凝土的长度不应小于 150mm。此外，纵向钢筋直径不应小于 12mm，全部纵向钢筋直径的配筋率不应小于 0.4%；箍筋直径不应小于 6mm，且不应小于纵向钢筋直径的 1/4；箍筋的间距不宜大于 200mm。

2. 配筋砌体工程检验批施工质量验收

检验批划分：应依据拟定施工方案内容要求，按照不同的结构层、沉降缝、伸缩缝（温度缝），划分的施工区段，砌块品种、规格、组砌形式、砌筑方法以及砌筑面积大小划分为一个检验批。

（1）主控项目检验

配筋砌体工程主控项目检验标准及检验方法规定如下。

1）钢筋的品种、规格、数量和设置部位应符合设计要求。

检验方法：检查钢筋的合格证书、钢筋性能复试试验报告、隐蔽工程记录。

2）构造柱、芯柱、组合砌体构件、配筋砌体剪力墙构件的混凝土及砂浆的强度等级应符合设计要求。

抽检数量：每检验批砌体，试块不应少于 1 组，检验批砌体试块不得少于 3 组。

检验方法：检查混凝土和砂浆试块试验报告。

3）构造柱与墙体的连接应符合下列规定：

① 墙体应砌成马牙槎，马牙槎凹凸尺寸不宜小于 60mm，高度不应超过 300mm，马牙槎应先退后进，对称砌筑；每一构造柱马牙槎尺寸偏差不应超过 2 处。

② 预留拉结钢筋的规格、尺寸、数量及位置应正确，拉结钢筋应沿墙高每隔 500mm 设 $2\phi6$，伸入墙内不宜小于 600mm，钢筋的竖向移位不应超过 100mm，且竖向移位每一构造柱不得超过 2 处。

③ 施工中不得任意弯折拉结钢筋。

抽检数量：每检验批抽查不应少于 5 处。

检验方法：观察检查。

4）配筋砌体中受力钢筋的连接方式及锚固长度、搭接长度应符合设计要求。

检查数量：每检验批抽查不应少于 5 处。

检验方法：观察检查。

（2）一般项目检验

配筋砌块砌体工程一般项目检验标准及检验方法规定如下。

1）构造柱一般尺寸允许偏差及检验方法应符合表 4-139 的规定。

表 4-139　构造柱一般尺寸允许偏差及检验方法

项次	项　　目			允许偏差/mm	抽 检 方 法
1	中心线位置			10	用经纬仪和尺检查，或用其他测量仪器检查
2	层间错位			8	用经纬仪和尺检查，或用其他测量仪器检查
3	垂直度	每层		10	用 2m 托线板检查
		全高	≤ 10m	15	用经纬仪、吊线和尺检查，或用其他测量仪器检查
			>10m	20	

抽检数量：每检验批抽查不应少于 5 处。

2）设置在砌体灰缝中钢筋的防腐保护应符合《砌体结构工程施工质量验收规范》（GB 50203—2011）第 3.0.16 条的规定，且钢筋防护层完好，不应有肉眼可见裂纹、剥落和擦痕等缺陷。

抽检数量：每检验批抽查不应少于 5 处。

检验方法：观察检查。

3）网状配筋砖砌体中，钢筋网规格及放置间距应符合设计规定。每一构件钢筋网沿砌体高度位置超过设计规定一皮砖厚不得多于 1 处。

抽检数量：每检验批抽查不应少于 5 处。

检验方法：通过钢筋网成品检查钢筋规格，钢筋网放置间距采用局部剔缝观察，或用探针刺入灰缝内检查，或用钢筋位置测定仪测定。

4）钢筋安装位置的允许偏差及检验方法应符合表 4-140 的规定。

表 4-140   钢筋安装位置的允许偏差及检验方法

项　　目		允许偏差 /mm	抽 检 方 法
受力钢筋保护层厚度	网状配筋砌体	±10	检查钢筋网成品、钢筋网放置位置局部剔缝观察，或用探针刺入灰缝内检查，或用钢筋位置测定仪测定
	组合砖砌体	±5	支模前观察与尺量检查
	配筋小砌块砌体	±10	浇筑灌孔混凝土前观察与尺量检查
配筋小砌块砌体墙凹槽中水平钢筋间距		±10	钢尺量连续三档，取最大值

抽检数量：每检验批抽查不应少于 5 处。

3. 施工中常见的质量问题及预防措施

➤ 常见的质量问题：砌体抗压强度过低。配筋砌体抗压强度过低，墙面出现裂缝和局部压碎现象，不能满足设计要求，影响房屋的安全性能，严重的会造成房屋倒塌。主要原因是设计的灌心混凝土强度等级与砌块强度等级不匹配；砌块配筋砌体内水平方向和垂直方向都配有钢筋，施工较困难。如果灌心混凝土性能不好、坍落度小、保水性差，则灌心混凝土不容易浇捣密实，而出现孔洞现象；灌心混凝土有灰渣层，影响芯柱的局部强度；砌块组砌不合理，没有全部做到肋对肋、孔对孔、错缝搭接，而使灌心混凝土无法贯通。

◇ 预防措施：①灌心混凝土强度与小砌块强度要匹配，应通过砌体抗压强度试验来确定小砌块和灌心混凝土各自的最佳设计强度值。②因小砌块孔洞小，其体内又放置垂直和水平钢筋，混凝土坍落度小，就很难灌实；所以保证混凝土的坍落度很重要，在搅拌混凝土过程中，要增加混凝土坍落度的检查次数，发现偏差时，应及时更正。③配筋砌块砌体的小砌块排列与一般小砌块建筑不同，一定要保证上、下皮小砌块孔对孔、肋对肋、错缝搭接；当块型不能满足要求，小砌块无法排列时，墙体空缺部分需另支模板，用现浇混凝土填充，并与灌心混凝土一起浇筑。如果小砌块模数不符，可在墙的端头采用支模现浇的方法。④配筋砌体使用的砂浆要求粘结性好、流动性低、和易性好、保水性强和强度高（一般在 M7.5以上），为减少由于石灰膏计量不准而产生砂浆强度的波动，宜选用保水塑化材料代替传统的石灰膏。

➤ 常见的质量问题：垂直钢筋位移。因绑扎不牢或漏绑，在浇捣混凝土时将钢筋挤向一边，造成一边混凝土保护层不够，或钢筋本身不直、弯曲和歪斜，一侧紧靠小砌块；或钢筋上部未进行固定，混凝土浇捣完至初凝前，未对竖向钢筋进行整理，导致竖向钢筋不在芯洞中间，偏向一侧；严重的会与上部钢筋搭接不上，使钢筋一侧混凝土保护层厚度不足，削弱了混凝土和钢筋共同工作的能力，也不利于荷载的传递。

◇ 预防措施：①钢筋搭接处绑扎不能少于 2 点，而且要绑扎牢固。混凝土浇捣时，振动棒不允许碰竖向钢筋。②混凝土浇捣完至初凝前，应对个别位移的钢筋进行校正，确保钢筋位置准确。

4.3.3.4   填充墙砌体工程

1. 质量控制点

（1）材料要求

1）砖、砌块和砌筑砂浆的强度等级应符合设计要求。

2）蒸压加气混凝土砌块、轻骨料混凝土小型空心砌块砌筑时，其产品龄期应超过 28d。

3）在空心砖、蒸压加气混凝土砌块、轻骨料混凝土小型空心砌块等的运输、装卸过程中，严禁抛掷和倾倒。进场后，应按品种、规格分别堆放整齐，堆置高度不宜超过2m。加气混凝土砌块应防止雨淋。

4）填充墙砌体的砂浆饱满度要求如下：空心砖墙水平灰缝不小于80%，垂直灰缝应填满砂浆，不得有透明缝、瞎缝、假缝；加气混凝土砌块和轻骨料混凝土小型砌块砌体的水平、垂直灰缝都不得小于80%。

（2）砌筑要求

1）填充墙砌体砌筑前，块材应提前2d浇水湿润。蒸压加气混凝土砌块砌筑时，应向砌筑面适量浇水。

2）用轻骨料混凝土小型空心砌块或蒸压加气混凝土砌块砌筑时，墙底部应砌筑烧结普通砖或多孔砖，或普通混凝土小型砌块，或现浇混凝土坎台等，其高度不宜小于200mm。

3）蒸压加气混凝土砌块砌体和轻骨料混凝土小型空心砌块砌体不应与其他块材混砌。

4）填充墙砌体留置的拉结筋或网片的位置应与块体皮数相符合。拉结钢筋或网片应置于灰缝中，埋置长度应符合设计要求，竖向位置偏差不应超过1皮高度。

5）砌筑填充墙时，应错缝搭砌，蒸压加气混凝土砌块搭砌长度不应小于砌块长度的1/3；轻骨料混凝土小型空心砌块搭砌长度不应小于90mm；竖向通缝不大于2皮。

6）填充墙砌体的灰缝厚度和宽度应正确。空心砖、轻骨料混凝土小型砌块的砌体灰缝应为8～12mm。蒸压加气混凝土砌块砌体的水平灰缝及竖向灰缝宽度宜分别为15mm和20mm。

7）填充墙砌至接近梁、板底时，应留一定空隙，待填充墙砌筑完，并应至少间隔7d后，再将其补砌挤紧。

2. 填充墙砌体工程检验批施工质量验收

检验批划分：依据拟定的施工方案内容要求，按照不同结构层、变形缝及施工段，砌筑块材的品种、规格、组砌形式、组砌方法以及砌筑面积大小划分为一个检验批。

（1）主控项目检验

填充墙砌体工程主控项目检验标准及检验方法规定如下。

1）烧结空心砖、小砌块和砌筑砂浆的强度等级应符合设计要求。

抽检数量：烧结空心砖每10万块为一验收批，小砌块每1万块为一验收批，不足上述数量时按一批计，抽检数量为1组。砂浆试块的抽检数量执行《砌体结构工程施工质量验收规范》（GB 50203—2011）第4.0.12条的有关规定。

检验方法：检查砖、小砌块进场复验报告和砂浆试块试验报告。

2）填充墙砌体应与主体结构可靠连接，其连接构造应符合设计要求，未经设计同意，不得随意改变连接构造方法。每一填充墙与柱的拉结筋的位置超过一皮块体高度的数量不得多于1处。

检查数量：每检验批抽查不应少于5处。

检验方法：观察检查。

3）填充墙与承重墙、柱、梁的连接钢筋，当采用化学植筋的连接方式时，应进行实体检测。锚固钢筋拉拔试验的轴向受拉非破坏承载力检验值应为6.0kN。抽检钢筋在检验值作用下应基材无裂缝、钢筋无滑移宏观裂损现象；持荷2min期间荷载值降低不大于5%。

检查数量：检验批抽检锚固钢筋样本最小容量按表4-141确定。

检验方法：原位试验检查。

表 4-141　检验批抽检锚固钢筋样本最小容量

检验批的容量	样本最小容量	检验批的容量	样本最小容量
≤ 90	5	281 ～ 500	20
91 ～ 150	8	501 ～ 1200	32
151 ～ 280	13	1201 ～ 3200	50

（2）一般项目检验

填充墙砌体工程一般项目检验标准及检验方法规定如下。

1）填充墙砌体尺寸、位置的允许偏差及检验方法应符合表 4-142 的规定。

表 4-142　填充墙砌体尺寸、位置的允许偏差及检验方法

项次	项　目		允许偏差 /mm	检 验 方 法
1	轴线位移		10	用尺检查
2	垂直度 （每层）	≤ 3m	5	用 2m 托线板或吊线、尺检查
		> 3m	10	
3	表面平整度		8	用 2m 靠尺和楔形尺检查
4	门窗洞口高、宽（后塞口）		±10	用尺检查
5	外墙上、下窗口偏移		20	用经纬仪或吊线检查

抽检数量：每检验批抽查不应少于 5 处。

2）填充墙砌体的砂浆饱满度及检验方法应符合表 4-143 的规定。

表 4-143　填充墙砌体的砂浆饱满度及检验方法

砌 体 分 类	灰　　缝	饱满度及要求	检 验 方 法
空心砖砌体	水平	≥ 80%	采用百格网检查块体底面或侧面砂浆的粘结痕迹面积
	垂直	填满砂浆，不得有透明缝、瞎缝、假缝	
蒸压加气混凝土砌块、轻骨料混凝土小型空心砌块砌体	水平	≥ 80%	
	垂直	≥ 80%	

抽检数量：每检验批抽查不应少于 5 处。

3）填充墙留置的拉结钢筋或网片的位置应与块体皮数相符合。拉结钢筋或网片应置于灰缝中，埋置长度应符合设计要求，竖向位置偏差不应超过 1 皮高度。

抽检数量：每检验批抽查不应少于 5 处。

检验方法：观察和用尺量检查。

4）砌筑填充墙时应错缝搭砌，蒸压加气混凝土砌块搭砌长度不应小于砌块长度的 1/3；轻骨料混凝土小型空心砌块搭砌长度不应小于 90mm；竖向通缝不应大于 2 皮。

抽检数量：每检验批抽查不应少于 5 处。

检查方法：观察检查。

5）填充墙的水平灰缝厚度和竖向灰缝宽度应正确，烧结空心砖、轻骨料混凝土小型空心砌块砌体的水平灰缝厚度和竖向灰缝宽度应为 8 ～ 12mm；蒸压加气混凝土砌块砌体当采用水泥砂浆、水泥混合砂浆或蒸压加气混凝土砌块砌筑砂浆时，水平灰缝厚度和竖向灰缝宽度不应超过 15mm；当蒸压加气混凝土砌块砌体采用蒸压加气混凝土砌块粘结砂浆时，水平灰缝厚度和竖向灰缝宽度宜为 3 ～ 4mm。

抽检数量：每检验批抽查不应少于 5 处。

检查方法：水平灰缝厚度用尺量 5 皮小砌块的高度折算；竖向灰缝宽度用尺量 2m 砌体长度折算。

181

3. 施工中常见的质量问题及预防措施

➤ 常见的质量问题：填充墙与混凝土柱、梁、墙连接不良，连接处出现裂缝，严重的受冲撞时倒塌。主要原因是混凝土柱、墙、梁未按规定预埋拉结钢筋，或钢筋偏位、规格不符；砌填充墙时未将拉结钢筋调直，或未放在灰缝中，影响钢筋的拉结能力；钢筋混凝土梁、板与填充墙之间未楔紧，或没有用砂浆嵌填密实。

◇ 预防措施：①轻质小型砌块填充墙应沿墙高每隔600mm与柱或承重墙内预埋的2φ6钢筋拉结，钢筋伸入填充墙内长度不应小于600mm。加气混凝土砌块填充墙与柱和承重墙的交接处应沿墙高每隔1m设置2根φ6拉结钢筋，伸入填充墙内不得小于500mm。②填充墙砌至拉结筋部位时，将拉结筋调直，平铺在墙身上，然后铺灰砌墙；严禁把拉结钢筋折断或未进入墙体灰缝中。③填充墙砌完后，砌体还将有一定的变形，因此要求填充墙砌到梁、板底时预留一定的空隙，在抹灰前，再用侧砖、立砖或预制混凝土块斜砌挤紧，其倾斜度为60°左右，砌筑砂浆要饱满。另外，填充墙与柱、梁、板应结合紧密，不易开裂。

【工程案例 4-7】

1. 工程背景

某单位办公住宅综合楼工程，总建筑面积为 1.8 万 m^2，地下 1 层，地上 10 层，其中地下 1 层和地上 1～4 层为框架-剪力墙结构，5～10 层为砖混结构，工程总造价为 2400 万，工期 1 年。该工程项目由某甲级工程勘察设计研究院设计，建设单位（业主）委托了当地一家具有专业甲级资质的监理单位进行工程监理，施工单位（承包商）是当地信誉较好的一级施工企业。工程于 2008 年 10 月 26 日开工，计划于 2009 年 10 月 26 日竣工。

2. 施工背景

施工单位依据审核后的单位工程施工组织设计指导进行现场施工。并按计划于 2008 年春节前完成了基础及地下一层工程的施工。主体工程施工于 2009 年 5 月 10 日完工，在分部分项工程质量验收时，发现在 1～4 层框架-剪力墙结构施工过程中，第 2 层柱子表面出现严重的蜂窝和孔洞；第 3 层柱间填充墙出现与混凝土柱、梁、墙连接不良，连接处有裂缝存在；在 5～6 层砖混砌体结构施工过程中，当砌筑第 5 层墙体时，砂浆稠度和保水性不符合规定，产生沉淀和泌水现象，铺摊和挤浆较为困难。

3. 假设

现场浇筑的混凝土为商品混凝土。施工期间的天气情况如下：晴天，室外温度为 18～25℃，风力 2～4 级，正常施工（白天），柱子表面为什么会出现严重的蜂窝和孔洞；填充墙与现浇柱、梁、剪力墙连接处会有裂缝出现呢？

4. 思考与问答

1）主体 1～4 层填充墙砌体分项工程检验批是如何划分的？请说明理由。

2）分析并说明第二层现浇柱子出现严重的蜂窝和孔洞的主要原因是什么？应如何进行处理？

3）砌块砌体工程砌筑时对砌块和砌筑砂浆的要求是什么？

4）填充墙与现浇柱、梁、剪力墙连接处出现裂缝的主要原因有哪些？应采取怎样的预防措施才能避免此类质量问题发生？

5）砌筑空心砖墙体时，砂浆稠度及保水性达到什么要求，才能保证灰缝的砂浆饱满度，使墙体砌筑横平竖直？应采用什么工具方法检验？

子单元 4　屋 面 工 程

随着人们对屋面使用功能要求的提高，屋面工程设计产生了多样化、立体化等新的建筑设计理念，从而对建筑造型、屋面防水、保温隔热、建筑节能和生态环境等方面提出了更高的要求。屋面工程由基层与保护、保温与隔热、防水与密封、瓦面与板面、细部结构五个子分部工程组成，每个子分部工程又划分多项分项工程，本单元仅介绍常见的基层、保温层、防水层等的质量控制及验收。

4.4.1　基层与保护工程

1. 找坡层和找平层质量控制点

（1）材料要求

找平层所用原材料、配合比必须符合设计要求，水泥砂浆体积比为（1:3）～（1:2.5）（水泥:砂）；沥青砂浆质量配合比为 1:8（沥青:砂）。找平层所用材料应符合下列要求：

1）水泥砂浆。水泥强度等级不低于 42.5 级的普通硅酸盐水泥；砂宜选用中砂，其含泥量不应大于 3%，砂中不能含有机物等杂质，而且要级配良好。

2）沥青砂浆。沥青应采用 60 号甲、60 号乙的道路石油沥青或 75 号普通石油沥青；砂宜采用中砂，含泥量不应大于 3%，不能含有机物等杂质；粉料可采用矿石粉、页岩粉、滑石粉等。

3）细石混凝土。水泥、砂的材料要求与水泥砂浆相同；石子应符合现行的行业标准《普通混凝土用砂、石质量及检验方法标准》（JGJ 52—2006）的规定，其最大粒径不应大于找平层厚度的 2/3；粉状填充料应采用磨细的石料、砂或炉灰、粉煤灰、页岩灰等其他粉状的矿物质材料，不得采用石灰、石膏、泥岩灰或黏土作为粉状填充料。粉状填充料中小于 0.08mm 的细颗粒含量不小于 85%，采用振动法使粉状填充料密实时，其空隙率不应大于 45%，含泥量不应大于 3%。

（2）施工要求

1）板缝处理。《屋面工程技术规范》（GB 50345—2012）规定，结构层为装配式钢筋混凝土板时，应采用强度等级不小于 C20 的细石混凝土将板缝灌填密实；当板缝宽度大于 40mm 或上窄下宽时，应在板缝中放置构造钢筋，板端缝应进行密封处理。

2）排水坡度。《屋面工程技术规范》（GB 50345—2012）规定，单坡跨度大于 9m 的屋面宜做结构找坡，坡度不应小于 3%。但材料找坡时，可用轻质材料或保温层找坡，坡度宜为 2%。天沟、檐沟纵向坡度不应小于 1%，沟底水落差不得超过 200mm，天沟、檐沟排水不得流经变形缝和防水墙。

3）转角圆弧半径。基层与突出屋面结构（女儿墙、山墙、天窗壁、变形缝、烟囱等）的交接处和基层的转角处，找平层均应做成圆弧形，圆弧半径应符合表 4-144 的要求，内部排水的水落口周围，找平层应做成略低的凹坑。

表 4-144 找平层圆弧半径

卷材种类	沥青防水卷材	高聚物改性沥青防水卷材	合成高分子防水卷材
圆弧半径 /mm	100～150	50	20

4）设置分格缝。找平层宜留设分格缝，缝宽宜为 5～20mm，并嵌填密封材料。当分格缝兼作排汽屋面的排汽道时，可适当加宽，并应与保温层连通。分格缝应留设在板端处，其纵、横最大间距采用水泥砂浆时不应大于 6m；采用沥青砂浆时，不应大于 4m。

5）找平层厚度及技术要求详见表 4-145。

表 4-145 找平层厚度及技术要求

类　别	基层种类	厚度 /mm	技术要求
水泥砂浆找平层	整体混凝土	15～20	1:3～1:2.5（水泥:砂）体积比，水泥强度等级不低于 42.5 级
	整体或板状材料保温层	20～25	找平层的抹平工序应在初凝。前完成，压光工序应在终凝前完成，终凝后应进行养护
	装配式混凝土板，松散材料保温层	20～30	① 嵌填混凝土时板缝内应清理干净，并应保持湿润 ② 当板缝宽度大于 40mm 或上窄下宽时，板缝内应按设计要求配置钢筋 ③ 嵌填细石混凝土的强度等级不应低于 C20，嵌填深度宜低于板面 10～20mm，且应振捣密实和浇水养护 ④ 板端缝应按设计要求增加防裂的构造措施
细石混凝土找平层	松散材料保温层	30～35	① 混凝土强度等级不低于 C20 ② 找平层的抹平工序应在初凝前完成，压光工序应在终凝前完成，终凝后应进行养护
沥青砂浆找平层	整体混凝土	15～20	1:8（沥青:砂）质量比
	装配式混凝土板，整体或板状材料保温层	20～25	

2. 找坡层和找平层工程检验批施工质量验收

检验批划分：按不同结构标高屋面来划分，同一个标高屋面找平层按其面积每 100m² 划为一个检验批。每一个屋面一个检验批应抽检 10m²，屋面面积不足 100m² 时，也至少抽检 3 处，每处 10m²。

（1）主控项目检验

找坡层和找平层工程主控项目检验标准及检验方法见表 4-146。

表 4-146 找坡层和找平层工程主控项目检验标准及检验方法

序　号	项　目	检验标准及要求	检验方法	检验数量
1	材料质量及配合比	必须符合设计要求	检查出场合格证、质量检验报告和计量措施	按检验批全数检查
2	排水坡度	屋面（含天沟、檐沟）找平层排水坡度，必须符合设计要求	坡度尺检查	全数检查

184

（2）一般项目检验

找坡层和找平层工程一般项目检验标准及检验方法见表 4-147。

表 4-147　找坡层和找平层工程一般项目检验标准及检验方法

序　号	项　目	检验标准及要求	检验方法	检验数量
1	交接处、转角处	基层与突出屋面结构的交接处和基层转角处均应做成圆弧形，且整齐平顺	观察和尺量检查	全数检查
2	找平层做法	水泥砂浆、细石混凝土找平层应平整、压光，不得有酥松、起砂、起皮现象；沥青砂浆找平层不得有拌和不均、蜂窝现象	观察检查	全数检查
3	分格缝	找平层分格缝的位置和间距应符合设计要求	观察和用尺量检查	全数检查
4	表面平整度	找坡层表面平整度的允许偏差为 7mm，找平层表面平整度的允许偏差为 5mm	用 2m 靠尺和楔形塞尺检查	按检验批检查

3. 施工中常见的质量问题及预防措施

➢ 常见的质量问题：找平层开裂。由于水泥砂浆找平层的抗裂性和刚度不足；保温材料与水泥砂浆的线膨胀系数相差较大，并且保温材料易吸水，造成水泥砂浆水分不足；找平层施工时，养护不善或未抹压密实，会导致水泥砂浆找平层上出现无规则的裂缝，裂缝的宽度一般为 0.2～0.3mm，个别的可达到 0.5mm 以上，一般可分为断续状和树枝状两种，多发生在水泥砂浆施工初期至 20d 左右龄期内。

◇ 预防措施：①对于抗裂要求较高的屋面防水工程，配制水泥砂浆时，宜加微膨胀剂。②找平层应在板端处设置分格缝。分格缝的纵、横间距应符合要求，一般水泥砂浆或细石混凝土找平层不宜大于 6m，沥青砂浆找平层不宜大于 4m。③水泥砂浆找平层分格缝的宽度应适宜，一般应小于 10mm。当分格缝兼作排汽屋面的排汽管道时，宜加宽到 20mm，并且应与保温层相连通。④对于设有保温层的屋面，为防止出现裂纹，可在保温材料上设置 35～40mm 厚的 C20 细石混凝土找平层，并且找平层内还应配置 $\phi4@200mm×200mm$ 的钢丝网片。⑤对于装配式钢筋混凝土结构屋面，为防止裂痕，施工时，可先用细石混凝土将板缝灌注密实，然后在板缝表面嵌填深约 20mm 的密封材料。

➢ 常见的质量问题：找平层排水不畅。由于找平层的排水坡度不符合设计要求。天沟、檐沟及落水口周围控制不严，坡度不符合规定；水落管内径过小，或屋面垃圾、落叶等杂物未及时清扫，导致下雨后找平层不能及时将雨水排出，出现局部积水现象，尤其在天沟、檐沟和水落口周围。

◇ 预防措施：①找平层施工时，应严格按设计坡度进行找坡。要正确处理分水、排水和防水之间的关系。平屋面宜有结构找坡，其坡度宜为 3%；当采用材料找坡时，宜为 2%。②天沟、檐沟的坡度更应符合要求，天沟、檐沟的纵向坡度不应小于 1%，沟底水落差不得超过 200mm。③水落口的位置、坡度应正确。水落管的内径一般不得小于 75mm，其最大汇水面积不得超过 200m²。④施工完成后，应及时组织人员对屋面的坡度和平整度进行验收，同时将屋面垃圾与落叶等杂物清扫干净。

➤ 常见的质量问题：找平层起砂、起皮。由于施工前，未能将基层清扫干净，或者找平层施工前基层未刷水泥净浆；水泥砂浆的配合比不准，或使用过期和受潮结块的水泥，砂子含泥量过大；水泥砂浆搅拌不均，摊铺压实不当，或未能及时进行二次压实和收光；水泥砂浆养护不充分，以致出现水泥水化不完全的倾向，都会导致找平层起皮、起砂。

✧ 预防措施：①水泥砂浆找平层施工前，应先将基层清扫干净，并充分湿润，但不得有积水现象。摊铺水泥砂浆前，还应在基层上用水泥净浆薄薄涂刷一层，以确保水泥砂浆与基层粘结良好。②水泥砂浆找平层宜采用1:3～1:2.5（水泥:砂）体积配合比，水泥强度等级不低于42.5级；不得使用过期和受潮结块的水泥，砂子含泥量不应大于5%。③水泥砂浆宜采用机械搅拌，其水灰比应为0.60～0.65，砂浆稠度应为70～80mm，并应随拌随用，以确保水泥砂浆的质量。水泥砂浆的搅拌时间应不少于1.5min。④做好水泥砂浆的摊铺和压实工作。在初凝收水前，还应用铁抹子进行二次压实和收光。⑤找平层施工完成后，应及时覆盖和浇水养护（宜用薄膜塑料布或草袋），其养护时间宜为7～10d；也可使用喷养护剂、涂刷冷底子油等方法进行养护，保证砂浆中的水泥能充分水化。

4.4.2　保温与隔热工程

1. 质量控制点

（1）材料要求

1）保温材料的分类。目前我国屋面保温材料按形状可分为松散材料、板状材料和整体现浇材料三种；按材料性质可分为有机材料和无机材料；按吸水率可分为高吸水率材料和低吸水率材料，见表4-148。

表4-148　保温材料分类及品种举例

分类方法	类　别	品种举例
按形状划分	松散材料	炉渣、膨胀珍珠岩、膨胀蛭石、岩棉
	板状材料	加气混凝土、泡沫混凝土、微孔硅酸钙、憎水珍珠岩、聚苯泡沫板、泡沫玻璃
	整体现浇材料	泡沫混凝土、水泥蛭石、水泥珍珠岩、硬泡聚氨酯
按材料性质划分	有机材料	聚苯乙烯泡沫板、硬泡聚氨酯
	无机材料	泡沫玻璃、加气混凝土、泡沫混凝土、蛭石、珍珠岩
按吸水率划分	高吸水率材料（>20%）	泡沫混凝土、加气混凝土、珍珠岩、憎水珍珠岩、微孔硅酸钙
	低吸水率材料（<6%）	泡沫玻璃、聚苯乙烯泡沫板、硬泡聚氨酯

2）保温材料的性能。作为保温材料，首先应有很好的保温性能，它主要表现在热导率指标上。该指标表明材料传递热量的一种能力，即在1块面积为$1m^2$、厚度为1m的壁板上，板的两侧表面温度差为1℃，在1h内通过板的热量，常用λ表示，显然λ值越小，保温性能就越好。当然，作为屋面的保温材料，其性能还与抗压强度、吸水率、表观密度、比热容、导温性等指标有关。屋面保温材料性能见表4-149。

表 4-149　保温材料性能表

序号	材料名称	表观密度 /(kg/m²)	热导率 /[W/(m·K)]	强度/MPa	吸水率/%	使用温度/℃
1	松散膨胀珍珠岩	40～250	0.03～0.04	—	250	−200～800
2	水泥珍珠岩 1:8	510	0.073	0.5	120～220	—
3	水泥珍珠岩 1:10	390	0.069	0.4	120～220	—
4	水泥珍珠岩制品	300	0.08～0.12	0.3～0.6	120～220	650
5	水泥珍珠岩制品	500	0.063	0.3～0.6	120～220	650
6	憎水珍珠岩	500	0.056～0.080	0.5～0.7	憎水	−20～650
7	沥青珍珠岩	500	0.1～0.2	0.6～0.8	—	—
8	松散膨胀蛭石	80～200	0.04～0.07	—	200	1000
9	水泥蛭石	400～600	0.08～0.12	0.3～0.6	120～220	650
10	微孔硅酸钙	250	0.060～0.068	0.5	87	650
11	矿棉保温板	130	0.035～0.047	—	—	600
12	加气混凝土	400～800	0.14～0.18	3	35～40	200
13	水泥聚苯板	240～350	0.04～0.10	0.3	30	—
14	水泥泡沫混凝土	350～400	0.10～0.16	—	—	—
15	模压聚苯乙烯泡沫板	15～30	0.041	10% 压缩后 0.06～0.15	2～6	−80～75
16	挤压聚氨酯泡沫板	≥32	0.03	10% 压缩后 0.15	≤1.5	−80～75
17	硬质聚氨酯泡沫塑料	≥30	0.027	10% 压缩后 0.15	≤3	−200～130
18	泡沫玻璃	≥150	0.062	≥0.4	≤0.5	−200～500

注：第 15～18 项是独立闭孔、低吸水率材料。

3）保温材料的选用应满足以下规定：①选用保温材料时，应根据建筑物的使用功能和重要程度选用与其相匹配的保温材料。②应选用质量轻、热导率小、吸水率低的保温材料。③还应结合当地的自然条件、经济发展水平和保温层的习惯做法，选用与其相适应的保温材料。④选用不同种类的保温材料，还要求具有一定的抗压强度和抗折强度，以保证在运输或施工过程中不至于损坏。⑤不宜选用现场需加水拌和的整体现浇水泥膨胀蛭石、水泥膨胀珍珠岩做屋面保温层，否则必须采取排汽措施。

4）保温材料的运输与堆放应满足以下规定：①松散保温材料在运输和保管时要注意防雨、防潮、防火和防止混杂，不同规格的产品应分别运输、储藏，堆放时应避免人踏、物压。②板状保温隔热材料在运输和施工时，应轻搬轻放，防止损伤断裂、缺棱掉角，以保证板材完好。③膨胀珍珠岩或膨胀蛭石在运输时，一般采用编织袋或麻袋包装，有特殊要求时也可采用其他包装方式，运输过程中防止散漏，严禁踩踏。④膨胀珍珠岩制品在储存时，不同品种、规格应分别堆放，并有明显标志；沥青膨胀珍珠岩制品应分行堆放，每行 2 块，堆高1.5～2.0m，中间留人行通道，便于通风降温，且不可呈方形堆放，以免因通风不良而引起内部堆心自燃。⑤泡沫珍珠岩产品在运输和保管时应平整堆放，防止烟火，防止日晒雨淋，不可重压或与其他物体碰撞。⑥膨胀蛭石或膨胀珍珠岩，堆垛高度不宜超过 1m，过高容易压坏，一般最好在料架上存放，上面不宜放重物。

（2）施工要求

1）保温层的含水率。保温层应干燥，封闭式保温层的含水率应相当于该保温材料在当地自然风干状态下的平衡含水率。

2）排汽屋面。屋面保温层干燥有困难时，宜采用排汽措施。①找平层设置的分格缝可兼作排汽道，铺贴卷材时宜采用空铺法、点粘法、条粘法。②排汽水道应纵横贯通，并同与大气连通的排汽管相通；排汽管孔设在檐口下屋面排汽道交叉处。③排汽道间距宜为 6m，屋面面积每 36m^2 宜设置一个排汽孔，且排汽孔应做防水处理。④也可在保温层下铺设带支点的塑料板，通过空腔层排水、排汽。

保温层屋面排汽道的做法如下：首先确定排汽道的位置、走向及出汽口的位置。其次，在板状隔热保温层施工期间粘铺板块时，应在已定的排汽道位置处拉开 80～140mm 的通缝，缝内用大粒径、大孔洞炉渣填平，中间留设 12～15mm 的通缝，再抹找平层。铺设防水层前，应在排汽槽位置处、找平层上部附加宽度 300mm、单边点粘的卷材覆盖层。

3）倒置式屋面。倒置式屋面应采用吸水率小、长期浸水不腐烂的保温材料。保温层上应用混凝土等块材、水泥砂浆或卵石作为保护层；卵石保护层与保温层之间，还应干铺一层无纺聚酯纤维布做隔离层。倒置式屋面的檐沟、水落口等部位，应采用现浇混凝土或砖砌堵头，并做好排水处理。板状保温材料的铺设应平稳，拼缝应严密，保护层施工时，应避免损坏保温层和防水层。倒置式屋面冬期施工时，应选用憎水性保温材料，施工之前，应检查防水层平整度及有无结冰、霜冻或积水现象，合格后方可施工。当采用聚苯乙烯泡沫塑料保温材料做倒置屋面的保温层时，可用机械方法固定，板缝和固定处的缝隙应用同类材料碎屑和密封材料填实。

4）屋面保温材料进场检验项目应符合表 4-150 的规定。

表 4-150　屋面保温材料进场检验项目

序　号	材 料 名 称	组批及抽样	外观质量检验	物理性能检验
1	模塑聚苯乙烯泡沫塑料	同规格按 100m^3 为一批，不足 100m^3 的按一批计 在每批产品中随机抽取 20 块进行规格尺寸和外观质量检验。从规格尺寸和外观质量检验合格的产品中，随机取样进行物理性能检验	色泽均匀，阻燃型应掺有颜色的颗粒；表面平整，无明显收缩变形和膨胀变形；溶结良好；无明显油渍和杂质	表观密度、压缩强度、导热系数、燃烧性能
2	挤塑聚苯乙烯泡沫塑料	同类型、同规格按 50m^3 为一批，不足 50m^3 的按一批计 在每批产品中随机抽取 10 块进行规格尺寸和外观质量检验。从规格尺寸和外观质量检验合格的产品中，随机取样进行物理性能检验	表面平整，无夹杂物，颜色均匀；无明显起泡、裂口、变形	压缩强度、导热系数、燃烧性能
3	硬质聚氨酯泡沫塑料	同原料、同配方、同工艺条件按 50m^3 为一批，不足 50m^3 的按一批计 在每批产品中随机抽取 10 块进行规格尺寸和外观质量检验。从规格尺寸和外观质量检验合格的产品中，随机取样进行物理性能检验	表面平整，无严重凹凸不平	表观密度、压缩强度、导热系数、燃烧性能
4	泡沫玻璃绝热制品	同品种、同规格按 250 件为一批，不足 250 件的按一批计 在每批产品中随机抽取 6 个包装箱，每箱各抽 1 块进行规格尺寸和外观质量检验。从规格尺寸和外观质量合格的产品中，随机取样进行物理性能检验	垂直度、最大弯曲度、缺棱、缺角、孔洞、裂纹	表观密度、压缩强度、导热系数、燃烧性能

（续）

序　号	材料名称	组批及抽样	外观质量检验	物理性能检验
5	膨胀珍珠岩制品（憎水型）	同品种、同规格按2000件为一批，不足2000件的按一批计 在每批产品中随机抽取10块进行规格尺寸和外观质量检验。从规格尺寸和外观质量检验合格的产品中，随机取样进行物理性能检验	弯曲度、缺棱、掉角、裂纹	表观密度、抗压强度、导热系数、燃烧性能
6	加气混凝土砌块	同品种、同规格、同等级按200m³为一批，不足200m³的按一批计 在每批产品中随机抽取50块进行规格尺寸和外观质量检验。从规格尺寸和外观质量检验合格的产品中，随机取样进行物理性能检验	缺棱掉角；裂纹、爆裂、粘膜和损坏深度；表面疏松、层裂；表面油污	干密度、抗压强度、导热系数、燃烧性能
7	泡沫混凝土砌块		缺棱掉角；平面弯曲；裂纹、粘膜和损坏深度，表面酥松、层裂；表面油污	干密度、抗压强度、导热系数、燃烧性能
8	玻璃棉、岩棉、矿渣棉制品	同原料、同工艺、同品种、同规格按1000m²件为一批，不足1000m²件的按一批计 在每批产品中随机抽取6个包装箱或卷进行规格尺寸和外观质量检验。从规格尺寸和外观质量检验合格的产品中，抽取1个包装箱或卷材行物理性能检验	表面平整，伤痕、污迹、破损，覆层与基材粘贴	表观密度、导热系数、燃烧性能
9	金属面绝热夹芯板	同原料、同工艺、同厚度按150块为一批，不足150块的按一批计 在每批产品中随机抽取5块进行规格尺寸和外观质量检验。从规格尺寸和外观质量检验合格的产品中，随机抽取3块进行物理性能检验	表面平整，无明显凹凸、翘曲、变形；切口平直、切面整齐，无毛刺；芯板切面整齐，无剥落	剥离性能、抗弯承载力、防火性能

5）现行屋面保温材料标准应按表 4-151 的规定选用。

表 4-151　现行屋面保温材料标准

类　　别	标准名称	标准编号
聚苯乙烯泡沫塑料	绝热用模塑聚苯乙烯泡沫塑料	GB/T 10801.1—2002
	绝热用挤塑聚苯乙烯泡沫塑料（XPS）	GB/T 10801.2—2018
硬质聚氨酯泡沫塑料	建筑绝热用硬质聚氨酯泡沫塑料	GB/T 21558—2008
	喷涂聚氨酯硬泡体保温材料	JC/T 998—2006
无机硬质绝热制品	膨胀珍珠岩绝热制品	GB/T 10303—2015
	蒸压加气混凝土砌块	GB 11968—2006
	泡沫玻璃绝热制品	JC/T647—2014
	泡沫混凝土砌块	JC/T 1062—2007
纤维保温材料	建筑绝热用玻璃棉制品	GB/T17795—2008
	建筑用岩棉绝热制品	GB/T 19686—2015
金属醋绝热夹芯板	建筑用金属面绝热夹芯板	GB/T 23932—2009

2. 板状材料保温层

（1）一般要求

1）板状材料保温层采用干铺法施工时，板状保温材料应紧靠在基层表面上，铺平垫稳；分层铺设的板块上、下层接缝应相互错开，板间缝隙应采用同类材料的碎屑嵌填密实。

2）板状材料保温层采用粘贴法施工时，胶粘剂应与保温材料的材性相容，并应贴严、粘牢；板状材料保温层的平面接缝应挤紧拼严，不得在板块侧面涂抹胶粘剂，超过的缝隙应采用相同材料板条或片填塞严实。

3）板状保温材料采用机械固定法施工时，应选择专用螺钉和垫片；固定件与结构层之间应连接牢固。

（2）主控项目

1）板状保温材料的质量应符合设计要求。

检验方法：检查出厂合格证、质量检验报告和进场检验报告。

2）板状材料保温层的厚度应符合设计要求，其正偏差不限，负偏差应为5%，且不得大于4mm。

检验方法：钢针插入和尺量检查。

3）屋面热桥部位处理应符合设计要求。

检验方法：观察检查。

（3）一般项目

1）板状保温材料铺设应紧贴基层，应铺平垫稳，拼缝应严密，粘贴应牢固。

检验方法：观察检查。

2）固定件的规格、数量和位置均应符合设计要求；垫片应与保温层表面齐平。

检验方法：观察检查。

3）板状材料保温层表面平整度的允许偏差为3mm。

检验方法：2mm靠尺和塞尺检查。

4）板状材料保温层接缝高、低差的允许偏差为2mm。

检验方法：直尺和塞尺检查。

3. 纤维材料保温层

（1）一般要求

1）纤维材料保温层施工应符合下列规定：

① 纤维保温材料应紧靠在基层表面上，平面接缝应挤紧拼严，上、下层接缝应相互错开。

② 屋面坡度较大时，宜采用金属或塑料专用固定件将纤维保温材料与基层固定。

③ 纤维材料填充后，不得上人踩踏。

2）装配式骨架纤维保温材料施工时，应先在基层上铺设保温龙骨或金属龙骨，龙骨之间应填充纤维保温材料，再在龙骨上铺钉水泥纤维板。金属龙骨和固定件应经防锈处理，金属龙骨与基层之间应采取隔热断桥措施。

（2）主控项目

1）纤维保温材料的质量应符合设计要求。

检验方法：检查出厂合格证、质量检验报告和进场检验报告。

2）纤维材料保温层的厚度应符合设计要求，其正偏差不限，但不得有负偏差，板负偏差应为4%，且不得大于30mm。

检验方法：钢针插入和尺量检查。

3）屋面热桥部位处理应符合设计要求。

检验方法：观察检查。

（3）一般项目

1）纤维保温材料铺设应紧贴基层，拼缝应严密，表面应平整。

检验方法：观察检查。

2）固定件的规格、数量和位置应符合设计要求；垫片应与保温层表面齐平。

检验方法：观察检查。

3）装配式骨架和水泥纤维板应铺钉牢固，表面应平整；龙骨间距和板材厚度应符合设计要求。

检验方法：观察和尺量检查。

4）具有抗水蒸汽渗透外覆面的玻璃棉制品，其外覆面应朝向室内，拼缝应用防水密封胶带封严。

检验方法：观察检查。

5）固定件的规格、数量和位置应符合设计要求；垫片应与保温层表面齐平。

检验方法：观察检查。

4．喷涂硬泡聚氨酯保温层

（1）一般要求

1）保温层施工前，应对喷涂设备进行调试，并应对制备试样进行硬泡聚氨酯的性能检测。

2）喷涂硬泡聚氨酯的配比应准确计量，发泡厚度应均匀一致。

3）喷涂时，喷嘴与施工基面的间距应由试验确定。

4）一个作业面应分遍喷涂完成，每遍厚度不宜大于 15mm；当日的作业面应在当日连续喷涂施工完毕。

5）硬泡聚氨酯喷涂后 20min 内严禁上人；喷涂硬泡聚氨酯保温层完成后，应及时做保护层。

（2）主控项目

1）喷涂硬泡聚氨酯所用原材料的质量及配合比应符合设计要求。

检验方法：检查原材料出厂合格证、质量检验报告和计量措施。

2）喷涂硬泡聚氨酯保温层的厚度应符合设计要求，其正偏差不限，不得有负偏差。

检验方法：钢针插入和尺量检查。

3）屋面热桥部位处理应符合设计要求。

检验方法：观察检查。

（3）一般项目

1）喷涂硬泡聚氨酯应分遍喷涂，粘结应牢固，表面应平整，找坡应正确。

检验方法：观察检查。

2）喷涂硬泡聚氨酯保温层表面平整度的允许偏差为 5mm。

检验方法：2m 靠尺和塞尺检查。

5．现浇泡沫混凝土保温层

（1）一般要求

1）在浇筑泡沫混凝土前，应将基层上的杂物和油污清理干净；基层应绕水湿润，但不得有积水。

2）保温层施工前，应对设备进行调试，并应制备试样进行泡沫混凝土的性能检测。

3）泡沫混凝土的配合比应准确计量，制备好的泡沫加入水泥料浆中，应搅拌均匀。

4）在浇筑过程中，应随时检查泡沫混凝土的湿密度。

（2）主控项目

1）现浇泡沫混凝土所用原材料的质量及配合比应符合设计要求。

检验方法：检查原材料出厂合格证、质量检验报告和计量措施。

2）现浇泡沫混凝土保温层的厚度应符合设计要求，其正、负偏差应为 5%，且不得大于 5mm。

检验方法：钢针插入和尺量检查。

3）屋面热桥部位处理应符合设计要求。

检验方法：观察检查。

（3）一般项目

1）现浇泡沫混凝土应分层施工，粘结应牢固，表面应平整，找坡应正确。

检验方法：观察检查。

2）现浇泡沫混凝土不得有贯通性裂缝，以及疏松、起砂、起皮现象。

检验方法：观察检查。

3）现浇泡沫混凝土保温层表面平整度的允许偏差为 5mm。

检验方法：2m 靠尺和塞尺检查。

6. 种植隔热层

（1）一般要求

1）种植隔热层与防水层之间宜设细石混凝土保护层。

2）种植隔热层的屋面坡度大于 20% 时，其排水层、种植土层应采取防滑措施。

3）排水层施工应符合下列要求：

① 陶粒的粒径不应小于 25mm，大粒径在下，小粒径在上。

② 凹凸形排水板宜采用搭接法施工，网状交织排水板宜采用对接法施工。

③ 排水层上应铺设过滤层土工布。

④ 挡墙或挡板的下部应设泄水孔，孔周围应放置疏水粗细骨料。

4）过滤层土工布应沿种植土周边向上铺设至种植土高度，并应与挡墙或挡板粘牢；土工布的搭接宽度不应小于 100mm，接缝宜采用粘合或缝合。

5）种植土的厚度及自重应符合设计要求。种植土表面应低于挡墙高度 100mm。

（2）主控项目

1）种植隔热层所用材料的质量应符合设计要求。

检验方法：检查出厂合格证和质量检验报告。

2）排水层应与排水系统连通。

检验方法：观察检查。

3）挡墙或挡板泄水孔的留设应符合设计要求，并不得堵塞。

检验方法：观察和尺量检查。

（3）一般项目

1）陶粒应铺设平整、均匀，厚度应符合设计要求。

检验方法：观察和尺量检查。

2）排水板应铺设平整，接缝方法应符合国家现行有关标准的规定。

检验方法：观察和尺量检查。

3）过滤层土工布应铺设平整、接缝严密，其搭接宽度的允许偏差为 -10mm。

检验方法：观察和尺量检查。

4）种植土应铺设平整、均匀，其厚度的允许偏差为 ±5%，且不得大于 30mm。

检验方法：尺量检查。

7．施工中常见的质量问题及预防措施

常见的质量问题：屋面排水不畅。由于屋面坡度过小，未达到设计要求；另外，保温层或保护层施工时，没有控制好标高，从而影响了屋面排水效果，造成屋面排水不畅，下雨时不能及时将雨水排走。

◇ 预防措施：①坡度应符合设计要求，一般不宜小于 3%。设计时，应优先考虑采用结构找坡。②应根据屋面坡度要求，严格控制保温层和板状保护层的标高；如果保温层厚度较大，可分层铺设，但应将接缝错开。选用卵石作保护层时，应注意屋面结构的基层坡度，以确保屋面的排水顺畅。

➢ 常见的质量问题：保温材料的含水率太大。由于选用材料不当，即未按设计要求选用含水率较小的保温材料；保温材料铺设后未采取保护措施，致使材料的含水率增大；在运输、储藏过程中，未采取有效的防雨、防潮措施，致使材料淋雨或受潮，又未能及时进行晒干处理，施工后将导致屋面热工效果较差，影响保温效果。

◇ 预防措施：①倒置式屋面宜选用吸水率低、表面密度小、热导率小的保温材料，保温材料的含水率应符合设计要求。②保温层铺设后，应及时进行保护，多采用防雨布进行保护，以免雨淋或受潮。③在运输、储藏过程中，应采取防雨、防潮措施，确保材料的质量符合设计要求。施工时，应在干燥天气下进行。

➢ 常见的质量问题：保温材料颗粒过大或过小。由于松散保温材料未按设计要求或有关标准进行选取，或者使用前没有过筛或筛子不符合标准要求，导致保温材料颗粒过大，超过了材料的允许限值；颗粒过小，多呈粉末状，二者都将严重影响保温层的性能。

◇ 预防措施：应根据设计要求或有关标准选择合适的保温材料。在屋面工程中，所选用保温材料的最佳粒级为膨胀蛭石粒径，一般为 3 ~ 15mm；炉渣或水泥渣粒径一般为 5 ~ 40mm；粒状膨胀珍珠岩粒径应小于 0.15mm，含泥量不大于 8%。如果颗粒过大或过小，不符合设计要求，应按规定选取合适的筛子进行过筛。

➢ 常见的质量问题：保温层厚薄不一致。由于在铺设保温材料时，没有找平或找平不认真，造成移动堆积；铺设水泥砂浆找平层时，操作方法不当，挤压了保温材料，造成保温材料部分地方堆厚和挤薄。

◇ 预防措施：铺摊松散材料时，应分层铺设。大面积铺摊时，可用木龙骨或预制条块作分隔条进行分隔铺设。水泥砂浆找平层施工时，可在松散材料上放置铁丝筛，然后在上面均匀摊铺砂浆，并用抹子刮平，最后取出铁丝筛，并抹平压光。

➢ 常见的质量问题：保温层铺设不平整。由于基层本身存在缺陷，如果屋面板或大型板上表面不平整，或屋面板本身厚薄不一致，从而影响了保温层铺设的平整度；保温板块本身不合格，板块厚度和尺寸偏差过大；施工操作不规范、工作不认真等属于施工人员本身的原因，导致采用板状保温制品铺设保温层后，表面往往会出现高低不平、相邻板块之间高低

差距较大等现象。

◇ 预防措施：严格控制屋面板的平整度，从选材、进场验收到施工操作层层把关，严格控制，严禁把不合格产品用于房屋建筑之中；施工前，应严格检查保温板块的质量，要求其表面平整、厚度一致。同时，将基层表面清扫干净，并检查基层的平整度是否符合要求；规范施工人员的操作技术，若采用保温板，上口要挂线，随铺随检查，以确保板块的坡度和平整度。

➤ 常见的质量问题：保温层厚度不足。由于施工前没有制订准确的虚实比，或者试验确定虚实比后，在施工时材料的配制发生了变化而没有重新进行试验；铺设施工时，没有标设控制标尺，铺设方法不当，或压实过度等原因，造成保温层厚度减小。

◇ 预防措施：施工前应进行试验，以确保保温材料的虚铺厚度和压缩比例。施工中，如果材料发生了变化，应重新进行试验；施工时，必须设置标尺、弹线，既要标出保温层的虚铺厚度，还须标出压实厚度，以确保施工质量；铺设保温材料时，方法应正确，压实要适度，既不能过度，也不可不足；铺设完成后，在保温层尚未养护好之前，应采取保护措施，严禁在上面行人、过车或堆放重物。

➤ 常见的质量问题：热沥青拌和不均匀、拌合料结块。由于材料不符合要求，入进场的松散材料质量较差，膨胀蛭石薄片状过多，膨胀珍珠岩粉末含量过高；或采用的沥青标号不合适，搅拌时温度太低，倒入沥青后，不易搅拌；施工前未经试配试验，没有确定切实可行的材料配合比。

◇ 预防措施：严格控制松散材料的质量，宜选用 30 号沥青，也可适当加入 60 号沥青。将沥青软化点调到 80℃ 左右；控制熬制温度和搅拌时间，沥青的熔化熬制温度不应低于180℃，松散材料预加热温度应控制在 110℃ 左右。为使沥青拌合物能够搅拌均匀，其搅拌时间以 2.5 ～ 3.0min 为宜。试用前，须进行试配试验，以确定合理的配合比，沥青的掺入量以能全部包裹保温材料颗粒的表面，并能均匀拌和松散材料为宜。

4.4.3　防水与密封工程

4.4.3.1　卷材防水层

1. 质量控制点

（1）材料要求

1）沥青防水卷材。

① 卷材。沥青防水卷材的品种、标号、质量和技术性能，必须符合设计要求和施工技术规范的要求，并应复试达到合格。常用的有沥青纸胎油毡、沥青玻纤布胎油毡、沥青复合胎柔性防水卷材等。沥青防水卷材规格、外观质量及物理性能分别见表 4-152 ～ 表 4-154。

表 4-152　沥青防水卷材规格

标　号	宽度 /mm	每卷面积 /mm²	卷质量 /kg	
350	915	20±0.3	粉毡	≥ 28.5
	1000		片毡	≥ 31.5
500	915	20±0.3	粉毡	≥ 39.5
	1000		片毡	≥ 42.5

表 4-153　沥青防水卷材的外观质量

项　目	质　量　要　求
孔洞、硌伤	不允许
露胎、涂盖不均匀	不允许
折纹、皱褶	距卷芯 1000mm 以外，长度不大于 100mm
裂纹	距卷芯 1000mm 以外，长度不大于 10mm
裂口	边缘裂口小于 20mm；短边长度小于 50mm，深度小于 20mm
每卷卷材的接头	不超过 1 处，较短的一段不应小于 2500mm，接头处应加长 150mm

表 4-154　沥青防水卷材的物理性能

项　目		性　能　要　求	
		350 号	500 号
纵向拉力（25±2℃）/N		≥ 340	≥ 440
耐热度（85±2℃，2h）		不流淌，无集中性气泡	
柔度（18±2℃）		绕 ϕ20mm 圆棒无裂纹	绕 ϕ20mm 圆棒无裂纹
不透水性	压力 /MPa	≥ 0.10	≥ 0.15
	保持时间 /min	≥ 30	≥ 30

②胶结材料。胶结材料主要包括石油沥青和填充料。其中，石油沥青包括建筑石油沥青 10 号、30 号，或道路石油沥青 60 号甲、60 号乙。而填充料则包括滑石粉、板岩粉、云母粉、石棉粉等，其含水率不应大于 3%，粉状通过 0.045mm 孔筛筛余量不大于 20%。

2）高聚物改性沥青防水卷材。

①卷材。高聚物改性沥青防水卷材是合成高分子聚合物改性沥青防水卷材。常用的有 SBS、ARTM（弹性体）、APP、APAO、APO（塑性体）等改性沥青油毡。该防水卷材的品种、规格、技术性能必须符合设计和施工技术规范的要求，并应复试达到合格。高聚物改性沥青防水卷材的规格、外观质量分别见表 4-155 和表 4-156。

表 4-155　高聚物改性沥青防水卷材规格

厚度 /mm	宽度 /mm	长度 /mm		要　　求
		SBS	APP	
2.0	≥ 1000	15	15	热熔施工，卷材厚度不得小于 3mm
3.0	≥ 1000	10	10	
4.0	≥ 1000	7.5	10、7.5	

表 4-156　高聚物改性沥青防水卷材外观质量

项　目	质　量　要　求
孔洞、缺边、裂口	不允许
边缘不整齐	不超过 10mm
胎体露白、未浸透	不允许
撒布材料粒度、颜色	均匀
每卷材料的接头	不超过 1 处，较短的一般不应小于 2500mm，接头处应加长 150mm

②配套材料。高聚物改性沥青防水卷材的配套材料主要有氯丁橡胶沥青胶粘剂和橡胶改性沥青嵌缝膏。氯丁橡胶沥青胶粘剂主要是由氯丁橡胶加入沥青及溶剂等配制而成，为黑色液体，用于基层处理（冷底子油）。

3）合成高分子卷材。

①品种规格：合成高分子防水卷材规格应符合表 4-157 的要求。

②质量要求：合成高分子防水卷材的外观质量和物理性能应符合表 4-158、表 4-159 的要求。

表 4-157 合成高分子防水卷材规格

厚度 /mm	宽度 /mm	长度 /mm
1.0	≥ 1000	20
1.2	≥ 1000	20
1.5	≥ 1000	20
2.0	≥ 1000	10

表 4-158 合成高分子防水卷材的外观质量

项 目	判 断 标 准
折痕	每卷不超过 2 处，总长度不超过 20mm
杂质	大于 0.5mm 颗粒不允许，每 1m² 不超过 9mm²
胶块	每卷不超过 6 处，每处面积不大于 4mm²
凹痕	每卷不超过 6 处，深度不超过本身厚度的 30%；树脂类深度不超过 15%
每卷卷材的接头	橡胶类每 20m 不超过 1 处，较短的一段不应小于 3000mm，接头处应加长 150mm；树脂类 20m 长度内不允许有接头

表 4-159 合成高分子防水卷材的物理性能

项 目		性能要求			
		硫化橡胶类	非硫化橡胶类	树脂类	纤维增强类
断裂拉伸强度 /MPa		≥ 6	≥ 3	≥ 10	≥ 9
扯断伸长率（%）		≥ 400	≥ 200	≥ 200	≥ 10
低温弯折 /℃		−30	−20	−20	−20
不透水性	压力 /MPa	≥ 0.3	≥ 0.2	≥ 0.3	≥ 0.3
	保持时间 /min	≥ 30			
加热收缩率（%）		<1.2	<2.0	<2.0	<1.0
热老化保持率 80℃，168h	断裂拉伸强度 /MPa	≥ 80			
	拉断伸长率（%）	≥ 70			

③合成高分子防水卷材施工配套材料选择要求如下：

a. 基层处理剂。一般由聚氨酯 - 煤焦油系的二甲苯溶液或氯丁橡胶乳液组成，用于处理基层表面。要求施工性能好，耐候性、耐霉菌性好，其粘结后的剪切强度不小于 0.2N/mm²。

b. 基层胶粘剂用于防水卷材与基层之间的粘合，应具有施工性能好，有良好的耐候性、耐日光、耐水性等。其粘结剥离度应大于 15N/10mm，浸水 168h 后粘结剥离度强度不应低于 70%。

c. 用于卷材与卷材接缝的卷材接缝胶粘剂，应具有良好的耐腐蚀性、耐老化性、耐候性、耐水性等。其粘结剥离强度应大于 15N/10mm。浸水 168h 后，粘结剥离强度不应低于 70%。

d. 卷材密封剂是用于卷材收头的密封材料。一般选用双组分聚氨酯密封膏、双组分聚硫橡胶密封膏等。

e. 溶剂用于将胶结剂稀释成基层处理剂，一般常用二甲苯。

（2）施工要求

1）铺贴方法。在坡度大于 25% 的屋面上采用卷材作防水层时，应采取固定措施。固定点应密封严密。《屋面工程技术规范》（GB 50345—2012）规定：卷材防水层上有重物覆盖或基层变形较大时，应优先采用空铺法、点粘法、条粘法或机械固定法，但距屋面周边 800mm 内以及叠层铺贴的各层卷材之间应满铺；防水层采取满粘法施工时，找平层的分格缝处宜空铺，空铺的宽度宜为 100mm；卷材屋面的坡度不宜超过 25%，当坡度超过 25% 时，应采取防止卷材下滑的措施。

① 满粘法。满粘法又称为全粘法，即在铺贴防水卷材时，卷材与基层（找平层）采用全部粘结的施工方法。如过去常用的沥青卷材防水层热法叠层施工，热熔法、冷粘法、自粘法也常用此法铺贴卷材。这种方法适用于屋面结构变形不大，屋面面积较小，且基层比较干燥的条件。采用满粘法铺贴卷材，由于卷材与基层、卷材与卷材之间均有一定厚度的胶结材料，因而提高了屋面的整体防水性能。但若屋面变形较大或几次潮湿时，则卷材防水层容易发生开裂或起鼓现象。

② 空铺法。铺贴防水卷材时，卷材与基层仅在四周一定宽度内粘结，而其余部分不粘结的施工方法称为空铺法。铺贴时，在檐口、屋脊和屋面的转角处及突出屋面的连接处，卷材与基层应满涂胶结材料，其粘结宽度不得小于 800mm，卷材与卷材的搭接缝应满粘；叠层铺设时，卷材与卷材之间也应满粘。这种方法适用于基层潮湿，而保温层和找平层干燥有困难的屋面，或用于埋压法施工的屋面。在沿海大风地区应慎用，以防被大风掀起。

由于空铺法可使卷材与基层之间互不粘结，减少了基层变形对防水层的影响，有利于解决防水层开裂、起鼓等问题，但对于叠层铺设的防水层，由于减少了一道胶结材料，降低了防水功能，如果一旦渗漏，就不容易找到漏点。

③ 点粘法。铺贴防水卷材时，卷材或打孔卷材与基层采用点状粘结的方法称为点粘法，要求每平方米粘结不少于 5 个点，每点面积为 100mm×100mm。此时卷材与卷材的搭接缝应满粘，而防水层周边内（不得少于 800mm）也应与基层满粘牢固。点粘的面积，必要时应根据当地风力大小经计算后确定。这种方法适用于溜槽排汽不能可靠地解决防水层开裂和起鼓的无保温屋面，或者温差较大，而基层又十分潮湿的排汽屋面。

卷材采用点粘法铺贴，增大了防水层适应基层变形的能力，有利于解决防水层的开裂、起鼓等问题，但操作比较复杂。如第一层采用打孔卷材时，施工虽然方便，但仅可用于石油沥青三毡四油叠层铺贴工艺。

④ 条粘法。铺贴防水卷材时，卷材与基层采用条状粘结的施工方法称为条粘法。要求每幅卷材与基层的粘结面积不少于 2 条，每条宽度不小于 150mm。此时卷材与卷材的搭接缝应满粘；当采用叠层铺贴时，卷材与卷材之间也应满粘贴。这种方法适用范围与点粘法相同。

卷材采用条粘法铺贴，增大了防水层适应基层变形的能力，有利于解决卷材屋面的开裂与起鼓的质量问题，但这种方法操作起来比较复杂，且因部分地方减少了一层胶结材料，从而降低了屋面的防水功能。

2）基层检验。铺设屋面隔汽层和防水层前，基层必须干净、干燥。干燥程度的简易检验方法是将 $1m^2$ 卷材平坦地干铺在找平层上，静置 3～4h 后掀开检查，找平层覆盖部位与卷材上未见水印即可铺设。《屋面工程技术规范》（GB 50345—2012）规定：铺设屋面隔汽层和防水层前，基层必须干净、干燥；采用基层处理剂时，处理剂的选择应与卷材的材性相容；喷、涂基层处理剂前，应用毛刷对屋面节点、周边、转角等处先行涂刷；基层处理剂可采用喷涂法或涂刷法施工；喷、涂应均匀一致，待其干燥后应及时铺贴卷材。《建筑工程冬期施工规程》（JGJ/T 104—2011）规定：隔汽层可采用气密性好的单层卷材或防水涂料；冬期施工采用卷材时，可采用花铺法施工，卷材搭接宽度不应小于 80mm；采用防水涂料时，宜选用溶剂型涂料，隔汽层施工的温度不应低于 −5℃。

隔汽层是在混凝土屋面上，先刷一道冷底子油，待其干燥后，再刷一道热沥青。隔汽层应设在结构层上、保温层下。其铺设要求具体如下：隔汽层应选用水密性、汽密性好的防水材料，采用单层防水卷材铺贴，不宜用汽密性不好的水乳型薄质涂料；涂刷冷底子油前，应用水冲洗混凝土基面，不得留有杂物、浮土，基面必须干燥、平整，如有坑洼不平，可用 1:2.5 水泥砂浆抹平；当用沥青基防水涂料做隔汽层时，其耐热度应比室内或室外的最高温度高出 20～25℃；热沥青需涂刷均匀，厚度不超过 2mm，涂刷温度在 180～200℃之间；隔汽层应涂刷至拐角立墙离基层 150mm 部位；屋面泛水处，隔汽层应沿墙面向上连续铺设，高出保温层上表面不得小于 150mm，以便严密封闭保温层。

3）铺贴方向和卷材厚度。屋面坡度小于 3% 时，卷材宜平行于屋脊铺贴；屋面坡度在 3%～15% 时，卷材可平行或垂直屋脊铺贴；屋面坡度大于 15% 或屋面受振动时，沥青防水卷材应垂直屋脊铺贴，高聚物改性沥青防水卷材和合成高分子防水卷材可平行或垂直屋脊铺贴；上、下层卷材不得相互垂直铺贴。卷材厚度应符合表 4-160 的规定。

表 4-160　卷材厚度选用表

屋面防水等级	设防道数	合成高分子防水卷材	高聚物改性沥青防水卷材	沥青防水卷材
Ⅰ级	三道或三道以上设防	不应小于 1.5mm	不应小于 3mm	—
Ⅱ级	二道设防	不应小于 1.2mm	不应小于 3mm	—
Ⅲ级	一道设防	不应小于 1.2mm	不应小于 4mm	三毡四油
Ⅳ级	一道设防	—	—	二毡三油

4）搭接宽度。铺贴卷材采用搭接法施工时，上、下层及相邻两幅卷材的搭接缝应错开。《屋面工程技术规范》（GB 50345—2012）规定：铺贴卷材应采用搭接法。平行于屋脊的搭接缝，应顺流水方向搭接；垂直于屋脊的搭接缝，应顺年最大频率风向搭接。叠层铺贴的各种卷材，在天沟与屋面的交接处，应采用叉接法搭接，搭接缝应错开；搭接缝宜留在屋面或天沟侧面，不宜留在沟底。上、下层及相邻两幅卷材的搭接缝应错开。各种卷材搭接宽度见表 4-161。

表 4-161　卷材搭接宽度　　　　　　　　　　　　　　（单位：mm）

卷材类别		搭接宽度
合成高分子防水卷材	胶粘剂	80
	胶粘带	50
	单缝焊	60，有效焊接宽度 ≥ 25
	双缝焊	80，有效焊接宽度 10×2+ 空腔宽
高聚物改性沥青防水卷材	胶粘剂	100
	自粘	80

2．卷材防水层工程检验批施工质量验收

检验批划分：按不同结构标高屋面防水层来划分，同一结构标高屋面防水层每 $100m^2$ 划为一个检验批。每一检验批抽检 $10m^2$，屋面面积不足 $100m^2$，应至少抽检 3 处，每处抽检 $10m^2$；接缝密封防水应按每 50m 抽查 1 处，每处应为 5m，且不得少于 3 处。

（1）主控项目检验

卷材防水层工程主控项目检验标准及检验方法见表 4-162。

表 4-162　卷材防水层工程主控项目检验标准及检验方法

序　号	项　目	检验标准及要求	检 验 方 法	检 验 数 量
1	卷材及配套材料	卷材防水层所用卷材及配套材料，必须符合设计要求	检查出场合格证、质量检验报告和进场检验报告	大于1000卷抽5卷，每500～1000卷抽4卷，100～499卷抽3卷，100卷以下抽2卷，进行规格尺寸和外观质量检验。在合格中任取一卷进行物理性能检验
2	渗漏和积水	卷材防水层不得有渗漏或积水现象	雨后或淋水、蓄水检验	全数检查
3	细部做法及防水构造	卷材防水层在天沟、檐沟、檐口、水落口、泛水、变形缝和伸出屋面管道的防水构造，必须符合设计要求	观察检查和检查隐蔽工程验收记录	全数检查

（2）一般项目检验

卷材防水层工程一般项目检验标准及检验方法见表 4-163。

表 4-163　卷材防水层工程一般项目检验标准及检验方法

序　号	项　目	检验标准及要求	检 验 方 法	检 验 数 量
1	防水层搭接缝及收头处理	卷材防水层的搭接缝应粘（焊）结牢固，密封严密，不得有皱褶、翘边和鼓泡等缺陷；防水层的收头应与基层粘结和固定牢固，缝口封严，不得翘边	观察检查	全数检查
2	防水层上撒布材料、浅色涂料保护层；防水层间隔离层以及分格缝的留置	卷材防水层上的撒布材料和浅色涂料保护层应铺撒或涂刷均匀，粘结牢固；水泥砂浆、块材或细石混凝土保护层与卷材防水层间应设中间隔离层；刚性保护层的分格缝留置应符合设计要求	观察检查	全数检查
3	屋面的排汽道及排汽管要求	排汽屋面的排汽道应纵横贯通，不得堵塞。排汽管应安装牢固，位置正确，封闭严密	观察检查	全数检查
4	卷材的铺贴方向及搭接宽度	卷材的铺贴方向应正确，卷材搭接宽度的允许偏差为 −10mm	观察和尺量检查	全数检查

3．施工中常见的质量问题及预防措施

➤ 常见的质量问题：屋面积水。由于屋面基层找坡不符合设计要求；水落口管径太小，或水落口标高过高，造成雨水无法顺畅地排出；大挑檐及天沟反梁的过水孔标高过低或过高，且出水孔径太小，排水不畅或造成堵塞。下雨时，屋面上会出现不同程度的积水。

◇ 预防措施：屋面防水施工前，应按设计要求进行找坡。要求屋面排水坡度能确保排

水顺畅；水落口标高应符合设计规定，水落管的数量与管径应符合要求，排水距离不宜过长；大挑檐及反梁过水孔的标高应根据排水坡度的高差进行确定，施工完成后，还应逐个实地检测，确保符合设计要求。

➢ 常见的质量问题：卷材防水层过早老化。由于选用沥青胶结材料的标号不当，沥青的软化点过高；沥青胶结材料熬制温度过高，熬制时间过长，有熬焦的倾向；沥青胶结材料养护不善或管理不当等，都会加速材料的老化。卷材防水屋面上，沥青胶结材料有不同的早期开裂，或者卷材有收缩、腐烂现象。

✧ 预防措施：合理选择沥青胶结材料的标号，沥青软化点不可过高，可逐锅进行检验；施工时，应严格控制沥青胶结材料的熬制温度和使用温度，熬制时间要适宜，严禁使用熬焦的沥青或玛蹄脂；重视沥青胶结材料的养护和维修工作，或者选用耐老化性能好的卷材进行施工。

➢ 常见的质量问题：防水层剥离。由于卷材铺贴时，使用的玛蹄脂温度过低，与基层没有粘贴牢固；找平层质量不合格，有起皮、起砂等缺陷；卷材铺贴前，未将基层清扫干净，或者基层潮湿，有潮气；屋面转角处，因卷材拉伸过紧，材料收缩致使防水层与基层剥离。屋面卷材防水层铺设完成后，从一端用力撕揭，即可将卷材成片从基层上剥离，卷材上还带有水泥砂浆找平层上的浮皮。

✧ 预防措施：卷材铺贴时，应严格控制玛蹄脂的加热时间和使用温度，必要时可适当提高；严格控制找平层的施工质量，如有起皮、起砂现象，应先进行修补，合格后再进行施工；施工前，应先将基层清扫干净，不得有灰尘等杂物。如有潮气和水分，可用"喷火"法进行烘烤；铺贴卷材时，要注意压实和卷材接缝处及接头的密封处理。在大坡面和立面施工时，应采用满粘法铺贴，必要时还可采取金属压条进行固定。在屋面转角处，不可将卷材拉伸，以防因卷材收缩造成防水层与基层相剥离。

➢ 常见的质量问题：卷材起鼓。由于采用热熔法铺贴卷材时，因加热温度不均匀，致使卷材与基层之间不能完全密贴；另外，卷材铺贴时，未能将残留的空气全部赶出，卷材压贴不紧密，导致屋面防水层表面出现卷材起鼓现象。

✧ 预防措施：高聚物改性沥青防水卷材施工时，要充分加热，火焰加热要均匀，温度要适中，火焰不可在同一个地方停留过长时间，应沿卷材宽度方向缓慢移动。热熔后的沥青胶应呈现出黑色光泽，并有微泡现象出现。铺贴时，应使卷材与基层粘结牢固、密贴严密。卷材被热熔粘贴后，应及时进行滚压。滚压与加热要配合默契，卷材基层面应紧密接触，应将卷材下面的空气排尽，铺压时不宜用力过大，确保粘结牢固。

➢ 常见的质量问题：屋面转角、立面和卷材接缝处粘结不牢。由于高聚物改性沥青防水层卷材厚度较大，质地较硬，在屋面转角及立面部位铺贴较困难，又不易压实，屋面两个方向的变形也不一致，故常出现脱空与粘结不牢现象；当采用热熔法粘结搭接缝时，未能用喷枪将卷材表面的防粘隔离层熔烧掉，进而导致屋面转角、立面处出现脱空；卷材搭接缝处出现张口、开裂、粘结不牢等现象。

✧ 预防措施：在屋面转角处，应按规定增加卷材附加层。附加层与卷材防水层应相互搭接牢固。对于立面铺贴的卷材，应将卷材的收头固定于立墙的凹槽内，并用密封材料嵌填封严；卷材之间的搭接缝口，应用密封材料封严，宽度应不小于10mm。密封材料应在缝口抹平，并使其形成明显的沥青条带。

【工程案例 4-8】

1．工程背景

某房地产开发公司于 2007 年 3 月开发一 20 万 m² 的住宅小区，有 10 栋 6 层混合结构房屋，建筑面积 5 万 m²；15 栋 22 层框架 - 剪力墙结构高层住宅，建筑面积 15 万 m²。其中，10 栋多层砖混结构房屋于 2008 年 11 月完工，竣工验收时发现 1～3 号楼的屋面都有不同程度的渗漏和积水现象。

2．施工背景

1～3 号楼工程项目由一家建筑施工企业总承包，由该施工单位的三个项目经理部分别对其施工，并于 2007 年 10 月进入施工现场，依据审核后的单位工程施工组织设计进行正常的施工，按照调整后进度计划于 2007 年 10 月 25 日正式开工。由于该地区 5 月份已进入梅雨季节，屋面工程刚好在 6 月份施工。

3．假设

1）该屋面是保温隔热沥青防水卷材平屋面。

2）屋面工程施工正好处在梅雨季节。

4．思考与问答

1）在编制施工组织设计时，应考虑到屋面工程施工受自然条件（气温、风力、雨水等）影响较大，施工质量不易保证，想一想如何做才合理呢？

2）抛开自然条件的影响，从原材料的角度想一想屋面渗漏的主要原因是什么？

3）除了材料本身的因素，想一想会不会是屋面坡度设计不合理导致渗漏？

4）另外，屋面工程施工工艺、施工方法不当也是造成屋面渗漏和积水的原因。想一想沥青防水卷材屋面防水层的施工有哪些操作要点？应该注意什么问题？

5）屋面防水工程验收时，通过什么方法来检验屋面是否渗漏呢？

4.4.3.2　涂膜防水层

1．质量控制点

（1）材料要求

1）防水涂料。防水涂料按其组成材料可分为沥青基防水涂料、高聚物改性沥青防水涂料和合成高分子防水涂料三种。其中，沥青基防水涂料由于性能低劣、施工要求高，已被淘汰。

① 高聚物改性沥青防水涂料是以沥青为基料，用合成高分子聚合物进行改性、配制而成的水乳型、溶剂型或热熔型防水涂料。常用的品种有氯丁橡胶改性沥青涂料、丁基橡胶改性沥青涂料、丁苯橡胶改性沥青涂料、SBS 改性沥青涂料和 APP 改性沥青涂料等。

② 合成高分子防水涂料是以合成橡胶或合成树脂为主要成膜物质配制而成的水乳型或溶剂型防水涂料。根据成膜机理分为反应固化型、挥发固化型和聚合物水泥防水涂料三类。常用的品种有丙烯酸防水涂料、EVA 防水涂料、聚氨酯防水涂料、沥青聚氨酯防水涂料、硅橡胶防水涂料、聚合物水泥防水涂料等。

常用防水涂料的分类、品种、性能及特点见表 4-164。

表 4-164 防水涂料的分类、品种、性能及特点

材性分类		品 种	性能指标					涂料特点
			固含量/(%)	强度/MPa	延伸/(%)	低温/℃	不透水/MPa	
合成高分子防水涂料	反应固化型	聚氨酯防水涂料	≥94	≥1.65	≥350	-30	≥0.3 ≥30min	强度高，延伸大，低温性能好，耐紫外线、臭氧老化差
		沥青聚氨酯防水涂料	≥94	≥1.65	≥350	-30	≥30 ≥30min	强度高，延伸大，低温性能好，对环境有污染
	挥发固化型	EVA防水涂料	≥65	≥1.50	≥300	-20	≥0.3 ≥30min	强度高，延伸大，低温性能好，耐水性差
		丙烯酸防水涂料	≥65	≥1.50	≥300	-20	≥0.3 ≥30min	强度高，延伸大，低温性能好，耐老化
合成高分子涂料	挥发固化型	硅橡胶防水涂料	≥40	≥1.50	≥640	-30	≥0.3 ≥30min	强度高，延伸大，低温性能好，固含量低
	聚合物防水涂料	JS复合防水涂料	≥65	≥1.20	≥200	-10	≥0.3 ≥30min	弹性好，施工简便，无毒无害，可在潮湿基面上施工
高聚物改性沥青防水涂料		氯丁橡胶改性沥青涂料	≥43	—	≥4.5mm	-10	耐热度 ≥80℃	耐水性、耐腐蚀性好，价格低
		丁基橡胶改性沥青涂料	≥43	—	≥100	-10	耐热度 ≥80℃	耐水性、耐腐蚀性好，价格低
		丁苯橡胶沥青涂料	≥45	—	≥100	-10	耐热度 ≥80℃	耐水性、耐腐蚀性好，价格低
高聚物改性沥青防水涂料		再生橡胶改性沥青涂料	≥43		抗裂性 ≥0.2mm	-10	耐热度 ≥80℃	具有一定的柔韧性和耐久性
		水溶型或溶剂型SBS涂料	≥43	—	≥4.5mm	-10	耐热度 ≥80℃	耐水性、耐腐蚀性好，价格低
		热熔型高聚物改性沥青涂料	≥98	≥0.20	≥300	-20	耐热度 ≥65℃	耐水性好，延伸大，水密性好

2）胎体增强材料。胎体增强材料是指在涂膜防水层中增强用的聚酯无纺布、化纤无纺布、玻纤网格布等材料。其质量应符合表 4-165 的要求。

表 4-165 胎体增强材料的质量要求

项 目		质量要求		
		聚酯无纺布	化纤无纺布	玻纤网格布
外观		均匀、无团状，平整无褶皱		
拉力（宽50mm）/N	纵向	≥150	≥45	≥90
	横向	≥100	≥35	≥50
延伸率（%）	纵向	≥10	≥20	≥3
	横向	≥20	≥25	≥3

（2）施工要求

1）涂膜厚度。涂膜防水屋面工程施工时，每道涂膜防水层厚度应符合《屋面工程技术规范》（GB 50345—2012）规定，具体要求见表 4-166。

表 4-166　涂膜厚度选用表

屋面防水等级	设 防 道 数	高聚物改性沥青防水涂料	合成高分子防水涂料
I 级	三道或三道以上设防	—	不应小于 1.5mm
II 级	二道设防	不应小于 3mm	不应小于 1.5mm
III 级	一道设防	不应小于 3mm	不应小于 2mm
IV 级	一道设防	不应小于 2mm	—

《建筑工程冬期施工规程》（JGJ/T 104—2011）中规定：涂膜防水应由 2 层以上涂层组成，总厚度应达到设计要求，其成膜厚度不应小于 2mm。

2）基层质量。《屋面工程技术规范》（GB 50345 2012）对涂膜防水屋面工程基层的质量要求如下。

① 屋面基层的干燥程度应视所用涂料特性确定。当采用溶剂型、热熔型改性沥青防水涂料时，屋面基层应干燥、干净。

② 基层处理剂应配比准确，充分搅拌，涂刷均匀，覆盖完全，干燥后方可进行涂膜施工。

③ 屋面基层应无空隙、起砂和裂缝。

④ 屋面板缝处理应符合如下规定：板缝应清理干净，细石混凝土应浇捣密实，板端缝中嵌填的密封材料应粘结牢固、密封严密。无保温层屋面的板端缝和侧缝应预留凹槽，并嵌填密封材料。抹找平层时，分格缝应与板端缝对齐、顺直，并嵌填密封材料。涂膜施工时，板端缝部位空铺附加层的宽度宜为 100mm。

3）防水涂料的配制。

① 单组分涂料。单组分防水涂料使用前，应搅拌均匀。单组分涂料内部由于含有较多的纤维状或粉粒状填充料，在运输、储存过程中会产生沉淀现象，如不搅拌均匀，就无法保证涂料的匀质性和性能。如涂料内沉淀较少，可采用人工搅拌或将涂料桶在屋面上来回滚动，使涂料能够均匀。

② 双组分涂料。采用双组分防水涂料时，在配制前，应将甲组分、乙组分分别搅拌均匀，然后严格按照材料供应商提供的材料配合比准确计量进行配制。每次配制数量应根据涂布面积计算而定，应随配随用。混合时，应先将主剂置入搅拌桶内，再加入固化剂组分，并立即进行搅拌。搅拌桶应采用圆的铁皮桶或塑料桶，另外，应具有足够的搅拌时间，使涂料能充分搅拌均匀。当涂料粘度过大，或涂料固化过快或过慢时，可分别加入适量的稀释剂、缓凝剂或促凝剂调节涂料的粘度或固化时间，但不能影响防水涂膜的质量。

注意：未用完的涂料应加盖封严，再次使用前，如容器桶内有少量结膜现象，应清除或过滤后才能使用。

4）细部施工要求。涂膜防水屋面工程施工时，天沟、檐沟、檐口、泛水等部位均应加铺有胎体增强材料的附加层。水落口周围与屋面交接处应作密封处理，并加铺 2 层有胎体增强材料的附加层，涂膜伸入水落口的深度不得小于 50mm，宽度不小于 200mm。涂膜防水层的收头应用密封材料封严。涂膜屋面防水工程应在涂膜层固化后做保护层，保护层可采用分格水泥砂浆、细石混凝土或块材等。

2. 涂膜防水屋面防水层工程检验批施工质量验收

检验批划分：按不同结构标高屋面防水层来划分，同一结构标高屋面防水层每 100m² 划为一个检验批。每一检验批抽检 10m²，屋面防水层面积不足 100m²，应至少抽检 3 处，每处抽检 10m²。

（1）主控项目检验

涂膜防水层主控项目检验标准及检验方法见表4-167。

表4-167 涂膜防水层主控项目检验标准及检验方法

序 号	项 目	检验标准及要求	检验方法	检验数量
1	防水涂料和胎体增强材料	防水涂料和胎体增强材料必须符合设计要求	检查出厂合格证、质量检验报告和现场抽样复验报告	涂料每10t为一批，不足10t按一批检验 胎体增强材料每3000m² 为一批，不足3000m² 按一批抽检
2	渗漏或积水	涂膜防水层不得有渗漏或积水现象	雨后或淋水、蓄水检验	全数检验（屋面面积的100%）
3	细部构造	涂膜防水层在天沟、檐沟、檐口、水落口、泛水、变形缝和伸出屋面管道的方式构造，必须符合设计要求	观察检查和检查隐蔽工程验收记录	全数检查
4	防水层厚度	涂膜防水层的平均厚度应符合设计要求，最小厚度不应小于设计厚度的80%	针测法或取样量测	每一检验批抽检10m²，屋面防水层面积不足100m²，应至少抽检3处，每一处抽检10m²

（2）一般项目检验

涂膜防水屋面工程涂膜防水层一般项目检验标准及检验方法见表4-168。

表4-168 涂膜防水层一般项目检验标准及检验方法

序 号	项 目	检验标准及要求	检验方法	检验数量
1	防水层与基层的粘结	涂膜防水层与基层应粘结牢固，表面平整，涂刷均匀，无流淌、皱褶、鼓泡、露胎体和翘边的缺陷	观察检查	每一检验批抽检10m²，屋面防水层面积不足100m²，应至少抽检3处，每一处抽检10m²
2	保护层、隔离层及分格缝	涂膜防水层上撒布材料或浅色涂料保护层应铺撒或涂刷均匀，粘结牢固；水泥砂浆、块材或细石混凝土保护层与涂膜防水层间应设置隔离层；刚性保护层的分格缝留置应符合设计要求	观察检查	每一检验批抽检10m²，屋面防水层面积不足100m²，应至少抽检3处，每一处抽检10m²

3. 施工中常见的质量问题及预防措施

➤ 常见的质量问题：粘结不牢固。由于施工时，基层表面过分潮湿，或基层表面不平整、不干净，且有起皮、起灰等现象；涂膜厚度不足或结膜不良；在复合防水施工时，涂料与其他防水材料的相容性差或不相容；上、下工序之间或两道涂层之间没有技术间隔，或间隔时间较短，都可能造成涂膜与基层粘结不牢固，有起皮、起灰等现象。

✧ 预防措施：①涂膜防水层施工时，基层表面应干燥，且表面平整、干净，无起皮、起灰现象。如表面未干燥又急于施工，可选择涂刷潮湿界面处理剂或基层处理剂等方法。基层处理剂应充分搅拌，涂刷均匀，覆盖完全，待表面干燥后方可进行涂膜施工。另外，如果基层表面有起皮、起灰现象时，也可用钢丝刷清除干净，再进行修补。修补完好后，再进行涂膜施工。②要采取适宜的施工操作工艺，确保涂料的成膜厚度。由于涂料结膜与涂料品种及性能、原材料质量、涂料成膜环境、施工操作工艺等因素有关，因此，施工时应特别注意。③当采用两种防水涂料进行复合防水施工时，为确保涂膜与基层粘结牢固，应进行防水涂料与其他材料的相容性试验。两种材料的溶度参数越接近，则此两种材料的相容性越好。同时，严禁使用已失效变质的防水涂料。④防水层每道施工工序之间应有一定的技术间隔时间。技术间隔时间与涂膜的干燥程度有关，可通过试验确定。⑤涂膜防水层完工后，至少应有 72h 以上的自然干燥养护期。在此期间，应备好雨布等遮雨覆盖物，以防雨水淋冲。

➢ 常见的质量问题：涂膜出现裂缝、脱皮、鼓泡。由于施工时，基层表面没有充分干燥，或施工时空气的湿度较大；基层表面不平整，涂膜厚度不足，胎体增强材料铺贴不平整；施工时，没有将基层表面清扫干净，表面上有砂粒、杂物，或涂料中含有沉淀物；基层刚度不够，抗变形能力差，找平层开裂；最后，由于涂料施工时温度过高，或一次涂刷过厚，或在前边涂料未干前就涂刷后续涂料。

✧ 预防措施：①涂料施工时，基层表面应干燥，应在晴朗的天气下进行操作；也可选用潮湿界面处理剂、基层处理剂或能在潮湿基面上固化的合成高分子防水涂料，抑制鼓泡的形成。②施工前，应检查基层表面的平整度，如不平整，可将涂料掺入水泥砂浆中先行修补平整，待干燥后再进行施工。铺贴胎体增强材料时，要边倒涂料、边推铺、边压实平整；铺贴最后一层胎体增强材料后，面层至少应再涂 2 遍涂料。③涂料涂刷前应将基层表面清扫干净。如涂料中含有沉淀物，可用 32 目钢丝网进行过滤。④为防止涂膜防水层开裂，在保温层上必须设置细石混凝土（配筋）刚性找平层。找平层上设置分格缝，分格缝内应增设带胎体增强材料的空铺附加层。胎体附加层底部不应涂刷防水涂料，以使其与基层脱开。⑤涂料施工时，温度要适宜，夏季施工时，应尽量避开炎热的中午。涂料应分层、分遍进行施工，并按事先试验的材料用量与间隔时间进行涂布。一次涂刷不宜过厚，待前一遍涂料干后再进行后一遍涂料的涂刷工作。

➢ 常见的质量问题：保护层材料脱落。由于细砂、云母或蛭石碎粒保护层没有经过辊压，与涂料粘结不牢固；浅色涂料保护层使用的涂料与原防水涂料不相容；保护层施工完后，养护不善，或没有采取必要的成品保护措施，造成保护层材料有破碎、脱落和缺棱断角现象。

✧ 预防措施：①粒料保护层施工时，应随刷涂料随抛撒粒料，然后用铁辊轻压轻碾，使粒料嵌入面层涂料中。应使粒料与涂料粘结牢固。②浅色涂料保护层施工前，应进行相容性试验，以检测所使用的涂料是否与原防水涂料相溶。③浅色涂料保护层施工时，应将基层表面清扫干净，要求其平整、干燥，不得潮湿或有水迹。④对于整体浇筑的水泥类保护层，应注意进行养护，防止碰撞，避免出现缺棱断角等质量缺陷。

【工程案例 4-9】

1. 工程背景

某市实验中学新建一栋教学大楼。框架结构七层，建筑面积 12000m²，工期 380d，工程总造价 2300 万元人民币。该项目由某部委第六设计研究院设计，施工单位为某建设公司，建设单位委托一家具有专业甲级资质的监理公司从事工程施工阶段的监理任务。该教学楼计划于 2009 年 9 月新学期投入使用，目前主体工程及屋面工程已完工。

2. 施工背景

施工单位根据审核后施工组织设计，于 2008 年 7 月 10 日开工，工程进度正常，目前在进行设备安装和室内外装饰装修施工，2009 年 5 月 15 日，监理在验收屋面分部工程时，发现涂膜防水屋面有渗漏现象。当天就开了例会，敦促施工单位立即查找原因，采取有效措施，给予修补，确保屋面防水质量。

3. 假设

1）2009 年 5 月 12 日该地区下了一场大雨。

2）涂膜防水层出现鼓泡和开裂的现象。

3）涂膜防水层厚度不够。

4）涂膜防水材料及配料质量有问题。

4．思考与问答

1）施工单位没有对涂膜防水层进行淋水或蓄水检验，故雨后验收时发现屋面的渗漏情况，想一想，屋面渗漏的主要原因是什么？

2）由于基层潮湿，或者未能将基层中的水汽排出；另外可能是涂膜与基层粘结不牢固；或者辊压不实；或者是成品没有保护好，防水层被碰破，导致涂膜防水层的鼓泡和开裂。想一想，采取何种措施才能解决这一问题？

3）可能因涂刷遍数不够、涂膜防水层太薄而造成渗漏。规范中如何规定涂膜的最小厚度？

4）涂膜防水材料与配料的相容性差，或者本身性能指标不符合要求，也可能造成渗漏。如何理解要把好原材料进场关的含义？

4.4.3.3　刚性防水（接缝密封防水）

1．质量控制点

（1）材料要求

1）水泥和骨料。水泥宜采用普通硅酸盐水泥或硅酸盐水泥，不得采用火山灰质水泥，强度等级不低于 42.5 级；石子最大粒径不宜超过 15mm，含泥量不应大于 1%，应有良好的级配；砂子应采用中砂或粗砂，粒径为 0.3 ～ 0.5mm，含泥量不应大于 2%。

2）混凝土。混凝土水灰比不应大于 0.55，每立方米混凝土水泥用量不得少于 330kg，含砂率宜为 35% ～ 40%，灰砂比宜为（1:2.5）～（1:2）。混凝土采用机械搅拌，搅拌时间不应少于 2min，补偿收缩混凝土连续搅拌时间不应少于 3min。细石混凝土的坍落度应控制在 30 ～ 50mm，达到密实以提高其防水性能。

3）外加剂。细石混凝土宜掺入膨胀剂、减水剂、防水剂等外加剂。应根据不同品种的使用范围、技术要求选定外加剂，按照配合比准确计量，投料顺序得当。常见外加剂的品种、性能及掺量范围可参见《建筑工程材料》教材。

4）配筋。采用直径 4 ～ 6mm、间距 100 ～ 200mm 的双向钢筋网片，也可采用冷拔低碳钢丝。网片应采用绑扎或电焊制作，在分格缝处断开。绑扎钢筋的搭接长度应满足搭接要求，其保护层不应小于 10mm。

5）聚丙烯抗裂纤维。聚丙烯抗裂纤维为短切聚丙烯抗裂纤维，纤维直径 0.48μm，长度 10 ～ 19mm，抗拉强度 276MPa。将聚丙烯抗裂纤维掺入细石混凝土中，可抵抗混凝土的收缩应力，减少细石混凝土的开裂。掺量一般为每立方米细石混凝土中掺入 0.7 ～ 1.2kg 聚丙烯抗裂纤维。

6）密封材料。用于密封处理的密封材料应具有弹塑性、粘结性、耐候性以及防水、气密性和耐疲劳性等特点。常用的密封材料有改性石油沥青密封材料和合成高分子密封材料。其质量要求应符合规范和设计要求。

7）基层处理剂。基层处理剂的作用是使被粘结表面渗透湿润，从而改善密封材料和被粘结体的粘结性，并可以密封混凝土及水泥砂浆基层表面，防止从其内部渗出碱性物及水分。一般应采用材料厂家配套的或推荐的产品，如使用自配或其他厂家的产品时，应做粘结试验。

8）背衬材料。为控制密封材料的嵌填深度，防止密封材料和接缝底部粘结，在接缝底部与密封材料之间设置的可变形的材料称为背衬材料。背衬材料要求如下：应与密封材料不粘结或粘结力弱，具有极大的变形能力。常用的背衬材料有各种泡沫塑料棒、油毡条等。

（2）材料储存及进场检验

1）材料储存。

① 水泥应按品种、批号、出厂日期分别运输和堆放。堆放时四周离墙 300mm 以上，堆放高度不宜超过 10 袋，堆宽 5～10 袋为限，每堆不宜超过 1000 袋，堆垛之间应留有宽为1m 以上的走道。

② 砂石堆放场地应平整、清洁、无积水，按品种、粒径分别运输和堆放。

③ 钢筋堆放场地应平坦、坚实，四周应有一定的排水坡度，或挖排水明沟，防止场地积水。钢筋堆放时下面应垫以垫木，离地不小于 200mm，也可采用钢筋堆放架来堆放钢筋。不要与酸、盐、油等物品混合存放，也不能堆放在产生有害气体的车间附近，以防腐蚀钢筋。

④ 外加剂应分类保管，存放于阴凉、通风、干燥的仓库或固定场所，不得混杂，并设有醒目标志，以易于识别，便于检查。在运输过程中，应轻拿轻放，防止损坏包装袋或容器，并避免雨淋、日晒和受潮。

2）进场检验。

① 进场的密封材料应抽样复验，合格后方可入库。

② 同一规格、同一品种的改性石油沥青密封材料应以每 2t 为一批，不足 2t 者按一批抽检。应检查其施工度、拉伸粘结性、低温柔韧性和耐热度。

③ 同一规格、同一品种的合成高分子密封材料应以 1t 为一批，不足 1t 者按一批抽检。应检查其柔性和拉伸粘结性。

2. 检验批施工质量验收

检验批划分：按不同结构标高屋面防水层来划分，同一结构标高屋面防水层每 100m² 划为一个检验批，每一检验批抽检 10m²。屋面防水层面积不足 100m²，应至少抽检 3 处，每一处抽检 10m²。

（1）主控项目检验

刚性防水屋面防水层主控项目检验标准及检验方法见表 4-169、表 4-170。

表 4-169　刚性防水屋面防水层主控项目检验标准及检验方法

序　号	项　目	检验标准及要求	检验方法	检验数量
1	原材料及配合比	细石混凝土的原材料及配合比必须符合设计要求	检查出厂合格证、质量检验报告、计量措施和现场抽样复验报告	水泥、钢筋按进场批次检验，配合比按检验批数量进行检验
2	防水层渗漏、积水	细石混凝土防水层不得有渗漏或积水现象	雨后或淋水、蓄水检验	全数检验
3	细部构造	细石混凝土防水层在天沟、檐沟、檐口、水落口、泛水、变形缝和伸出屋面管道的防水构造，必须符合设计要求	观察检查和检查隐蔽工程验收记录	全数检验

表 4-170　密封材料嵌缝主控项目检验标准及检验方法

序　号	项　目	检验标准及要求	检验方法	检验数量
1	密封材料质量	细石混凝土防水层所用密封材料的质量，必须符合设计要求	检查产品出厂合格证、配合比和进场检验报告	同一规格、同一品种的改性沥青密封材料应以每 2t 为一批，不足 2t 者按一批抽检。同一规格、同一品种的合成高分子密封材料应以 1t 为一批，不足 1t 者按一批抽检
2	密封材料嵌缝	细石混凝土防水层所用密封材料嵌缝必须密实、连续、饱满，粘结牢固，无气泡、开裂、脱落等缺陷	观察检查	全数检查

（2）一般项目检验

刚性防水屋面防水层一般项目检验标准及检验方法见表 4-171、表 4-172。

表 4-171　刚性防水屋面防水层一般项目检验标准及检验方法

序　号	项　目	检验标准及要求	检验方法	检验批数
1	表面平整度	细石混凝土防水层应表面平整、压实抹光，不得有裂缝、起皮、起砂等缺陷	观察检查	每 100m² 的屋面不应少于 1 处，每一屋面不应少于 3 处
2	厚度及钢筋位置	细石混凝土防水层的厚度和钢筋位置应符合设计要求	观察和尺量检查	每 100m² 的屋面不应少于 1 处，每一屋面不应少于 3 处
3	分格缝位置及间距	细石混凝土分格缝位置及间距应符合设计要求	观察和尺量检查	每 100m² 的屋面不应少于 1 处，每一屋面不应少于 3 处
4	表面平整度偏差	细石混凝土防水层表面平整的允许偏差为 5mm	用 2m 靠尺和楔形塞尺检查	面层与直尺间最大空隙不应大于 5mm，空隙应平缓变化，每 1m 长度不应多于 1 处

表 4-172　密封材料嵌缝一般项目检验标准及检验方法

序　号	项　目	检验标准及要求	检验方法	检验数量
1	基层及基层表面	细石混凝土防水层嵌填密封材料的基层应牢固、干净、干燥，表面应平整密实	观察检查	按检验批
2	接缝宽度及深度	密封防水接缝宽度的允许偏差为 ±10%；接缝深度为宽度的 0.5 ～ 0.7 倍	尺量检查	按检验批
3	密封材料表面质量	细石混凝土防水层嵌填密封材料的表面应平滑，缝边应顺直，无凹凸不平现象	观察检查	按检验批

3．施工中常见的质量问题及预防措施

➤ 常见的质量问题：防水屋面开裂。由于混凝土配合比设计不当，施工时未振捣密实，压实收光不好或后期养护不当等，均会造成施工裂缝；分格缝设置不合理或未按规定设置，在大气温度、太阳辐射以及雨、雪等影响下，易产生温度裂缝；防水层较薄，当基层发生变动时，很容易引起屋面防水层开裂。

✧ 预防措施：①屋面防水层必须设置分格缝。分格缝应设置在屋面板的支承端、屋面转角处、防水层与突出屋面结构的交接处。分格缝的纵、横间距不宜大于 6m，并且与板缝对齐。②细石混凝土防水层的厚度不应小于 40mm，里面应配置直径为 4 ～ 6mm@100 ～ 200mm

的双向钢筋网片。保护层的厚度不应小于 10mm。③为减少结构变形对防水层的影响，应在防水层与屋面基层之间设置隔离层。隔离层应采用麻刀灰、低强度等级砂浆或聚氯乙烯薄膜等材料进行铺设。④细石混凝土应按设计配合比进行计量，投料顺序要正确，应采用机械搅拌、机械振捣。⑤屋面基层变形较大时，应采用补偿收缩混凝土。补偿收缩混凝土中掺入 U 型膨胀剂，其掺入量应为水泥用量的 10% ～ 14%。⑥防水层浇筑厚度应均匀，每个分格板块应一次浇筑完成，不得留施工缝。浇筑时应振捣密实，并压平抹光。浇筑完成 12 ～ 24h 后，立即进行养护，养护时间不得少于 14h。

➤ 常见的质量问题：防水层起壳、起砂。由于混凝土面层发生碳化或施工质量不好，没有很好地进行压实、收光和养护；密封材料质量差，使用寿命短。

◇ 预防措施：①混凝土配合比应符合设计要求，细骨料应尽可能采用中砂或细砂，同时，水泥用量不宜过高。②防水层混凝土应一次性浇筑完成，不得留施工缝。浇筑时，应采用机械搅拌、机械振捣，收水后还应进行二次抹光。③防水层密封材料的资料应符合要求，材料搭配要合理。④混凝土施工时，应尽量避免在酷热、严寒气温下进行，否则应采取相应的保护措施。⑤为避免防水层表面出现起壳、起砂现象，屋面应增加防水涂膜保护层或轻质砌块保护层。

➤ 常见的质量问题：接缝周围的混凝土结构开裂。由于接缝密封前混凝土结构已出现裂痕，有的在密封后因强度不足，发生变形，进而引起混凝土结构的开裂。

◇ 预防措施：①接缝施工前，应仔细检查周边结构的混凝土是否出现开裂、脱落等现象，如有质量缺陷，应提前将部分混凝土剔除，然后用聚合物砂浆进行修复。待达到设计要求后，再进行密封施工。②为防止接缝周边结构因变形而开裂，可先将该结构裂缝部位剔成凹槽，然后用不定型密封材料进行密封。

【工程案例 4-10】

1. 工程背景

某省会城市的国家高新技术开发区位于该市西北部，距离市中心 20km。某外资企业于 2008 年 3 月兴建一栋办公楼，框架结构七层，建筑面积 8368.68m²，工程造价 1600 万元。该项目于 2009 年 5 月交付使用，使用期间发现屋面有渗漏现象。业主随即与承建商取得了联系，督促施工单位尽快解决这一问题。

2. 施工背景

工程项目由该市某一级施工企业承建。办公楼屋面工程施工期间，雨水频繁、昼夜温差大、干湿度也大，屋面为细石混凝土刚性防水屋面。

3. 假设

施工时，细石混凝土是现场搅拌的，屋面渗漏大部分集中在构造处，少部分在分格缝处及中间位置，所用密封材料可能存在质量问题。

4. 思考与问答

（1）刚性防水层屋面对防水材料有何规定？拌制混凝土时，对水灰比及砂率的控制有何要求？对混凝土强度等级有何要求？

（2）细石混凝土防水层的分格缝设置位置是否合适，其纵、横间距是否超过6m的规定？分格缝内嵌填密封材料不合格也是导致渗漏的原因之一，想一想其具体要求。

（3）防水层厚度及配置钢筋网片的数量、位置及其保护层厚度不足也是导致渗漏的原因之一，想一想各自的具体要求。

（4）温差、干缩、荷载作用及养护不当等因素，使结构发生变形、开裂，进而导致刚性防水层产生裂缝，造成屋面渗漏。想一想其要求。

（5）防水层的构造处应做何种处理，才能确保屋面不渗漏？

4.4.4 瓦面与板面工程

1. 质量控制点

（1）材料要求

1）烧结瓦和混凝土瓦。平瓦屋面中的平瓦是指黏土平瓦和水泥平瓦，由平瓦和脊瓦组成。平瓦用于铺盖屋面，脊瓦铺盖于屋脊上。黏土平瓦及脊瓦是以黏土压制或挤压成形、干燥焙烧而成。水泥平瓦及脊瓦是用水泥、砂加水搅拌经机械滚压成形，常压蒸汽养护后制成。黏土平瓦和水泥平瓦的规格尺寸及质量要求分别见表4-173和表4-174。

表 4-173 黏土平瓦的规格尺寸及质量要求

规格及性能	平 瓦	脊 瓦
规格（长×宽×高）/mm	（360～400）×（200～240）×（10～17）	455×190×30
尺寸允许偏差 /mm	长度±7，宽度±5	
翘曲 /mm	不得超过4	
面上裂缝	不允许存在	
单片最小抗折力 /N	≥68014	
覆盖1m² 屋面的瓦吸水后质量 /kg	≤55	
耐冻融	−15℃下冻融15次循环后，无分层、开裂脱边和掉角现象	

表 4-174 水泥平瓦的规格尺寸及质量要求

规格及性能	平 瓦	脊 瓦
规格（长×宽×高）/mm	385×235×5	465×175×15
尺寸允许偏差 /mm	长度±3，宽度±2	
掉角欠缺部分 /mm	两直角边长不得同时大于20×40	
瓦面裂缝长度 /mm	≤15	
单片瓦抗折力平均值 /N	≥650	
单片瓦抗折力最低值 /N	≥600	
瓦爪残缺	≤1/3 爪高	
吸水率 /%	≤12	
耐冻融	−15℃下冻融15次循环后，无分层、开裂脱边和掉角现象	

2）沥青瓦铺装。油毡瓦规格：长×宽×高=1000mm×333mm×3.5（4.5）mm。长度和宽度允许偏差：优等品 ±3mm、合格品 ±5mm。外观质量要求：10～45℃环境温度时易于打开，不得产生脆裂和粘连；玻纤毡必须完全用沥青浸透和涂盖；油毡瓦不应有孔洞和边缘切割不齐、裂缝、断裂等缺陷；矿物料应均匀、覆盖紧密；自粘结点距末端切槽的一端不大于 190mm，并与油毡瓦的防粘纸对齐。油毡瓦物理性能指标见表 4-175。

表 4-175 油毡瓦物理性能指标

项　　目	性　能　指　标	
	合格品	优等品
可溶物含量 / (g/m²)	≥ 1450	≥ 1900
拉力 /N	≥ 300	≥ 340
耐热度 /℃	≥ 85	—
柔度 /℃	10	8

（2）材料的搬运与存放

1）平瓦的搬运与存放。瓦材为易碎材料，在包装、搬运和存放时，应注意瓦材的完整性。每块瓦均应用草绳扎缠出厂；运输车厢用柔软材料垫稳，搬运时应轻拿轻放，不得碰撞、抛扔；堆放要整齐，平瓦侧放时应靠紧，堆放高度不能超过 5 层，脊瓦呈人字形堆放。

2）油毡瓦的运输与存放。油毡瓦应以 21 片为 1 包装捆，运输时应平放在车厢板上，高度不超过 15 捆，并用雨布遮盖，以防雨淋、日晒和受潮。存放时，不同颜色、不同等级的瓦应分别堆放在仓库内，仓库里的温度不得高于 45℃。库内应保持干燥、通风，严禁接近火源，存放期不应超过 1 年。

2. 瓦屋面工程检验批施工质量验收

检验批划分：按不同结构标高屋面来划分，同一结构标高屋面防水面积每 100m² 划为一个检验批。每一检验批抽检 10m²，屋面防水面积不足 100m²，应至少抽检 3 处，每一处抽检 10m²。

（1）主控项目检验

瓦屋面工程防水层主控项目检验标准及检验方法见表 4-176。

表 4-176 瓦屋面工程防水层主控项目检验标准及检验方法

序　号	项　目	检验标准及要求	检验方法	检验数量
1	瓦的质量	平瓦、脊瓦及油毡瓦的质量都必须符合设计要求	观察检查和检查出厂合格证或质量检验报告	检验批量
2	平瓦的铺置	平瓦必须铺置牢固。地震设防地区或坡度大于 100% 的屋面，应采取固定加强措施	观察检查与手扳检查	检验批量
3	油毡瓦的铺置	油毡瓦所用固定钉必须钉平、钉牢，严禁钉帽外露于油毡瓦表面	观察检查	检验批量

（2）一般项目检验

瓦屋面工程防水层一般项目检验标准及检验方法见表 4-177。

表4-177 瓦屋面工程防水层一般项目检验标准及检验方法

序 号	项 目	检验标准及要求	检验方法	检验数量
1	挂瓦条	挂瓦条应分档均匀，铺钉平整、牢固，瓦面平整，行列整齐，搭接紧密，檐口平直	观察检查	检验批量
2	脊瓦铺设	脊瓦应搭盖正确，间距均匀，封固严密；屋脊和斜脊应顺直，无起伏现象	观察检查或手扳检查	检验批量
3	油毡瓦铺设	油毡瓦的铺设方法应正确；油毡瓦之间的对缝，上、下层不得重合	观察检查	检验批量
4	基层与檐口	油毡瓦应与基层紧贴，瓦面平整，檐口顺直	观察检查	检验批量
5	泛水	泛水做法应符合设计要求，顺直整齐，结合严密，无渗漏	观察检查，雨后或淋水检验	检验批量

3. 施工中常见的质量问题及预防措施

➤ 常见的质量问题：平瓦屋面渗漏。由于屋面坡度不符合要求；瓦片材质差，有缺角、砂眼、裂缝或有翘曲、张口、欠火等质量缺陷；天沟、檐口等部位处理不当；挂瓦时坐浆不满，盖缝不严密；木基层上铺设的油毡不合格，残缺破裂，或铺钉不牢固，都会造成平瓦屋面渗漏，尤其是在天沟、檐口等部位。

✧ 预防措施：①平瓦屋面的坡度应符合设计要求，通常平瓦屋面的排水坡度宜为20%～50%。②铺设时，应选用合格的瓦片。平瓦及脊瓦的边缘应整齐，表面应光洁，颜色应均匀一致，不得有分层、裂纹、露砂等缺陷，瓦爪与瓦槽的尺寸应配合适当。③挂瓦条的间距应根据瓦的规格和屋面坡度确定。挂瓦条应铺钉平整、牢固，排列应整齐，成一条直线。④天沟、檐沟处的防水层应采用厚1.2mm的合成高分子防水卷材或厚3mm的高聚物改性沥青防水卷材铺设而成。防水层伸入平瓦内的宽度不应小于50mm，瓦伸入天沟、檐沟内的长度为50～70mm。⑤卷材铺设应自下而上平行于屋脊方向进行，其搭接应顺着流水的方向。卷材铺设时应压实铺平，上步工序施工时不得损坏已铺好的卷材。⑥在木基层上铺设卷材时，卷材质量应符合要求，其搭接宽度不应小于100mm，用顺水条将卷材压钉在木基层上，压钉要牢固。⑦铺瓦时，宜选用干瓦，严禁使用潮湿瓦，因为潮湿瓦容易折断。平瓦应铺设整齐，彼此搭接紧密，瓦榫应落在槽内，瓦脚要挂牢，瓦头应挂齐，檐口应成一条直线。挂瓦时，坐浆应满实，盖缝要严密，确保施工质量。

➤ 常见的质量问题：瓦片脱落。由于平瓦屋面瓦楞边缘咬接不紧，坐浆不满、不实；挂瓦时，瓦的后爪在挂瓦条上没有挂牢固，前爪与瓦槽吻合不紧密；脊瓦搭盖尺寸不够，脊瓦间的接头和脊瓦下面没有按规定坐浆和嵌缝；脊瓦底部瓦楞的空隙处，麻刀灰浆堵塞不严实，都会造成瓦片脱落。

✧ 预防措施：①平瓦铺设时，应由两坡从下向上同时对称铺设，瓦片应均匀地堆放在两坡的屋面上，不得集中堆放。②平瓦的接头口要顺主导风向；脊瓦与平瓦的搭盖宽度不应小于40mm；斜脊的接头口要向下，即由下向上铺设。平脊与斜脊的交接处要用掺麻刀的混合砂浆封严实。③脊瓦施工时，脊瓦底部要垫塞平稳，坐浆要饱满、密实，不得有沉陷变形等现象。④平瓦屋面施工完成后，应采取保护措施，严禁上人行走或堆放构件。

➤ 常见的质量问题：油毡瓦屋面渗漏。由于油毡瓦质量存在缺陷，不能满足屋面防水、抗渗要求；基层质量不符合设计要求，如钢筋混凝土基层上有起皮、起砂和裂缝等缺陷；屋面泛水处因变形不一致产生开裂，施工缝处出现裂缝，都会造成油毡瓦屋面渗漏。

◇ 预防措施：①材料进场验收时，应根据设计要求或国家现行行业标准，严格检查材料的外观质量及物理性能指标。②油毡瓦屋面的基层应平整。铺瓦前，应先在基层上铺设一层沥青防水卷材垫层，防水卷材搭接长度不应小于100mm。③在混凝土基层上铺设油毡瓦时，应用专用水泥钢钉及屋面沥青胶粘剂固定。若基层有起皮、起砂或裂缝等缺陷时，应事先进行处理。④在檐沟及烟囱墙根泛水处，应提高设防标准，同时做好卷材收头处以及施工缝、裂缝等部位的密封处理。伸出屋面的污水管和通风管道，应在管道周围找平处做成圆锥台。⑤油毡瓦的搭接多采用点粘结，为了防止雨水沿瓦搭接缝形成爬水现象，油毡瓦屋面的坡度不应小于20%。

【工程案例4-11】

1. 工程背景

某省建筑职业技术学院老校区位于省城市委附近，于2006年3月兴建一栋教工住宅楼，混合结构6层，建筑面积3689.38m²，工程造价380万元。该工程项目于2007年7月交付用户使用。居住期间六楼住户发现部分房间有渗漏现象。

2. 施工背景

该工程项目由本市某建筑工程有限公司承建。屋面工程施工期间，雨水频繁，昼夜温差大，干湿度变化也大，屋面为平瓦屋面。

3. 假设

屋面坡度为51%，屋面基层为现浇混凝土结构，混凝土为现场搅拌。

4. 思考与问答

（1）如因平瓦、脊瓦、沥青防水卷材及沥青玛蹄脂本身有质量缺陷导致渗漏，应如何检查其质量？

（2）由于屋面坡度大于50%，平瓦铺置时，应采取何种固定加强措施？

（3）脊瓦在两坡面瓦上的搭盖宽度不够，规范规定每边不小于多少？

（4）突出屋面的墙或管道的侧面瓦伸入泛水宽度不符合要求，规范如何规定？

4.4.5　细部构造

4.4.5.1　卷材防水屋面细部构造

1. 质量控制点

（1）材料要求

用于卷材防水屋面细部构造处理的防水材料及密封材料的质量，均应符合规范有关规定的要求。另外，用于细部构造的防水材料，由于品种多、用量少，但作用非常大，所以对细部构造处理所用的防水材料，也必须按照有关的材料标准进行检查验收。

（2）施工要求

1）屋面防水层细部构造，如天沟、檐沟、阴阳角、水落口、变形缝等部位，应设置附加层。

2）伸出屋面的管道、设备或预埋件等，应在防水层施工前安设完毕。屋面防水层完工后，不得在其上凿孔、打洞或用重物冲击。

3）屋面排水系统应保持畅通，严防水落口、天沟、檐沟堵塞。

2. 卷材防水屋面细部构造的检验

（1）细部构造检验

卷材防水屋面细部构造检验标准及检验方法见表 4-178。

表 4-178　卷材防水屋面细部构造检验标准及检验方法

序　号	项　目	检验标准及要求	检验方法	检验数量
1	天沟、檐沟、檐口、水落口、泛水、变形缝及伸出屋面的管道	天沟、檐沟、檐口、水落口、泛水、变形缝及伸出屋面的管道的防水构造，必须符合设计要求	观察检查和检查隐蔽工程验收记录	全数检验
2	天沟、檐沟的排水坡度	天沟、檐沟的排水坡度必须符合设计要求	用水平仪（水平尺）、拉线和尺量检查	全数检验

（2）细部构造说明

1）天沟、檐沟。

① 天沟、檐沟应增铺附加层。沟内附加层在天沟、檐沟与屋面交接处宜空铺，空铺的宽度不应小于 200mm。

② 卷材防水层应由沟底翻上至沟外檐顶部，卷材收头应用水泥钉固定，并用密封材料封严。

③ 高、低跨内排水天沟与立墙交接处，应采取能适应变形的密封处理。

2）檐口。

① 铺贴檐口 800mm 范围内的卷材应采取满粘法。

② 卷材收头应压入凹槽，采取金属压条钉压，并用密封材料封口。

③ 檐口下端应做滴水处理。

3）女儿墙泛水。

① 铺贴泛水处的卷材应采取满粘法。

② 砖墙上的卷材收头可直接铺压在女儿墙压顶下，压顶应做防水处理；也可压入砖墙凹槽内固定密封，凹槽距屋面找平层不应小于 250mm，凹槽上部的墙体也应做防水处理。

4）水落口。

① 水落口宜采用金属或塑料制品。

② 水落口杯上口的标高应设置在沟底的最底处。

③ 防水层贴入水落口杯内不应小于 50mm。

④ 水落口周围直径 500mm 范围内的坡度不应小于 5%，并采用防水涂料或密封材料涂封，其厚度不应小于 2mm。

⑤ 水落口杯与基层接触处应留宽 20mm、深 20mm 的凹槽，并嵌填密封材料。

5）变形缝。

① 变形缝的泛水高度不应小于 250mm。

② 防水层应铺贴到变形缝两侧砌体的上部。

③ 变形缝内应填充聚苯乙烯泡沫塑料，上部填放衬垫材料，并用卷材封盖。

④ 变形缝顶部加扣混凝土或金属盖板，混凝土盖板的接缝应用密封材料嵌填。

6）伸出屋面的管道。

① 管道根部直径 500mm 范围内，找平层应抹出高度不小于 30mm 的圆锥台。

② 管道周围与找平层或细石混凝土防水层之间，应预留 20mm×20mm 的凹槽，并用密封材料嵌填严密。

③ 管道根部四周应增设附加层，宽度和高度均不应小于 300mm。

④ 管道上的防水层收头处应用金属箍紧固，并用密封材料封严。

3．施工中常见的质量问题及预防措施

详见 4.4.3 节（省略）。

4.4.5.2　涂膜防水屋面细部构造

1．质量控制点

（1）材料要求

用于涂膜防水屋面细部构造处理的涂膜防水材料及密封材料的质量，均应符合规范有关规定的要求。另外，用于细部构造的防水材料，由于品种多、用量少，但作用非常大，所以对细部构造处理所用的防水材料，也必须按照有关的材料标准进行检查验收。

（2）施工要求

1）屋面防水层细部构造，如天沟、檐沟、阴阳角、水落口、变形缝等部位，应设置附加层。

2）伸出屋面的管道、设备或预埋件等，应在防水层施工前安设完毕。屋面防水层完工后，不得在其上凿孔、打洞或重物冲击。

3）屋面排水系统应保持畅通，严防水落口、天沟、檐沟堵塞。

2．涂膜防水屋面细部构造的检验

（1）细部构造检验

涂膜防水屋面细部构造检验标准及检验方法见表 4-179。

表 4-179　涂膜防水屋面细部构造检验标准及检验方法

序　号	项　　目	检验标准及要求	检验方法	检验数量
1	天沟、檐沟、檐口、水落口、泛水、变形缝及伸出屋面的管道	天沟、檐沟、檐口、水落口、泛水、变形缝及伸出屋面的管道的防水构造，必须符合设计要求	观察检查和检查隐蔽工程验收记录	全数检验
2	天沟、檐沟的排水坡度	天沟、檐沟的排水坡度必须符合设计要求	用水平仪（水平尺）、拉线和尺量检查	全数检验

（2）细部构造说明

1）天沟、檐沟。

① 天沟、檐沟应增铺附加层。涂膜收头应用防水涂料多遍涂刷，或用密封材料封严。

② 天沟、檐沟应用水泥砂浆找坡，找坡厚度大于 20mm 时宜采用细石混凝土。

③ 高、低跨内排水天沟与立墙交接处，应采取能适应变形的密封处理。

2）檐口。檐口的涂膜防水层收头，应用防水涂料多遍涂刷，或用密封材料封严，檐口下端应做滴水处理。

3）女儿墙泛水。泛水处的涂膜防水层，应直接涂刷至女儿墙的压顶下。收头处理应采用防水涂料多遍涂刷封严，压顶下应做防水处理。

4）水落口。

① 水落口宜采用金属或塑料制品。

② 水落口杯上口的标高应设置在沟底的最底处。

③ 防水层贴入水落口杯内不应小于 50mm。

④ 水落口周围直径 500mm 范围内的坡度不应小于 5%，并采用防水涂料或密封材料涂封，其厚度不应小于 2mm。

⑤ 水落口杯与基层接触处应留宽 20mm、深 20mm 的凹槽，并嵌填密封材料。

5）变形缝。

① 变形缝的泛水高度不应小于 250mm。

② 防水层应铺贴到变形缝两侧砌体的上部。

③ 变形缝内应填充聚苯乙烯泡沫塑料，上部填放衬垫材料，并用卷材封盖。

④ 变形缝顶部应加扣混凝土或金属盖板，混凝土盖板的接缝应用密封材料嵌填。

6）伸出屋面的管道。

① 管道根部直径 500mm 范围内，找平层应抹出高度不小于 30mm 的圆锥台。

② 管道周围与找平层或细石混凝土防水层之间，应预留 20mm×20mm 的凹槽，并用密封材料嵌填严密。

③ 管道根部四周应增设附加层，宽度和高度均不应小于 300mm。

④ 管道上的防水层收头处应用金属箍紧固，并用密封材料封严。

3．施工中常见的质量问题及预防措施

详见 4.4.3 节（省略）。

4.4.5.3　刚性防水屋面细部构造

1．质量控制点

（1）材料要求

用于刚性防水屋面细部构造处理的防水材料及密封材料的质量，均应符合规范有关规定的要求。另外，用于细部构造的防水材料，由于品种多、用量少而作用非常大，所以对细部构造处理所用的防水材料，也必须按照有关的材料标准进行检查验收。

（2）施工要求

1）屋面防水层细部构造，如天沟、檐沟、阴阳角、水落口、变形缝等部位，应设置附加层。

2）伸出屋面的管道、设备或预埋件等，应在防水层施工前安设完毕。屋面防水层完工后，不得在其上凿孔、打洞或重物冲击。

3）屋面排水系统应保持畅通，严防水落口、天沟、檐沟堵塞。

2．刚性防水屋面细部构造的检验

（1）细部构造检验

刚性防水屋面细部构造检验标准及检验方法见表 4-180。

表 4-180　刚性防水屋面细部构造检验标准及检验方法

序　号	项　　目	检验标准及要求	检　验　方　法	检　验　数　量
1	天沟、檐沟、檐口、水落口、泛水、变形缝及伸出屋面的管道	天沟、檐沟、檐口、水落口、泛水、变形缝及伸出屋面的管道的防水构造，必须符合设计要求	观察检查和检查隐蔽工程验收记录	全数检验
2	天沟、檐沟的排水坡度	天沟、檐沟的排水坡度必须符合设计要求	用水平仪（水平尺）、拉线和尺量检查	全数检验

（2）细部构造说明

屋面的天沟、檐沟、泛水、水落口、檐口、变形缝以及伸出屋面管道等部位，是屋面工程中最容易出现渗漏的薄弱环节。调查表明，70% 的屋面渗漏都是由节点部位的防水不当引起的。所以，应对这些部位进行防水增强处理，并作重点质量检查，以确保屋面工程质量。

另外，对屋面工程的综合治理，应本着"材料是基础，设计是前提，施工是关键，管理维护要加强"的原则。因此，屋面细部的防水构造及天沟、檐沟的排水坡度必须符合设计要求。

3. 施工中常见的质量问题及预防措施

详见 4.4.3 节（省略）。

4.4.5.4 瓦屋面细部构造

1. 质量控制点

（1）材料要求

平瓦、脊瓦及油毡瓦的规格、尺寸和质量应满足《屋面工程技术规范》的要求。

（2）施工要求

1）平瓦伸入天沟、檐沟的长度宜为 50 ～ 70mm；油毡瓦与卷材之间，应采用满粘法铺贴。

2）平瓦屋面的瓦头挑出封檐的长度宜为 50 ～ 70mm，油毡瓦屋面的檐口应设金属滴水板。

3）平瓦屋面的泛水，宜采用聚合物水泥砂浆或掺有纤维的混合砂浆分次抹成。烟囱与屋面的交界处，应在迎水面中部抹出分水线，并应高出两侧各 30mm。

4）油毡瓦屋面的泛水板与突出屋面的墙体搭接高度不应小于 250mm。

2. 瓦屋面细部构造的检验

（1）细部构造检验

瓦屋面细部构造检验标准及检验方法见表 4-181。

表 4-181 瓦屋面细部构造检验标准及检验方法

序　号	项　目	检验标准及要求	检验方法	检验数量
1	天沟、檐沟、檐口、水落口、泛水、变形缝及伸出屋面的管道	天沟、檐沟、檐口、水落口、泛水、变形缝及伸出屋面的管道的防水构造，必须符合设计要求	观察检查和检查隐蔽工程验收记录	全数检验
2	天沟、檐沟的排水坡度	天沟、檐沟的排水坡度必须符合设计要求	用水平仪（水平尺）、拉线和尺量检查	全数检验

（2）细部构造说明

瓦屋面细部构造说明详见 4.4.5.1 及 4.4.5.2 节（省略）。

3. 施工中常见的质量问题及预防措施

详见 4.4.4 节（省略）。

子单元 5　建筑装饰装修工程

建筑装饰装修工程是建筑工程中的一个分部工程，其中包括的子分部工程及其分项工程的划分见表 4-182。

建筑装饰装修是指为保护建筑物的主体结构、完善建筑物的使用功能和美化建筑物，而采用装饰装修材料或饰物对建筑物的内、外表面及空间进行各种处理的过程。建筑装饰装修的含义包括"建筑装饰""建筑装修""建筑装潢"。

表 4-182　子分部工程及其分项工程划分表

项　次	子分部工程	分项工程
1	抹灰工程	一般抹灰，装饰抹灰，清水砌体勾缝
2	门窗工程	木门窗制作与安装，金属门窗安装，塑料门窗安装，特种门安装，门窗玻璃安装
3	吊顶工程	暗龙骨吊顶，明龙骨吊顶
4	轻质隔墙工程	板材隔墙，骨架隔墙，活动隔墙，玻璃隔墙
5	饰面板（砖）工程	饰面板安装，饰面砖粘贴
6	幕墙工程	玻璃幕墙，金属幕墙，石材幕墙
7	涂饰工程	水性涂料涂饰，溶剂型涂料涂饰，美术涂饰
8	裱糊与软包工程	裱糊，软包
9	细部工程	橱柜制作与安装，窗帘盒、窗台板和散热器罩制作与安装，门窗套制作与安装，护栏和扶手制作与安装，花饰制作与安装
10	建筑地面工程	基层，整体面层，板块面层，竹木面层

建筑装饰装修是采用材料对建筑物的内外表面及空间进行各种处理，饰面必须有所依附，故应先明确和理解以下两个概念。

1）基体：建筑的主体结构或围护结构。

2）基层：直接承受装饰装修施工的面层。

其中，基体关系到建筑物的安全；基层关系到保护功能和装饰效果。

本子单元主要介绍建筑地面工程、抹灰工程、门窗工程、吊顶工程、轻质隔墙工程、饰面板（砖）工程、幕墙工程、涂饰工程八个方面装饰装修工程的质量控制与验收要求。

4.5.1　建筑地面工程

建筑地面工程是建筑物底层地面（地面）和楼层地面（楼面）工程的总称。根据《统一标准》建筑工程分部（子分部）工程的划分，建筑地面工程归属于建筑装饰装修工程分部的子分部工程。

建筑地面工程子分部工程、分项工程的划分见表 4-183。

表 4-183　建筑地面工程子分部工程、分项工程划分表

分部工程	子分部工程		分项工程
建筑装饰装修工程	地面	整体面层	基层：基土、灰土垫层、砂垫层和砂石垫层、碎石垫层和碎砖垫层、三合土垫层、炉渣垫层、水泥混凝土垫层、找平层、隔离层、填充层
			面层：水泥混凝土面层、水泥砂浆面层、水磨石面层、水泥钢（铁）屑面层、防油渗面层、不发火（防爆）面层
		板块面层	基层：基土、灰土垫层、砂垫层和砂石垫层、碎石垫层和碎砖垫层、三合土垫层、炉渣垫层、水泥混凝土垫层、找平层、隔离层、填充层
			面层：砖面层（陶瓷锦砖、缸砖、陶瓷地砖和水泥花砖面层）、大理石面层和花岗石面层、预制板块面层（水泥混凝土板块、水磨石板块面层）、料石面层（条石、块石面层）、塑料板面层、活动地板面层、地毯面层
		木、竹面层	基层：基土、灰土垫层、砂垫层和砂石垫层、碎石垫层和碎砖垫层、三合土垫层、炉渣垫层、水泥混凝土垫层、找平层、隔离层、填充层
			面层：实木地板面层（条材、块材面层）、实木复合地板面层（条材、块材面层）、中密度（强化）复合地板面层（条材面层）、竹地板面层

　　建筑地面工程的基本规定，主要是对其整体面层、板块面层、木面层、竹面层子分部工程及各属的分项工程施工质量验收作出了共同性要求。基本规定对建筑地面子分部工程、分项工程的划分，以及材料的质量、施工工序、施工工艺、施工环境温度、施工质量的检验和检验方法诸方面作出了明确的要求。

　　（1）材料质量

　　1）建筑地面工程采用的材料应按设计要求选用，并应符合国家标准的规定；进场材料应有中文质量合格证明文件、规格、型号及性能检测报告，对于重要材料，应有复验报告。

　　2）厕浴间和有防滑要求的建筑地面的板块材料应符合设计要求。

　　3）建筑地面使用的天然石材（大理石、花岗石等），必须符合国家现行行业标准《建筑材料放射性核素限量》（GB 6566—2001）中有关材料有害物质的限量规定，进场时应具有检测报告。

　　4）胶粘剂、沥青胶结料和涂料等材料应按设计要求选用，并应符合现行国家标准《民用建筑工程室内环境污染控制规范》（GB 50325—2010）的规定。

　　（2）建筑地面坡度及附属工程的控制

　　1）铺设有坡度的地面时，应采用基土高差达到设计要求的坡度；铺设有坡度的楼面（或架空地面）时，应在钢筋混凝土板上变更填充层（或找平层）铺设的厚度或以结构起坡达到设计要求的坡度。

　　2）室外散水、明沟、踏步、台阶和坡道等附属工程，其面层和基层（各构造层）均应符合设计要求。施工时，应按规范基层铺设中基土和相应垫层以及面层的规定执行。

　　3）水泥混凝土散水、明沟，应设置伸缩缝，其间距不得大于 10m；房屋转角处应做 45°缝。水泥混凝土散水、明沟、台阶等与建筑物连接处应设缝（缝宽为 15～20mm）处理，缝内填嵌柔性密封材料。

（3）建筑地面变形缝

1）建筑地面的沉降缝、伸缩缝和防震缝，应与结构相应缝的位置一致，且应贯通建筑地面的各构造层。

2）建筑地面的沉降缝和防震缝的宽度应符合设计要求，缝内清理干净，以柔性密封材料填嵌后用板封盖，并应与面层齐平。

（4）建筑地面镶边

建筑地面镶边应符合设计要求，如无设计要求时，应符合下列规定：

1）有强烈机械作用下的水泥类整体面层与其他类型的面层邻接处，应设置金属镶边构件。

2）采用水磨石整体面层时，应用同类材料以分格条设置镶边。

3）条石面层和砖面层与其他面层邻接处，应用顶铺的同类材料镶边。

4）采用竹、木面层和塑料面层时，应用同类材料镶边。

5）建筑地面面层与管沟、孔洞、检查井等邻接处，均应设置镶边。

6）管沟、变形缝等处的建筑地面面层的镶边构件，应在面层铺设前装设。

（5）建筑地面施工环境温度的控制

1）采用掺有水泥、石灰的拌合料铺设以及用石油沥青胶结料铺贴时，不应低于 5℃。

2）采用有机胶粘剂粘贴时，不应低于 10℃。

3）采用砂、石材料铺设时，不应低于 0℃。

4.5.1.1 基层铺设

基层是指面层下的构造层。基层铺设是指基土、垫层、找平层、隔离层和填充层等铺设施工。

1. 质量控制点

（1）基土

基土是指底层地面的地基土层。

1）基土材料应选用砂土、粉土、粉质黏土，其粒径不宜大于 50mm。填土施工时，土料应控制最佳含水量。土的最佳含水量和最大干密度应由击实试验确定。土过干可加水湿润，土过湿可松动晾干或加同类干土。

2）填土应采用机械或人工方法分层压（夯）实，并按使用机械的不同或采用人工夯实控制分层虚铺的厚度。厚度的参考值：机械压实不宜大于 300mm；蛙式打夯机夯实不宜大于 250mm；人工夯实不宜大于 200mm。

（2）垫层

垫层是指承受并传递地面荷载于基土上的构造层。

1）灰土垫层。

① 土料宜采用开挖土，注意控制含水量，熟化石灰可采用磨细生石灰，也可采用粉煤灰或电石渣代替。灰土的拌合料比例一般为 2:8 或 3:7（熟石灰：土）。

② 灰土垫层应分层夯实，每层虚铺厚度宜为 150～250mm。灰土分段施工时，上、下相邻两层的交界间距应大于 0.5m。分层夯实后，要湿润养护，晾干后方可进行下一道工序施工。

③ 灰土垫层的厚度不宜小于 100mm，应铺设在不受地下水浸泡的基土上。施工后，应采取防水浸泡的措施。

2）砂垫层和砂石垫层。

① 砂石应选用天然级配的材料，质地坚硬的中砂、砾砂、卵石和碎石都可作为垫层用料。铺设时，不应有粗细颗粒分离现象。

② 砂垫层厚度不应小于 60mm；砂石垫层厚度不应小于 100mm。

③ 砂垫层和砂石垫层应按先深后浅的顺序铺设，分段施工交界处应做成斜坡，分层搭接长度不应小于 0.5m。如采用平板振捣振实时，每层虚铺厚度以能振实为宜，压（夯）至不松动为止。

（3）找平层

找平层是指在垫层、楼面或填充层（轻质、松散材料）上起整平、找坡或加强作用的构造层。

1）铺设找平层前，当其下一层有松散填充料时，应予铺平振实。

2）找平层应采用水泥砂浆或水泥混凝土铺设。为了提高找平层与垫层的粘结强度，铺设前，应在垫层面刷一遍水灰比为 0.4～0.5 的水泥浆，随刷水泥浆，随铺找平层。

3）在预制钢筋混凝土板上铺设找平层前，为避免产生裂缝，板缝填嵌的控制要求如下：

① 预制钢筋混凝土板相邻缝底宽不应小于 20mm。

② 填嵌时，板缝内应清理干净，保持湿润。

③ 填缝采用细石混凝土，其强度等级不得小于 C20。填缝高度应低于板面 10～20mm，且振捣密实，表面不应压光；填缝后应养护。

④ 当板缝底宽大于 40mm 时，应按设计要求配置钢筋。

⑤ 预制钢筋混凝土板端应按设计要求做防裂构造。

（4）隔离层

隔离层是指起防止建筑地面上各种液体或地下水、潮气渗漏地面等作用的构造层，也可称为防潮层。

1）基层涂刷的处理剂与隔离层材料（卷材、防水涂料）具有相容性。

2）在水泥类找平层上铺设沥青类防水卷材，防水涂料或以水泥类材料作为防水隔离层时，基层表面应坚固、清洁、干燥。

3）铺设隔离层时，在管道穿过楼面四周，防水材料应向上铺涂，并超过套管上口；在靠近墙面处，应高出面层 200～300mm，或按设计要求的高度铺涂。阴阳角和管道穿过楼面的根部应增加铺涂附加防水隔离层。

4）蓄水检验。防水材料铺设后，必须做蓄水检验。蓄水深度应为 20～30mm，24h 内无渗漏为合格，并做记录。

（5）填充层

填充层是指在建筑地面上起隔声、保温、找坡和暗敷管线等作用的构造层。

2. 基层铺设工程检验批施工质量验收

基层铺设工程检验批划分：基层（各构造层）分项工程的施工质量验收应按每一层次或每层施工段（或变形缝）划分为检验批，高层建筑的标准层可按每三层（不足三层按三层计）作为检验批。

（1）主控项目检验

基层铺设工程主控项目的检验标准及检验方法见表4-184。

表4-184 基层铺设工程主控项目的检验标准及检验方法

序号	项目	质量标准及要求	检验方法	检验数量
1	基土	严禁用淤泥、腐殖土、冻土、耕植土、膨胀土和含有有机物质大于8%的土作为填土 均匀密实，压实系数应符合设计要求，设计无要求时，不应小于0.90	观察检查和检查土质记录	按自然间（或标准间）检验，抽查数量应随机检验不应少于3间；不足3间，应全数检查；其中走廊（过道）应以10延长米为1间，工业厂房（按单跨计）、礼堂、门厅应以两个轴线为1间计算
2	灰土垫层	灰土体积比应符合设计要求	观察检查和检查配合比通知单记录	
3	砂和砂石垫层	不得含有草根等有机杂质；砂应采用中砂；石子最大粒径不得大于垫层厚度的2/3。干密度（或压实度）应符合设计要求	观察检验和检查材质合格证明文件及检测报告。中密标准可采用环刀取样法测定其干容重	
4	找平层	碎石或卵石的粒径不应大于其厚度的2/3，含泥量不应大于2%，砂为中粗砂，其含泥量不应大于3%。水泥砂浆配合比（体积比）或水泥混凝土强度等级应符合设计要求。有防水要求的建筑地面工程的立管、套管、地漏处严禁渗漏，坡向应正确、无积水	观察检查和检查材质合格证明文件及检测报告。或检查配合比通知单记录。观察检查和蓄水（蓄水检查，一般蓄水深度为20～30mm，24h内无渗漏为合格）、泼水检验及坡度尺检查	
5	隔离层	材质必须符合设计要求和现行国家产品标准的规定	观察检查和检查材质合格证明文件及检测报告	
		防水性能和强度等级必须符合设计要求	观察检查和检查检测报告	
		严禁渗漏，坡向应正确、排水通畅	观察检查和蓄水、泼水检验或坡度尺检查	
6	填充层	填充层的材料和配合比质量必须符合设计要求	观察检查，检查材质合格证明文件及检测报告，检查配合比通知单记录	

（2）一般项目检验

基层表面应平整，其允许偏差和检验方法应符合表4-185的规定。

表4-185 基层表面的允许偏差和检验方法

项次	项目	允许偏差/mm												检验方法
		基土	垫层					找平层			填充层		隔离层	
		砂、砂石、碎石、碎砖	灰土、三合土、炉渣、水泥混凝土	木搁栅	毛地板		用沥青玛蹄脂做结合层铺设拼花木板、板块面层	用水泥砂浆做结合层铺设块面层	用胶粘剂做结合层铺设拼花木板、塑料板、强化复合地板、竹地板面层	松散材料	板、块材料	防水、防潮、防油渗	
					拼花实木地板、拼花实木复合地板面层	其他种类面层							
1	表面平整度	15	15	10	3	3	5	3	5	2	7	5	3	用2m靠尺和楔形塞尺检查
2	标高	0～50	±20	±10	±5	±5	±8	±5	±8	±4	±4	±4		用水准仪检查
3	坡度	不大于房间相应尺寸的2/1000，且不大于30												用坡度尺检查
4	厚度	在个别地方不大于设计厚度的1/10												用钢尺检查

4.5.1.2　整体面层铺设

面层是指直接承受各种物理和化学作用的建筑地面表面层。

整体面层铺设是指水泥混凝土（含细石混凝土）面层、水泥砂浆面层、水磨石面层、水泥钢（铁）屑面层、防油渗面层和不发火（防爆）等面层的铺设。

1. 水泥混凝土面层

（1）质量控制点

1）水泥混凝土面层的厚度应符合设计要求。

2）浇筑（铺设）水泥混凝土面层后，应用平板振动机具振实。一次浇筑水泥混凝土垫层（兼面层）时，宜采用随捣随抹的方法。抹平与压光要控制好水泥混凝土初凝时间和终凝时间。

3）铺设水泥混凝土面层时，不得留置施工缝。当施工间歇超过允许时间的规定，继续铺设时，宜先在接槎部位刷一层水灰比为 0.4 ~ 0.5 的水泥浆，既增加粘结强度，接槎部位又不显接痕。

（2）水泥混凝土面层检验批施工质量验收

水泥混凝土面层检验批划分：按每一层次或每层施工段（或变形缝）划分为检验批，高层建筑的标准层可按每三层（不足三层按三层计）作为检验批。

1）主控项目检验。主控项目的检验标准及检验方法见表 4-186。

表 4-186　水泥混凝土面层主控项目检验标准及检验方法

序　号	项　　目	质量标准及要求	检验方法	检验数量
1	粗骨料	最大粒径不大于面层厚度的 2/3，细石混凝土面层采用的石子粒径不应大于 15mm	观察检查和检查材质合格证明文件及检测报告	按自然间（或标准间）检验，抽查数量应随机检验不应少于 3 间；不足 3 间，应全数检查；其中走廊（过道）应以 10 延长米为 1 间，工业厂房（按单跨计）、礼堂、门厅应以两个轴线为 1 间计算
2	混凝土强度等级	符合设计要求	检查配合比通知单及检测报告	
3	面层与下一层结合	应牢固，无空鼓、裂纹	用小锤轻击检查	

2）一般项目检验。一般项目的允许偏差及检验方法见表 4-187。

表 4-187　整体面层的允许偏差及检验方法　　　　（单位：mm）

项　次	项　　目	允许偏差						检验方法
		水泥混凝土面层	水泥砂浆面层	普通水磨石面层	高级水磨石面层	水泥钢（铁）屑面层	防油渗混凝土和不发火（防爆）面层	
1	表面平整度	5	4	3	2	4	3	用 2mm 靠尺和楔形塞尺检查
2	踢脚线上口平直	4	4	3	3	4	4	拉 5m 线和用钢尺检查
3	缝格平直	3	3	3	2	3	3	

2. 水泥砂浆面层

（1）质量控制点

1）水泥砂浆面层的厚度应符合设计要求，且不应小于 20mm。

2）水泥砂浆拌和均匀，随铺随拍实，抹平压光要控制水泥初凝和终凝时间，压光宜2次以上。

3）当采用石屑代替中粗砂时，应控制配合比（体积比），宜为1:2，水灰比宜控制在0.4。

（2）水泥混凝土面层检验批施工质量验收

水泥混凝土面层检验批划分：按每一层次或每层施工段（或变形缝）划分为检验批，高层建筑的标准层可按每三层（不足三层按三层计）作为检验批。

1）主控项目检验。主控项目的检验标准及检验方法见表4-188。

表4-188 水泥砂浆面层主控项目检验标准及检验方法

序　号	项　　目	质量标准及要求	检验方法	检验数量
1	砂	中粗砂，且含泥量不应大于3%	观察检查和检查材质合格证明文件及检测报告	按自然间（或标准间）检验，抽查数量应随机检验不应少于3间；不足3间，应全数检查；其中走廊（过道）应以10延长米为1间，工业厂房（按单跨计）、礼堂、门厅应以两个轴线为1间计算
2	砂浆强度	体积比（强度等级）必须符合设计要求	检查配合比通知单和检测报告	
3	面层与下一层结合	应牢固，无空鼓、裂纹	用小锤轻击检查	

2）一般项目检验同水泥混凝土面层。

3. 水磨石面层

（1）质量控制点

1）面层厚度的确定。水磨石面层应采用水泥与石粒的拌合料（拌和均匀）铺设。面层的厚度除有特殊要求外，宜为12～18mm，且按石粒粒径确定。

2）面层颜色和图案应符合设计要求，并应做到以下几点：

①铺设水磨石面层前，应在结合层面上按设计要求分格或按图案设置分格条，用水泥浆成45°角把分格条固定牢固（水泥浆应低于分格条顶面4～6mm），分格条接头应严密。

②白色或浅色的水磨石面层，应采用白水泥；深色水磨石面层，宜采用硅酸盐水泥、普通硅酸盐水泥或矿渣硅酸盐水泥。

③同颜色的面层应使用同一批水泥；同一彩色水磨石面层应使用同厂、同批的颜料，颜料的掺入量宜为水泥质量的3%～6%（或由试验确定）。

3）结合层质量。水磨石面层结合层的水泥砂浆配合比（体积比）宜为1:3，相应的强度等级不应小于M10，水泥砂浆稠度（以标准圆锥体沉入度计）宜为30～35mm。

4）磨光与上蜡。

①磨光。水磨石面层应用机械和人工分次磨光。开磨以石子不松动且表面水泥浆与石子齐平为准。水磨石面层开磨时间见表4-189。

表4-189 水磨石面层开磨时间

平均温度/℃	机磨/d	人工磨/d
20～30	2～3	1～2
10～20	3～4	1.5～2.5
5～10	4～6	2～3

②普通水磨石面层磨光遍数不应少于3遍。高级水磨石面层的厚度和磨光遍数由设计

确定。

③ 在水磨石面层磨光后，涂抹草酸和上蜡前，其表面不得污染。涂抹草酸待面层干燥发白时，上蜡擦磨。

（2）水泥混凝土面层检验批施工质量验收

水泥混凝土面层检验批划分：按每一层次或每层施工段（或变形缝）划分为检验批，高层建筑的标准层可按每三层（不足三层按三层计）作为检验批。

1）主控项目检验。主控项目的检验标准及检验方法见表 4-190。

表 4-190　水泥混凝土面层主控项目检验标准及检验方法

序　号	项　目	质量标准及要求	检验方法	检验数量
1	水磨石材料	用坚硬可磨的白云石、大理石等，洁净无杂物，粒径除特殊要求外应为 6～15mm；颜料应采用耐光、耐碱的矿物原料	观察检查和检查材质合格证明文件	按自然间（或标准间）检验，抽查数量应随机检验不应少于 3 间；不足 3 间，应全数检查；其中走廊（过道）应以 10 延长米为 1 间，工业厂房（按单跨计）、礼堂、门厅应以两个轴线为 1 间计算
2	材料配合比	体积比应符合设计要求，且为（1:2.5）～（1:1.5）（水泥：石粒）	检查配合比通知单和检测报告	
3	面层与下一层结合	应牢固，无空鼓、裂纹	用小锤轻击检查	

2）一般项目。

① 面层表面应光滑；无明显裂纹、砂眼和磨纹；石粒密实，显露均匀；颜色图案一致，不混色；分格条牢固、顺直和清晰。

检验方法：观察检查。

② 其他项目同水泥混凝土面层。

4．施工中常见的质量问题及预防措施

➤ 常见的质量问题：水泥地面起砂。

✧ 预防措施：①原材料的选择必须符合施工规范规定，严格控制水灰比。②垫层事前要充分湿润。③掌握好面层的压光时间。水泥地面压光后，应加强养护，养护时间不应少于 7d，抗压强度应达到 5MPa，方准上人行走。④冬季施工时，环境温度不应低于 5℃，若在负温度下抹水泥地面，应防止早期受冻。

➤ 常见的质量问题：地面空鼓。

✧ 预防措施：①严格处理底层（垫层或基层）。②认真清理表面的浮灰、浆膜以及其他污物，并冲洗干净。③控制基层平整度，面层施工前，应对基层认真进行浇水湿润，使基层具有清洁、湿润、粗糙的表面。

➤ 常见的质量问题：带坡度地面倒泛水。

✧ 预防措施：①浴厕间、厨房和有排水要求的建筑地面面层与相连接各类面层的标高差应符合设计要求。②施工中，首先应保证楼地面基层标高准确，抹地面前，以地漏为中心向四周辐射冲筋，找好坡度，用刮尺刮平。抹面时，注意不留洼坑。③水暖工安装地漏时，应注意标高准确，宁可稍低，也不要超高。④加强土建施工和管道安装施工的配合，控制施工中途变更，认真进行施工交底。

4.5.1.3 板块面层铺设

板块面层铺设是指铺设砖面层、大理石面层、花岗岩面层、预制板块面层、料石面层、活动地板面层和地毯面层等分项工程。

1. 砖面层

砖面层是指采用水泥砂浆、沥青胶结料或胶粘剂等粘结陶瓷锦砖、缸砖、陶瓷地砖、水泥花砖等。

（1）质量控制点

1）材料质量

① 用耐酸瓷砖、浸渍沥青砖、缸砖等有防腐蚀要求的砖面层时，其材质及施工质量验收应符合《建筑防腐蚀工程施工规范》（GB 50212—2014）的规定。

② 铺贴砖面层如选用胶粘剂粘贴，为防止对环境污染，应符合《民用建筑工程室内环境污染控制规范》（GB 50325—2010）的有关规定。

2）结合层厚度。水泥砂浆应为 10～15mm；沥青胶应为 2～5mm；胶粘剂应为 2～3mm。

3）在水泥砂浆上铺贴缸砖、陶瓷地砖和水泥花砖面层时，应符合下列规定：

① 在铺贴前，应对砖的规格尺寸、外观质量、色泽等进行预选，浸水湿润晾干待用。

② 采用干硬性水泥砂浆时，砂浆要铺设饱满。

③ 勾缝和压缝应采用同品种、同强度等级、同颜色的水泥，并做好养护和保护。

④ 砖面间隙应符合设计要求。如设计无要求时，紧密铺贴间隙不宜大于 1mm，留间隙铺贴宜为 5～10mm。

⑤ 勾缝和压缝应在 24h 内进行。

4）在水泥砂浆结合层上铺贴陶瓷锦砖面层时，应符合下列规定：

① 结合层铺设和陶瓷锦砖铺贴应同时进行，铺贴前，宜在结合层上刷一遍水泥浆。

② 砖底面应清洁，每联陶瓷锦砖之间、与结合层之间以及在墙角、镶边和靠墙处，应紧密贴合。在靠墙处，不得采用砂浆填补。

5）在沥青胶结料结合层上铺贴缸砖面层时，应符合下列规定：

① 缸砖应洁净。

② 铺贴缸砖应在摊铺沥青胶结料上进行，并应在胶结料凝结前完成。

（2）砖面层检验批施工质量验收

砖面层检验批划分：按每一层次或每层施工段（或变形缝）划分为检验批，高层建筑的标准层可按每三层（不足三层按三层计）作为检验批。

1）主控项目检验。主控项目检验标准及检验方法见表 4-191。

表 4-191　砖面层主控项目检验标准及检验方法

序　号	项　　目	质量标准及要求	检验方法	检查数量
1	面层材料	品种、质量必须符合设计要求	观察检查和检查材质合格证明文件	按自然间（或标准间）检验，抽查数量应随机检验不应少于3间；不足3间，应全数检查；其中走廊（过道）应以10延长米为1间，工业厂房（按单跨计）、礼堂、门厅应以两个轴线为1间计算
2	面层与下一层结合	应牢固，无空鼓、裂纹	用小锤轻击检查	

2）一般项目检验。一般项目检验标准及检验方法见表 4-192。

表 4-192 砖面层一般项目检验标准及检验方法

序　号	项　目	质量标准及要求	检验方法	检查数量
1	砖面层的表面	应洁净、图案清晰，色泽一致，接缝平整，深浅一致，周边顺直。板块无裂纹、掉角和缺棱等缺陷	观察检查	按自然间（或标准间）检验，抽查数量应随机检验不应少于3间；不足3间，应全数检查；其中走廊（过道）应以10延长米为1间，工业厂房（按单跨计）、礼堂、门厅应以两个轴线为1间计算
2	面层邻接处	镶边用料及尺寸应符合设计要求，边角整齐、光滑	观察和用钢尺检查	
3	踢脚线	表面应洁净、高度一致、结合牢固、出墙厚度一致	观察和用小锤轻击及钢尺检查	
4	楼梯踏步和台阶板块	缝隙宽度应一致、齿角整齐；楼层梯段相邻踏步应大于10mm；防滑条顺直	观察检查和用钢尺检查	
5	面层坡度	符合设计要求，不倒泛水、无积水；与地漏、管道结合处应严密牢固，无渗漏	观察、泼水或坡度尺及蓄水检查	

板、块面层的允许偏差和检验方法应符合表 4-193 的规定。

表 4-193 板、块面层的允许偏差和检验方法

项　次	项　目	允许偏差 /mm											检验方法
		陶瓷锦砖面层、高级水磨石板、陶瓷地砖面层	缸砖面层	水泥花砖面层	水磨石板块面层	大理石面层和花岗石面层	塑料板面层	水泥混凝土板块面层	碎拼大理石、碎拼花岗石面层	活动地板面层	条石面层	块石面层	
1	表面平整度	2.0	4.0	3.0	3.0	1.0	2.0	4.0	3.0	2.0	10.0	10.0	用2m靠尺和楔形塞尺检查
2	缝格平直	3.0	3.0	3.0	3.0	2.0	3.0	3.0	3.0	2.5	8.0	8.0	用水准仪检查
3	接缝高低差	0.5	1.5	0.5	1.0	0.5	0.5	1.5	0.5	0.4	2.0	2.0	用钢尺和楔形塞尺检查
4	踢脚线上口平直	3.0	4.0	—	4.0	1.0	2.0	4.0	1.0	—	—	—	拉5m线和用钢尺检查
5	板块间隙宽度	2.0	2.0	2.0	2.0	1.0	—	6.0	—	0.3	5.0	—	用钢尺检查

2．大理石面层和花岗石面层

大理石面层和磨光花岗石面层多用于室内，很少用于室外，前者易风化，后者易滑倒伤人。

大理石和花岗石地面铺设验收项目参考砖面层，其要求见表 4-191～表 4-193，详细验收要求将在 4.5.6 节进行详细讲解。

4.5.1.4　木面层铺设

木面层铺设一般是指实木地板面层、实木复合地板面层、中密度复合地板面层等的铺设。

1．实木地板面层

实木地板面层是指采用条材和块材实木地板或采用拼花实木地板在基层上铺设。

铺设的方法分为空铺和实铺两种。实木地板铺设可采用单层面层和双层面层（底下一层为毛地板）。

（1）质量控制点

1）材料质量。

①条材和块材应具有质量检验合格证书，其产品的类型、型号、适用树种、检验批以

227

及技术性能指标应符合《实木地板第 1 部分：技术要求》（GB/T 15036.1—2018）1 ～ 6 的规定。

②条材和块材的厚度应符合设计要求。

2）铺设要点

①铺设实木地板面层时，其木搁栅的截面尺寸、间距和稳固方法等均应符合设计要求。固定木搁栅时，不得损坏基层和预埋管线。木搁栅应铺实钉牢，与墙之间应留出 30mm 的缝隙，表面应平直。

②毛地板铺设时，木材髓心应向上，其板间缝隙不应大于 3mm，与墙之间应留 8 ～ 12mm 空隙，表面应刨平。

③实木地板（条材）端头接缝应相互错开，接缝部位应留在木搁栅上。松木条材相邻宽度不得大于 1mm，硬木条材相邻宽度不得大于 0.5mm。

④块材地板应铺设在毛地板上，从侧面斜向钉牢。

⑤拼花地板应根据设计要求的拼花形式，先进行预排，预排合格后钉牢。如采用粘结剂粘贴，应粘结牢固。

⑥实木地板面层铺设时，面板与墙之间应留 8 ～ 12mm 缝隙，以防止实木地板面层整体产生线膨胀效应。

⑦采用实木制作的踢脚线，背面应抽槽并做防腐处理。

（2）实木地板面层检验批施工质量验收

实木地板面层检验批划分：应按每一层次或每层施工段（或变形缝）划分为检验批，高层建筑的标准层可按每三层（不足三层按三层计）作为检验批。

1）主控项目检验。主控项目检验标准及检验方法见表 4-194。

表 4-194　实木地板面层主控项目检验标准及检验方法

序　号	项　目	质量标准及要求	检验方法	检验数量
1	面层的材质和铺设时的木材含水率	必须符合设计要求	观察检查和检查材质合格证明文件	同砖面层检查数量
2	木搁栅安装	木搁栅、垫木和毛地板等必须做防腐、防蛀处理，应牢固、平直	观察、测量	
3	面层铺设	应牢固，无空鼓	观察、脚踩或用小锤轻击检查	

2）一般项目检验。一般项目允许偏差及检验方法应符合表 4-195 的规定。

表 4-195　实木地板面层一般项目允许偏差及检验方法　　　　　　（单位：mm）

项次	项目	允许偏差				检验方法
		实木地板面层			实木复合地板、中密度（强化）复合地板面层、竹地板两层	
		松木地板	硬木地板	拼花地板		
1	板面缝隙宽度	1.0	0.5	0.2	0.5	用钢尺检查
2	表面平整度	3.0	2.0	2.0	2.0	用 2m 靠尺和楔形塞尺检查
3	踢脚线上口平齐	3.0	3.0	3.0	3.0	拉 5m 通线，不足 5m 拉通线和用钢尺检查
4	板面拼缝平直	3.0	3.0	3.0	3.0	
5	相邻板材高差	0.5	0.5	0.5	0.5	用钢尺和楔形塞尺检查
6	踢脚线与面层的接缝	1.0				楔形塞尺检查

2．施工中常见的质量问题及预防措施

➢ 常见的质量问题：木地板踩踏时有响声。

◇ 预防措施：①采用预埋钢丝法锚固木搁栅，施工时要注意保护钢丝，不要将钢丝弄断。②木搁栅及毛地板必须用干燥料。木搁栅、毛地板的含水率应符合现行国家标准《木结构工程施工质量验收规范》（GB 50206—2012）的有关规定。材料进场后最好入库保存，如码放在室外，底部应架空，并铺一层油毡，上面再用苫布加以覆盖，避免日晒雨淋。③木搁栅应在室内环境比较干燥的情况下铺设。室内湿作业完成后，应将地面清理干净。保温隔声材料如焦渣、泡沫混凝土块等要晾干或烘干。④木搁栅铺钉完成后，要认真检查有无响声，不合要求不得进行下道工序。

➢ 常见的质量问题：地板缝不严。

◇ 预防措施：①地板条拼装前，须经严格挑选，应剔除有腐朽、节疤、劈裂、翘曲等瑕疵者；对于宽窄不一、企口不合要求的，应修理再用。②慎用硬杂木材作长条木地板的面层板条。

➢ 常见的质量问题：表面不平整。

◇ 预防措施：①木搁栅铺设后，应经隐蔽验收，合格后方可铺设毛地板或面层。粘贴拼花地板的基层平整度应符合要求。②施工前校正一下水平线（室内标高 +50cm），有误差要先调整。③相邻房间的地面标高应以先施工的为准。人工修边要尽量找平。

【工程案例 4-12】

1．工程背景

某工程，砖混结构，六层，共计 18 栋。该卫生间楼板为现浇钢筋混凝土，楼板嵌固在墙体内；防水层做完后，直接做了水泥砂浆保护层后进行了 24h 蓄水试验。交付使用不久，用户普遍反映卫生间漏水。

2．假设

卫生间地面与立墙交接部位积水，防水层渗漏，积水沿管道壁向下渗漏。

3．思考与回答

1）试分析渗漏原因。

2）卫生间蓄水试验的要求是什么？

4.5.2 抹灰工程

抹灰工程是指一般抹灰、装饰抹灰、清水砌体勾缝等分项工程。

验收规范对抹灰工程做出的一般规定，主要有应该检查的文件和记录、材料的复验及要求、隐蔽工程项目验收的内容、检验批的划分及检查数量、工艺要求等。

4.5.2.1 一般抹灰工程

一般抹灰工程是指石灰砂浆、水泥砂浆、水泥混合砂浆、聚合物水泥砂浆和麻刀石灰、纸筋石灰、石膏灰等一般抹灰工程。一般抹灰工程分为普通抹灰和高级抹灰。

当设计无要求时，一般抹灰工程按普通抹灰的质量要求验收。

1. 质量控制点

（1）材料

抹灰用的石灰膏的熟化期不应少于 15d；罩面用的磨细石灰粉的熟化期不应少于 3d。当要求抹灰层具有防水、防潮功能时，应采用防水砂浆。

（2）工序

抹灰前，要待钢木门窗框、护栏等先行工作安装完毕，把主体上施工留下的孔洞堵塞密实等先行工作做好，再进行抹灰施工。

（3）阳角做法

室内墙面、柱面和门洞口阳角做法应符合设计要求。设计无要求时，应采用 1:2 水泥砂浆做暗护角，其高度不应低于 2m，每侧宽度不应小于 50mm。

（4）保护

各种砂浆抹灰层，在凝结前应防止快干、水冲、撞击、振动、受冻。凝结后，应采取防止玷污和损坏措施。水泥砂浆抹灰层应在湿润条件下养护。

（5）隐蔽工程

当基层墙体平整和垂直偏差较大，局部抹灰厚度较厚时，一般每次抹灰厚度应控制在 8 ～ 10mm 为宜，中层抹灰必须分若干次抹平，不同材料基体交接处的抹灰层进行加强处理。

2. 一般抹灰工程检验批施工质量验收

室外抹灰工程检验批的划分：相同材料、工艺和施工条件的室外抹灰工程每 500 ～ 1000m² 划分为一个检验批，不足 500m² 也划分为一个检验批。

室内抹灰工程检验批的划分：相同材料、工艺和施工条件的室内抹灰工程每 50 个自然间（大面积房间和走廊按抹灰面积 30m² 为 1 间）划分为一个检验批，不足 50 间也划分为一个检验批。

（1）主控项目检验

主控项目检验标准及检验方法见表 4-196。

表 4-196　一般抹灰工程主控项目检验标准及检验方法

序　号	项　　目	质量标准及要求	检验方法	检验数量
1	基层表面	抹灰前基层表面的尘土、污垢、油渍等应清除干净，应洒水润湿	观察和检查施工记录	室外：每个检验批每 100m² 应至少抽查一处，每处不得小于 10m²。室内：每个检验批至少抽查 10%，并不得少于 3 间；不足 3 间时应全数检查
2	抹灰所用材料	品种、性能、配合比符合设计要求	检查产品合格证书、进场验收记录、复验报告和施工记录	
3	抹灰分层	当抹灰总厚度大于或等于 35mm 时，应采取防止开裂的加强措施	检查隐蔽工程验收记录和施工记录	
4	抹灰层与基层粘结	抹灰层应无脱层、空鼓、面层应无爆灰和裂缝	观察、用小锤轻击检查、检查施工记录	

（2）一般项目检验

一般项目允许偏差和检验方法应符合表 4-197 的规定。

表 4-197 一般抹灰工程一般项目允许偏差和检验方法

项 次	项 目	允许偏差 /mm		检验方法	检验数量
		普通抹灰	高级抹灰		
1	立面垂直度	4	3	用 2m 垂直测尺检查	同主控项目
2	表面平整度	4	3	用 2m 靠尺和塞尺检查	
3	阴阳角方正	4	3	用直角检测尺检查	
4	分格条（缝）直线度	4	3	拉 5m 线，不足 5m 拉通线，用钢直尺检查	
5	墙裙、勒脚上口直线度	4	3	拉 5m 线，不足 5m 拉通线，用钢直尺检查	

注：1. 普通抹灰，第 3 项阴阳角方正可不检查。
　　2. 顶棚抹灰，第 2 项表面平整度可不检查，但应平顺。

3．施工中常见的质量问题及预防措施

➤ 常见的质量问题：墙体与门窗框交接处抹灰层空鼓、裂缝、脱落。

✧ 预防措施：①木砖数量及位置应适当。木砖应做成燕尾式，并做防腐处理，埋设于"丁"砖层。②抹灰前用水洇墙面时，门窗口两侧的小面墙洇水程度应与大面墙相同，且此处为通风口，抹灰时还应当洇水。③门窗框塞缝应作为一道工序由专人负责。木门窗框和墙体之间的缝隙应用水泥砂浆全部塞实并养护，待达到一定强度后再进行抹灰。④门窗口两侧阳角必须抹出不小于 50mm 宽且高度不低于 2m 的水泥砂浆护角。

➤ 常见的质量问题：抹灰面不平，阴阳角不垂直、不方正。

✧ 预防措施：①抹灰前，应按规矩找方、横线找平、立线吊直，弹出基准线和墙裙（或踢脚板）线。②先用托线板检查墙面的平整度和垂直度，决定抹灰厚度。③常检查和修正抹灰工具，尤其避免木杠变形后再使用。④抹阴阳角时，应随时检查角的方正，及时修正。⑤罩面灰施抹前应进行一次质量验收，如有不合格处，必须修正后再进行面层施工。

➤ 常见的质量问题：分格缝不直、不平、缺棱、错缝。

✧ 预防措施：①分格条使用前要在水中泡透。②分格条两侧抹"八"字形水泥砂浆固定时，待水泥砂浆达到一定强度后才能起出。面层压光时，应将分格条上水泥砂浆清刷干净，以免起条时损坏墙面。

4.5.2.2 装饰抹灰工程

装饰抹灰工程是指水刷石、斩假石、干粘石、假面砖等装饰抹灰。

1．质量控制点

（1）材料

抹灰用的石灰膏的熟化期不应少于 15d；罩面用的磨细石灰粉的熟化期不应少于 3d。当要求抹灰层具有防水、防潮功能时，应采用防水砂浆。

（2）工序

抹灰前，要待钢木门窗框、护栏等先行工作安装完毕，把主体上施工留下的孔洞堵塞密实等先行工作做好，再进行室外抹灰施工。

（3）阳角做法

室内墙面、柱面和门洞口阳角做法应符合设计要求。设计无要求时，应采用 1:2 水泥砂浆做暗护角，其高度不应低于 2m，每侧宽度不应小于 50mm。

（4）保护

在各种砂浆抹灰层凝结前，应防止快干、水冲、撞击、振动、受冻。凝结后，应采取防止玷污和损坏措施。水泥砂浆抹灰层应在湿润条件下养护。

2．装饰抹灰工程检验批施工质量验收

室内外抹灰工程检验批的划分和检查数量与一般抹灰工程相同。

（1）主控项目检验

装饰抹灰工程的质量要求与一般抹灰工程质量要求相同，在保证装饰抹灰层粘结牢固，不出现空鼓、脱落、裂缝方面都是相同的要求，故装饰抹灰工程主控项目及验收方法与一般抹灰工程完全相同。装饰抹灰工程在保证装饰效果方面的质量验收，反映在一般项目的有关标准中。

（2）一般项目检验

装饰抹灰工程一般项目允许偏差和检验方法应符合表 4-198 的规定。

表 4-198　装饰抹灰工程一般项目允许偏差和检验方法

项　次	项　目	允许偏差 /mm				检验方法
		水刷石	斩假石	干粘石	假面砖	
1	立面垂直度	5	4	5	5	用 2m 垂直测尺检查
2	表面平整度	3	3	5	4	用 2m 靠尺和塞尺检查
3	阳角方正	3	3	4	4	用直角检测尺检查
4	分格条（缝）直线度	3	3	3	3	拉 5m 线，不足 5m 拉通线，用钢直尺检查
5	墙裙、勒脚上口直线度	3	3	—	—	拉 5m 线，不足 5m 拉通线，用钢直尺检查

3．施工中常见的质量问题及预防措施

➤ 常见的质量问题：喷涂抹灰颜色不匀，局部泛白。

◇ 预防措施：①必须严格掌握砂浆的配合比和稠度。②基层材质应一致。墙面凹凸及缺棱掉角处应在喷涂前填补平整。③雨天不得施工；冬期施工应注意防冻，注意防冻剂的选用，防止析白情况发生。

➤ 常见的质量问题：喷涂抹灰花纹不匀，局部出现流淌，接槎明显。

◇ 预防措施：①基层应干湿一致。②脚手架距墙应不小于 30cm。③喷涂时，喷枪应垂直墙面，喷嘴口径、空气压缩机压力应保持不变。④喷涂时，应及时向喷斗加浆，防止斗内底部稀浆喷至墙面。⑤喷涂应连续作业，不到分格缝处不得停歇。

【工程案例 4-13】

1．工程背景

某饭店进行职工餐厅的装修改造，工程于 2007 年 11 月 30 日开工，预计于 2008 年 1 月 15 日竣工。其主要施工项目包括旧结构拆改、墙面抹灰、吊顶、涂料、墙地砖铺设、更换门窗等。某装饰公司承接了该项工程的施工。为保证工程质量，对抹灰工程进行了重点控制。高级抹灰允许偏差和检验方法见表 4-199。

为防止墙面抹灰开裂，需要采取以下措施：

1）抹灰施工要分层进行。

2）对抹灰厚度大于 55mm 的抹灰面，要增加钢丝网片以防止开裂。

3）对墙、柱、门窗洞口的阳角做 1:2 水泥砂浆暗护角处理。

4）在有防水要求的墙面抹灰水泥砂浆中掺入一定配比的外加剂，施工前进行试配。

表 4-199　高级抹灰允许偏差和检验方法

项　次	项　目	高级抹灰允许偏差 /mm	检验方法
1	表面平整	4	用 2m 直尺和楔形塞尺检查
2	阴阳角垂直	2	用 2m 托线板和尺检查
3	立面垂直	3	
4	阴阳角方正	2	用 200mm 方尺检查
5	分格条（缝）平直	2	拉 5m 线和尺检查

2．思考与回答

1）题中所示高级抹灰的允许偏差有无错误？请指正。

2）防止墙面抹灰开裂的技术措施有无不妥和缺项？请补充改正。

3）抹灰工程中需对哪些材料进行复试？复试项目有哪些？

4）冬期施工条件下，对墙面抹灰工程施工要有何种技术措施？

5）根据《建筑装饰装修工程质量验收标准》（GB 50210—2018）第 4.2.4 条规定，抹灰工程不同材料基体交接处表面的抹灰，应采取防止开裂的措施。当采用加强网时，加强网与各基体的搭接宽度为（　　　）。

A．50　50　　　　B．100　100　　　　C．150　150　　　　D．200　200

4.5.3　门窗工程

门窗工程一般指木门窗制作与安装、金属门窗安装、塑料门窗安装、特种门安装、门窗玻璃安装等分项工程。

验收规范对门窗工程作出的一般规定，主要有对材料性能的控制、材料的复验、隐蔽项目的验收、检验批的划分、工序及工艺要求等。

4.5.3.1　木门窗制作与安装工程

1．质量控制点

1）门窗安装前，应对门窗洞口尺寸进行检验。

2）在木门窗与砖石砌体、混凝土或抹灰层接触处，应进行防腐处理，并应设置防潮层；对于埋入砌体或混凝土中的木砖，应进行防腐处理。

对门窗洞口尺寸的检查，主要是为了排除洞口预留尺寸不准，处理好余量预留大小不准的问题；安装门窗采用预留洞口的方法，主要是为了防止门窗框受挤压变形；组合窗的拼樘料是重要的受力部件，应符合设计要求，使其能承受该地区的瞬时风压值。

2．木门窗制作与安装工程检验批施工质量验收

木门窗制作与安装工程检验批的划分：同一品种、类型和规格的木门窗每 100 樘划分为一个检验批，不足 100 樘也应划为一个检验批。

（1）主控项目检验

主控项目检验标准及检验方法见表 4-200。

表 4-200　木门窗制作与安装工程主控项目检验标准及检验方法

序号	项目	质量标准及要求	检验方法	检验数量
1	木材品种、材质等级、规格、尺寸、框扇的线型及人造板的甲醛含量	应符合设计要求。设计未规定材质等级时，应符合《建筑木门、木窗》（JG/T 122）的规定	观察，检查材料进场验收记录和复验报告	每个检验批至少抽查5%，并不得少于3樘，不足3樘时，应全数检查；高层建筑的外窗，每个检验批应至少抽查10%，并不得少于6樘，不足6樘时，应全数检查
2	含水率	应符合《建筑装饰装修工程质量验收标准》（GB 50210—2018）的规定	检查材料进场验收记录	
3	防火、防腐、防虫处理	符合设计要求	检查成品的产品合格证书	
4	木门窗的结合处和安装配件处	不得有木节或已填补的木节	观察	
5	开启方向、连接方式	应符合设计要求	观察、尺量检查，检查成品门的产品合格证书	
6	木门窗框安装	牢固，并应开关灵活，关闭严密，无倒翘	观察、开启、手扳检查，检查隐蔽工程验收记录和施工记录	

（2）一般项目检验

一般项目的质量要求主要包括木门窗的外观质量，制作和安装的允许偏差，保温以及防水等质量要求。木门窗制作的允许偏差和检验方法见表 4-201。木门窗安装的留缝限值、允许偏差和检验方法见表 4-202。

表 4-201　木门窗制作的允许偏差和检验方法

项次	项目	构件名称	允许偏差/mm		检验方法
			普通	高级	
1	翘曲	框	3	2	将框、扇平放在检查平台上，用塞尺检查
		扇	2	2	
2	对角线长度差	框、扇	3	2	用钢尺检查，框量裁口里角，扇量外角
3	表面平整度	扇	2	2	用1m靠尺和塞尺检查
4	高度、宽度	框	0；−2	0；−1	用钢尺检查，框量裁口里角，扇量外角
		扇	+2；0	+1；0	
5	裁口、线条结合处高低差	框、扇	1	0.5	用钢直尺和塞尺检查
6	相邻棂子两端间距	扇	2	1	用钢直尺检查

表 4-202　木门窗安装的留缝限值、允许偏差和检验方法

项次	项目	留缝限值/mm		允许偏差/mm		检验方法
		普通	高级	普通	高级	
1	门窗槽口对角线长度差	—	—	3	2	用钢尺检查
2	门窗框的正、侧面垂直度	—	—	2	1	用1m垂直检测尺检查
3	框与扇、扇与扇接缝高低差	—	—	2	1	用钢尺和塞尺检查
4	门窗扇对口缝	1.0～2.5	1.5～2.0	—	—	用塞尺检查
5	工业厂房双扇大门对口缝	2～5	—	—	—	
6	门窗扇与上框间留缝	1～2	1.0～1.5	—	—	
7	门窗扇与侧框间留缝	1.0～2.5	1.0～1.5	—	—	
8	窗扇与下框间留缝	2～3	2.0～2.5	—	—	
9	门扇与下框间留缝	3～5	3～4	—	—	
10	双层门窗内外框间距	—	—	4	3	用塞尺检查
11	无下框时门扇与地面间留缝	外门　4～7	5～6			
		内门　5～8	6～7			
		卫生间门　8～12	8～10			
		厂房大门　10～20	—			

3．施工中常见的质量问题及预防措施

➢ 常见的质量问题：门窗扇翘曲。

✧ 预防措施：①提高门窗扇的制作质量，门窗扇翘曲超过 2mm，不得出厂使用。②对已进场的门窗扇，要按规格堆放整齐，平放时底层要垫实垫平，距离地面要有一定的空隙，以便通风。③安装前，应对门窗扇进行检查，对于翘曲超过 2mm 的，经处置后才能使用。

➢ 常见的质量问题：门窗扇开启不灵。

✧ 预防措施：①验扇前，应检查框的立梃是否垂直。②保证合页的进出、深浅一致，使上、下合页轴保持在一个垂直线上。③选用五金要配套，螺钉安装要平直。④安装门窗扇时，扇与扇、扇与框之间要留适当的缝隙。

4.5.3.2　金属门窗安装工程

金属门窗安装工程是指钢门窗、铝合金门窗、涂色镀锌钢板门窗等安装。

1．质量控制点

1）门窗安装前，应对门窗洞口尺寸进行检验。

2）金属门窗安装应采用预留洞口的方法施工，不得采用边装边砌口或先安装后砌口的方法施工。

3）当金属窗组合时，其拼樘料的尺寸、规格、壁厚应符合设计要求。

2．金属门窗安装工程检验批施工质量验收

金属门窗安装工程检验批的划分：同一品种、类型和规格的金属门窗每 100 樘划分为一个检验批，不足 100 樘也应划为一个检验批。

（1）主控项目检验

主控项目的质量要求，主要是金属门窗的质量合格，安装必须牢固。主控项目检验标准及检验方法见表 4-203。

表 4-203　金属门窗安装工程主控项目检验标准及检验方法

序　号	项　目	质量标准及要求	检验方法	检验数量
1	金属门窗的品种、类型、规格、尺寸、性能、开启方向、安装位置、连接方式	应符合设计要求	观察，尺量检查，检查产品合格证书	同木门窗检查数量
2	铝合金门窗的型材壁厚	应符合设计要求	尺量检查，检查产品合格证书	
3	金属门窗的防腐处理及填嵌、密封处理	应符合设计要求	观察，尺量检查，检查产品合格证书、性能检测报告、进场验收记录和复验报告，检查隐蔽工程验收记录	
4	金属门窗框和副框的安装	预埋件的数量、位置、埋设方式、与框的连接方式必须符合设计要求。安装牢固	手扳检查、检查隐蔽工程验收记录	
5	门窗扇安装	安装牢固，并应开关灵活、关闭严密，无倒翘	观察、开启和关闭检查、手扳检查	
6	金属门窗配件	型号、规格、数量应符合设计要求，安装应牢固，位置应正确，功能应满足使用要求	观察、开启和关闭检查、手扳检查	

（2）一般项目检验

钢门窗、铝合金门窗、涂色镀锌钢板门窗安装的留缝限值、允许偏差和检验方法见表 4-204 ～表 4-206。

表 4-204　钢门窗安装的留缝限值、允许偏差和检验方法

项　次	项　目		留隙限值 /mm	允许偏差 /mm	检验方法
1	门窗槽口宽度、高度	≤1500mm	—	2.5	用钢尺检查
		>1500mm	—	3.5	
2	门窗槽口对角线长度差	≤2000mm	—	5	用钢尺检查
		>2000mm	—	6	
3	门窗框的正、侧面垂直度		—	—	用长 1m 垂直检测尺检查
4	门窗横框的水平度		—	—	用 1m 水平尺和塞尺检查
5	门窗横框标高		—	—	用钢尺检查
6	门窗竖向偏离中心		—	—	用钢尺检查
7	双层门窗内、外框间距		—	—	用钢尺检查
8	门窗框、扇配合间隙		≤2	—	用塞尺检查
9	无下框时门扇与地面间留隙		4～8	—	用塞尺检查

表 4-205　铝合金门窗安装的允许偏差和检验方法

项　次	项　目		允许偏差 /mm	检验方法
1	门窗槽口宽度、高度	≤1500mm	1.5	用钢尺检查
		>1500mm	2	
2	门窗槽口对角线长度差	≤2000mm	3	用钢尺检查
		>2000mm	4	
3	门窗框的正、侧面垂直度		2.5	用垂直检测尺检查
4	门窗横框的水平度		2	用 1m 水平尺和塞尺检查
5	门窗横框标高		5	用钢尺检查
6	门窗竖向偏离中心		5	用钢尺检查
7	双层门窗内、外框间距		4	用钢尺检查
8	推拉门窗与框搭接量		1.5	用钢直尺检查

表 4-206　涂色镀锌钢板门窗安装的允许偏差和检验方法

项　次	项　目		允许偏差 /mm	检验方法
1	门窗槽口宽度、高度	≤1500mm	2	用钢尺检查
		>1500mm	3	
2	门窗槽口对角线长度差	≤2000mm	4	用钢尺检查
		>2000mm	5	
3	门窗框的正、侧面垂直度		3	用垂直检测尺检查
4	门窗横框的水平度		3	用 1m 水平尺和塞尺检查
5	门窗横框标高		5	用钢尺检查
6	门窗竖向偏离中心		5	用钢尺检查
7	双层门窗内、外框间距		4	用钢尺检查
8	推拉门窗与框搭接量		2	用钢直尺检查

3. 施工中常见的质量问题及预防措施

➢ 常见的质量问题：钢门窗翘曲变形。

◇ 预防措施：①钢门窗安装以前，必须逐樘进行检查。②搬运钢窗时，不准用杠棒穿入窗芯抬挑，要做到轻搬轻放，运输或堆放时应竖直放置。③在工程施工中，不准把脚手架横杆搭设在钢窗上，也不得把架板穿搭在窗芯上。

➢ 常见的质量问题：钢窗扇开启受阻。

◇ 预防措施：①安装钢窗时，应先用木楔在窗框四角受力部位临时塞住，然后用水平尺和线坠验校水平度和垂直度，使钢窗横平竖直，高低进出一致，试验开关灵活，没有阻滞回弹现象，再将铁脚置于预留孔内，用水泥砂浆填实固定。②洞口尺寸要留准确，钢窗四周灰缝应一致，抹灰时不得抹至框边位置，边框及合页应全部露出。

4.5.3.3 塑料门窗安装工程

1. 质量控制点

1）门窗安装前，应对门窗洞口尺寸进行检验。

2）塑料门窗安装应采用预留洞口的方法施工，不得采用边装边砌口或先安装后砌口的方法施工。

3）当塑料窗组合时，其拼樘料的尺寸、规格、壁厚应符合设计要求。

2. 塑料门窗安装工程检验批施工质量验收

塑料门窗安装工程检验批的划分：同一品种、类型和规格的塑料门窗及门窗玻璃每 100 樘划分为一个检验批，不足 100 樘也应划为一个检验批。

（1）主控项目检验

主控项目检验标准及检验方法见表 4-207。

表 4-207　塑料门窗安装工程主控项目检验标准及检验方法

序号	项目	质量标准及要求	检验方法	检验数量
1	塑料门窗的品种、类型、规格、尺寸、性能、开启方向、安装位置、连接方式	应符合设计要求	观察，尺量检查，检查产品合格证书、性能检测报告、进场验收记录和复验报告，检查隐蔽工程验收记录	同木门窗检查数量
2	塑料门窗框与墙体间缝隙	应采用闭孔弹性材料填嵌饱满，密封胶应粘结牢固，表面应光滑、顺直、无裂纹	观察、检查隐蔽工程验收记录	
3	塑料门窗框、副框和扇的安装	预埋件的数量、位置、埋设方式、与框的连接方式必须符合设计要求。框安装牢固。扇开启灵活、关闭严密，无倒翘	观察、手扳检查、检查隐蔽工程验收记录	
4	塑料门窗拼樘内衬增强型钢	规格、壁厚必须符合设计要求	观察、手扳检查、尺量检查、检查进场验收记录	
5	塑料门窗配件	型号、规格、数量应符合设计要求，安装应牢固，位置应正确，功能应满足使用要求	观察、开启和关闭检查、手扳检查	

（2）一般项目检验

塑料门窗安装的允许偏差和检验方法见表 4-208。

表 4-208　塑料门窗安装的允许偏差和检验方法

项　次	项　　目		允许偏差 /mm	检验方法
1	门窗槽口宽度、高度	≤1500mm	2	用钢尺检查
		>1500mm	3	
2	门窗槽口对角线长度差	≤2000mm	3	用钢尺检查
		>2000mm	5	
3	门窗框的正、侧面垂直度		3	用 1m 垂直检测尺检查
4	门窗横框的水平度		3	用 1m 水平尺和塞尺检查
5	门窗横框标高		5	用钢尺检查
6	门窗竖向偏离中心		5	用钢直尺检查
7	双层门窗内、外框间距		4	用钢尺检查
8	同樘平开门窗相邻扇高度差		2	用钢直尺检查
9	平开门窗铰链部位配合间隙		+2；−1	用塞尺检查
10	推拉门窗扇与框搭接量		+1.5；−2.5	用钢直尺检查
11	推拉门窗与竖框平行度		2	用 1m 水平尺和塞尺检查

3．施工中常见的质量问题及预防措施

➤ 常见的质量问题：塑料门窗固定片安装不当。

◇ 预防措施：①安装固定片前，应先采用直径 3.2mm 的钻头钻孔，然后将十字槽盘头自攻螺钉 M4×20 拧入。②固定片与窗角、中竖框、中横框的距离应为 150 ～ 200mm，固定片之间的距离应小于或等于 600mm。

➤ 常见的质量问题：塑料门窗与洞口固定不当。

◇ 预防措施：①当塑料窗与墙体固定时，应先固定上框，后固定边框。②混凝土墙洞口应采用射钉或塑料膨胀螺钉固定。③砖墙洞口应采用塑料膨胀螺钉或水泥钉固定。

4.5.3.4　门窗玻璃安装工程

门窗玻璃安装工程一般指平板、吸热、反射、中空、夹层、夹丝、磨砂、钢化、压花等玻璃的安装。

1．质量控制点

1）玻璃的品种、规格、尺寸、色彩、图案和涂膜朝向应符合设计要求。

2）门窗玻璃裁割尺寸、安装方法应符合设计要求。

2．门窗玻璃安装工程检验批施工质量验收

门窗玻璃安装工程检验批的划分：同门窗安装工程检验批划分。

检查数量：同门窗安装工程检验数量。

（1）主控项目检验

主控项目检验标准及检验方法见表 4-209。

表 4-209　门窗玻璃安装工程主控项目检验标准及检验方法

序　号	项　目	质量标准及要求	检验方法
1	玻璃的品种、规格、尺寸、色彩、图案和涂膜朝向	应符合设计要求	观察，检查产品合格证书、性能检测报告和进场验收记录
2	门窗玻璃裁割	尺寸应正确，安装后的玻璃应牢固，不得有裂纹、损伤和松动	观察、轻敲检查
3	钉木压条与玻璃接触	木压条应互相紧密连接，并与裁口边缘紧贴，割角应整齐	观察
4	密封条与玻璃、玻璃槽口的接触	密封胶与玻璃、玻璃槽口的边缘应粘结牢固、接缝平齐	观察

（2）一般项目检验

一般项目检验标准及检验方法见表 4-210。

表 4-210　门窗玻璃安装工程一般项目检验标准及检验方法

序　号	项　目	质量标准及要求	检验方法
1	玻璃表面	洁净，不得有腻子、密封胶、涂料等污渍	观察
2	门窗玻璃不应直接接触型材	单面镀膜玻璃的镀膜层及磨砂玻璃的磨砂面应朝向室内。中空玻璃的单面镀膜玻璃应在最外层，镀膜层应朝向室内	观察
3	腻子	应填抹饱满、粘结牢固，腻子边缘与裁口应平齐	观察

3．施工中常见的质量问题及预防措施

➢ 常见的质量问题：安装塑料窗玻璃时未正确设置垫块。

◇ 预防措施：①安装玻璃时，应在玻璃四边垫上不同厚度的玻璃垫块，玻璃垫块应选用邵氏硬度为 70 ～ 90（A）的硬橡胶或塑料，其长度为 80 ～ 150mm。不得使用硫化再生橡胶、木块或其他吸水性材料。②边框上的垫块，应用聚氯乙烯胶加以固定。③当将玻璃镶入框扇玻璃槽后，应用玻璃压条将其固定。

4.5.4　吊顶工程

吊顶工程按施工工艺的不同，分为暗龙骨吊顶和明龙骨吊顶。

吊顶工程一般规定如下：材料的产品合格证书、性能检测报告、进场验收记录和复验报告应齐全并合格。

4.5.4.1　暗龙骨吊顶工程

暗龙骨吊顶工程一般指以轻钢龙骨、铝合金龙骨、木龙骨等为骨架，以石膏板、金属板、矿棉板、木板、塑料板或格栅等为饰面材料的隐蔽龙骨。

1．质量控制点

1）人造木板的甲醛含量。

2）隐蔽工程验收项目：

①吊顶内管道、设备的安装及水管试压。

②木龙骨防火、防腐处理。

③预埋件或拉结筋。

④吊杆安装。

⑤龙骨安装。

⑥填充材料的设置。

3）在安装龙骨前，应按设计要求对房间的净高、洞口标高和吊顶内管道、设备及支架的标高进行交接检验。

4）吊顶工程中木吊杆、木龙骨和木饰面板必须进行防火处理；吊顶工程中的预埋件、钢筋吊杆和型钢吊杆应进行防锈处理。

发生火灾时，火焰和热空气会迅速向上蔓延，使用木质材料必须要做防火处理，达到《建筑内部装修设计防火规范》（GB 50222—2017）的规定。顶棚装饰装修材料的燃烧性能必须达到A级或B1级要求。

5）吊杆距主龙骨端部距离不得大于300mm；当大于300mm时，应增加吊杆。当吊杆与设备相遇时，应调整并增设吊杆。

6）严禁把重型灯具、电扇及其他重型设备安装在吊顶工程的龙骨上。

上列隐蔽工程验收项目，是为保证吊顶工程使用安全的必检项目，应提供由监理工程师签名的隐蔽工程验收记录。

2. 暗龙骨吊顶工程检验批施工质量验收

暗龙骨吊顶工程检验批划分：同一品种的吊顶工程每50间（大面积房间和走廊按吊顶面积 $30m^2$ 为1间）划分为一个检验批，不足50间也划分为一个检验批。

（1）主控项目检验

主控项目检验标准及检验方法见表4-211。

表 4-211 暗龙骨吊顶工程主控项目检验标准及检验方法

序 号	项 目	质量标准及要求	检 验 方 法	检 验 数 量
1	吊顶标高、尺寸、起拱和造型	符合设计要求	观察、尺量检查	每个检验批应至少抽查10%，并不得少于3间；不足3间时应全数检查
2	饰面材料的材质、品种、规格、图案和颜色	符合设计要求	观察，检查产品合格证书、性能检测报告、进场验收记录和复验报告	
3	吊杆、龙骨的表面防腐	符合设计要求	观察、检查隐蔽工程验收记录	
4	吊杆、龙骨和饰面材料的安装	牢固，板缝进行防裂处理	观察、手扳检查、检查隐蔽工程验收记录和施工记录	

（2）一般项目检验

暗龙骨吊顶工程一般项目的质量要求，主要是指外观的装饰和满足使用功能。

暗龙骨吊顶工程安装的允许偏差和检验方法见表4-212。

表 4-212 暗龙骨吊顶工程安装的允许偏差和检验方法

项 次	项 目	允许偏差/mm				检 验 方 法
		纸面石膏板	金属板	矿棉板	木板、塑料板、格栅	
1	表面平整度	3	2	2	2	用2m靠尺和塞尺检查
2	接缝直线度	3	1.5	3	3	拉5m线，不足5m拉通线，用钢直尺检查
3	接缝高低差	1	1	1.5	1	用钢直尺和塞尺检查

3．施工中常见的质量问题及预防措施

➢ 常见的质量问题：轻钢龙骨、铝合金龙骨纵横方向线条不平直。

✧ 预防措施：①凡是受扭折的主龙骨、次龙骨，一律不宜采用。②当吊杆与设备相遇时，应调整并增设吊杆。③对于不上人吊顶，安装龙骨时，挂面不应挂放施工安装器具；对于大型上人吊顶，安装龙骨后，应为机电安装等人员铺设通道板，避免龙骨承受过大的不均匀荷载而产生不均匀变形。

➢ 常见的质量问题：吊顶造型不对称，罩面板布局不合理。

✧ 预防措施：①按吊顶设计标高，在房间四周的水平线位置拉十字中心线。②严格按设计要求布置主龙骨和次龙骨。③中间部分先铺整块罩面板，余量应平均分配在四周最外边一块，或不被人注意的次要部位。

4.5.4.2　明龙骨吊顶工程

明龙骨吊顶工程一般指以轻钢龙骨、铝合金龙骨、木龙骨为骨架，以石膏板、金属板、矿棉板、塑料板、玻璃板或格栅等为饰面材料，不隐蔽龙骨。

明龙骨吊顶工程质量控制点、工程检验批划分检查数量和主控项目基本相同，在一般检查项目存在轻微不同。

明龙骨吊顶工程与暗龙骨吊顶工程的主要工艺区别在于显露龙骨。除在饰面材料的使用上略有差异，表观质量和满足使用要求完全相同。明龙骨吊顶工程安装的允许偏差和检验方法见表 4-213。

表 4-213　明龙骨吊顶工程安装的允许偏差和检验方法

项　次	项　目	允许偏差 /mm				检验方法
		石膏板	金属板	矿棉板	塑料板、玻璃板	
1	表面平整度	3	2	3	2	用 2m 靠尺和塞尺检查
2	接缝直线度	3	2	3	2	拉 5m 线，不足 5m 拉通线，用钢直尺检查
3	接缝高低差	1	1	2	1	用钢直尺和塞尺检查

【工程案例 4-14】

1．工程背景

某宾馆大堂面积约为 200m²，正在进行室内装饰装修改造工程施工。按照先上后下，先湿后干，先水电通风后装饰装修的施工顺序，现正在进行吊顶工程施工。按设计要求，顶面为轻钢龙骨纸面石膏板不上人吊顶，装饰面层为耐擦洗涂料。

2．假设

如果本工程是新建工程而不是装饰装修改造工程，装饰公司施工过程中严格按照设计要求施工，竣工验收工程质量将被评为合格。

3．思考与问题

1）竣工交验三个月后，吊顶局部会不会产生凹凸不平以及板缝开裂的现象？

2）吊顶工程施工对吊点间距和吊杆有什么要求？

3）对于 200m² 以上大堂类大面积吊顶，施工时应该采取哪些技术措施以保证工程质量？

4.5.5 轻质隔墙工程

轻质隔墙按使用隔墙材料和工艺的不同，一般分为板材隔墙、骨架隔墙、活动隔墙、玻璃隔墙等。轻质隔墙不承重，本节主要介绍板材隔墙和骨架隔墙。

轻质隔墙一般规定如下：材料的产品合格书、性能检测报告、进场验收记录和复验报告应齐全并合格。

4.5.5.1 板材隔墙工程

板材隔墙工程是指由隔墙板自承重，直接固定于建筑主体结构上。板材隔墙应用范围很广。

板材隔墙工程验收主要是复合轻质墙板、石膏空心板、预制或现制的钢丝网水泥板等隔墙工程验收。

1. 质量控制点

1）轻质隔墙工程中使用的人造木板的甲醛含量。

2）隐蔽工程验收项目：

① 板材隔墙原则上不得横向凿槽埋设电线管等。设备管线的安装与其他专业的配合，隐蔽工程验收合格才能封面板。

② 木龙骨防火、防腐处理。

③ 预埋件或拉结筋。

3）在轻质隔墙与顶棚和其他墙体的交接处，应采取防开裂措施；民用建筑轻质隔墙工程的隔声性能应符合现行国家标准《民用建筑隔声设计规范》（GB 50118—2010）的规定。

2. 板材隔墙工程检验批施工质量验收

板材隔墙工程检验批的划分：同一品种的轻质隔墙工程每 50 间（大面积房间和走廊按轻质隔墙的墙面 $30m^2$ 为 1 间）划分为一个检验批，不足 50 间也划分为一个检验批。

（1）主控项目检验

主控项目检验标准及检验方法见表 4-214。

表 4-214 板材隔墙工程主控项目检验标准及检验方法

序 号	项 目	质量标准及要求	检验方法	检验数量
1	隔墙板材的品种、规格、性能、颜色	应符合设计要求。对于有隔声、隔热、阻燃、防潮等特殊要求的工程，板材应有相应性能等级的检测报告	观察，检查产品合格证书、进场验收记录和性能检测报告	板材隔墙工程、骨架隔墙工程每个检验批至少抽查10%，并不得少于3间；不足3间时应全数检查。
2	预埋件、连接件的位置、数量及连接方法	符合设计要求	观察、尺量检查、检查隐蔽工程验收记录	
3	隔墙板材安装	隔墙与周边墙体的连接符合设计要求，并应连接牢固	观察、手拍检查	
4	隔墙板接缝	材料的品种及接缝方法应符合设计要求	观察、检查产品合格证书和施工记录	

（2）一般项目

板材隔墙工程一般项目的质量要求，主要是防止不应该产生的质量缺陷。

板材隔墙安装的允许偏差和检验方法见表 4-215。

表 4-215 板材隔墙安装的允许偏差和检验方法

项 次	项 目	允许偏差 /mm				检 验 方 法
		复合轻质墙板		石膏空心板	钢丝网水泥板	
		金属夹芯板	其他复合板			
1	立面垂直度	2	3	3	3	用 2m 垂直检测尺检查
2	表面平整度	2	3	3	3	用 2m 垂直检测尺检查
3	阴阳角方正	3	3	3	4	用直角检测尺检查
4	接缝高低差	1	2	2	3	用钢直尺和塞尺检查

3. 施工中常见的质量问题及预防措施

➤ 常见的质量问题：石膏空心板隔墙墙板与结构连接不牢。

◇ 预防措施：①切锯板材时，一定要找方正。②使用下楔法立板时，要在板宽各 1/3 处背两组木楔，使板垂直向上挤严粘实。③隔墙下楼板的光滑表面必须凿毛，在填缝前，应把杂物及碎板块清扫干净，并用干硬性细石混凝土填塞严实。

➤ 常见的质量问题：纸面石膏板隔墙门口上角墙面产生裂缝。

◇ 预防措施：①当采用复合石膏板时，在预留缝中填聚醋酸乙烯乳液水泥砂浆时，尽量填严实。②当采用工字龙骨时，接缝处应嵌入以石膏为主的脆性材料，且应尽量填充饱满。

4.5.5.2 骨架隔墙工程

骨架隔墙工程主要依靠龙骨受力，并以龙骨固定于建筑主体结构上。骨架隔墙因面板与面板之间存在空腔，可以根据设计要求设置填充材料，用以隔热保温或隔声，也可以根据设备安装的设计要求，安装设备管线。

骨架隔墙工程常用的有轻钢龙骨以及木龙骨，采用纸面石膏板、人造木板、金属板、水泥纤维板、塑料板做墙面板。

骨架隔墙工程的质量控制点、工程检验批的划分、检查数量与板材隔墙工程基本相同。

1. 骨架隔墙工程检验批施工质量验收

（1）主控项目检验

主控项目检验标准及检验方法见表 4-216。

表 4-216 骨架隔墙工程主控项目检验标准及检验方法

序 号	项 目	质量标准及要求	检 验 方 法
1	骨架隔墙的龙骨、配件、墙面板	符合设计要求	观察、检查产品合格证书、进场验收记录，尺量检查，检查隐蔽工程验收记录
2	填充材料及嵌缝材料的品种、规格、性能	符合设计要求	观察、检查产品合格证书
3	木材的含水率	符合设计要求	检查产品合格证书
4	龙骨间距和构造连接	符合设计要求	观察、检查产品合格证书、尺量检查
5	木龙骨及木墙面板的防火、防腐处理	符合设计要求	观察、检查产品合格证书、进场验收记录，尺量检查，隐蔽工程验收记录
6	骨架隔墙的墙面板安装	牢固、无脱层、翘曲、折裂及缺损	观察、手扳检查、隐蔽工程验收记录

（2）一般项目检验

一般项目主要是对骨架隔墙的外观质量和影响使用功能的检验。骨架隔墙安装的允许偏差和检验方法见表 4-217。

表 4-217　骨架隔墙安装的允许偏差和检验方法

项　次	项　目	允许偏差 /mm		检验方法
		纸面石膏板	人造木板、水泥纤维板	
1	立面垂直度	3	4	用 2m 垂直检测尺检查
2	表面平整度	3	3	用 2m 靠尺和塞尺检查
3	阴阳角方正	3	3	用直角检测尺检查
4	接缝直线度	—	3	拉 5m 线，不足 5m 拉通线，用钢直尺检查
5	压条直线度	—	3	
6	接缝高低度	1	1	用钢直尺和塞尺检查

2. 施工中常见的质量问题及预防措施

➤ 常见的质量问题：轻钢龙骨石膏板隔墙板与墙体、顶板、地面连接处有裂缝。

预防措施：①根据设计放出隔墙位置线，并引测到主体结构侧面墙体及顶板上。②将边框龙骨与主体结构固定，固定前先铺垫一层橡胶条或沥青泡沫塑料条。根据设置要求，在沿顶、沿地龙骨上分档画线，按分档位置安装竖龙骨，调整垂直，定位后用铆钉或射钉固定。③安装门窗洞口的加强龙骨后，再安装通贯横撑龙骨和支撑卡。④石膏板的安装，两侧面的石膏板应错缝排列，石膏板与龙骨采用十字头自攻螺钉固定。⑤与墙体顶板接缝处粘结 50mm 宽玻璃纤维带，再分层刮腻子，以避免出现裂缝。⑥隔墙下端的石膏板不应直接与地面接触，要严格按照施工工艺进行操作，才能确保隔墙的施工质量。

4.5.6　饰面板（砖）工程

饰面板（砖）工程一般指饰面板安装、饰面砖粘贴等。

饰面板（砖）工程一般规定如下：材料产品的合格证书、性能检测报告、进场验收记录和复验报告应齐全并合格。

饰面板（砖）工程的饰面材料有以下几种。

1）石材：花岗石、大理石、青石板、人造石材等。

2）瓷板：面积不大于 1.2m²、不少于 0.5m² 的抛光板、磨边板等。

3）金属板：钢板、铝板等。

4）陶瓷面砖：釉面瓷砖、外墙面砖、陶瓷锦砖、陶瓷壁画砖、劈裂砖等。

5）玻璃面砖：玻璃锦砖、彩色玻璃面砖、釉面玻璃砖等。

6）木材饰面板（主要用于室内）。

4.5.6.1　饰面板安装工程

饰面板安装工程的质量验收，一是指内墙饰面安装工程的质量验收；二是指外墙饰面安装工程（高度不大于 24m，抗震设防烈度不大于 7 度）的质量验收。

1. 质量控制点

（1）材料及其性能复验项目

1）室内用花岗石的放射性。天然花岗石的放射性超标情况比较多，会影响人的健康，故列为复验项目。室内用花岗石饰面关于放射性指标的限制如下：内照射指数（Ra），A 类≤ 1.0；B 类≤ 1.3。

2）粘贴用水泥的凝结时间、安定性和抗压强度。

3）外墙陶瓷面砖的吸水率。

4）寒冷地区外墙陶瓷面砖的抗冻性。

（2）隐蔽工程验收的项目

1）预埋件（或后置埋件）。

2）连接节点。

3）防水层。

（3）粘结强度的检验

外墙饰面砖粘贴前和施工过程中，均应在相同基层上做样板件，并对样板件的饰面砖粘结强度进行检验，其检验方法和结果判定应符合《建筑工程饰面砖粘结强度检验标准》（JGJ/T 110—2017）的规定。

（4）其他

饰面板（砖）工程的抗震缝、伸缩缝、沉降缝等部位的处理应保证缝的使用功能和饰面的完整性。

2．饰面板安装工程检验批施工质量验收

室内饰面板安装工程检验批划分：相同材料、工艺和施工条件的室内饰面板（砖）工程每 50 间（大面积房间和走廊按施工面积 30m² 为 1 间）应划分为一个检验批，不足 50 间也应划分为一个检验批。

室外饰面板安装工程检验批划分：相同材料、工艺和施工条件的室外饰面板（砖）工程每 500 ～ 1000m² 应划分为一个检验批，不足 500m² 也应划分为一个检验批。

（1）主控项目检验

主控项目检验标准及检验方法见表 4-218。

表 4-218　饰面板安装工程主控项目检验标准及检验方法

序　号	项　　目	质量标准及要求	检验方法	检验数量
1	饰面板品种、规格、颜色和性能	符合设计要求	观察，检查产品合格证书、进场验收记录和性能检测报告	室内：每个检验批应至少抽查 10%，并不得少于 3 间；不足 3 间时应全数检查。室外：每个检验批每 100m² 应至少抽查一处，每处不得小于 10m²
2	木龙骨、木饰面板和塑料饰面板的燃烧性能等级	符合设计要求	观察，检查产品合格证书、进场验收记录和性能检测报告	
3	预埋件（或后置埋件）、连接件的数量、规格、位置、连接方法和防腐处理	符合设计要求	手扳检查，检查进场验收记录、现场拉拔检测报告、隐蔽工程验收记录和施工记录	
4	饰面板安装	牢固	手扳检查，检查进场验收记录、现场拉拔检测报告、隐蔽工程验收记录和施工记录	

（2）一般项目检验

一般项目的检验重点是饰面板安装的外观质量。饰面板安装的允许偏差和检验方法见表 4-219。

表 4-219　饰面板安装的允许偏差和检验方法

项 次	项 目	允许偏差 /mm							检验方法
		石 材			瓷板	木材	塑料	金属	
		光面	剁斧石	蘑菇石					
1	立面垂直度	2	3	3	2	1.5	2	2	用 2m 垂直检测尺检查
2	表面平整度	2	3	—	1.5	1	3	3	用 2m 靠尺和塞尺检查
3	阴阳角方正	2	4	4	2	1.5	3	3	用直角检测尺检查
4	接缝直线度	2	4	4	2	1	1	1	拉 5m 线，不足 5m 拉通线，用钢直尺检查
5	墙裙、勒脚上口直线度	2	3	3	2	2	2	2	
6	接缝高低差	0.5	3	—	0.5	0.5	1	1	用钢直尺和塞尺检查
7	接缝宽度	1	2	2	1	1	1	1	用钢直尺检查

3. 施工中常见的质量问题及预防措施

➤ 常见的质量问题：花岗石外墙饰面不平整，接缝不顺直。

✧ 预防措施：①批量板块应由石材厂加工生产。石材进场应按标准规定检查外观质量，检查内容包括规格尺寸、平面度、角度、外观缺陷等。超出允许偏差者，应退货或磨边修整，阳角板块斜边宜略小于 1/2 阳角角度以利于填入砂浆。②对墙面板块进行专项装修设计：有关方面认真会审图样，明确板块的排列方式、分格和图案，伸缩缝位置、接缝和凹凸部位的构造大样。③由于室外墙面有防水要求，板缝宽度不应大于 5mm。④墙、柱饰面的安装，应按设计轴线的距离弹出墙、柱中心线，板块分格线（应精确至每一板块都有纵、横标线作为镶贴依据）和水平标高线。⑤安装板块时，应先做样板墙，经确认后，再大面积铺开。⑥板块灌浆前，应浇水将板块背面和基体表面润湿，再分层灌注砂浆。待其初凝后，应检查板面位置，施工缝应留在板块水平接缝以下 50～100mm 处。⑦粘贴法施工，找平层表面平整度允许偏差宜为 3mm，不得大于 4mm；板块厚度允许偏差应按优等品的要求，如板厚在 12mm 以内者，其允许偏差为 ±0.5mm。

➤ 常见的质量问题：室内大理石墙面饰面纹理不顺，色泽不匀。

✧ 预防措施：①色调与花纹应符合设计要求。非定型配套工程产品，每一部位色调深浅应逐渐过渡，不得有突然变化。②石材出厂预拼、编号时，应从严挑选各镶贴部位石材，而且要把颜色、纹理好的大理石板块用于主要部位，以提高建筑装饰美观度。③大理石进场拆开包装后，应进行复检。挑选品种、规格、颜色一致，无缺棱掉角的板材。④安装前，应再按装饰设计图样进行试拼，要求颜色变化自然，一面墙或一个立面色调要和谐。拼对花纹时，虽不能条条对准，但要上、下、左、右大体通顺，纹理自然，同一面花纹对称或均衡。并经建设、设计、监理等单位共同确认，力求做到浑然一体，以提高装饰效果。

4.5.6.2　饰面砖粘贴工程

饰面砖工程是指内墙饰面砖粘贴工程，外墙饰面砖粘贴（高度不大于 100m，抗震设防烈度不大于 7 度），并采用满贴法施工。

饰面砖粘贴工程的质量控制点、工程检验批划分、检查数量与饰面板安装工程基本相同，只是检查项目有些不同。

1. 饰面砖粘贴工程检验批施工质量验收

室内饰面砖粘贴工程检验批划分：相同材料、工艺和施工条件的室内饰面砖工程每 50

间（大面积房间和走廊按施工面积 30m² 为 1 间）应划分为一个检验批，不足 50 间也应划分为一个检验批。

室外饰面砖粘贴工程检验批划分：相同材料、工艺和施工条件的室外饰面砖工程每 500～1000m² 应划分为一个检验批，不足 500m² 也应划分为一个检验批。

（1）主控项目检验

主控项目检验标准及检验方法见表 4-220。

表 4-220　饰面砖粘贴工程主控项目检验标准及检验方法

序　号	项　目	质量标准及要求	检验方法
1	饰面板品种、规格、颜色和性能	符合设计要求	观察，检查产品合格证书、进场验收记录和性能检测报告
2	饰面砖粘贴	无空鼓、裂纹，粘贴牢固	观察，用小锤轻击检查、检查样板件粘结强度检测报告和施工记录

（2）一般项目检验

饰面砖粘贴的允许偏差和检验方法见表 4-221。

表 4-221　饰面砖粘贴的允许偏差和检验方法

项　次	项　目	允许偏差 /mm		检验方法
		外墙面砖	内墙面砖	
1	立面垂直度	3	2	用 2m 垂直检测尺检查
2	表面垂直度	4	3	用 2m 靠尺和塞尺检查
3	阴阳角方正	3	3	用直角检测尺检查
4	接缝直线度	3	2	拉 5m 线，不足 5m 拉通线，用钢直尺检查
5	接缝高低差	1	0.5	用钢直尺和塞尺检查
6	接缝宽度	1	1	用钢直尺检查

2．施工中常见的质量问题及预防措施

➤ 常见的质量问题：外墙饰面砖墙面渗漏。

✧ 预防措施：①外墙饰面砖工程应有专项设计，并有节点大样图。对窗台、檐口、装饰线、雨篷、阳台和落水口等墙面凹凸部位，应采用防水和排水构造。②外墙面找平层至少要求两遍成活，并且喷雾养护不少于 3d，3d 之后再检查找平层抹灰质量，在粘贴外墙砖之前，先将基层空鼓、裂缝处理好，确保找平层的施工质量。③外墙砖接缝宽度不应小于 5mm，不得采用密缝粘贴。缝深不宜大于 3mm，也可采用平缝。外墙砖勾缝应饱满、密实、无裂缝。选用具有抗渗性能和收缩率小的材料勾缝。为使勾缝砂浆表面达到"连续、平直、光滑、填嵌密实、无空鼓、无裂纹"的要求，应进行二次勾缝。为防止勾缝砂浆失水，墙面应喷水养护不少于 3d。

➤ 常见的质量问题：粘贴层剥离破坏。

✧ 预防措施：①找平层应干净，无灰尘、油污、脏迹，表面刮平茬毛。找平层的表面平整度和立面垂直度应符合工程质量验收规范的规定。②预防板块背面出现水膜：粘贴前，找平层应先浇水湿润，粘贴时表面无水迹，找平层含水率宜为 15%～25%；应将砖的背面清理干净，并浸水 2h 以上，待表面晾干后方可使用。③面砖粘贴前，应对找平层进行质量检查，面砖粘贴完毕应先喷水养护 2～3d，待粘结层砂浆达到一定强度后才能勾缝。④保证粘结砂浆质量。⑤《建筑装饰装修工程质量验收标准》（GB 50210—2018）"饰面板（砖）工程"规定，外墙饰面砖粘贴前和施工过程中，均应在相同基层上做样板件，并对样板件的饰面砖粘结强度进行检验，其检验方法和结果判定应符合《建筑工程饰面砖粘结强度检验标准》（JGJ/T 110—2017）的规定。⑥面砖墙面应设置伸缩缝，伸缩缝应采用柔性防水材料嵌缝。

➤ 常见的质量问题：饰面不平整，缝格不顺直。

◇ 预防措施：①根据房间主体实际尺寸进行墙面排砖和细部大样图设计。②进场瓷砖的外观质量必须符合《陶瓷砖》（GB/T 4100—2015）的规定。③根据设计要求进行施工。弹竖线、水平线及表面平整线、挂线。④设计要求用密缝法施工的，对瓷砖的材质挑选作为一道主要工序，应分别堆放色泽不同的瓷砖，挑出翘曲、变形、裂纹、面层有杂质等缺陷的瓷砖。同一类尺寸者应用于同一房间或一面墙上，以做到接缝均匀一致。⑤宜采用离缝法粘贴瓷砖，将板缝宽度放宽至 2.0mm 左右。

【工程案例 4-15】

1. 工程背景

北京某工地一工程外墙采用面砖为南方某知名品牌，规格尺寸符合外观质量标准，秋季施工时，墙面找平层及面砖粘结层采用 42.5 级普通水泥，砂浆配合比及粘结层厚度都严格进行控制，面砖粘贴横平竖直，色泽一致，质量被评为优良。

2. 假设

经过一冬，次年春天发现个别面砖脱落，经仔细观察发现面砖普遍龟裂，而且墙面面砖色泽也起了一些变化。施工单位对面砖外观曾做过认真的检查，调查当事人，复查施工记录，未发现异常现象。

3. 思考与问题

1）造成本工程面砖龟裂脱落的主要原因是什么？如何杜绝类似事故的发生？

2）饰面砖粘贴有哪些质量控制检查方法？

3）为什么本工程按照质量检查验收标准评定工程质量与工程的实际质量不一致？

4.5.7 幕墙工程

建筑幕墙是指由金属构件与玻璃、金属、石材等板材组成的悬挂在主体构件上，不承担主体结构荷载与作用的建筑物外围护结构。

建筑幕墙按安装形式不同，可分为散装建筑幕墙、半单元建筑幕墙、单元建筑幕墙、小单元建筑幕墙等。

幕墙工程的一般规定如下。

1）应检查下列文件和记录：

①幕墙工程的施工图、结构计算书、设计说明及其他设计文件。

②建筑设计单位对幕墙工程设计的确认文件。

③幕墙工程所用各种材料、五金配件、构件及组件的产品合格证书、性能检测报告、进场验收记录和复验报告。

④幕墙工程所用硅酮结构胶的认定证书和抽查合格证明；进口硅酮结构胶的商检证；国家指定检测机构出具的硅酮结构胶相容性和剥离粘结性试验报告；石材用密封胶的耐污染

性试验报告。

⑤后置埋件的现场拉拔强度检测报告。

⑥幕墙的抗风压性能、空气渗透性能、雨水渗漏性能及平面变形性能检测报告。

⑦打胶、养护环境的温度、湿度记录；双组分硅酮结构胶的混匀性试验记录及拉断试验记录。

⑧防雷装置测试记录。

⑨隐蔽工程验收记录。

⑩幕墙构件和组件的加工制作记录；幕墙安装施工记录。

2）幕墙及其连接件应具有足够的承载力、刚度和相对于主体结构的位移能力。幕墙构架立柱的连接金属角码与其他连接件应采用螺栓连接，并应有防松动措施。

3）隐框、半隐框幕墙所采用的结构粘结材料必须是中性硅酮结构密封胶，其性能必须符合《建筑用硅酮结构密封胶》（GB 16776—2005）的规定；硅酮结构密封胶必须在有效期内使用。

中性硅酮结构密封胶是保证隐框、半隐框玻璃幕墙安全性的关键材料。中性硅酮结构密封胶有单组分和双组分之分。单组分中性硅酮结构密封胶是靠吸收空气中的水分固化，固化时间一般需要 14 ～ 21d，双组分一般为 7 ～ 10d。硅酮结构密封胶固化前粘结拉伸强度低，待完全固化后才能进行下道工序。选用的硅酮结构密封胶必须与接触的材料做相容性试验和粘结剥离性试验合格后才能打胶。

4）立柱和横梁等主要受力构件，其截面受力部分的壁厚应经计算确定，且铝合金型材壁厚不应小于 3.0mm，钢型材壁厚不应小于 3.5mm。

5）隐框、半隐框幕墙构件中板材与金属框之间硅酮结构密封胶的粘结宽度，应分别计算风荷载标准值和板材自重标准值作用下硅酮结构密封胶的粘结宽度，并取其较大值，且不得小于 7.0mm。

6）硅酮结构密封胶应打注饱满，并应在温度 15 ～ 30℃、相对湿度 50% 以上、洁净的室内进行；不得在现场墙上打注。

7）幕墙的防火除应符合现行国家标准《建筑设计防火规范》（GB 50016—2014）的有关规定外，还应符合下列规定：

①应根据防火材料的耐火极限决定防火层的厚度和宽度，并应在楼板处形成防火带。

②防火层应采取隔离措施。防火层的衬板应采用经防腐处理且厚度不小于 1.5mm 的钢板，不得采用铝板。

③防火层的密封材料应采用防火密封胶。

④防火层不应与玻璃直接接触，一块玻璃不应跨两个防火分区。

8）主体结构与幕墙连接的各种预埋件，其数量、规格、位置和防腐处理必须符合设计要求。

9）幕墙的金属框架与主体结构预埋件的连接，立柱与横梁的连接，及幕墙面板的安装，必须符合设计要求，且安装必须牢固。

10）单元幕墙连接处和吊挂处的铝合金型材的壁厚应通过计算确定，并不得小于 5.0mm。

11）幕墙的金属框架与主体结构应通过预埋件连接，预埋件应在主体结构混凝土施工时埋入，预埋件的位置应准确。当没有条件采用预埋件连接时，应采用其他可靠的连接措施，并应通过试验确定其承载力。

12）立柱应采用螺栓与角码连接，螺栓直径应经过计算，并不应小于 10mm。不同金属材料接触时，应采用绝缘垫片分隔。

13）幕墙的抗震缝、伸缩缝、沉降缝等部位的处理应保证缝的使用功能和饰面的完整性。

4.5.7.1　玻璃幕墙工程

玻璃幕墙工程是指建筑高度不大于 150m、抗震设防烈度不大于 7 度的隐框幕墙、半隐明框幕墙、全玻幕墙及点支承玻璃幕墙。

1. 质量控制点

（1）材料及其性能指标进行复验的项目

1）铝塑复合板的剥离强度。

2）石材的抗弯强度，寒冷地区石材的耐冻融性，室内用花岗石的放射性。

3）玻璃幕墙用结构胶的邵氏硬度，标准条件拉伸粘结强度，相容性试验；石材用结构胶粘结强度；石材用密封胶的污染性。

（2）隐蔽工程验收的项目

1）预埋件（或后置埋件）。

2）构件的连接节点。

3）变形缝及墙面转角处的构造节点。

4）幕墙防雷装置。

5）幕墙防火构造。

2. 玻璃幕墙工程检验批工程施工质量验收

玻璃幕墙工程检验批的划分：相同设计、材料、工艺和施工条件的幕墙工程每 500 ～ 1000m² 应划分为一个检验批，不足 500m² 也应划分一个检验批；同一单位工程的不连续的幕墙工程应单独划分检验批。

（1）主控项目检验

主控项目检验标准及检验方法见表 4-222。

表 4-222　玻璃幕墙工程主控项目检验标准及检验方法

序　号	项　　目	质量标准及要求	检验方法	检验数量
1	玻璃幕墙的材料、构件和组件	符合设计要求及国家现行产品标准和工程技术规范的规定	检查出厂报告和现场抽检报告	每个检验批每 100m² 应至少抽查一处，每处不得小于 10m²
2	玻璃幕墙的造型和立面分格	应符合设计要求	观察、尺量检查	
3	幕墙与主体结构连接	预埋件、连接件、紧固件必须安装牢固，其数量、规格、位置、连接方法和防腐处理应符合设计要求 节点、各种变形缝、墙角的连接节点应符合设计要求和技术标准的规定，结构胶和密封胶的打注应饱满、密实、连续、均匀、无气泡	观察、检查隐蔽工程验收记录和施工记录	
4	幕墙密封	无渗漏	在易渗漏部位进行淋水检查	
5	幕墙开启窗	配件应齐全，安装应牢固，安装位置和开启方向、角度应正确；开启应灵活，关闭应严密。	观察、手扳检查、开启和关闭检查	

（2）一般项目检验

1）玻璃幕墙表面应平整、洁净；整幅玻璃的色泽应均匀一致；不得有污染和镀膜损坏。每平方米玻璃的表面质量和检验方法见表 4-223。

表 4-223　每平方米玻璃的表面质量和检验方法

项　次	项　目	质量要求	检验方法
1	明显划伤和长度 >100mm 的轻微划伤	不允许	观察
2	长度 ≤ 100mm 的轻微划伤	≤ 8 条	用钢尺检查
3	擦伤总面积	500mm^2	

2）一个分格铝合金型材的表面质量和检验方法见表 4-224。

表 4-224　一个分格铝合金型材的表面质量和检验方法

项　次	项　目	质量要求	检验方法
1	明显划伤和长度 >100mm 的轻微划伤	不允许	观察
2	长度 ≤ 100mm 的轻微划伤	≤ 2 条	用钢尺检查
3	擦伤总面积	500mm^2	

3）明框玻璃幕墙安装、隐框及半隐框玻璃幕墙安装的允许偏差和检验方法见表 4-225 和表 4-226。

表 4-225　明框玻璃幕墙安装的允许偏差和检验方法

项　次	项　目		允许偏差 /mm	检验方法
1	幕墙垂直度	幕墙高度≤30m	10	用经纬仪检查
		30m< 幕墙高度≤60m	15	
		60m< 幕墙高度≤90m	20	
		幕墙高度 >90m	25	
2	幕墙水平度	幕墙幅宽≤35m	5	用水平仪检查
		幕墙幅宽 >35m	7	
3	构件直线度		2	用 2m 靠尺和塞尺检查
4	构件水平度	构件长度≤2m	2	用水平仪检查
		构件长度 >2m	3	
5	相邻构件错位		1	用钢直尺检查
6	分格框对角线长度差	对角线长度≤2m	3	用钢尺检查
		对角线长度 >2m	4	

表 4-226　隐框、半隐框玻璃幕墙安装的允许偏差和检验方法

项　次	项　目		允许偏差	检验方法
1	幕墙垂直度	幕墙高度≤30m	10	用经纬仪检查
		30m< 幕墙高度≤60m	15	
		60m< 幕墙高度≤90m	20	
		墙高度 >90m	25	
2	幕墙水平度	层高≤3m	3	用水平仪检查
		层高 >3m	5	
3	幕墙表面平整度		2	用 2m 靠尺和塞尺检查
4	板材立面垂直度		2	用垂直检测尺检查
5	板材上沿水平度		2	用 1m 水平尺和钢直尺检查
6	相邻板材板角错位		1	用钢直尺检查
7	阳角方正		2	用直角检测尺检查
8	接缝直线度		3	拉 5m 线，不足 5m 拉通线，用钢直尺检查
9	接缝高低差		1	用钢直尺和塞尺检查
10	接缝宽度		1	用钢直尺检查

3．施工中常见的质量问题及预防措施

➢ 常见的质量问题：玻璃幕墙预埋件强度达不到设计要求，预埋件变形、松动。

◇ 预防措施：①预埋件应进行承载力计算，一般承载力的取值为计算值的3倍；预埋件钢板宜采用热镀锌的3号钢，其材质应符合国家有关标准。②旧建筑安装幕墙时，原有房屋的主体结构混凝土强度不宜低于C30。

➢ 常见的质量问题：预埋件漏放。

◇ 预防措施：①幕墙施工单位应在主体结构施工前确定。②预埋件必须有设计的预埋件位置图。③旧建筑安装幕墙，不宜全部采用膨胀螺栓与主体结构连接，应每隔3、4层加一层锚固件连接。膨胀螺栓只能作为局部附加连接措施，使用的膨胀螺栓应处于受剪力状态。

➢ 常见的质量问题：预埋件歪斜、偏移。

◇ 预防措施：①预埋件焊接固定应在模板安装结束，并通过验收后方可进行。②安装预埋件时，应进行专项技术交底，并有专业人员负责埋设。埋件应牢固，位置准确，并有隐蔽验收记录。③预埋件钢板应紧贴于模板侧边，宜将锚筋点焊在主钢筋上予以固定。埋件的标高偏差不应大于10mm，埋件位置与设计位置的偏差不应大于20mm。

4.5.7.2 金属幕墙工程

金属幕墙工程是指板材是金属的，建筑高度不大于150m的金属幕墙。

金属幕墙工程的质量控制点、工程检验批的划分、检查数量与玻璃幕墙工程基本相同，检查方法和项目具体如下。

金属幕墙工程检验批的划分：相同设计、材料、工艺和施工条件的幕墙工程每500～1000m² 应划分为一个检验批，不足500m² 也应划分一个检验批；同一单位工程的不连续的幕墙工程应单独划分检验批。

（1）主控项目检验

主控项目检验标准及检验方法见表4-227。

表4-227 金属幕墙工程主控项目检验标准及检验方法

序 号	项 目	质量标准及要求	检验方法	检验数量
1	金属幕墙材料和配件	应符合设计要求及技术规范、技术标准	检查产品合格证书、性能检测报告、材料进场验收记录、复验报告	同玻璃幕墙工程
2	预埋件、后置埋件数量、位置及后置埋件的拉拔力	应符合设计要求及技术规范、技术标准	检查拉拔力检测报告和隐蔽工程验收记录	
3	金属框架立柱与主体结构预埋件的连接、立柱与横梁的连接、金属面板的安装	应符合设计要求及技术规范、技术标准	手扳检查，检查隐蔽工程验收记录	
4	幕墙的防火、保温、防潮	应符合设计要求及技术规范、技术标准	检查隐蔽工程验收记录	
5	金属框架及连接件的防腐	应符合设计要求及技术规范、技术标准	检查隐蔽工程验收记录和施工记录	
6	金属幕墙板缝注胶的宽度和厚度	板缝注胶应饱满、密实、连续、均匀、无气泡	尺量检查、观察	
7	金属幕墙安装	牢固、无渗漏	手扳检查，在易渗漏部位进行淋水检查	
8	金属幕墙的防雷装置	与主体结构的防雷装置可靠连接	检查隐蔽工程验收记录	

（2）一般项目检验

每平方米金属板的表面质量和检验方法见表 4-228。金属幕墙安装的允许偏差和检验方法见表 4-229。

表 4-228　每平方米金属板的表面质量和检验方法

项　次	项　目	质量要求	检验方法
1	明显划伤和长度 >100mm 的轻微划伤	不允许	观察
2	长度≤ 100mm 的轻微划伤	≤ 8 条	用钢尺检查
3	擦伤总面积	≤ 500mm^2	用钢尺检查

表 4-229　金属幕墙安装的允许偏差和检验方法

项　次	项　目		允许偏差 /mm	检验方法
1	幕墙垂直度	幕墙高度≤ 30m	10	用经纬仪检查
		30m< 幕墙高度≤ 60m	15	
		60m< 幕墙高度≤ 90m	20	
		墙高度 >90m	25	
2	幕墙水平度	层高≤ 3m	3	用水平仪检查
		层高 >3m	5	
3	幕墙表面平整度		2	用 2m 靠尺和塞尺检查
4	板材立面垂直度		3	用垂直检测尺检查
5	板材上沿水平度		2	用 1m 水平尺和钢直尺检查
6	相邻板材板角错位		1	用钢直尺检查
7	阳角方正		2	用直角检测尺检查
8	接缝直线度		3	拉 5m 线，不足 5m 拉通线，用钢直尺检查
9	接缝高低差		1	用钢直尺和塞尺检查
10	接缝宽度		1	用钢直尺检查

【工程案例 4-16】

1. 工程背景

有一施工队安装某大厦玻璃幕墙，其中一处幕墙立面左、右两处各有一阳角。土建施工误差使得该立面幕墙的施工实际总宽度略大于图样上标注的理论总宽度，施工队采取调整格的方法，将尺寸报给设计师，重新修订理论尺寸后完成安装。在安装同一层面立柱时，采取了以第一根立柱为测量基准确定第二根立柱的水平方向分格距离，待第二根立柱安装完毕后，再以第二根立柱为测量基准确定第三根立柱的水平方向分格距离，依此类推，分别确定以后各根立柱的水平方向分格距离位置。防雷用的均压环与各立柱的钢支座紧密连接后，与土建的防雷体系也进行了连接，并增加了防腐垫片作防腐处理。在玻璃幕墙与每层楼板之间填充了防火材料，并用厚度不小于 1.5mm 的铝板进行了固定。

2. 思考与回答

1）土建施工误差使得该立面幕墙的施工实际总宽度略大于图样上标注的理论总宽度，幕墙施工队所采取的处理方法对不对？在考虑安装部位时应注意些什么？

2）同一层面立柱的安装方法对不对，为什么？

3）在有开启扇的地方，其相邻两根立柱的水平方向分格距离在安装时是负公差还是正公差？为什么？

4）防雷用的均压环连接形式对不对？为什么？

5）防火材料的安装有无问题？防火材料与玻璃及主体结构之间应注意什么？

4.5.8　涂饰工程

涂饰工程一般指水性涂料涂饰、溶剂型涂料涂饰、美术涂饰等。本节主要介绍水性涂料涂饰、溶剂型涂料涂饰工程的质量控制与验收。

水性涂料完全或主要以水为介质；溶剂型涂料完全以有机物为介质。

4.5.8.1　水性涂料涂饰工程

水性涂料涂饰工程，一般是指采用乳液型涂料、无机涂料、水溶性涂料等涂饰基层。

无机涂料主要是指成膜物质由无机物组成。

1. 质量控制点

1）涂料的选用、颜色、涂饰方法等。

2）材料的产品合格证书、性能检测报告和进场验收记录。涂饰工程选用的建筑涂料，其各项性能应符合国家或行业产品标准的技术指标。

3）基层质量。

① 新建建筑物的混凝土或抹灰基层在涂饰涂料前，应涂刷抗碱封闭底漆。混凝土和抹灰层含碱，如不对基层面做抗碱封闭处理，碱析出会破坏涂料膜层。

② 在旧墙面涂饰涂料前，应清除疏松的旧装修层，并涂刷界面剂。

③ 在混凝土或抹灰基层涂刷溶剂型涂料时，含水率不得大于 8%；涂刷乳液型涂料时，含水率不得大于 10%。木材基层的含水率不得大于 12%。

④ 基层腻子应平整、坚实、牢固，无粉化、起皮和裂缝；内墙腻子的粘结强度应符合《建筑室内用腻子》（JG/T 298—2010）的规定。

⑤ 厨房、卫生间墙面必须使用耐水腻子。

4）施工环境温度的规定。水性涂料涂饰工程施工的环境温度应在 5 ～ 35℃之间。

2. 水性涂料涂饰工程检验批施工质量验收

室外涂饰工程检验批划分：每一栋楼的同类涂料涂饰的墙面每 500 ～ 1000m² 应划分为一个检验批，不足 500m² 也应划分为一个检验批。

检查数量：每 100m² 至少应检查一处，每处不得小于 100m²。

室内涂饰工程检验批划分：同类涂料涂饰的墙面每 50 间（大面积房间和走廊按涂饰面积 30m² 为 1 间）应划分为一个检验批，不足 50 间也应划分为一个检验批。

（1）主控项目检验

主控项目检验标准及检验方法见表 4-230。

表 4-230　水性涂料涂饰工程主控项目检验标准及检验方法

序　号	项　目	质量标准及要求	检验方法	检验数量
1	涂料的品种、型号和性能	应符合设计要求及技术规范、技术标准	检查产品合格证书、性能检测报告和进场验收记录	每个检验批应至少抽查 10%，并不得少于 3 间；不足 3 间，应全数检查
2	涂料涂饰工程的颜色、图案	应符合设计要求及技术规范、技术标准	观察	
3	对基层的要求	应符合设计要求及技术规范、技术标准	见本节质量控制点第 3 条	

（2）一般项目检验

一般项目的质量要求，主要是控制水性涂料涂饰工程中容易出现的质量缺陷。薄涂料涂饰、厚涂料涂饰质量和检验方法见表 4-231 和表 4-232。

表 4-231　薄涂料涂饰质量和检验方法

项　次	项　目	普通涂饰	高级涂饰	检验方法
1	颜色	均匀一致	均匀一致	观察
2	泛碱、咬色	允许少量轻微	不允许	
3	流坠、疙瘩	允许少量轻微	不允许	
4	砂眼、刷纹	允许少量轻微砂眼，刷纹通顺	无砂眼，无刷纹	
5	装饰线、分色线直线度允许偏差 /mm	2	1	拉 5m 线，不足 5m 拉通线。用钢直尺检查

表 4-232　厚涂料涂饰质量和检验方法

项　次	项　目	普通涂饰	高级涂饰	检验方法
1	颜色	均匀一致	均匀一致	观察
2	泛碱、咬色	允许少量轻微	不允许	
3	点状分布	—	疏密均匀	

一般项目说明如下：涂层与其他装修材料和设备衔接处应吻合，界面应清晰。

3．施工中常见的质量问题及预防措施

➢ 常见的质量问题：水性涂料涂饰工程涂料流坠。

◇ 预防措施：①混凝土或抹灰墙面施涂水性涂料时，其含水率不得大于 10%；弹涂时含水率不得大于 8%。②控制施涂厚度，一般控制在膜厚 20 ～ 25μm 为宜（指干膜）。③普通涂料的施工环境温度应保持在 5℃以上。④转角部位应使用遮盖物，避免两个面的涂料互相叠加。⑤施涂前，应将涂料搅拌均匀。⑥刷涂方向和行程长短均应一致。滚涂：滚涂粘度小、较稀的涂料时，应选用刷毛较长、细而软的毛辊；滚涂粘度较大又稍稠一些的涂料时，应选用刷毛较短、较粗、较硬一些的毛辊。毛辊上的吸浆量不能太多或太少。喷涂时，涂料稠度必须适中，太稠不便于施工；太稀则会影响涂层厚度，且容易流淌。喷射距离一般为 40 ～ 60mm。弹涂时，先在基层表面刷底色涂层，待底色涂层干燥后，才能弹涂，应注意弹点密度均匀适当，上、下、左、右无明显接痕。

➤ 常见的质量问题：涂层颜色不均匀。

✧ 预防措施：①同一工程应选购同厂、同批涂料。②由于涂料易沉淀分层，使用时必须将涂料搅匀，并不得任意加水。③基层含水率应小于 10%。④基层表面的麻面、小孔应修补平整。⑤施涂应连续，接槎应在分格缝或阴阳角部位。⑥涂饰工程应在安装工程完毕之后进行。施涂完毕，应加强成品保护。

➤ 常见的质量问题：涂膜开裂。

✧ 预防措施：①抹灰面层应压光无裂缝。②外墙面抹灰层应设置分格缝，水平分格缝可设置在楼层分界部位；垂直分格缝可设置在门窗两侧或轴线部位，间距宜为 2 ～ 3m。③新建建筑物的内、外墙混凝土或砂浆基层表面均应施涂配套的抗碱封闭底漆。④旧墙面在清除疏松的旧装修层后，涂刷界面处理剂。混凝土或抹灰基层涂刷乳液型涂料时，含水率不得大于 10%。

4.5.8.2 溶剂型涂料涂饰工程

溶剂型涂料涂饰工程，一般只采用丙烯酸酯涂料、聚氨酯丙烯酸涂料、有机硅丙烯酸涂料等涂饰基层。

溶剂型涂料涂饰工程的质量控制点、工程检验批划分、检查数量与水性涂料涂饰工程基本相似，但具体检查项目不同。

1. 溶剂型涂料涂饰工程检验批施工质量验收

室外涂饰工程检验批划分：每一栋楼的同类涂料涂饰的墙面每 500 ～ 1000m² 应划分为一个检验批，不足 500m² 也应划分为一个检验批。

室内涂饰工程检验批划分：同类涂料涂饰的墙面每 50 间（大面积房间和走廊按涂饰面积 30m² 为一间）应划分为一个检验批，不足 50 间也应划分为一个检验批。

（1）主控项目及检验方法

溶剂型涂料涂饰工程的主控项目的质量要求与水性涂料涂饰工程基本相同，唯一不同点是溶剂型涂料是属油性涂料，故不仅要求涂料的颜色、图案符合设计要求，涂料成膜光泽还必须符合设计要求。

在防止溶剂型涂料涂饰工程中的质量缺陷方面，增加了不得"反锈"。

溶剂型涂料涂饰工程对基层处理的规定见本节水性涂料涂饰工程质量控制点对基层的要求，仅是含水率要求更为严格，不得大于 8%。

（2）一般项目及检验方法

溶剂型涂料按有色和无色分为色漆、清漆两种。一般项目的质量要求，主要是对成膜的外观质量进行控制。

色漆、清漆的涂饰质量和检验方法见表 4-233 和表 4-234。

表 4-233 色漆的涂饰质量和检验方法

项 次	项 目	普通涂饰	高级涂饰	检验方法
1	颜色	均匀一致	均匀一致	观察
2	光泽、光滑	光泽基本均匀、光滑无挡手感	光泽均匀一致、光滑	观察、手摸检查
3	刷纹	刷纹通顺	无刷纹	观察
4	裹棱、流坠、皱皮	明显处不允许	不允许	观察
5	装饰线、分色线 直线度允许偏差 /mm	2	1	拉 5m 线，不足 5m 拉通线

注：无光色漆不检查光泽。

表 4-234 清漆的涂饰质量和检验方法

项 次	项 目	普通涂饰	高级涂饰	检验方法
1	颜色	基本一致	均匀一致	观察
2	木纹	棕眼刮平、木纹清楚	棕眼刮平、木纹清楚	观察
3	光泽、光滑	光泽基本均匀、光滑无挡手感	光泽均匀一致、光滑	观察、手摸检查
4	刷纹	无刷纹	无刷纹	观察
5	裹棱、流坠、皱皮	明显处不允许	不允许	观察

2. 施工中常见的质量问题及预防措施

➤ 常见的质量问题：溶剂型涂料失光。

✧ 预防措施：①混凝土或抹灰基层涂刷溶剂型涂料时，含水率不得大于 8%。木材基层的含水率不得大于 12%。基层腻子应平整、坚实、牢固，无粉化、起皮和裂缝；内墙腻子的粘结强度应符合《建筑室内用腻子》（JG/T 298—2010）的规定。厨房、卫生间墙面必须使用耐水腻子。②对于木制和金属基层表面，在施涂前，应处理干净，不得有污物。③不宜在阴雨、严寒天气或潮湿环境中施涂。④施涂的工具必须做好防水处理，防止水分混入涂料中。⑤施涂的涂膜未干前，必须避免烟熏。

【工程案例 4-17】

1. 工程背景

某工程内墙面在水泥砂浆面层上刷两遍乳胶漆，洗手间墙面刷聚氨酯防水涂料厚 2mm 后，用水泥砂浆贴彩釉墙砖。地面在水泥砂浆找平层上做厚 2mm 聚氨酯防水涂料，干后用 1:2 水泥砂浆贴 100mm×100mm×8mm 无釉瓷砖，缝隙宽 1mm。竣工后不久发现乳胶漆表面不平，且有起皮和脱落现象。

2. 思考与回答

1）墙面乳胶漆为什么会出现起皮和脱落现象？如何处理？

2）洗手间墙面的做法是否恰当？为什么？

3）洗手间地面的做法是否恰当？为什么？

子单元 6 建筑节能工程

建筑节能工程是指在墙体、建筑幕墙、门窗、屋面、地面、采暖、通风和空调、空调与采暖的冷热源和附属设备及其管网、配电与照明等部位采取了建筑节能措施,达到建筑节能效果的新建、改建和扩建的民用建筑工程。根据国家标准《建筑节能工程施工质量验收规范》(GB 50411—2007)中的规定,确定建筑节能工程为单位建筑工程的一个分部工程,单位工程竣工验收应在建筑节能分部工程验收合格后进行。建筑节能分部工程共划分为十个分项工程,分别为墙体节能工程、幕墙节能工程、门窗节能工程、屋面节能工程、地面节能工程、采暖节能工程、通风和空气调节节能工程、空调与采暖的冷热源和附属设备及其管网节能工程、配电与照明节能工程、检测与控制节能工程。本单元重点介绍墙体节能工程、幕墙节能工程、门窗节能工程、屋面节能工程、地面节能工程的质量控制和验收。

4.6.1 墙体节能工程

1. 质量控制点

1)建筑墙体节能工程是指采用板材、浆材、块材及预制复合墙板等墙体保温材料或构件的工程。

2)主体结构完成后进行施工的墙体节能工程,应在基层质量验收合格后施工,施工过程中应及时进行质量检查、隐蔽工程验收和检验批验收,施工完成后应进行墙体节能分项工程验收。以下为墙体节能工程的验收程序。

① 一种情况是墙体节能工程在主体结构完成后施工,对此类工程验收的程序如下:在施工过程中,应及时进行质量检查、隐蔽工程验收、相关检验批和分项工程验收;施工完成后,应进行墙体节能子分部工程验收。大多数墙体节能工程都是在主体结构内侧或外侧表面层做保温层,故大多数墙体节能工程都属于这种情况。

② 另一种是与主体结构同时施工的墙体节能工程,如现浇夹心复合保温墙板等,对于此种施工工艺,当然无法将节能工程和主体工程分开验收,只能与主体结构一同验收。验收时结构部分应符合相应的结构验收规范要求,而节能部分应符合节能规范的要求。应注意,"应与主体结构一同验收"是指时间上和验收程序上的"一同验收",验收标准则应遵守各自的要求,不能混同。

3)当墙体节能工程采用外保温定型产品或成套技术时,其形式检验报告中应包括安全性和耐候性检验。

墙体节能工程采用的外保温成套技术或产品由供应方配套提供。对于其生产过程中采用的材料、工艺,工程施工单位既无法控制,也难以在施工现场进行检查,短期内更是难以判断其耐久性,因此主要依靠厂方提供的形式检验报告加以证实。由厂方提供的这些形式检验报告十分重要,不仅起着证明墙体节能工程采用的该种产品或成套技术的安全性和耐候性符合要求,还意味着厂家或供应方承担该产品或成套技术一旦出现问题时的法律责任。

安全性包括火灾情况下的安全性和使用的安全性两方面。外保温系统应符合相关的法律、法规和相关技术标准的规定的防火要求。虽然外保温系统不作为承重结构使用，但仍要求其在正常荷载，以及如温度、湿度和收缩以及主体结构位移等引起的联合应力的作用下保持稳定。目前测试的项目主要是抗风荷载性能和抗冲击性能。

耐久性要求外保温系统在温度、湿度和收缩的作用下应是稳定的。无论高温还是低温都将产生变形作用，但这种变形不导致外保温系统的破坏。例如表面温度的变化，墙体在经受长时间太阳辐射之后突然降雨所造成的温度急剧下降，或阳光照射部位与阴影部位之间的温差，均不应引起墙体破坏。目前测试的项目主要是耐候性和耐冻融性能。

根据国家对形式检验的要求，形式检验报告本应包含安全性能和耐久性能等检验内容，但是由于这两项检验费用较高，实际发现部分不规范的形式检验报告检验项目不全，或有的单位使用了过期失效的形式检验报告。当厂家或供应方不能提供安全性和耐久性的相关检验参数时，应由具备资格的检验机构予以补做。

关于安全性和耐候性的形式检验报告的有效期，应根据具体产品加以确定。建筑类构件或产品通常为 1 ～ 2 年，由产品标准或设计单位给出要求，也可由生产厂家确定。形式检验报告一般应注明有效期。

4）墙体节能工程应对以下部位或内容进行隐蔽工程验收，并应有详细的文字记录和必要的图像资料：

①保温层附着的基层及其表面处理。

②保温板粘结或固定。

③锚固件。

④增强网铺设。

⑤墙体热桥部位处理。

⑥预制保温板或预制保温板的板缝及构造节点。

⑦现场喷涂或浇筑有机类保温材料的界面。

⑧被封闭的保温材料厚度。

⑨保温隔热砌块填充墙体。

对于隐蔽工程验收，当施工中出现以上未列出的内容时，应在施工组织设计、施工方案中对隐蔽工程的验收内容加以补充。

5）墙体节能工程的保温材料在施工过程中应采取防潮、防水等保护措施。

保温材料受潮或浸水后会严重影响其节能保温性能。在施工过程中，保温材料受潮或浸水后，会将水分带入建筑物的保温体系中，会降低体系的节能效果，并发生层间结露现象。因此，保温材料在施工过程中应采取防潮、防水等保护措施。

2. 墙体节能工程检验批施工质量验收

检验批的划分：①采用相同材料、工艺和施工做法的墙面，每 500 ～ 1000m² 面积划分为一个检验批，不足 500m² 也为一个检验批。②检验批的划分可根据与施工流程相一致且方便施工与验收的原则，由施工单位和监理（建设）单位共同商定。

（1）主控项目检验

墙体节能主控项目检验标准及检验方法见表 4-235。

表4-235 墙体节能主控项目检验标准及检验方法

序号	项 目	质量标准要求	检 验 方 法	检 验 数 量
1	材料、构件的品种规格	用于墙体节能工程的材料、构件等,其品种、规格应符合设计要求和相关标准的规定	观察、尺量检查;核查质量证明文件	按进场批次,每批随机抽样3个试样进行检查;质量证明文件应按照其出厂检验批进行核查
2	导热系数、密度、抗压强度或压缩强度、燃烧性能	墙体节能工程使用的保温隔热材料,其导热系数、密度、抗压强度或压缩强度、燃烧性能应符合设计要求	核查质量证明文件及进场复验报告	全数检查
3	保温材料和粘结材料进场时复试	墙体节能工程采用的保温材料和粘结材料等,进场时应对其下列性能进行复验,复验应为见证取样送检: ①保温材料的导热系数、密度、抗压强度或压缩强度 ②粘结材料的粘结强度 ③增强网的力学性能、抗腐蚀性能	随机抽样送检,核查复验报告	对于同一厂家、同一品种的产品,当单位工程建筑面积在20000m²以下时,各抽查不少于3次;当单位工程建筑面积在20000m²以上时,各抽查不少于6次
4	严寒和寒冷地区粘结材料冻融试验	严寒和寒冷地区外保温使用的粘结材料,其冻融试验结果应符合该地区最低气温环境的使用要求	核查质量证明文件	全数检查
5	基层进行处理	墙体节能工程施工前,应按照设计和施工方案的要求对基层进行处理,处理后的基层应符合保温层施工方案的要求	对照设计和施工方案观察检查;核查隐蔽工程验收记录	全数检查
6	各层构造做法	墙体节能工程各层构造做法应符合设计要求,并应按照经过审核的施工方案施工	对照设计和施工方案观察检查;核查隐蔽工程验收记录	全数检查
7	节能工程施工	墙体节能工程的施工,应符合下列规定: ①保温隔热材料的厚度必须符合设计要求 ②保温板材与基层及各构造层之间的粘结或连接必须牢固。粘结强度和连接方式应符合设计要求。保温板材与基层的粘结强度应做现场拉拔试验 ③保温浆料应分层施工。当采用保温浆料作外保温时,保温层与基层之间及各层之间的粘结必须牢固,不应脱层、空鼓和开裂 ④当墙体节能工程的保温层采用预埋或后置锚固件固定时,锚固件数量、位置、锚固深度和拉拔力应符合设计要求。后置锚固件应进行锚固力现场拉拔试验	观察;手扳检查;保温材料厚度采用钢针插入或剖开尺量检查;粘结强度和锚固力核查试验报告;核查隐蔽工程验收记录	每个检验批抽查不少于3处
8	预置保温板现场浇筑混凝土墙体	外墙采用预置保温板现场浇筑混凝土墙体时,保温板的验收应符合《建筑节能工程施工质量验收规范》(GB 50411—2007)第4.2.2条的规定;保温板的安装位置应正确、接缝严密;保温板在浇筑混凝土过程中不得移位、变形,保温板表面应采取界面处理措施,与混凝土粘结应牢固 混凝土和模板的验收,应按《混凝土结构工程施工质量验收规范》(GB 50204—2015)的相关规定执行	观察检查;核查隐蔽工程验收记录	全数检查

（续）

序号	项　目	质量标准要求	检验方法	检验数量
9	保温浆料作同条件养护试件	当外墙采用保温浆料作保温层时，应在施工中制作同条件养护试件，检测其导热系数、干密度和压缩强度。保温浆料的同条件养护试件应见证取样送检	核查试验报告	每个检验批应抽样制作不于于3组同条件养护试块
10	各类饰面层的基层及面层施工	墙体节能工程各类饰面层的基层及面层施工，应符合设计和《建筑装饰装修工程质量验收标准》（GB 50210—2018）的要求，并应符合下列规定： ① 饰面层施工的基层应无脱层、空鼓和裂缝，基层应平整、洁净，含水率应符合饰面层施工的要求 ② 外墙外保温工程不宜采用粘贴饰面砖做饰面层；采用时，其安全性与耐久性必须符合设计要求。饰面砖应做粘结强度拉拔试验，试验结果应符合设计和有关标准的规定 ③ 外墙外保温工程的饰面层不得渗漏。当外墙外保温工程的饰面层采用饰面板开缝安装时，保温层表面应具有防水功能，或采取其他防水措施 ④ 外墙外保温层及饰面层与其他部位交接的收口处，应采取密封措施	观察检查；核查试验报告和隐蔽工程验收记录	全数检查
11	保温砌块砌筑的墙体	保温砌块砌筑的墙体，应采用具有保温功能的砂浆砌筑。砌筑砂浆的强度等级应符合设计要求。砌体的水平灰缝饱满度不应低于90%，竖直灰缝饱满度不应低于80%	对照设计核查施工方案和砌筑砂浆强度试验报告，用百格网检查灰缝砂浆饱满度	每楼层的每个施工段至少抽查一次，每次抽查5处，每处不少于3个砌块
12	采用预制保温墙板现场安装	采用预制保温墙板现场安装的墙体，应符合下列规定： ① 保温墙板应有形式检验报告，形式检验报告中应包含安装性能的检验 ② 保温墙板的结构性能、热工性能及与主体结构的连接方法应符合设计要求，与主体结构连接必须牢固 ③ 保温墙板的板缝处理、构造节点及嵌缝做法应符合设计要求 ④ 保温墙板板缝不得渗漏	核查形式检验报告、出厂检验报告，对照设计观察和淋水试验检查；核查隐蔽工程验收记录	形式检验报告、出厂检验报告全数核查；其他项目每个检验批抽查5%，并不少于3块（处）
13	墙体内设置隔汽层	当设计要求在墙体内设置隔汽层时，隔汽层的位置、使用材料及构造做法应符合设计要求和有关标准的规定。隔汽层应完整、严密，穿透隔汽层处应采取密封措施。隔汽层冷凝水排水构造应符合设计要求	对照设计观察检查；核查质量证明文件和隐蔽工程验收记录	每个检验批抽查5%，并不少于3处
14	外墙门窗洞口侧面	外墙或毗邻不采暖空间墙体上的门窗洞口四周的侧面，墙体上凸窗四周的侧面，应按设计要求采取节能保温措施	对照设计观察检查，必要时抽样剖开检查；核查隐蔽工程验收记录	每个检验批抽查5%，并不少于5个洞口
15	严寒和寒冷地区外墙热桥部位	严寒和寒冷地区外墙热桥部位，应按设计要求采取节能保温等隔断热桥措施	对照设计和施工方案观察检查；核查隐蔽工程验收记录	按不同热桥种类，每种抽查20%，并不少于5处

（2）一般项目检验

墙体节能一般项目检验标准及检验方法见表4-236。

表4-236 墙体节能一般项目检验标准及检验方法

序号	项 目	质量标准及要求	检验方法	检验数量
1	材料与构件的外观及包装	进场节能保温材料与构件的外观和包装应完整无破损，符合设计要求和产品标准的规定	观察检查	全数检查
2	加强网铺贴和搭接	当采用加强网作为防止开裂的措施时，加强网的铺贴和搭接应符合设计和施工方案的要求。砂浆抹压应密实，不得空鼓，加强网不得褶皱、外露	观察检查；核查隐蔽工程验收记录	每个检验批抽查不少于5处，每处不少于2m²
3	空调房间隔断热桥	设置空调的房间，其外墙热桥部位应按设计要求采取隔断热桥措施	对照设计和施工方案观察检查；核查隐蔽工程验收记录	按不同热桥种类，每种抽查10%，并不少于5处
4	施工产生墙体缺陷	施工产生的墙体缺陷，如穿墙套管、脚手架眼、孔洞等，应按照施工方案采取隔断热桥措施，不得影响墙体热工性能	对照施工方案观察检验	全数检查
5	保温板接缝	墙体保温板材接缝方法应符合施工方案要求。保温板接缝应平整严密	观察检验	每个检验批抽查10%，并不少于5处
6	保温浆料	墙体采用保温浆料时，保温浆料层应连续施工；保温浆料厚度应均匀，接槎应平顺密实	尺量观察检验	每个检验批抽查10%，并不少于10处
7	阳角、门窗洞口	墙体上容易碰撞的阳角、门窗洞口及不同材料基体的交接处等特殊部位，其保温层应采取防止开裂和破损的加强措施	观察检验；核查隐蔽工程验收记录	每个检验批抽查10%，并不少于5处
8	现场喷涂或模板浇筑	采用现场喷涂或模板浇筑的有机类保温材料做外保温时，有机类保温材料应达到陈化时间后方可进行下道工序施工	对照施工方案和产品说明书进行检查	全部检查

3. 施工中常见的质量问题及预防措施

➤ 常见的质量问题：墙体保温出现热桥（冷桥）。建筑围护结构中的一些部位，在室内外温差的作用下，形成热流相对密集、内表面温度较低的区域，这些部位成为传热较多的桥梁，故称为热桥，有时又可称为冷桥。

热桥往往是由于该部位的传热系数比相邻部位大得多、保温性能差得多所致，这在围护结构中是一种十分常见的现象。如砌在砖墙或加气混凝土墙内的金属，混凝土或钢筋混凝土的梁、柱、板和肋，预制保温板中的肋条，夹芯保温墙中为拉结两片墙体设置的金属连接件，外保温墙体为固定保温板加设的金属锚固件，内保温层中设置的龙骨，挑出的阳台板与主体结构的连接部位，保温门窗中的门窗框特别是金属门窗框等。

由于热桥部位内表面温度较低，寒冬期间，该处温度低于露点温度时，水蒸气就会凝结在其表面上，形成结露。此后，空气中的灰尘容易沾上，逐渐变黑，从而长菌发霉。热桥严重的部位，在寒冬时甚至会淌水。

◇ 预防措施：用保温材料将热桥部位与室外空气隔离，阻止二者直接接触，参见《墙体节能建筑构造》（06J 123）中各保温系统的相应节点构造操作施工。

➤ 常见的质量问题：墙体保温面层产生裂缝。保温墙体裂缝可分为结构墙体裂缝、保温层裂缝、防护层裂缝以及装修层裂缝等。

导致保温墙体开裂的因素有温度、干缩以及冻融破坏；有设计构造的不合理性；有材料、施工质量原因；有外力引起的（如地基不均匀沉降引起结构墙体变形、错位造成墙体开裂）；还可能由风压、地震力等引起的机械破坏等原因。保温系统是复合在外围护结构墙体之上的，属于非承重结构，其裂缝发生的原因、系统抗裂机理及抗裂性能的评价均与结构有所不同。

从保温材料及其保温墙体构造来看，保温墙面产生裂缝的主要原因如下：

①内保温板缝的开裂主要由外围护墙体变形引发，外保温面层的开裂主要由保温层和饰面层的温差和干缩变形而致。

②玻纤网布抗拉强度不够，玻纤网布耐碱强度保持率低，或玻纤网布所处的构造位置有误。

③钢丝网架聚苯板中水泥砂浆层厚度及配筋位置不易控制形成裂缝。

④保温层面层腻子强度过高。

⑤聚合物水泥砂浆柔性、强度不相适应，有机材料耐老化指标低等。

✧ 预防措施：①严格把好进场材料验收关，做好材料质保资料的审核，按要求进行材料的见证取样复验，材料的性能指标应符合有关要求，严禁使用复试不合格产品。②对于关键部位、关键工序，应严格按三检制实施，并单独办理验收手续。③要求施工单位认真按照材料的属性所特有的施工工艺操作，严格控制施工质量。④按照施工验收规范的要求对实体质量进行外观检测和必要的测试。

➤ 常见的质量问题：外墙体保温产生裂缝，引起裂缝的主要原因如下。

①保温材料自身缺陷引起开裂。试验证明，在自然环境条件下 42d 或 60℃蒸汽养护条件下 5d，膨胀聚苯板的自身收缩变形已完成 90% 以上，因此要求膨胀聚苯板应在自然环境条件下 42d 或 60℃蒸汽养护条件下 5d 后再上墙。但在实际情况中很少有达到以上要求的。

②构造设计不合理引起开裂。粘贴聚苯板做法通常采用纯点粘或框点粘，采用纯点粘时，系统存在整体贯通的空腔。而采用框点粘时，由于必须留有排气孔，每块板的空腔通过排气孔及板缝仍是贯通的，当建筑物垂直度偏差通过粘结点粘结砂浆厚度来调整时，特别是墙体偏差较大时，空腔的大小是不确定的。存在整体贯通的空腔，正、负风压对保温墙面产生巨大的挤拉力，而这些力的释放点均在板缝处，因此极易造成板缝处开裂。在极端情况下，负风压甚至会将保温板掀掉。

③钢丝网架聚苯板面层采用水泥砂浆厚抹灰找平钢丝网架做法时，开裂现象较为普遍，原因如下：

a. 普通水泥砂浆自身易产生各种收缩变形。

b. 配筋位置不合理引起裂缝。

c. 荷载过大产生挤压开裂。

d. 不合理施工引起开裂。

✧ 防御措施：①核查材料的质量保证书和产品合格证书，严格控制生产至上墙的间隙时间。②认真审核设计图样，对于不符合国家标准图集和规范要求的构造，应向设计提出改进意见。③严格控制施工工序和操作工艺，按照审批合格的施工方案施工。对于关键部位和关键工序，应增加检查力度，规范验收程序。及时发现问题，并及时解决问题，杜绝隐患。

➤ 常见的质量问题：饰面层材料引起开裂。

①涂料饰面层材料。涂料饰面层材料应具有良好的防水及抗裂性能，当采用涂料饰面时，复合在抹面砂浆之上的腻子和涂料应着重考虑柔韧变形性而不是强度。显然，从抹面砂浆→

腻子→涂料，变形性逐层增加是保证系统抗裂性能的理想模式。涂料饰面层材料引起的裂缝原因如下。

a. 采用刚性腻子：由于腻子柔韧性不够，无法满足抗裂防护层的变形而开裂。

b. 采用不耐水的腻子：由于腻子不耐水，受到水的经常浸渍后会起泡开裂。

c. 采用不耐老化的涂料：由于该类涂料不耐老化，经过两年后会局部开裂、起皮。

d. 采用与腻子不匹配的涂料：如在聚合物改性腻子上面采用了某种溶剂型涂料，而该涂料中的溶剂同样会对腻子中的聚合物产生溶解作用，最后使腻子的性能遭到破坏而引起起皮、开裂。

②面砖饰面层材料。从材料考虑，引起面砖饰面层开裂、脱落的原因如下。

a. 在以玻纤网为增强材料的抗裂防护层上粘贴面砖，由于玻纤网网孔很小，与砂浆握裹不好，玻纤网会形成隔离层，所以易引起面砖饰面层开裂、脱落。

b. 使用水泥砂浆或聚灰比达不到要求的聚合物砂浆粘贴面砖，砂浆柔韧性小，满足不了柔性渐变释放应力的原则，面砖饰面层则易开裂、空鼓、脱落。

c. 使用水泥砂浆或聚灰比达不到要求的聚合物砂浆进行面砖勾缝，砂浆柔韧性小，无法释放面砖及砂浆本身由于温湿变化产生的变形应力，勾缝砂浆处也可能开裂，从而造成环境水或雨雪水渗漏，使面砖饰面层空鼓、脱落。

d. 使用吸水率大的面砖，吸水后易遭受冻融破坏，进而引起开裂、空鼓、脱落。

e. 使用不带槽的平板面砖时，不易粘贴牢固，易脱落。

✧ 预防措施：①首先把好材料的采购关和进场材料的验收关；做好材料质保资料的审核，按要求进行材料的见证取样复验，材料的性能指标应符合有关要求，严禁使用复试不合格材料。②对于关键部位、关键工序，应严格按照三检制实施，并单独办理验收手续。③认真按照施工组织设计规定的施工工艺操作，避免偷工减料。④为了增强钢丝网片或玻纤网与上层结构的握裹力，可以采取喷涂界面剂的方法，以避免引起饰面层开裂、脱落。⑤严格控制灰浆的配合比，保证其和易性、柔韧性和强度。

➤ 常见的质量问题：饰面砖发生脱落。通过对保温墙墙面砖饰面质量问题的研究发现，面砖饰面破坏通常有三个破坏部位、两个断裂层。面砖掉落现象通常是成片发生，往往发生在墙面边缘，顶层建筑女儿墙沿屋面板的底部，以及墙面中间大部分空鼓部位。这是因为，保温系统受温度影响在发生胀缩时，产生的累加变形应力将边缘部分面砖挤掉或中间部分挤成空鼓，特别是当面砖粘接砂浆为刚性，不能有效释放温度应力时，这种现象更加普遍。当面砖粘接砂浆强度较高时，有两个破坏层：基层为黏土砖时，面砖与粘接砂浆同时脱落，破坏层发生在黏土砖基层；基层为混凝土砖时，面砖自身脱落，破坏部分发生在粘接面砖的砂浆层表面。

墙体饰面砖层出现脱落和开裂主要有以下原因。

①温度变形：昼夜、季节墙体内、外温差的变化，饰面砖会受到三维方向温度应力的影响，会在饰面层产生局部应力集中，如在纵、横墙体交接处，大面积墙中部等位置，饰面层开裂引起面砖脱落，也有相邻面砖局部挤压变形引起面砖脱落。

②反复冻融循环：造成面砖粘结层破坏，引起面砖脱落。

③外力引起的面砖脱落：如组合荷载作用、地基不均匀沉降等引起结构物墙体变形、错位，造成墙体严重开裂、面砖脱落。还可能由风压、地震力等引起机械破坏等。

✧ 预防措施：①严格把好进场材料验收关，做好材料质保资料的审核，按要求进行材料的见证取样复验，材料的性能指标应符合有关要求，严禁使用复试不合格材料。②对于关键部位、关键工序，应严格按三检制实施，并单独办理验收手续。③认真按照施工组织设计规定的施工工艺操作，避免偷工减料。

➢ 常见的质量问题：抗裂砂浆出现开裂和脱落。抗裂砂浆应按配置比例用强制式搅拌机或提式搅拌机搅拌均匀，乳液型抗裂砂浆配置的加料顺序如下：先加入抗裂剂，后加入中砂，搅拌均匀后，再加入水泥继续搅拌，搅拌时不得加水；干拌抗裂砂浆在使用时按比例加入适量水搅拌均匀即可。抗裂砂浆配置好应在 2h 内用完。拌制乳液型抗裂砂浆时，必须先加入抗裂剂和砂子，后加入水泥，这是因为抗裂剂的粘度较大，易对细颗粒物形成包裹，所以在拌和抗裂砂浆时，应先把抗裂剂与砂子拌和均匀，达到抗裂剂均匀离散包裹单个砂粒。加入水泥时，在砂粒间，水泥与抗裂剂进行正常的水化反应硬化后可形成水泥抗裂防护层，否则易形成水泥干粉团，影响抗裂防护层的质量。

✧ 预防措施：①严格把好进场材料验收关，做好材料质保资料的审核，按要求进行材料的见证取样复验，材料的性能指标应符合有关要求，严禁使用复试不合格材料。②对于关键部位、关键工序，应严格按三检制实施，并单独办理验收手续。③严格控制灰浆的配合比，保证其和易性、柔韧性和强度。

➢ 常见的质量问题：面砖砂浆柔韧性和粘结性差。影响面砖粘结砂浆的柔韧性和粘结性的主要因素有聚灰比、养护条件、可使用时间、面砖吸水率以及施工预处理（墙面失水或面砖浸水）。其影响如下。

①聚灰比对粘结砂浆柔韧性的影响。

柔韧性是面砖粘结材料的一个十分重要的指标，影响面砖粘结材料柔韧性的因素很多，但影响最大的因素当属聚灰比。不含聚合物的普通水泥粘结砂浆，强度高、变形量小，其压折比一般在 5 ～ 8 范围内。这种粘结砂浆用于外保温粘贴面砖时，在基层受到热应力作用发生形变来抵消这种作用，往往容易发生空鼓或脱落。

外保温面砖粘结砂浆应在确保其粘结强度的前提下，改善其柔韧性指标，使压折比不大于 3，以便面砖能够与保温系统统一，并消纳外界作用效应尤其是热应力带来的影响，满足外墙外保温饰面粘结面砖的需要。

②养护条件对粘结性能的影响。

一般来说，水泥基材料施工完后，需采取一定的手段进行养护。因此从面砖粘贴完后 24h 开始，应连续 7d 对饰面进行湿水养护，每天两次，这样面砖粘结砂浆可达到的强度要比不养护的粘结砂浆高出 20% 左右。外墙外保温面砖粘结砂浆通过聚合物乳液进行了改性，不经养护也能满足粘结强度要求，但采取一定的养护手段后可获得更佳的粘结效果。

③可使用时间对粘结性能的影响。

随着可使用时间的延长，面砖粘结砂浆的粘结性能呈现下降趋势，并且幅度很大。如果面砖粘结砂浆在规定的 4h 内使用完毕，抗拉强度可达 0.4MPa 以上；超过规定使用时间继续使用，其抗拉强度急剧降至 0.2MPa 以下，从而造成面砖粘结的失败。

④面砖吸水率对粘结砂浆的粘结性能影响。

吸水率的大小是验证外墙面砖质量的重要指标。吸水率不同，粘结砂浆的粘结效果也不同，造成这种现象的主要原因在于粘结机理不同，一般情况下，粘结砂浆与面砖的粘结有物理机械锚固机理和化学键作用机理两种。

当面砖吸水率小、烧结程度好、孔隙率低时，其物理机械锚固机理作用减弱，对于主要依靠物理机械锚固的纯水泥粘结砂浆来说，粘结面砖的粘结强度不高；而对于聚合物改性的面砖粘结砂浆而言，由于聚合物分子链上的官能团与面砖表面材料分子之间形成的范德华力或部分官能团之间新的价键组合，会使得这种聚合物砂浆对即使是光洁的瓷砖表面也能形成牢固粘结。因此，在施工过程中，选择合适的粘结砂浆至关重要。

⑤施工预处理工艺对粘结性能的影响。

根据《外墙饰面砖工程施工及验收规程》（JGJ 126—2015）的要求，在粘贴面砖前，应对面砖进行挑选，浸水 2h 后，待表面晾干后方可粘贴；同时基层含水率宜为 15% ～ 25%，如墙体干燥须进行湿水处理。从理论上讲，上述规范要求对面砖粘贴质量的保证是有好处的，但在实际施工过程中，很难保证面砖浸水 2h，晾干后再使用。有些工程往往浸水后立即使用，从而在面砖表面形成一层水膜，影响面砖粘结砂浆的粘结性能。

试验表面，当面砖表面不浸水时，其粘结强度较相同养护条件下浸水后的面砖粘结强度高；当墙体作预处理时，墙体湿水比不湿水粘结强度高；进行养护比不养护粘结强度高；因此，粘结面砖前，对基层墙体进行湿水处理是必要的；粘结施工完后 24h 进行水养护也是提高粘结强度的有效手段。

◇ 预防措施：①严格把好进场材料验收关，做好材料质保资料的审核，按要求进行材料的见证取样，复试材料的性能指标应符合有关要求，应严禁使用复试不合格材料。②严格控制施工工序和操作工艺，按照审批合格的施工方案施工。关键部位和关键工序增加检查力度，规范验收程序。及时发现问题及时解决问题，杜绝隐患。③严格控制灰浆的配合比，保证其和易性、柔韧性和强度。

➤ 常见的质量问题：外墙内保温缺陷。外墙内保温施工简便，造价相对较对低，且施工技术及检验标准比较完善，但存在以下问题：

①难以避免热（冷）桥，使保温性能有所降低，在热桥部位的外墙内表面容易产生结露、潮湿甚至霉变现象。

②保温层做在室内，不仅占用室内空间，使用面积有所减少，而且用户二次装修或增设吊挂设施都会对保温层造成破坏，不易修复。

③不利于建筑外围结构的保护。

④保温层及墙体出现裂缝成为普遍现象，而内保温隔热裂缝时刻处于住户的视野中，对住户的审美和心理会产生长期的影响，成为投诉焦点。

◇ 预防措施：①在图样会审时，应向设计、建设单位提出内保温做法存在的弊病，并尽量推荐使用外墙外保温体系。②在建筑使用说明书中，应告知用户保温层是内保温或外保温，二次装饰应注意的事项。

➤ 常见的质量问题：内保温贴面砖脱落。

对于高层建筑而言，采用内保温形式必然会拉大内、外墙温度变形差值，使得建筑物主体结构更加不安定，特别是日照时对高层建筑物造成整体变形。基于上述原理，这种内保温的高层外墙面也就更容易造成面砖的脱落。另外，内保温墙的冬季结露现象也容易出现在内砖内表面，很容易由于冻融而造成面砖脱落。

◇ 预防措施：①在图样会审时，应向设计、建设单位提出此隐患的危害性，可建议内保温系统的外墙外饰面层选用涂料施工。②控制施工工艺，按照施工组织设计施工。③对于外墙面采用面砖做饰面层的，建议设计、建设单位做加固处理。

【工程案例 4-18】

1. 工程背景

（1）工程名称：豪庭 7 号、11 号、14 号住宅楼项目工程。

（2）工程概况：建设单位为某房地产开发有限公司。

建设地点为黄河路右侧地块，7 号楼建筑面积为 12190.7m²，高度为 81.89m，地上 26 层（带阁楼）；11 号楼建筑面积为 12641.1m²，高度为 84.79m，地上 27 层（带阁楼）；14 号楼建筑面积为 12190.3m²，高度为 84.79m，地上 27 层（带阁楼）。建筑结构类型均为剪力墙结构，填充墙体为轻集料混凝土小型空心砌块。

2. 施工背景

基层墙体：现浇钢筋混凝土墙或砖砌墙；界面剂一道；柱 / 梁交接处贴 300mm 宽镀锌金属网片；15mm 厚 1:3 水泥砂浆（掺 5% 防水剂）刮糙；37mm 厚聚苯颗粒砂浆；8mm 厚抗裂砂浆，160g/m² 耐碱玻璃纤维网一层，@500 锚栓固定；细腻子；氟碳涂料；嵌缝。

外墙外保温：胶粉聚苯颗粒外墙外保温氟碳涂料饰面。豪庭外墙外保温工程采用胶粉聚苯颗粒保温砂浆系统，外墙饰面采用氟碳漆饰面层，保温层厚度符合设计要求。

执行标准：《胶粉聚苯颗粒外墙外保温系统材料》（JG/T 158—2013），《江苏省水泥基复合保温砂浆建筑保温系统技术规程》（DGJ32/J22—2006）。

3. 假设

该工程主体结构施工结束，并经验收合格后，开始进入外墙外保温的施工，但正好进入夏季梅雨季节，几乎每天都有降雨，空气相对湿度较高，一般处于 90% 左右，加上台风袭击，施工环境恶劣，外墙体施工后，出现墙面裂缝及涂料脱落，造成质量缺陷。

4. 思考与问答

1）本工程外墙外保温适合在什么气候环境下进行施工？

2）外墙面基层处理及底层腻子施工有什么要求？

3）面漆施工前，对基层的含水率有什么要求？

4）在施工过程中，监理应对哪些工序作隐蔽验收？

5）本工程产生墙面裂缝及涂料脱落的原因有哪些？

6）本工程外墙胶粉聚苯颗粒外保温及氟碳涂料饰面的施工工艺流程是怎样的？

4.6.2　幕墙节能工程

随着城市建筑的现代化，越来越多的建筑使用建筑幕墙。建筑幕墙以其美观、轻质、耐久、易维修等优良特性被建筑师、建筑业主青睐。在钢结构建筑和超高层建筑中，已经不大可能再使用砌块或混凝土板等重质围护结构，对于这些建筑，建筑幕墙是很好的选择。虽然大量使用玻璃幕墙对建筑节能非常不利，但在建筑中结合使用金属幕墙、石材幕墙、人造板材幕墙等能很好地解决节能问题，可达到既轻质、美观，又满足节能的要求。

1. 质量控制点

1）适用于透明和非透明的各类建筑幕墙的节能工程质量验收。

　　《公共建筑节能设计标准》（GB 50189—2015）把幕墙划分为透明幕墙和非透明幕墙。玻璃幕墙属于透明幕墙，与建筑外窗在节能方面有共同的指标要求。但玻璃幕墙的节能要求与外窗有着明显的不同，玻璃幕墙往往与其他的非透明幕墙是一体的，不可分离。非透明幕墙虽然与墙体有着不一样的节能指标要求，但由于其构造的特殊性，施工与墙体有着很大的不同，所以不适合与墙体的施工验收放在一起。

　　另外，由于建筑幕墙的设计施工往往是另外进行专业分包，施工验收按照《建筑装饰装修工程质量验收标准》（GB 50210—2018）进行，而且往往是先单独验收，所以应该单列建筑幕墙的节能验收。

　　2）附着在主体结构上的隔汽层、保温层应在主体结构工程质量验收合格后施工。在施工过程中，应及时进行质量检查、隐蔽工程验收和检验批验收，施工完成后，应进行幕墙节能分项工程验收。

　　有些幕墙的非透明部分的隔汽层附着在建筑主体的实体墙上，如在主体结构上涂防水涂料、喷涂防水剂、铺设防水卷材等。有些幕墙的保温层也附着在建筑主体的实体墙上。在铺设时，这些保温层需要主体结构的墙面已经施工完毕，主体结构有平等的施工面。对于这类建筑幕墙，隔汽层和保温材料需要在实体墙的墙面质量满足要求后才能进行施工作业，否则保温材料可能粘贴不牢固，隔汽层（或防水层）附着不理想。另外，主体结构往往是土建单位施工，幕墙是分包，若在施工过程中不是进行分阶段验收，出现质量问题时很容易发生纠纷。

　　幕墙的每道施工工序也可能对下一个工序甚至整个工程的质量有影响，因此应进行检验批的及时验收。幕墙节能的分项工程验收应在施工完毕后进行。幕墙各阶段的施工可能使前一个阶段施工部分隐蔽，重要的部分应在隐蔽前进行隐蔽验收。

　　3）当幕墙节能工程采用隔热型材时，隔热型材生产厂家应提供型材所使用的隔热材料力学性能和热变形性能试验报告。

　　铝合金隔热型材、钢隔热型材已经在一些幕墙工程中得到应用。隔热型材的隔热材料一般是尼龙或发泡的树脂材料等。这些材料很特别，既要保证足够的强度，还要满足幕墙型材在尺寸方面的苛刻要求。从安全角度而言，型材的力学性能是非常重要的，对于有机材料，其热变形性能也非常重要。型材的力学性能主要包括抗剪强度和抗拉强度等；热变形性能包括膨胀系数、热变形温度等。

　　4）在幕墙节能工程施工中，应对下列部位或项目进行隐蔽工程验收，并应有详细的文字记录和必要的图像资料：

　　①被封闭的保温材料厚度和保温材料的固定。

　　②幕墙周边与墙体的接缝处保温材料的填充。

　　③构造缝、结构缝。

　　④隔汽层。

　　⑤热桥部位、断热节点。

　　⑥单元式幕墙板块间的接缝构造。

　　⑦冷凝水收集和排放构造。

　　⑧幕墙的通风换气装置。

　　2. 幕墙节能工程检验批施工质量验收

　　检验批的划分：相同设计、材料、工艺和施工条件的幕墙工程每 500～1000m² 应划分为一个检验批，不足 500m² 也应该分为一个检验批；同一单位工程的不连续的幕墙工程应单独划分检验批；对于异型或有特殊要求的幕墙，检验批的划分应该根据幕墙的结构、工艺特点及幕墙工程规模，由监理单位（或建设单位）和施工单位协商确定。

（1）主控项目检验

幕墙节能工程主控项目检验标准及检验方法见表 4-237。

表 4-237　幕墙节能工程主控项目检验标准及检验方法

序号	项　目	质量标准及要求	检验方法	检验数量
1	材料、构件、品种、规格	用于幕墙节能工程的材料、构件等，其品种、规格应符合设计要求和相关标准的规定	观察、尺量检查；核查质量证明文件	检查数量：按进场批次，每批随机抽取 3 个试样进行检查；质量证明文件应按照其出厂检验批进行核查
2	导热系数、密度、燃烧性能	幕墙节能工程使用的保温隔热材料，其导热系数、密度、燃烧性能应符合设计要求。幕墙玻璃的导热系数、遮阳系数、可见光透射比、中空玻璃露点应符合设计要求	核查质量证明文件和复验报告	全数检查
3	材料、构件、进场时性能复试	幕墙节能工程使用的材料、构件等进场时，应对其下列性能进行复验，复验应为见证取样送检：①保温材料：导热系数、密度②幕墙玻璃：可见光透射比、导热系数、遮阳系数、中空玻璃露点③隔热型材：抗拉强度、抗剪强度	进场时抽样，复验验收时核查复验报告	同一厂家的同一产品抽查不少于一组
4	气密性检测、密封条镶嵌等	幕墙的气密性能应符合设计规定的等级要求。当幕墙面积大于 3000m² 或建筑外墙面积的 50% 时，应现场抽取材料和配件，再检测实验室安装制作试件，运行气密性能检测，检测结果应符合设计规定的等级要求密封条应镶嵌牢固、位置正确、对接严密；单元幕墙板块之间的密封应符合设计要求；开启扇应关闭严密	观察及启闭检查；核查隐蔽工程验收记录、幕墙气密性能检测报告、见证记录气密性能检测试件应包括幕墙的典型单元、典型拼缝、典型可开启部分。试件应按照幕墙工程施工样进行设计。试件设计应经建筑设计单位项目负责人、监理工程师同意并确认。气密性能的检测应按照国家现行有关标准的规定执行	核查全部质量证明文件和性能检测报告。现场观察及启闭检查，按检验批抽查 30%，并且不少于 5 处，应对一个单位工程中面积超过 1000m² 的每一种幕墙均抽取一个试件进行气密性能检测
5	保温材料厚度	幕墙节能工程使用的保温材料，其厚度应符合设计要求，安装牢固，且不得松脱	对保温板或保温层采取针插法或剖开法，尺量厚度，手扳检查	按检验批抽查 10%，并且不少于 5 处
6	遮阳设施	遮阳设施的安装位置应满足设计要求。遮阳设施的安装应牢固	观察、尺量、手扳检查	检查全数的 10%，并且不少于 5 处；牢固程度全数检查
7	隔断热桥	幕墙工程热桥部位的隔断热桥措施应符合设计要求，断热节点的连接应牢固	对照幕墙节能设计文件，观察检查	按检验批抽查 10%，并且不少于 5 处
8	隔汽层	幕墙隔汽层应完整、严密、位置准确，穿透隔汽层处的节点构造应采取密封措施	观察检查	按检验批抽查 10%，并且不少于 5 处
9	冷凝水	冷凝水的收集和排放应通畅，并不得渗漏	通过水试验、观察检查	按检验批抽查 10%，并且不少于 5 处

（2）一般项目检验

幕墙节能一般项目检验标准及检验方法，见表4-238。

表4-238 幕墙节能一般项目检验标准及检验方法

序号	项 目	质量标准及要求	检验方法	检验数量
1	镀（贴）膜玻璃	镀膜玻璃的安装方向、位置应正确。中空玻璃应采用双道密封，中空玻璃的均压管应密封处理	观察检查施工记录	每个检验批抽查10%，并不少于5处
2	单元式幕墙板块组装	单元式幕墙板块组装符合下列要求： ①密封条：规格正确，长度无负偏差，接缝的搭接符合设计要求 ②保温材料：固定牢固，厚度符合设计要求 ③隔汽层：密封完整，严密 ④冷凝水排水系统，通畅，无渗透	观察检查；手扳检查；尺量；通水试验	每个检验批抽查10%，并不少于5处
3	幕墙与周边接缝	幕墙与周边墙体间的接缝处应采用弹性闭孔材料填充饱满，并应采用耐候密封胶密封	观察检查	每个检验批抽查10%，并不少于5处
4	变形缝	伸缩缝、沉降缝、抗震缝的保温密封做法应符合设计要求	对照设计文件观察检查	每个检验批抽查10%，并不少于10处
5	遮阳设施	活动遮阳设施的调节机构应灵活，并应能调节到位	现场调试试验，观察检查	每个检验批抽查10%，并不少于10处

3. 施工中常见的质量问题及预防措施

➤ 常见的质量问题：热炸问题。幕墙玻璃热稳定性差；幕墙玻璃与结构间隙过小。

◇ 预防措施：使用吸热玻璃时，应留有一定间隙，使窗帘、百叶窗等远离玻璃表面以利于通风、散热。避免暖风或冷风直接吹到玻璃上，避免强光直接照射在玻璃上，避免外墙过大的凹凸变化而在玻璃上出现形状复杂的阴影，避免在玻璃上粘贴纸等易吸收阳光的物品。

➤ 常见的质量问题：结露水现象。未设置幕墙表面水排水构造，不合理。

◇ 预防措施：①应注意在墙框的适当位置留出排水孔，以便排除结露水。②对于双层玻璃幕墙，为了保持夹层空气与室外空气有效的换气量，在不影响幕墙保温性能的情况下，设置一些很小的换气孔，来减弱外层幕墙的密封性能。也可在夹层内设置湿度传感器，在检测到夹层表面将要结露前，打开外幕墙的开口进行通风换气。③隔热型材传热系数值和中空玻璃的传热系数值要接近，当两者相差过大时，较容易在传热系数值较大的部位产生结露现象。

➤ 常见的质量问题："气渗"现象。密封材料选择不当；不同密封材料之间相容性差。

◇ 预防措施：选择优良粘结材料，选用弹性好、耐老化的三元乙丙或氯丁橡胶密封条，并规定严格的操作规程，以保证气密性。要对密封胶与玻璃及所接触做配套材料做相容性试验，合格后实施。

➤ 常见的质量问题：幕墙与周边墙体密封不好。未按照设计要求施工。

◇ 预防措施：禁止使用水泥砂浆来封堵幕墙与墙体接缝处，砂浆干缩可造成空气渗透。应在缝隙中填入高效的保温材料（如发泡聚氨酯等），然后在与墙体的交界处用密封胶封闭，防止雨水侵入。

➤ 常见的质量问题：铝型材形成"热桥"现象。未采用隔断热桥型材；细部节点构造不符合设计要求。

◇ 预防措施：恰当地选择隔热型材。要注意门窗附件辅料的选型可能对节能带来的不利影响。例如，合页及把手等配件穿过应由隔热条隔开的腔体，使断桥铝型材的冷腔和热腔形成冷桥。应使断桥铝型材内冷腔形成独立的腔体。同时，为了阻止热交换，胶条尽可能选择多腔体的密封材料。

【工程案例 4-19】

1. 工程背景

工程名称：三井大厦。

建设单位：某房地产开发有限公司。

建筑设计：某建筑设计研究院有限公司。

建筑高度：57.7m。

2. 施工背景

幕墙形式如下：

1）主楼正立面柱、梁及西立面一至三层为干挂 25mm 花岗岩幕墙，主楼背面与裙楼一层为干挂 25mm 花岗岩幕墙。

2）主楼正立面主入口处、宾馆入口处、背面入口处采用点驳接式玻璃幕墙，采用 15mm 钢化玻璃。

3）主楼正立面两端四层以上采用横明竖隐式玻璃幕墙，采用（6+9A+6）mm 中空 Low-E 玻璃。

4）主楼正立面四层以上采用全隐框式玻璃幕墙，在楼层间加 2.5mm 铝单板，采用（6+9A+6）mm 中空玻璃。

5）背面主要为 2.5mm 铝单板幕墙和铝合金窗。

6）背面条形玻璃幕墙采用全隐式玻璃幕墙，采用（6+9A+6）mm 中空玻璃。

7）玻璃房采用钢骨、横明竖隐式玻璃幕墙，采用 6mm 钢化玻璃。

8）点式玻璃雨篷采用（8+0.76+6）mm 钢化夹玻璃。

3. 假设

玻璃幕墙铝型材普通型，与隔热断桥型材价格相差很大，一般建筑单位不愿意采用隔热断桥型材。由于本工程采用普通的铝型材，因此产生"热桥"现象。

4. 思考与问答

1）在幕墙节能工程中，应对哪些项目进行隐蔽验收？

2）幕墙的气密性能检测，其抽检数量如何确定？

3）单元式幕墙板块组装有哪些要求？

4）点支式玻璃幕墙的特点是什么？

5）应如何处理幕墙与周边墙体间的接缝？

6）全玻璃幕墙的要求是什么？

7）幕墙现场淋水试验方法是什么？

4.6.3　门窗节能工程

门窗是建筑的开口，是满足建筑采光、通风要求的重要功能部件，也是建筑与室外交流、沟通的重要通道。建筑的现代化带来了门窗面积的大幅度增加，这对节能是很不利的。

一方面，由于门窗的传热系数大大高于墙体，所以门窗面积的增加肯定会增加采暖能耗；另一方面，太阳可以通过门窗玻璃直接进入室内，从而增加夏季空调的负荷，增大空调能耗。

建筑门窗的种类很多，门窗的品种按型材分大致包括铝合金门窗、隔热铝合金门窗、塑料门窗、木门窗、铝木复合门窗、钢门窗、不锈钢门窗、隔热钢门窗、隔热不锈钢门窗、玻璃钢门窗等。门窗以开启形式可以分为推拉、平开、平开推拉、上悬、平开下悬、中悬、折叠等多种形式。

门窗采用的玻璃品种也比较丰富。从结构讲，玻璃种类有单层玻璃、中空玻璃、三层中空玻璃、夹层玻璃、夹层中空玻璃等；单片玻璃又分为透明玻璃、吸热玻璃、镀膜玻璃（包括 Low-E 中空玻璃、阳光控制型镀膜玻璃）等。

为了满足夏季的节能要求，门窗外侧经常设计有遮阳设施。一般遮阳的形式有水平遮阳板、垂直遮阳板、卷帘遮阳、百叶遮阳、带百叶中空玻璃、外推拉百叶等。

1. 质量控制点

1）建筑门窗进场后，应对其外观、品种、规格及附件等进行检查验收，对质量证明文件进行核查。

门窗的品种、规格与节能有直接的关系，不同的产品有不同的性能。如塑料窗和隔热铝合金窗配合中空玻璃，其传热系数一般比较小。通过外观的观察，可以大致区分门窗的品种和质量的好坏。

核查门窗质量证明文件，可以核对门窗的品种、性能参数等是否与设计要求一致，可以确定产品是否得到生产企业的合格保证。

2）在建筑外门窗工程施工中，应对门窗框与墙体接缝处的保温填充做法进行隐蔽工程验收，并应有隐蔽工程验收记录和必要的图像资料。

可采用多种方法处理门窗与墙体之间的缝隙。对于南方夏热冬暖地区，缝隙的处理主要是防水，所以一般采用塞缝和密封胶密封处理即可。对于需要保温的其他地区，则应考虑缝隙处理带来的热桥问题，处理不好，容易在这些部位造成结露。

处理门窗缝隙的保温，现在多采用现场注发泡胶，然后采用密封胶密封防水。《塑料门窗工程技术规程》（JGJ 103—2008）要求，窗框与洞口之间的伸缩缝内腔应采用闭孔泡沫塑料、发泡聚苯乙烯等弹性材料分层填塞，填塞不宜过紧。

《建筑装饰装修工程质量验收标准》（GB 50210—2018）要求塑料门窗框与墙体间缝隙应采用闭孔弹性材料填嵌饱满，表面应采用密封胶密封。密封胶应粘结牢固，表面应光滑、顺直、无裂纹。对于金属门窗，要求金属门窗的防腐处理及填嵌、密封处理应符合设计要求。金属门窗框与墙体之间的缝隙应填嵌饱满，并采用密封胶密封。密封胶表面应光滑、顺直，无裂纹。

2. 门窗节能工程检验批施工质量验收

检验批划分：同一厂家的同一产品、类型、规格的门窗及门窗玻璃每 100 樘划分为一个检验批，不足 100 樘也为一个检验批。同一厂家的同一品种、类型和规格的特种门每 50 樘划分为一个检验批，不足 50 樘也为一个检验批。对于异型或有特殊要求的门窗，检验批的划分应根据其特点和数量，由监理（建设）单位和施工单位协商确定。

（1）主控项目检验

门窗节能主控项目检验标准及检验方法见表 4-239。

表 4-239　门窗节能主控项目检验标准及检验方法

序号	项　　目	质量标准及要求	检验方法	检验数量
1	品种、规格	建筑外门窗的品种、规格应符合设计要求和相关标准的规定	观察、尺量检查；核查质量证明文件	按《建筑节能工程施工质量验收规范》（GB 50411—2007）6.1.5 条执行；质量证明文件应按照其出厂检验批进行核查
2	气密性、保温性能、中空玻璃露点、玻璃遮阳系数	建筑外窗的气密性、保温性能、中空玻璃露点、玻璃遮阳系数和可见光透射比应符合设计要求	核查质量证明文件和复验报告	全数检查
3	进入现场时性能复试	建筑外窗进入施工现场时，应按地区类别对其下列性能进行复验，复验应为见证取样送检：①严寒、寒冷地区：气密性、传热系数和中空玻璃露点②夏热冬冷地区：气密性、传热系数、玻璃遮阳系数、可见光透射比、中空玻璃露点③夏热冬暖地区：气密性、玻璃遮阳系数、可见光透射比、中空玻璃露点	随机抽样送检；核查复验报告	同一厂家同一品种同一类型的产品各抽查不少于 3 樘（件）
4	玻璃品种	建筑门窗采用的玻璃品种应符合设计要求。中空玻璃应采用双道密封	观察检查；核查质量证明文件	按《建筑节能工程施工质量验收规范》（GB 50411—2007）6.1.5 条执行
5	隔断热桥	金属外门窗隔断热桥措施应符合设计要求和产品标准的规定，金属副框的隔断热桥措施应与门窗框的隔断热桥措施相当	随机抽样，对照产品设计图样，剖开或拆开检查	同一厂家同一品种、类型的产品各抽查不少于 1 樘。金属副框的隔断热桥措施按检验批抽查 30%
6	气密性现场实体检验	严寒、寒冷、夏热冬冷地区的建筑外窗，应对其气密性作现场实体检验，检测结果应满足设计要求	随机抽样现场检验	同一厂家同一品种、类型的产品各抽查不少于 3 樘
7	外门窗框与洞口之间缝隙	外门窗框或副框与洞口之间的间隙应采用弹性闭孔材料填充饱满，并使用密封胶密封；外门窗框与副框之间的缝隙应使用密封胶密封	观察检查；核查隐蔽工程验收记录	检查数量：全数检查
8	外门安装	严寒、寒冷地区的外门的安装，应按照设计要求采取保温、密封等节能措施	观察检查	全数检查
9	外窗遮阳	外窗遮阳设施的性能、尺寸应符合设计和产品标准要求；遮阳设施的安装应位置准确、牢固，满足安全和使用功能的要求	核查质量证明文件；观察、尺量、手扳检查	按《建筑节能工程施工质量验收规范》（GB 50411—2007）6.1.5 条执行；安装牢固程度全数检查
10	特种门的性能	特种门的性能应符合设计和产品标准要求；特种门安装中的节能措施，应符合设计要求	核查质量证明文件；观察、尺量检查	全数检查
11	天窗安装	天窗安装的位置、坡度应正确，封闭严密，嵌缝处不得渗漏	观察、尺量检查；淋水检查	按《建筑节能工程施工质量验收规范》（GB 50411—2007）6.1.5 条执行

（2）一般项目检验

门窗节能工程一般项目检验标准及检验方法见表 4-240。

表 4-240 门窗节能工程一般项目检验标准及检验方法

序号	项 目	质量标准及要求	检 验 方 法	检 验 数 量
1	密封条和玻璃嵌条	门窗密封条和玻璃镶嵌的密封条，其物理性能应符合相关标准的规定。密封条安装位置正确，镶嵌牢固，不得脱槽，接头处不得开裂。关闭门窗时密封条应接触严密	观察检查	全数检查
2	门窗镀（贴）膜	门窗镀（贴）膜玻璃的安装方向应正确，中空玻璃的均压管应密封处理	观察检查	全数检查
3	外门窗遮阳设施	外门窗遮阳设施调节应灵活，能调节到位	现场调节试验检查	全数检查

3. 施工中常见的质量问题及预防措施

➤ 常见的质量问题：门窗框选用未达节能要求。设计不合理。

◇ 预防措施：门窗框选型时，应满足节能要求。

➤ 常见的质量问题：配用玻璃未达节能要求。设计不合理。

◇ 预防措施：玻璃选用时，应满足节能要求。

➤ 常见的质量问题：门窗框隔断热桥措施未达设计要求和产品标准规定。门窗框加工未严格按设计要求和产品标准规定施工。

◇ 预防措施：门窗框加工时，监理应至生产厂进行检查。

➤ 常见的质量问题：中空玻璃均压管未密封，镀膜玻璃安装方向错误，玻璃镀膜层损坏。中空玻璃四周未按要求密封；镀膜玻璃安装方向错误，玻璃镀膜层未保护完好。

◇ 预防措施：①中空玻璃应采用双道密封。②涂膜玻璃安装方向正确，玻璃搬运、使用过程中加强保护。

➤ 常见的质量问题：门窗框尺寸偏差超标、窗框变形、起翘。门窗框加工精度、质量不符合要求。

◇ 预防措施：控制门窗生产厂家的加工质量。

➤ 常见的质量问题：门窗安装不牢固。预埋件的数量、位置、埋设方式、与框的连接方式不符合要求。

◇ 预防措施：对门窗安装进行隐蔽验收。

➤ 常见的质量问题：门窗框安装允许偏差超标。安装时未严格控制正、侧面垂直度、水平度以及槽口对角线差等。

◇ 预防措施：对门窗安装质量进行实测实量检查。

➤ 常见的质量问题：门窗安装形成热桥。门窗框与墙体之间填塞砂浆。

◇ 预防措施：门窗框与墙体之间应填塞发泡密封胶。

➤ 常见的质量问题：门窗框与墙体之间的缝隙填嵌不饱满，门窗框和副框之间存在缝隙。门窗框与墙体之间所留缝隙过大或过小；发泡密封胶施工质量得不到保证；门窗框和副框之间未使用密封胶密封。

◇ 预防措施：①应对门窗框与墙体之间过大或过小的缝隙进行处理。②发泡胶密封应有专人施工，并控制质量。③门窗框与副框之间应使用密封胶密封。

➤ 常见的质量问题：洞口饰面完成后，窗框与墙体有缝隙。洞口饰面完成后，未预留 5～8mm 槽口，并未用防水密封胶密封。

◇ 预防措施：应按要求留槽口，并用防水密封胶密封。

➢ 常见的质量问题：门窗扇开关不灵活，关闭不严密、倒翘。门窗安装不到位；橡胶密封条安装质量差，并有脱槽现象。

◇ 预防措施：①控制门窗扇的安装质量。②橡胶密封条应安装完好，不得脱槽。

➢ 常见的质量问题：外窗遮阳设施的选型、安装角度和位置未达到节能要求。外窗遮阳设施的尺寸、颜色、透光性能等未达到符合设计和产品标准要求；安装角度和位置未调节到位。

◇ 预防措施：①外窗遮阳设施的尺寸、颜色、透光性能应符合设计和产品标准要求。②安装角度和位置应调节到位。

【工程案例 4-20】

1. 工程背景

工程名称：百草苑 4 号楼。

建设单位：某置业有限公司。

设计单位：某市规划设计院。

监理单位：某工程项目管理有限公司。

施工单位：某航空港建设总公司。

结构层次：框剪结构 30 层。

2. 施工背景

本工程外门窗均采用铝合金门窗，保温要求如下：

1）门窗四侧壁须进行保温施工，保温层做到离门窗洞口预留 50mm 宽不做，直接用水泥砂浆做，但应通过网格布与门窗侧壁保温体系相连接。

2）门窗洞口上地面设置滴水线槽，但线槽不得延伸至两侧壁，两边各留 20mm，防止从上层流下的水再沿洞口两侧壁下流。

3）门窗安装完毕后，按施工技术规范要求，从外用聚氨酯发泡剂柔性密封膏进行全框四周密封处理，用 1:3 水泥砂浆粉平，必须从里往外一次性完成，并确保不空鼓起裂。

4）飘窗部位也须做保温，转角处需网格布搭接，并抹抗裂砂浆。

5）外门窗铝合金型材未做隔断热桥处理，为弥补这一缺陷，在进行外墙外保温节能设计时，增加了保温层的厚度，综合计算后使节能指标达到规定的 50%，满足了要求。

3. 假设

工程外门窗施工完成后，在竣工验收之前，经历了几场大雨，经检查发现窗角有渗水情况，究其原因，外窗框与墙体间的缝隙，聚氨酯发泡剂填嵌不密实，柔性密封胶处理中，其密度、厚度均有问题，故出现渗水现象。

4. 思考与问答

1）外窗铝合金型材要不要做隔断热桥处理？

2）外门窗的检验批是如何划分的？外门窗工程的检查数量是怎样规定的？

3）外门窗节能施工中，应对什么部位进行隐蔽验收？

4）外窗施工完毕后，现场淋水试验是怎么做的？

5）建筑节能包括哪些内容？

6）建筑节能的意义是什么？

4.6.4　屋面节能工程

屋面节能是建筑物围护结构节能的主要部分，在建筑物围护结构中，墙体传热约占围护结构传热的 25% ～ 30%，门窗传热约占建筑围护结构传热的 25%，屋面传热约占建筑围护结构传热的 6% ～ 10%，对于多层建筑约占 10%，高层建筑约占 6%，而别墅等低层建筑要占 12% 以上。因此，屋面建筑节能是建筑围护结构节能的重要组成部分。做好建筑屋面保温与隔热不仅是建筑节能的需要，也是改善顶层建筑室内环境的需要。

1. 质量控制点

1）建筑屋面节能工程，包括采用松散保温材料、现浇保温材料、喷涂保温材料、板材、块材等保温隔热材料的屋面节能工程的质量验收。

建筑屋面节能工程验收适用范围，包括采用松散、现浇板块等保温隔热材料施工的平屋面、坡屋面、倒置式屋面、种植屋面、蓄水屋面、采光屋面等。

松散保温材料是用炉渣、膨胀蛭石、膨胀珍珠岩、矿物棉、锯末等干铺而成，目前松散材料已很少用于屋面保温。

板块保温隔热材料是用松散保温隔热材料或化学合成聚酯与合成橡胶类材料加工制成的，如泡沫混凝土板、蛭石板、矿物棉板、软木板及有机纤维板（木丝板、刨花板、甘蔗板）、绝热用模压聚苯乙烯泡沫塑料板（EPS 板）、加气混凝土块、挤压聚苯乙烯泡沫塑料板（XPS 板）、硬质聚氨酯泡沫塑料。其中，挤压聚苯乙烯泡沫塑料板（XPS 板）是目前最为理想的屋面保温隔热材料，其特点是抗压强度高，吸水率低，导热系数高，施工方便，已被广泛应用于各类屋面的保温隔热工作中。

现浇保温材料主要是近几年发展起来的，如聚氨酯现场发泡喷涂，泡沫混凝土。

2）屋面保温隔热工程的施工，应在基层质量验收合格后进行。在施工过程中，应及时进行质量检查、隐蔽工程验收和检验批验收，施工完成后，应进行屋面节能分项工程验收。

保温隔热层的基层质量必须达到合格要求，基层的质量不仅影响屋面工程质量，而且对保温隔热的质量也有直接的影响，保温隔热敷设后已无法对基层再处理。特别是倒置式屋面，其防水层等均处于保温层下面，在进行保温层施工前，必须确保防水层质量，达到合格质量验收标准，经业主、施工、监理共同验收后才可以进行。

在进行保温层施工过程中，应对每道工序中的各个施工环节，特别是关键工序的质量控制点进行认真严格的检查。在进行隐蔽之前，应按检验批进行隐蔽验收，如目前常用 XPS 板（也包括 EPS 板）铺设完毕进行下道工序之前，应对其铺设是否平整、板缝的间隙是否符合要求，是否进行了填充，保温材料种类以及厚度是否符合要求等进行检查验收。整个屋面保温工程完成后应按分项工程进行验收。

3）屋面保温隔热工程应对下列部位进行隐蔽工程验收，并应有详细的文字记录和必要的图像资料。

①基层。

②保温层的敷设方式、厚度；板材缝隙填充质量。

③屋面热桥部位。

④隔汽层。

在建筑围护结构中，屋面的构造最为复杂，它具有保温隔热、防雨防水、承受雨雪荷载或上人荷载等功能。无论是平屋面、坡屋面，还是正置式屋面、倒置式屋面，屋面的构造层次均在 5～6 层以上，主要有结构层、隔汽层、找坡层、保温层、防水层以及防护层等，后一层覆盖前一层，层层隐蔽，前一层的质量对后一层有直接影响，后一层施工完成后，也无法对前一层进行检查，因此在进行后一层施工前，应对前一层施工质量进行隐蔽验收。

在北方严寒和寒冷地区，当室内空气湿度大于 75% 时（如浴室等），为了防止保温隔热材料通过室内空气受潮，应在保温层与结构层之间增加隔汽层，隔汽层的施工质量对于上部保温层的保温效果非常重要，如果隔汽层所采用材料达不到设计的要求，施工过程中材料接缝密封不严，湿气将进入保温层，不仅影响保温效果，而且可能造成保温层因结冻或湿气膨胀而破坏。

屋面热桥部位如女儿墙、檐沟，这些部位在以往的施工过程中只注重防水，而不注重保温，在整个建筑围护结构未进行节能保温时，由于墙体中圈梁、构造柱、楼板等部位的热桥比屋面大得多，即使室内冬季有结露，也主要表现在墙体的热桥部位。但当墙体采用外墙外保温后，这些热桥部位也就不存在了。这时，屋面的热桥影响也就显示出来了，如果处理不当，将会在热桥部位产生结露，这不仅影响了节能保温效果，而且会因结露发霉变黑，而影响使用效果。

4）屋面保温隔热层施工完成后，应及时进行找平层和防水层的施工，避免保温层受潮、浸泡或受损。

屋面保温隔热层施工完成后的防潮处理非常重要，特别是易吸潮的保温隔热材料。因为保温材料受潮后，其孔隙中存在水蒸气和水，而水的导热系数（$\lambda=0.5$）比静态空气的导热系数（$\lambda=0.02$）要大 20 多倍，因此材料的导热系数也必然增大。若材料孔隙中的水分受冻成冰，冰的导热系数（$\lambda=2.0$）相当于水的导热系数的 4 倍，则材料的导热系数更大。黑龙江省建筑科学研究所对加气混凝土导热系数与含水率的关系进行了测试，其结果见表 4-241。

表 4-241　加气混凝土导热系数与含水率的关系

含水率（%）	导热系数 λ/[W/（mK）]	含水率（%）	导热系数 λ/[W/（mK）]
0	0.13	15	0.21
5	0.16	20	0.24
10	0.19		

含水率对导热系数的影响颇大，特别是负温度下更使导热系数增大，为保证建筑物的保温效果，在保温隔热层施工完成后，应尽快进行防水层施工，在施工过程中，应防止保温层受潮。

2. 屋面节能工程施工质量验收

（1）主控项目检验

屋面节能主控项目检验标准及检验方法见表 4-242。

表 4-242 屋面节能主控项目检验标准及检验方法

序号	项 目	质量标准及要求	检 验 方 法	检 验 数 量
1	材料、品种、规格	用于屋面节能工程的保温隔热材料,其品种、规格应符合设计要求和相关标准的规定	观察、尺量检查;核查质量证明文件	按进场批次,每批随机抽取 3 个试样进行检查;质量证明文件应按照其出厂检验批进行核查
2	导热系数、密度、抗压强度	屋面节能工程使用的保温隔热材料,其导热系数、密度、抗压强度或压缩强度、燃烧性能应符合设计要求	核查质量证明文件及进场复验报告	全数检查
3	隔热材料进场时性能复验	对于屋面节能工程使用的保温隔热材料,进场时应对其导热系数、密度、抗压强度或压缩强度进行复验,复验应为见证取样送验	随机抽样送检,核查复验报告	同一厂家同一品种的产品各抽查不少于 3 组
4	敷设方式、厚度、热桥隔热做法	屋面保温隔热层的敷设方式、厚度、缝隙填充质量及屋面热桥部位的保温隔热做法,必须符合设计要求和有关标准的规定	观察、尺量检查	每 100m² 抽查一次,每处 10m²,整个屋面抽查不得少于 3 处
5	隔热架空层	屋面的通风隔热架空层,其架空高度、安装方式、通风口位置及尺寸应符合设计及有关标准要求。架空层内不得有杂物。架空面层应完整,不得有断裂和露筋等缺陷	观察、尺量检查	检查数量:每 100m² 抽查一次,每处 10m²,整个屋面抽查不得少于 3 处
6	传热系数、遮阳系数、可见光透射比、气密性	采光屋面的传热系数、遮阳系数、可见光透射比、气密性应符合设计要求。节点的构造做法应符合设计和相关标准的要求。采光屋面的可开启部分应按《建筑节能工程施工质量验收规范》(GB 50411—2007)第六章的要求验收	核查质量证明文件;观察检查	全数检查
7	采光屋面安装	采光屋面的安装应牢固,坡度正确,封闭严密,嵌缝处不得渗漏	观察、尺量检查;淋水检查;核查隐蔽工程验收	全数检查
8	隔汽层	屋面的隔汽层位置应符合设计要求,隔汽层应完整、严密	对照设计观察检查;核查隐蔽工程验收记录	每 100m² 抽查一次,每处 10m²,整个屋面抽查不得少于 3 处

（2）一般项目检验

屋面节能一般项目检验标准及检验方法见表 4-243。

表 4-243 屋面节能一般项目检验标准及检验方法

序号	项 目	质量标准及要求	检 验 方 法	检 验 数 量
1	保温隔热层	屋面保温隔热层应按施工方案施工,并应符合下列规定: ①松散材料应分层敷设,按要求压实,表面平整,坡向正确 ②现场采用喷、浇、抹等工艺施工保温层,其配合比应计量准确,搅拌均匀分层连续施工,表面平整,坡向正确 ③板材应粘贴牢固,缝隙严密、平整	观察、尺量、称重检查	每 100m² 抽查一处,每处 10m²,整个屋面抽查不小于 3 处
2	金属板保温夹心屋面	金属板保温夹心屋面应铺装牢固,接口严密,表面严密,坡向正确	观察、尺量检查;核查隐蔽工程验收记录	全数检查
3	坡屋面架空层	对于坡屋面、内架空屋面,当采用敷设于屋面内侧的保温材料做保温隔热层时,保温隔热层应有防潮措施,其表面应有保护层,保护层的做法应符合设计要求	观察检查;核查隐蔽工程验收记录	每 100m² 抽查一处,每处 10m²,整个屋面抽查不小于 3 处

3．施工中常见的质量问题及预防措施

➢ 常见的质量问题：保温材料隔热系数降低，不符合要求。受环境条件的影响，保温材料吸水或受潮，破坏原材料的品质，耐水性下降，影响保温层质量。

✧ 预防措施：不得在冬季低温情况下施工，环境温度不得低于 5℃，严禁在 5 级大风和大雾天气施工。

➢ 常见的质量问题：女儿墙开裂。保温层施工用水未及时排出，屋面受到太阳的直射，表面温度高，受热膨胀对女儿墙产生外推力，保温层越厚、越密实，对女儿墙的外推力就越大。

✧ 预防措施：保温层的基层应平整、干净和干燥；在松散保温材料施工中，应注意排汽道及排汽孔的设置；保温层与女儿墙之间设置隔离缝，隔离缝可用柔性材料填充，以避免保温层膨胀时推挤女儿墙。

➢ 常见的质量问题：屋面刚性防水层开裂，卷材防水层空鼓。在屋面保温层施工过程中，对松散材料压实不够，使防水层没有坚实的基层，而造成刚性防水层开裂，卷材防水层空鼓；不论板状保温层干铺，还是粘贴铺，如板间缝隙嵌填不实或粘贴不严，都会造成卷材防水层变形。另外，板状保温材料未铺平或与基层粘贴不牢，也会造成卷材防水层变形，使卷材防水层防水作用减少，一旦雨水进入板状保温材料，将使屋面变形更加严重。

✧ 预防措施：松散材料压实程度与厚度应根据设计要求经试验确定，并采用钢丝插入的方法检查厚度；铺设板状材料保温层的基层应平整、干燥和干净；分层铺设的板块，上、下层接缝应相互错开。干铺的板状保温材料应紧靠在需保温的基层表面，板间缝隙应采用同类材料嵌填密实。粘贴板状保温材料注意事项如下：①当采用玛蹄脂及其他胶结材料粘贴时，板状保温材料相互间及基层之间应涂满胶结材料，使之相互粘牢。②当采用水泥砂浆粘贴时，板间缝隙应采用灰浆填实并勾缝，保温灰浆配合比宜为 1:10（体积比）。

➢ 常见的质量问题：保温隔热效果差。在屋面保温层施工过程中，对松散材料压实得过于密实，造成保温层的隔热效果差。

✧ 预防措施：松散材料的压实程度与厚度应根据设计要求经试验确定，并采用钢丝插入的方法检查厚度。

➢ 常见的质量问题：屋面热桥部位保温隔热效果差。对于屋面女儿墙与屋面板交界处以及顶层钢筋混凝土板梁等热桥部位，未采取保温隔热措施和细部处理，或者施工不当，造成屋面整体保温隔热性能下降。

✧ 预防措施：顶层女儿墙沿屋面板底部、顶层外露钢筋混凝土以及两种不同材料在同一表面接缝处等热桥部位必须按设计要求采取保温隔热措施。

【工程案例 4-21】

1．工程背景

（1）工程名称：豪庭 7 号、11 号、14 号住宅楼项目工程。

（2）工程概况：建设单位为某房地产开发有限公司。

建设地点为黄河路右侧地块，7 号楼建筑面积为 12190.7m²，高度为 81.89m，地上 26 层（带阁楼）；11 号楼建筑面积为 12641.1m²，高度为 84.79m，地上 27 层（带阁楼）；14 号楼建筑面积为 12190.3m²，高度为 84.79m，地上 27 层（带阁楼）。建筑结构类型均为剪力墙结构，填充墙体为轻集料混凝土小型空心砌块。

2. 施工背景

基本要求：平屋面 W1、W2 现拌泡沫混凝土找坡（i=20%，最薄处 20mm 厚）。根据该工程的保温设计要求和施工现场情况，以及该工程目前所具备的施工条件，为确保工程质量和工程进度，决定采用 MLC 轻质泡沫混凝土现场浇筑施工的办法来确保保温工程的顺利完工。MLC 轻质泡沫混凝土现场浇筑是把水、水泥、发泡剂按规定比例混合搅拌，用机器输送浇筑而成。其凝固后，成品质量密度为 500kg/m³，抗压强度 ≥ 1.0MPa，导热系数 ≤ 0.1W/（m·K）。采用现场浇筑，具有保温、超轻、隔声、节能、结合力强、环保耐久等特点。其技术交底待施工班组进入施工现场后，由双方实地交底，并填写好技术交底单，以作验收凭证及结算工程量的依据，总工程量以实做测量为准。

3. 假设

该工程屋面轻质泡沫混凝土保温层施工时，正值冬季寒冷的"三九"天，气温较低，平均温度在 5℃ 以下，在使用过程中，经现场实测，隔热效果不理想，未达到设计要求。

4. 思考与问题

1）MLC 轻质泡沫混凝土作屋面保温层时，对气候环境的要求是什么？

2）轻质泡沫混凝土保温层屋面，要不要做隔汽层？为什么？

3）能否在轻质泡沫混凝土上面直接做卷材防水层？为什么？

4）轻质泡沫混凝土施工对屋面基层有什么要求？

5）如何确定轻质泡沫混凝土保温层厚度？

4.6.5 地面节能工程

在建筑围护结构中，通过建筑地面向外传导的热（冷）量约占围护结构传热量的 3%～5%，对于我国北方严寒地区，在保温措施不到位的情况下，所占的比例更高。地面节能主要包括三部分：①直接接触土壤的地面。②与室外空气接触的架空楼板底面。③地下室（+0.000 以下）、半地下室与土壤接触的外墙。与土壤接触的地面和外墙主要是针对北方寒冷和严寒地区。关于夏热冬冷地区和夏热冬暖地区的居住建筑节能设计标准，《夏热冬冷地区居住建筑节能设计标准》（JGJ 134—2010）和《夏热冬暖地区居住建筑节能设计标准》（JGJ 75—2012）没有对土壤接触的地面和外墙的传热系数（热阻）作出规定。

1. 质量控制点

1）建筑地面节能工程的质量验收，包括底面接触室外空气、土壤或毗邻不采暖空间的地面节能工程。

本条明确了本节的适用范围，本条所讲的建筑室内地面节能工程是指包括采暖空调房间接触土壤的地面、采暖地下室与土壤接触的地面、采暖地下室与土壤接触的外墙、不采暖地下室上面的楼板、不采暖车库上面的楼板、接触室外空气或外挑楼板的地面。

2）地面节能工程的施工，应在主体或基层质量验收合格后进行。在施工过程中，应及时进行质量检查、隐蔽工程验收和检验批验收，施工完成后，应进行地面节能分项工程验收。

敷设保温隔热层的基层质量必须达到合格要求，基层的质量不仅影响地面工程质量，而且对保温隔热的质量有直接影响，保温隔热敷设后便无法对基层进行再处理。应对每道工序每个施工环节，特别是关键工序的质量控制点进行认真严格的检查，在进行隐蔽之前，应按检验批进行隐蔽验收，如目前常用的 XPS 板（也包括 EPS 板）铺设完毕进行下道工序前，应对其铺设得是否平整，板缝的间隙是否符合要求，是否进行了填充，保温材料种类以及厚度是否符合要求等进行检查验收。

3）地面节能工程应对下列部位进行隐蔽工程验收，并应有详细的文字记录和必要的图像资料：①基层；②被封闭的保温材料厚度；③保温材料粘结；④隔热断桥部分。

2．地面节能工程检验批施工质量验收

检验批的划分：检验批可按施工段或变形缝划分；当面积超过 200m² 时，每 200m² 可划分为一个检验批，不足 200m² 也可作为一个检验批；不同构造做法的地面节能工程应单独划分检验批。

（1）主控项目检验

地面节能主控项目检验标准及检验方法见表 4-244。

表 4-244　地面节能主控项目检验标准及检验方法

序号	项 目	质量标准及要求	检 验 方 法	检 验 数 量
1	保温材料的品种、规格	用于地面节能工程的保温材料，其品种、规格应符合设计要求和相关标准的规定	观察、尺量或称重检查；核查质量证明文件	按进场批次，每批随机抽取 3 个试样进行检查；质量证明文件应按照其出厂检验批进行核查
2	导热系数、密度、抗压强度或压缩强度、燃烧性能	对于地面节能工程使用的保温材料，其导热系数、密度、抗压强度或压缩强度、燃烧性能应符合设计要求	核查质量证明文件和复验报告	全数核查
3	进场时，复验保温材料性能	地面节能工程采用保温材料，进场时应对其导热系数、密度、抗压强度或压缩强度进行复验，复验应为见证取样送检	随机抽样送检，核查复验报告	同一厂家同一品种的产品各抽查不少于 3 组
4	基层处理	地面节能工程施工前，应对基层进行处理，使其达到设计和施工方案的要求	对照设计和施工方案观察检查	全数检查
5	检验保温层、隔离层、保护层等	地面保温层、隔离层、保护层等各层的设置和构造做法以及保温层的厚度应符合设计要求，并应按施工方案施工	对照设计和施工方案观察检查；尺量检查	全数检查
6	施工质量	地面节能工程的施工质量应符合下列规定： ① 保温板与基层之间、各构造层之间的粘结应牢固，缝隙应严密 ② 保温浆料应分层施工 ③ 对于穿越地面直接接触室外空气的各种金属管道，应按设计要求，采取隔断热桥的保温措施	观察检查；核查隐蔽工程验收记录	每个检验批抽查 2 处，每处 10m²；全数检查穿越地面的金属管道处
7	防水要求	有防水要求的地面，其节能保温做法不得影响地面排水坡度，有保温层面层不得渗漏	用长度 500mm 水平尺检查；观察检查	全数检查
8	首层地面、地下室与土壤接触的外墙等	严寒、寒冷地区的建筑首层直接与土壤接触的地面，采暖地下室与土壤接触的外墙，毗邻不采暖空间的地面，以及底面直接接触室外空气的地面，应按设计要求采取保温措施	对照设计观察检查	全数检查
9	防潮层、保护层	保温层的表面防潮层、保护层应符合设计要求	观察检查	全数检查

（2）一般项目检验

地面节能一般项目检验标准及检验方法见表 4-245。

表4-245　地面节能一般项目检验标准及检验方法

项　　目	质量标准及要求	检验方法	检验数量
地面辐射采暖	采用地面辐射采暖的工程，其地面节能做法应符合设计要求，并应符合《辐射供暖供冷技术规程》（JGJ 142—2012）的规定	观察检查	全数检查

3. 施工中常见的质量问题及预防措施

➤ 常见的质量问题：楼板下面粉刷浆保温层在粉刷过程中产生空鼓和脱落。保温浆料涂刷过厚。

◇ 预防措施：粉刷浆保温层每层的厚度不应超过20mm。

➤ 常见的质量问题：保温板脱落。保温层未与基层粘结牢固。

◇ 预防措施：保温板与基层之间、各构造层之间的粘结应牢固，缝隙应严密。

➤ 常见的质量问题：地面或墙面渗水。地采暖系统水管有漏水现象。

◇ 预防措施：地采暖系统施工时，应在底部设置防水层，且应注意对成品的保护；安装加热管时，应防止管道扭曲；弯曲管道时，应对圆弧的顶部加以限制，并用管卡进行固定，不得出现"死折"，并在面层施工前进行试验，避免管道有漏水现象。

➤ 常见的质量问题：地面开裂、保温隔热效果降低。保温材料受潮。

◇ 预防措施：保温层应设置在防水层下部。

【工程案例4-22】

1. 工程背景

工程名称：百草苑4号楼。

建设单位：某置业有限公司。

设计单位：某市规划设计院。

监理单位：某工程项目管理有限公司。

施工单位：某航空港建设总公司。

结构层次：30层框剪结构。

2. 施工背景

地下室顶棚：采用胶粉聚苯颗粒保温层，内墙涂料饰面。其构造做法如下：现浇钢筋混凝土板顶面→界面砂浆→胶粉聚苯颗粒保温浆料保温层，厚30mm→抗裂保护层（聚合物改性水及抗裂砂浆压入耐碱涂塑玻璃纤网格布）→饰面层(柔性耐水腻子，弹性涂料)。

3. 假设

该工程竣工验收一年后，出现地下室顶棚聚苯颗粒保温层裂缝、空鼓和脱落。原因是因该工程工期过紧，施工速度过快，基层处理马虎，保温浆料一次粉刷造成。

4. 思考与问答

1）地面节能工程的范围有哪些？哪些部位需进行隐蔽验收？

2）试分析：胶粉聚苯颗粒保温浆料保温层，涂料饰面的施工工艺流程，及施工质量控制要点是什么？

3）在地面节能工程中，应对哪些部位进行隐蔽验收？

4）地面节能的施工质量应符合哪些规定？

5）地面节能工程检验批怎样划分？

单元 5

分项工程施工质量验收

学习目标

子单元名称	能力目标	知识目标
1. 分项工程施工质量验收概述	能够根据检验批的验收，进行分项工程的汇总，评定分项工程是否合格	1. 掌握分项工程质量验收合格规定 2. 熟悉分项工程质量验收程序与组织 3. 熟悉分项工程验收表格及填表说明
2. 分项工程施工质量验收注意事项及通用表格	能够进行分项工程施工质量验收表格的填写	1. 掌握分项工程施工质量验收方法 2. 熟悉分项工程施工质量验收通用表格

子单元 1　分项工程施工质量验收概述

5.1.1　分项工程质量验收合格规定

分项工程是由一个或若干个检验批组成的，其验收要求如下：

1）分项工程所含的检验批均应符合合格质量的规定。

2）分项工程所含的检验批的质量验收记录应完整。

分项工程的验收是在检验批合格的基础上进行的，是将有关的检验批汇集后构成分项工程。分项工程质量合格的条件比较简单，只要构成分项工程的各检验批的验收资料文件完整，并且均已验收合格，则分项工程验收合格。

5.1.2　分项工程质量验收程序与组织

检验批及分项工程应由专业监理工程师（建设单位项目技术负责人）组织施工单位项目专业质量（技术）负责人等进行验收。

1）检验批和分项工程验收突出了监理工程师和施工者负责的原则。

施工过程的每道工序、各个环节、每个检验批的验收都对工程质量起把关的作用。首先应由施工单位的项目技术负责人组织自检评定，符合设计要求和规范规定的合格质量，项目专业质量检查员和项目专业技术负责人，分别在检验批和分项工程质量检验记录中相关栏目签字，此时先不填表中有关监理的记录和结论，然后提交监理工程师或建设单位项目技术负责人进行验收。

2）监理工程师拥有对每道施工工序的施工检查权，并根据检查结果决定是否允许进行下道工序的施工。对于不符合规范和质量标准的检验批，监理工程师有权要求施工单位停工整改、返工。

施工企业的质量检查人员（包括各专业的项目质量检查员），将企业检查评定合格的检验批、分项工程、分部（子分部）工程、单位（子单位）工程填好表格后及时交监理单位。监理单位或建设单位的有关人员应及时组织有关人员到工地现场，对该项工程的质量进行验收。可采取抽样方法、宏观检查的方法，必要时进行抽样检测，来确定是否通过验收。监理人员或建设单位的现场质量检查人员，在施工过程中进行旁站、平行或巡回检查，可根据自己对工程质量的了解程度，对检验批的质量，可以抽样检查，或抽取重点部位检查，或者针对有必要查的部位进行检查。

在对工程进行检查后，如需确认其工程质量符合标准规定，监理或建设单位人员要签字认可，否则，不得进行下道工序的施工。

如果监理工程师认为有的项目或地方不能满足验收规范的要求时，应及时提出，让施工单位进行返修。

3）在分项工程施工过程中，应随时对关键部位进行抽查。所有分项工程施工，施工单位应在自检合格后，填写分项工程报检申请表，并附上分项工程评定表。属于隐蔽工程的，还应将隐蔽工程验收单报监理单位。监理工程师必须组织施工单位的工程项目负责人和有关人员严格对每道工序进行检查验收，并对合格者签发分项工程验收单。

5.1.3 分项工程质量验收表格及填表说明

1. 质量验收用表应用示例

示例：钢筋加工分项工程施工质量验收记录见表5-1。

表5-1 钢筋加工分项工程施工质量验收记录　　　×□0□2□0□1□0□2

工程名称	×××小区5号住宅楼	结构类型	砖混6层	检验批数	12
施工单位	×××市建筑工程有限公司	项目经理	×××	项目质量负责人	×××
分包单位		分包单位负责人		分包单位经理	

序号	检验批部位	施工单位检验意见	监理（建设）单位验收意见
1	1层板1～15	符合设计要求及标准×××合格规定	合格
2	1层板15～30	符合设计要求及标准×××合格规定	合格
3	2层板1～15	符合设计要求及标准×××合格规定	合格
4	2层板15～30	符合设计要求及标准×××合格规定	合格
5	3层板1～15	符合设计要求及标准×××合格规定	合格
6	3层板15～30	符合设计要求及标准×××合格规定	合格
7	4层板1～15	符合设计要求及标准×××合格规定	合格
8	4层板15～30	符合设计要求及标准×××合格规定	合格
9	5层板1～15	符合设计要求及标准×××合格规定	合格
10	5层板15～30	符合设计要求及标准×××合格规定	合格
11	6层板1～15	符合设计要求及标准×××合格规定	合格
12	6层板15～30	符合设计要求及标准×××合格规定	合格

备注： 3层板内梁主筋有一处焊接不好，经处理后达到规范要求，申请下步施工。	备注： 经核查符合要求，同意下步施工

施工单位检验结果	符合设计要求及标准×××合格规定 项目技术负责人：××× ×年×月×日	监理（建设）单位验收结论	验收合格 监理工程师：××× （建设单位项目技术负责人） ×年×月×日

2. 质量验收用表填写说明

以钢筋加工分项工程施工质量验收记录（表5-1）为例讲述验收用表填写说明。

1）分项工程质量应由监理工程师（建设单位项目技术负责人）组织项目技术负责人等进行验收。

2）将分项工程名称填写具体，应与检验批表的名称一致。

3）检验批部位（栏），将检验批逐项填写，并注明部位、区段，以便检查是否有没检查到的部位。

4）施工单位检验意见（栏）填写"符合设计要求及标准×××合格规定"。

5）监理（建设）单位验收意见（栏）填写"合格"或"不合格"。

6）施工单位检验结果（栏）填写"符合设计要求及标准×××合格规定"，并由项目技术负责人签字。

7）监理（建设）单位验收结论（栏）填写"验收合格"或"验收不合格"，并由监理工程师（建设单位项目技术负责人）签字，并加盖岗位资格章。

子单元 2 分项工程施工质量验收注意事项及通用表格

5.2.1 分项工程施工质量验收注意事项

分项工程质量验收是在检验批验收的基础上进行的，是一个统计过程，没有直接的验收内容，所以在验收分项工程时应注意两点：

1）核对检验批的部位、区段是否全部覆盖分项工程的范围，有没有缺漏的部位。

2）检验批验收记录的内容及签字人是否正确、齐全。

5.2.2 分项工程施工质量验收通用表格

分项工程施工质量验收记录见表 5-2（通用表格）。

表 5-2 ＿＿＿＿分项工程施工质量验收记录 ×××××××

工程名称		结构类型		检验批数	
施工单位		项目经理		项目质量负责人	
分包单位		分包单位负责人		分包项目经理	
序 号	检验批部位		施工单位检验意见	监理（建设）单位验收意见	
1					
2					
3					
4					
5					
6					
7					
8					
9					
10					
11					
12					
备注：				备注：	
施工单位 检验结果	项目质量检查员： 年 月 日		监理（建设） 单位验收结论	监理工程师 （建设单位项目技术负责人）： 年 月 日	

单元6

分部（子分部）工程施工质量验收

学习目标

子单元名称	能 力 目 标	知 识 目 标	引 入 案 例
1. 分部(子分部)工程施工质量验收概述	1. 能够熟知分部（子分部）工程施工质量验收合格规定； 2. 能够熟知分部（子分部）工程施工质量验收程序与组织； 3. 能够掌握分部（子分部）工程的资料归纳和表格的验收填写工作	1. 掌握分部（子分部）工程施工质量验收合格规定； 2. 熟悉分部（子分部）工程施工质量验收程序与组织； 3. 熟悉分部（子分部）工程验收表格及填表说明	表6-1混凝土结构子分部工程施工质量控制资料检查记录，表6-2混凝土结构子分部工程安全和功能检验控制资料核查及主要功能抽查记录，表6-3混凝土结构子分部工程施工观感质量检查评价记录，表6-4混凝土子分部工程施工质量验收记录，表6-5主体结构分部工程施工质量验收记录
2. 分部(子分部)工程施工质量验收方法	能够结合各专业验收规范，对建筑地基基础分部（子分部）工程、地下防水子分部工程、混凝土结构子分部工程、砌体子分部工程、钢结构子分部工程、屋面分部（子分部）工程、建筑装饰装修分部（子分部）工程等进行验收和评定	1. 掌握建筑地基基础分部（子分部）工程、地下防水子分部工程、混凝土结构子分部工程、砌体子分部工程、钢结构子分部工程、屋面分部（子分部）工程、建筑装饰装修分部（子分部）工程的划分，施工质量验收合格规定； 2. 熟悉各分部（子分部）工程施工质量控制资料检查记录； 3. 掌握各分部（子分部）工程安全和功能检验资料核查及主要功能抽查； 4. 熟悉各分部（子分部）工程施工观感质量检查评定	—

子单元1 分部（子分部）工程施工质量验收概述

6.1.1 分部（子分部）工程施工质量验收合格规定

分部工程是由若干个分项工程构成的，分部工程验收是在分项工程验收的基础上进行的，分部（子分部）工程质量验收应符合下列规定。

1）分部（子分部）工程所含分项工程的质量均应验收合格。

在工程实际验收中，这项内容是项统计工作，在做这项工作时应注意以下三点：

① 要求分部（子分部）工程所含各分项工程施工均已完成；核查每个分项工程验收是否正确。

② 注意查对所含分项工程归纳整理有无漏缺，各分项工程划分是否正确，有无分项工程没有进行验收。

③ 注意检查各分项工程是否均按规定通过了合格质量验收；分项工程的资料是否完整，

286

每个验收资料的内容是否有缺漏项，填写是否正确，以及分项验收人员的签字是否齐全等。

2）质量控制资料应完整。

质量控制资料完整是工程质量合格的重要条件。在分部工程质量验收时，应根据各专业工程质量验收规范的规定，对质量控制资料进行系统的检查。着重检查资料是否齐全，项目是否完整，内容是否准确，签署是否规范。

质量控制资料检查实际也是统计、归纳工作，主要包括三个方面的资料检查工作。

① 核查和归纳各检验批的验收记录资料，查对其是否完整。

有些龄期要求较长的检测资料，在分项工程验收时，尚不能及时提供，应在分部（子分部）工程验收时进行补查。

② 检验批验收时，要求检验批资料准确完整后，方能对其开展验收。

在分部（子分部）工程验收时，主要是核查和归纳各检验批的施工操作依据、质量检查记录，查对其是否配套完整，包括有关施工工艺（企业标准）、原材料、构配件出厂合格证及按规定进行的试验资料的完整程度。一个分部（子分部）工程能否具有数量和内容完整的质量控制资料，是验收规范指标能否通过验收的关键。

③ 注意核对各种资料的内容、数据及验收人员签字的规范性。

对于建筑材料的复验范围，各专业验收规范都做了具体规定，检验时按产品标准规定的组批规则、抽样数量、检验项目进行，但有的规范另有不同要求，这一点在质量控制资料核查时需引起注意。

3）地基基础、主体结构和设备安装等分部工程有关安全及功能的检验和抽样检测结果应符合有关规定。

这项验收内容，包括安全检测资料与功能检测资料两部分。涉及结构安全及使用功能检验（检测）的要求，应按设计文件及各专业工程质量验收规范中的具体规定执行。抽测的检测项目在各专业质量验收规范中已有明确规定，验收时应注意以下三个方面的工作：

① 检查各规范中规定的检测项目是否都进行了测试，对于不能进行测试的项目，应该说明原因。

② 检查各项检测记录（报告）的内容、数据是否符合要求，包括检测项目的内容，所遵循的检测方法标准、检测结果的数据是否达到规定的标准。

③ 核查资料的检测程序，有关取样人、检测人、审核人、试验负责人，以及公章签字是否齐全等。

4）观感质量验收应符合要求。

观感质量验收是指在分部工程所含的分项工程完成后，在前三项检查的基础上，对已完工部分工程的质量，采用目测、触摸和简单量测等方法，所进行的一种宏观检查方式。

分部（子分部）工程观感质量验收，其检查的内容和质量指标已包含在各个分项工程内，对分部工程进行观感质量检查和验收，并不增加新的项目，只是转换一下视角，采用一种更直观、便捷、快速的方法，对工程质量从外观上做一次重复的、扩大的、全面的检查，这是由建筑施工特点决定的。在进行质量检查时，一定要注意在现场将工程的各个部位全部看到，能操作的应实地操作，观察其方便性、灵活性或有效性等；能打开观看的应打开观看，全面检查分部（子分部）工程的实物质量。

对分部（子分部）工程进行观感质量检查，有以下三方面作用。

① 尽管分部（子分部）工程所包含的分项工程原来都经过了检查与验收，但随着时间的推移、气候的变化、荷载的递增等，可能会出现质量变异情况，如材料收缩、结构裂缝、建筑物的渗漏、变形等。经过观感质量的检查后，能及时发现上述缺陷并进行处理，确保结构的安全和建筑的使用功能。

② 弥补受抽样方案局限造成的检查数量不足和后续施工部位（如施工洞、井架洞、脚手架洞等）原先检查不到的缺陷，扩大了检查面。

③ 通过对专业分包工程的质量验收和评价，分清了质量责任，可减少质量纠纷，既促进了专业分包队伍技术素质的提高，又增强了后续施工对产品的保护意识。

观感质量验收并不给出"合格"或"不合格"的结论，而是给出"好""一般"或"差"的总体评价。观感质量的评价内容只列出了项目，其具体标准没有个体化，基本上是各检验批的验收项目，多数在一般项目检验范围内。检查评价人员可宏观掌握，如果没有较明显达不到要求的，就可以评"一般"；如果某些部位质量较好，细部处理到位，就可评"好"；如果有的部位达不到要求，或有明显的缺陷，但不影响安全或使用功能，则评为"差"。评分"差"的项目，能进行返修的应进行返修；不能返修的，只要不影响结构安全和使用功能，可通过验收。如有影响安全或使用功能的项目，不能评价，应修理后再评价。

6.1.2　分部（子分部）工程施工质量验收组织与程序

1. 分部（子分部）工程施工质量验收组织

分部工程应由总监理工程师（建设单位项目负责人）组织各单位项目负责人和技术质量负责人等进行验收；地基基础、主体结构分部工程的勘察、设计单位工程项目负责人和施工单位技术、质量部门负责人也应参加相关分部工程验收。

1）分部工程是单位工程的组成部分，因此分部工程完成后，由施工单位项目负责人组织检验评定合格后，向监理单位（或建设单位项目负责人）提出分部工程验收的报告，其中地基基础、主体工程、幕墙等分部，还应由施工单位的技术、质量部门配合项目负责人做好检查评定工作，监理单位的总监理工程师组织施工单位的项目负责人和技术、质量负责人等有关人员进行验收。工程监理实行总监理工程师负责制，总监理工程师享有合同赋予监理单位的全部权利，全面负责受监委托的监理工作。因为地基基础、主体结构和幕墙工程的主要技术资料和质量问题归技术部门和质量部门掌握，所以规定施工单位的项目技术、质量负责人参加验收是符合实际的，目的是督促参建单位的技术、质量负责人加强整个施工过程的质量管理。

2）鉴于地基基础、主体结构和幕墙等分部工程在单位工程中所处的重要地位，技术性能要求严格、技术性强，并关系到整个单位工程的建筑结构安全和重要使用功能，因此规定这些分部工程的勘察、设计单位工程项目负责人也应参加相关分部工程质量的验收。

2. 分部（子分部）工程施工质量验收程序

1）总监理工程师（建设单位项目负责人）组织验收，介绍工程概况、工程资料审查意见及验收方案、参加验收的人员名单，并安排参加验收的人员签到。

2）监理（建设）、勘察、设计、施工单位分别汇报合同履约情况和在主要分部各个环节执行法律、法规和工程建设强制性标准的情况。施工单位的汇报内容中还应包括工程质量监督机构责令整改问题的完成情况。

3）验收人员审查监理（建设）、勘察、设计和施工单位的工程资料，并实地查验工程质量。

4）对验收过程中所发现的和工程质量监督机构提出的有关工程质量验收的问题和疑问，有关单位人员应予以解答。

5）验收人员对主要分部工程的勘察、设计、施工质量和各管理环节等方面做出评价，并分别阐明各自的验收结论。当验收意见一致时，验收人员应分别在相应的分部（子分部）工程质量验收记录上签字。

6）当参加验收各方对工程质量验收意见不一致时，应当协商提出解决的办法，也可请建设行政主管部门或工程质量监督机构协调处理。

7）质量监督机构派出的监督人员对主要分部工程验收的组织形式、验收程序、执行验收标准等情况进行现场监督，提出监督意见，如发现有违反建设工程质量管理规定行为的，责令改正。

8）验收结束后，监理（建设）单位应在主要分部工程验收合格15d内，将相关的分部（子分部）工程质量验收记录报送工程质量监督机构，并取得工程质量监督机构签发的相应工程质量验收监督记录。主要分部工程未经验收或验收不合格的，不得进行下道工序施工。

6.1.3 分部（子分部）工程验收表格及填表说明

6.1.3.1 子分部工程施工质量控制资料核查记录

示例：混凝土结构子分部工程施工质量控制资料检查记录，见表6-1。

表6-1 混凝土结构子分部工程施工质量控制资料核查记录

×××（□□□□）A

工 程 名 称	×××小区5号住宅楼	施 工 单 位	×××市建筑工程有限公司	
序 号	资 料 名 称	份 数	核 查 意 见	核 查 人
1	图样会审、设计变更、洽商记录	3	符合要求	×××
2	工程定位测量、放线记录	12	符合要求	×××
3	钢材出厂合格证、试验报告	15	符合要求	×××
4	焊条（剂）出厂合格证	2	符合要求	×××
5	水泥出厂合格证、试验报告	3	符合要求	×××
6	砂、石出厂合格证、试验报告	4	符合要求	×××
7	外加剂出厂合格证、试验报告	1	符合要求	×××
8	混凝土试块试验报告	24	符合要求	×××
9	焊接（接头）试验报告	12	符合要求	×××
10	隐蔽工程验收记录	12	符合要求	×××
11	混凝土施工记录	18	符合要求	×××
12	混凝土结构检验及抽样检测资料	22	符合要求	×××
13	检验批分项工程质量验收记录	18	符合要求	×××
14	工程质量事故及事故调查处理资料		符合要求	×××
15				

结论：

经检验、核查符合要求

总监理工程师：×××

施工单位项目经理：×××
×年×月×日

（建设单位项目技术负责人）
×年×月×日

289

其填表说明如下：

1）工程名称、施工单位、资料名称和份数（栏），由施工单位项目质量（技术）负责人填写。

2）核查意见（栏），由总监理工程师组织专业监理工程师参加核查，由总监理工程师（建设单位项目负责人）填写"符合要求"或"不符合要求"。做到及时、准确、齐全、完整的可写"符合要求"。对"不符合要求"的，应加以说明，并写出处理意见。核查人（栏），由总监理工程师签字。

3）结论（栏），由总包单位项目经理和总监理工程师共同确认填写"经检验、核查符合要求"或"经检验、核查不符合要求"，并签字，加盖岗位资格章。对结论为"不符合要求"的，应写出处理意见。

6.1.3.2 子分部工程安全和功能检验资料核查及主要功能抽查记录

示例：混凝土结构子分部工程安全和功能检验控制资料核查及主要功能抽查记录，见表6-2。

表6-2 混凝土结构子分部工程安全和功能检验控制资料核查及主要功能抽查记录

×××（□□□□）B

工程名称	×××小区5号住宅楼	施工单位	×××市建筑工程有限公司		
序　号	安全和功能检验项目	份　数	核查意见	抽查意见	核查（抽查）人
1	楼板标高测量记录	5	符合要求	符合要求	×××
2	楼板平整度测量记录	5	符合要求	符合要求	×××
3	沉降观测记录	6	符合要求	符合要求	×××
4	厨房、厕所楼板标高检测	5	符合要求	符合要求	×××
5					
6					
7					

结论：

经检验、核查及抽查符合要求

施工单位项目经理：×××

×年×月×日

总监理工程师：×××

（建设单位项目技术负责人）

×年×月×日

其填表说明如下：

1）工程名称、施工单位、安全和功能检验项目和份数（栏），由施工单位项目质量（技术）负责人填写。

2）核查意见（栏）和抽查意见（栏），由总监理工程师组织专业监理工程师核查、抽查，有关施工单位项目经理、项目质量（技术）负责人参加。做到及时、准确、齐全、完整的可写"符合要求"，对"不符合要求"的项目，应加以说明和提出处理意见。核查（抽查）人（栏），由总监理工程师签字。

3）结论（栏），由总包单位项目经理和总监理工程师共同填写"经检验、核查及抽查符合要求"，或"经检验、核查及抽查不符合要求"，并签字加盖岗位资格章。对"经检验、核查及抽查不符合要求"的，应加以说明和提出处理意见。

6.1.3.3 子分部工程施工观感质量检查评价记录

示例：混凝土结构子分部工程施工观感质量检查评价记录，见表6-3。

表 6-3 混凝土结构子分部工程施工观感质量检查评价记录

×××（□□□□）C

工程名称		×××小区 5 号住宅楼									施工单位		×××市建筑工程有限公司		
参加人员		×××	×××	×××		×××		×××		×××					
			抽查质量状况										质量评价		综合评价
序 号	项目名称	1	2	3	4	5	6	7	8	9	10	好	一般	差	
1	露筋	√	√	○	○	√	○	√	○	√	√	好			好
2	蜂窝	√	○	○	√	○	√	√	○	√	×		一般		
3	孔洞	○	√	√	○	○	√	○	√	○	√	好			
4	夹渣	√	○	√	√	○	○	×	○	√	○		一般		
5	疏松	○	√	√	○	√	○	√	○	√	○	好			
6	裂缝	√	○	√	○	○	○	○	√	√	○				
7	外形缺陷	√	○	○	○	√	×	○	○	○	○		一般		
8	外表缺陷	√	○	○	○	○	√	○	√	○	√	好			

注：序号4~8 项目名称栏前标注"现浇结构外观质量"

结论：

经现场检查评价共同确认为好

总监理工程师：×××

（建设单位项目技术负责人）

施工单位项目经理：×××

×年×月×日

×年×月×日

其填表说明如下：

1）填写工程名称、施工单位。

2）参加人员（栏），填写总监理工程师（建设单位项目负责人）和专业监理工程师、项目经理、项目质量（技术）负责人、技术（质量）部门负责人，检查评价人数不少于 5 人。

3）项目名称（栏）由施工单位项目质量（技术）负责人填写。

4）抽查质量状况（栏），各抽检点质量状况（好、一般、差）分别用√、○、×填写。评价时，施工单位应先自行检查合格后交监理验收，由总监理工程师组织专业监理工程师，通过现场检查，在听取有关人员的意见后，以总监理工程师为主与专业监理工程师共同确认，质量评价分为"好""一般""差"三个档次。

5）质量评价（栏）。

①每项抽检点中无"差"（×），且"好"（√）点数占该项总抽检查点数 50% 及以上，可填写"好"

②每项抽检点中评为"差"（×）点的数不大于 20%，且不影响安全、使用功能及观感，可填写"一般"。

③对评为"差"的，应写出处理意见。

6）综合评价（栏）。

①子分部工程中，被抽检的分项工程评价为"好"的项数占总抽检项数的 50% 及以上，且无"差"项，可填写"好"。

②子分部工程中，被抽检的分项工程评价为"好"的项数占总抽检项数低于 50%，且无"差"项，可填写"一般"。

③对评为"差"的，应写出处理意见。

7）结论（栏），由总监理工程师（建设单位项目负责人）和施工总包单位项目经理填写。

经现场检查评价共同确定为"好""一般"或"差"，并签字，加盖岗位资格章。

① 抽检项数综合评定为"好"的项数达到 50% 及以上，且无"差"项，结论可写"经现场检查评价共同确认为好"。

② 抽检的项数综合评价为"好"的项数低于 50%，且无"差"项，结论可填写"经现场检查评价共同确认为一般"。

③ 对经现场检查评价共同确认为"差"的，应写出处理意见。

6.1.3.4 子分部工程施工质量验收记录

示例：混凝土子分部工程施工质量验收记录，见表 6-4。

表 6-4 混凝土子分部工程施工质量验收记录

×0∏2∏0∏1∏

工程名称	×××小区 5 号住宅楼	结构类型	砖混	层数	6 层
施工单位	×××市建筑工程有限公司	技术部门负责人	×××	质量部门负责人	×××
		项目技术负责人	×××	项目质量负责人	×××
分包单位		分包单位负责人		分包技术负责人	

序 号	分项工程名称	检验批数	施工单位检验意见	验收意见
1	模板	24	符合标准×××的合格规定	分项和检验批划分合理，验收项目完整，符合设计要求及标准×××合格的规定
2	钢筋	24	符合标准×××的合格规定	
3	混凝土	24	符合标准×××的合格规定	
4	现浇结构	24	符合标准×××的合格规定	
5				

混凝土结构子分部工程施工质量控制资料核查记录（表 6-1）	符合要求
混凝土结构子分部工程安全和功能检验控制资料核查及主要功能抽查记录（表 6-2）	符合要求
混凝土结构子分部工程施工观感质量检查评价记录（表 6-3）	经现场检查评价共同确认为好

检验验收单位	分包单位	检验符合标准×××合格规定 项目经理：××× ×年×月×日
	施工单位	检验符合标准×××合格规定 项目经理：××× ×年×月×日
	勘察单位	基坑（槽）现场检验地质条件与勘察报告相符，同意继续施工 项目负责人：××× ×年×月×日
	设计单位	施工质量符合设计要求，同意验收。 项目负责人：××× ×年×月×日
	监理（建设）单位	符合×××合格规定，验收合格。 总监理工程师（建设单位项目专业负责人）××× ×年×月×日

其填表说明如下：

1）施工单位检验意见（栏），施工单位根据自行检验结果填写"符合标准×××的合格规定"。

2）验收意见（栏），由监理工程师填写"分项和检验批划分合理，验收项目完整，符合设计要求及标准×××合格的规定"，或填写"验收项目不完整，不符合设计要求或不符合标准×××合格的规定"。如验收不合格，应写出原因与处理意见。

3）×××子分项工程施工质量控制资料核查记录（栏）。

① 在施工单位检验意见（栏），施工单位根据资料的数量及完整情况填写"经检验、核查符合要求"，或填写"经检验、核查不符合要求"。

② 在验收意见（栏），由监理工程师根据资料的及时、准确、齐全及完整情况填写"符合要求"或"不符合要求"。

4）×××子分部工程安全和功能检验控制资料核查及主要功能抽查记录（栏）。

① 在施工单位检验意见（栏），施工单位应根据安全及功能两方面检测资料情况填写"经检验、核查及抽查符合要求"，或填写"经检验、核查及抽查不符合要求"。

② 在验收意见（栏），由监理工程师根据安全和功能检查就每项检测是否有单项检测报告，其结果能否达到设计要求等填写"符合要求"或"不符合要求"。

5）×××子分部工程施工观感质量检查评价记录（栏），由监理工程师组织专业监理工程师，会同参加验收人员共同进行。通过现场检查，听取验收人员意见后，以总监理工程师为主与监理工程师共同确定质量评价，填写经现场检查评价共同确认为"好""一般"或"差"。

6）检验验收单位（栏）。

① 分包单位（栏），由分包单位项目经理亲自签认，并加盖岗位资格章，填写"检验符合（或不符合）标准×××合格规定"。

② 施工单位（栏），由总承包单位项目经理亲自签认，并加盖岗位资格章，填写"检验符合（或不符合）标准×××合格规定"。

③ 勘察单位（栏），勘察单位可只签认地基基础子分部工程，由项目负责人亲自签认，并加盖岗位资格章。填写"基坑（槽）现场检验地质条件与勘察报告相符（或不符），同意（或不同意继续施工）"。对现场检验与勘察报告不符时，应写出处理意见。

④ 设计单位（栏），设计单位可只签认地基基础、主体结构子分部工程，由项目负责人亲自签认，并加盖岗位资格章。填写"施工质量符合（或不符合）设计要求，同意（或不同意）验收。"对不符合设计要求的，应写明原因和处理意见。

⑤ 监理（建设）单位（栏），由总监理工程师（建设单位项目负责人）亲自签认验收，总监应加盖岗位资格章，填写"符合×××合格规定，验收合格（或验收不合格）。"对"验收不合格"的，应提出问题和处理意见。

6.1.3.5 分部工程施工质量验收记录

举例：主体结构分部工程施工质量验收记录见表6-5。

表6-5 主体结构分部工程施工质量验收记录

×××

工程名称	××× 小区 5 号住宅楼		结构类型	砖混	层数	6
施工单位	×××市建筑工程有限公司		技术部门负责人	×××	质量部门负责人	×××
			项目技术负责人	×××	项目质量负责人	×××
分包单位			分包单位负责人		分包技术负责人	
序　号	子分部工程名称	分项数	施工单位检验意见		验收意见	
1	混凝土结构	3	符合标准×××的合格规定		检验2个子分部工程，计4个分项工程，符合设计要求及标准×××合格规定	
2	砌体结构	1	符合标准×××的合格规定			
3						
4						
5						
6						
7						
施工质量控制资料核查			核查施工质量控制资料 146 份，符合要求			
安全和功能检验资料核查及主要功能抽查			核查、抽查安全及主要功能检验资料和抽查资料 21 份，符合要求			
施工观感质量检查评价			检查评价 1 个子分部工程，共同确认为好			

检验验收单位	施工单位	检验符合标准×××合格规定	
			（公章）
		项目经理：×××	×年×月×日
	勘察单位	基坑（槽）现场检验地质条件与勘察报告相符	
			（公章）
		项目经理：×××	×年×月×日
	设计单位	施工质量符合设计要求，同意验收	
			（公章）
		项目经理：×××	×年×月×日
	监理（建设）单位	符合标准×××合格规定，验收合格	
		总监理工程师：×××	（公章）
		（建设单位项目负责人）	×年×月×日

其填表说明如下：

1）分项数（栏），分别填写各子分部工程实际的分项数，即子分部工程验收表上的分项数。

2）施工单位检验意见（栏），施工单位根据自行检验结果，填写"符合（或不符合）标准×××的合格规定"。

3）验收意见（栏），由监理工程师填写"检验×个子分项工程，符合设计要求及标准×××合格规定"，或"检验×个子分部工程，计×个分项工程，符合设计要求及标准×××合格规定，或其中××子分部的××分项工程不符合设计要求及标准×××的合格规定。"

4）施工质量控制资料核查（栏），先由施工单位检验合格，交监理单位验收。由总监理工程师组织专业监理工程师，对已核查过的子分部分项工程质量控制资料逐项检查和审查，符合要求后，将各子分部工程审查的资料逐项进行统计，填写"核查施工质量控制资料×份，符合要求（或不符合要求）"。

5）安全和功能检验资料核查及主要功能抽查（栏），先由施工单位检验合格，交监理单位验收。由监理工程师（建设单位项目负责人）组织专业监理工程师，除对已核查和抽查过的子分部工程安全和功能检验资料逐项检查和审查外，还要对分部工程进行的安全和功能抽测项目、抽测报告是否达到设计要求及规范规定逐项进行核查验收，填写"核查、抽查安

294

全及主要功能检验资料和抽查资料 × 份，符合要求（或不符合要求）"。

6）施工观感质量检查评价（栏），由施工单位先自行检查合格后，由总监理工程师（建设单位负责人）组织专业监理工程师、项目经理、项目质量（技术）负责人、技术（质量）部门负责人，进行检验评价。检查评价人数不少于 5 人。

通过现场检查，在听取有关人员意见后，以总监理工程师为主与专业监理工程师共同确认，填写：检查评价 × 个子分部工程，其中评为"好" × 个子分部工程，占 ×%，且无"差"子分部工程，共同确认为"好""一般"或"差"。

① 检查评价为"好"的子分部工程数占总数的 50% 及以上可共同确认为"好"，低于 50% 可共同确认为"一般"。

② 检查评价有"差"的子分部工程应确认为"差"。

7）检验验收单位（栏）。

① 施工单位（栏），由总承包单位项目经理亲自签认，并加盖岗位资格章。填写"检验符合（或不符合）标准 ××× 合格规定。"

② 勘察单位（栏），勘察单位可只签认地基基础分部工程，由项目负责人亲自签认，并加盖岗位资格章。填写"基坑（槽）现场检验地质条件与勘察报告相符"或"基坑（槽）现场检验地质条件与勘察报告不符，但经处理满足设计要求"。

③ 设计单位（栏），设计单位可只签认地基基础、主体结构分部工程，由项目负责人亲自签认，并加盖岗位资格章。填写"施工质量符合设计要求，同意验收"。

④ 监理（建设）单位（栏），由总监理工程师（建设单位项目负责人）亲自签认验收，总监理工程师应加盖岗位资格章，填写"符合标准 ××× 合格规定，验收合格。"

子单元 2　分部（子分部）工程施工质量验收方法

6.2.1　地基基础分部（子分部）工程

6.2.1.1　地基基础分部（子分部）工程的划分

地基基础分部工程包括无支护土方、有支护土方、地基处理、桩基、地下防水、混凝土基础、砌体基础、劲钢（管）混凝土、钢结构等子分部工程。但需要说明的是，对于一个具体的工程项目，该基础分部工程可能只包括上述所列 9 个子分部工程中的 2 个或 2 个以上，不一定是全部。一般来讲，该工程涉及的就可以包括，其他分部、子分部工程也一样。

6.2.1.2　地基基础工程施工质量验收合格规定

1）地基基础工程所含分项工程施工质量均应验收合格。

2）地基基础工程施工质量控制资料应及时、准确、齐全、完整。

3）地基基础工程有关安全及功能的检验和抽样检测结果均应符合相应标准规定或设计要求。

4）地基基础工程观感质量检查评价结果应符合相应标准的规定。

地基基础工程施工质量验收合格后，应填写验收记录。建筑地基基础分部工程施工质量验收记录见表 6-6；地基基础子分部工程施工质量验收记录见表 6-7。

表 6-6 建筑地基基础分部工程施工质量验收记录

×××（□□）

工程名称			结构类型		层数	
施工单位			技术部门负责人		质量部门负责人	
			项目技术负责人		项目质量负责人	
分包单位			分包单位负责人		分包技术负责人	
序 号	子分部工程名称	分项工程数		施工单位检验意见	验收意见	
1						
2						
3						
4						
5						
6						
7						
8						
施工质量控制资料核查						
安全和功能检验资料核查及主要功能抽查						
施工观感质量检查评价						
检验验收单位	施工单位	项目经理：×××			（公章） ×年×月×日	
	勘察单位	项目负责人：×××			（公章） ×年×月×日	
	设计单位	项目负责人：×××			（公章） ×年×月×日	
	监理（建设）单位	总监理工程师：××× （建设单位项目负责人）			（公章） ×年×月×日	

表 6-7 地基基础子分部工程施工质量验收记录

×××（□□）□□

工程名称			结构类型		层数	
施工单位			技术部门负责人		质量部门负责人	
			项目技术负责人		项目质量负责人	
分包单位			分包单位负责人		分包技术负责人	
序 号	分项工程名称	检验批数		施工单位检验意见	验收意见	
1						
2						
3						
4						
5						
6						
7						
8						
9						
10						
子分部工程施工质量控制资料核查记录（表 6-8）						
子分部工程安全和功能检验资料核查及主要功能抽查记录（表 6-9）						
检验验收单位	分包单位	项目经理：×××			（公章） ×年×月×日	
	施工单位	项目经理：×××			（公章） ×年×月×日	
	勘察单位	项目负责人：×××			（公章） ×年×月×日	
	设计单位	项目负责人：×××			（公章） ×年×月×日	
	监理（建设）单位	总监理工程师：××× （建设单位项目负责人）			（公章） ×年×月×日	

6.2.1.3　施工质量控制资料检查

1）地基验槽复查记录应由监理（建设）、设计、施工、勘察单位共同进行核验签字并盖章。

2）原材料出厂合格证及进场检（试）验报告应为原件，合格证为复印件时，应加盖材料供应部门章，并注明原件存放处。

3）桩基施工记录应包括施工工艺标准，操作者自我检查记录，上、下道工序交接检查记录，专业质量检查员检验记录。

4）施工技术方案应经总监理工程师审批，应确定检验批的划分及抽检数量、抽检方法，抽检部位应在验收时随机抽取，并确定安全及功能检测的数量、方法等。施工质量控制措施应有针对性。

5）隐蔽工程记录必须真实、及时。

6）涉及工程结构安全和使用功能的原材料和构配件等，应执行见证取样检测规定。

7）分项工程质量验收记录应包括地基处理质量验收记录、支护结构质量验收记录、桩基验收记录、地基验收记录、基础工程质量验收记录等。

8）建筑地基基础子分部工程施工质量控制资料应数据准确、签章规范，验收应按表6-8记录，由施工项目质量（技术）负责人填写，由总监理工程师、监理工程师负责核查验收。

表6-8　建筑地基基础子分部工程施工质量控制资料核查记录

×××（□□）□□A

工 程 名 称		施 工 单 位		
序　　号	资 料 名 称	份　　数	核 查 意 见	核 查 人
1	图样会审、设计变更、洽商记录			
2	地基验槽复查记录			
3	工程地质勘察报告			
4	原材料出厂合格证及进场检（试）验报告			
5	桩基施工记录			
6	桩基检测报告			
7	复合地基检测报告			
8	预制构件出厂合格证			
9	隐蔽工程记录			
10	工程质量事故调查处理资料			
11	分项工程质量验收记录			
12	施工技术方案及支护结构方案			
13	工程定位测量、放线记录			
14	混凝土强度检测报告			
15	采用新工艺的质量控制资料			

结论：

施工单位项目经理：×××

×年×月×日

总监理工程师：×××

（建设单位项目技术负责人）

×年×月×日

6.2.1.4　安全和功能检验资料核查及主要功能抽查

1）地基基础工程安全和功能检测应在分项工程或检验批验收时进行。

2）持力层经检查验收符合设计承载力要求后，才可允许下道工序施工。

3）桩基承载力测试要严格按数量、位置要求留置试验桩，检测结果必须满足设计要求。

4）支护结构必须符合设计，且满足施工方案要求。设计及施工方案中，对深基坑施工，必须确保相邻建筑及地下设施的安全。高层及重要建筑施工应有沉降观测记录，以及建筑物范围内的地下设施的处理记录。

5）混凝土强度等级经试块检测达不到设计要求时，或对试块代表性有怀疑时，应钻芯取样，检测结果符合设计要求，可按合格验收。

6）基土、回填土及建筑材料对环境污染的控制应符合设计要求以及国家、省的有关规范规定。

7）地基基础子分部工程安全和功能检测应具备原件检测报告，相应技术措施应数据准确、签章规范，验收应按表 6-9 记录，由施工项目质量（技术）负责人填写，由总监理工程师组织监理工程师、项目经理核查和抽查。

表 6-9 地基基础子分部工程安全和功能检验资料核查及主要功能抽查记录

×××（□□）□□B

工 程 名 称			施 工 单 位			
序 号	安全和功能检验项目	份 数	核 查 意 见	抽 查 结 果	抽查（核查）人	
1	持力层原位（承载力）测试报告					
2	桩基承载力测试报告					
3	地基处理措施及检测报告					
4	支护结构（符合设计和方案要求）					
5	混凝土强度检测报告					
6	基土、回填土、建筑材料对室内环境污染控制检测报告					

结论：

总监理工程师：×××

施工单位项目经理：×××　　　　　　　　　　　　　　　　　　　　　（建设单位项目技术负责人）

×年×月×日　　　　　　　　　　　　　　　　　　　　　　　　　　×年×月×日

6.2.1.5 地基基础分部工程有关检测项目

1. 验收前检验项目（表 6-10）

表 6-10 地基基础工程须检测项目和检测方法

项 目	方 法	备 注
基槽检验	触探或野外鉴别	隐蔽验收
土的干密度及含水量	环刀取样等	50 ~ 100m² 一个点
复合地基竖向增强体及周边土密实度	触探、贯入等及水泥土试块试压	—
复合地基承载力	荷载板	—
预制打（压）入桩偏差	现场实测	隐蔽验收
灌注桩原材料力学性能、混凝土强度	实验室（力学）试验	原材料含水泥、钢材等。钢筋笼应隐蔽验收
人工挖孔桩桩端持力层	现场静压或取立方体芯样试压	可查 3d 和 5m 深范围内不良地质
工程桩身质量检验	钻孔抽芯或声波透射法	不少于总桩 10%
工程桩竖向承载力	静荷载试验或大应变检测	详见各分项规定
地下连续墙身质量	钻孔抽芯或声波透射	不少于 20% 槽段数
抗浮锚杆抗拔力	现场拉力试验	不少于 3%，且不得少于 6 根

2. 地基基础须检测项目（表6-11）

表6-11 地基基础检测项目一览表

项　目	监测内容	备　注
大面积填方（海）	地面沉降	长期
地基处理工程	土体变形、孔隙水压力	施工中
降水	地下水位变化及对周围环境影响（变形）	施工期间
锚杆	锁定的预应力	不少于10%，且不少于6根
基坑开挖	设计要求监测内容（包括支护、坑底、周围环境变形等），见表6-12	动态设计信息化施工
爆破开挖	对周围环境的影响	—
土石方工程完成后的边坡	水平和竖向位移	变形稳定为止，不少于3年
打（压）入桩	垂直度、贯入度（压力）	施工中
挤土桩	土体隆起和位移，邻桩位移及孔隙水压力	施工中
下列建筑物： ① 地基设计等级为甲级 ② 复合地基或软弱地基上的乙级地基 ③ 加层、扩建 ④ 受邻近深基坑开挖影响或受地下水等环境影响的 ⑤ 需要积累经验或进行设计反分析的	变形观测	施工期间及使用期间

3. 基坑监测项目（表6-12）

表6-12 基坑监测项目选择表

地基基础设计等级 ＼ 监测项目	支护结构水平位移	监控范围内建（构）筑物沉降与地下管线变形	土方分层开挖标高	地下水位	锚杆拉力	支撑轴力或变形	立柱变形	桩墙内力	基坑底隆起	土体侧向变形	孔隙水压力	土压力
甲级	√	√	√	√	√	√	√	√	√	√	△	△
乙级	√	√	√	√	√	△	△	△	△	△	△	△

注：√为必测项目；△为宜测项目。

6.2.2 地下防水子分部工程

6.2.2.1 地下防水子分部工程施工质量验收合格规定

1）地下防水子分部工程所含分项工程施工质量均应验收合格。

2）地下防水子分部工程施工质量控制资料应及时、准确、齐全、完整。

3）地下防水子分部工程安全及功能检验资料核查和主要功能抽查结果均应符合相应标准规定和设计要求。

4）地下防水子分部工程施工观感质量检查评价应符合相关标准的要求。

地下防水子分部工程施工质量验收应按表6-13记录，由施工项目质量（技术）负责人填写，各方面代表检查认可，并加盖统一编号的相应岗位资格章。

表 6-13 地下防水子分部工程施工质量验收记录

×××（□□□□）

工程名称			结构类型		层数	
施工单位			技术部门负责人		质量部门负责人	
			项目技术负责人		项目质量负责人	
分包单位			分包单位负责人		分包技术负责人	
序号	分项工程名称		检验批数	施工单位检验意见	验收意见	
1						
2						
3						
地下防水子分部工程施工质量控制资料核查记录（表 6-14）						
地下防水子分部工程安全和功能检验资料核查及主要功能抽查记录（表 6-15）						
地下防水子分部工程施工观感质量检查评价记录（表 6-16～表 6-19）						
检验验收单位	分包单位	项目经理：×××		（公章）×年×月×日		
	施工单位	项目经理：×××		（公章）×年×月×日		
	设计单位	项目负责人：×××		（公章）×年×月×日		
	监理（建设）单位	总监理工程师：×××（建设项目负责人）		（公章）×年×月×日		

6.2.2.2 施工质量控制资料检查

1）地下防水工程必须由相应资质的专业防水队伍进行施工；其主要施工人员应持有建设行政主管部门或其指定单位颁发的执业资格证书。

2）进行图样会审并有记录。

3）编制施工技术方案，并经项目总监理工程师审批。

4）认真进行技术交底。

5）建立各道工序的自检、交接检和专职人员检查的"三检"制度，并有完整的检查记录。

6）有完整的隐蔽工程验收记录。

7）经监理（建设）单位对上道工序的检查确认后，才准予下道工序的施工。

8）地下防水工程所使用的防水材料，应有产品的合格证书和性能检测报告，材料的品种、规格、性能等应符合现行国家产品标准和设计要求。

9）对进场的防水材料，应按有关规定见证抽取试样进行检验测试，并有试验报告；对于不合格的材料，不得在工程中使用。

10）地下防水工程施工期间，明挖法的基坑以及暗挖法的竖井、洞口，必须保持地下水位稳定在基底 0.5m 以下，必要时应采取降水措施。

11）地下防水工程的防水层，如在负温下施工，或在施工时遭到风、雨、雪侵害，应采取措施，并做施工记录。

12）对重大技术问题的实施结果及施工中出现事故的处理情况，要有详细记载和说明；对地下防水子分部工程的施工全过程，要写出技术工作总结。

对地下防水子分部工程施工质量控制资料核查，应按表 6-14 记录，由施工项目质量（技术）负责人填写。

表 6-14　地下防水子分部工程施工质量控制资料核查记录

×××（□□□□）A

工程名称			施工单位		
序　号		资料名称	份　数	核查意见	核查人
1		有相应的专业防水施工资质证明			
		主要施工人员持有有效的执业资格证书			
2	施工前	图样会审记录			
3		施工技术方案 （经总监理工程师审批）			
4	施工中	技术交底记录			
5		采取措施及施工记录			
6		分项工程检验记录			
7		隐蔽工程验收记录			
8		监理（建设）单位工序施工质量确认单			
9	地下防水工程所使用的防水材料，应有产品合格证书和性能检测报告，材料的品种、规格、性能等应符合产品标准和设计要求	材料（构件）名称			
10	对进场的材料，应按有关规定见证抽取试样进行检验测试，并且有试验报告；不得在工程中使用不合格的材料	材料（构件）名称			
11		施工试件（块）见证检测及试验报告			
12		砂浆、混凝土配合比通知单及抽检记录			
13		混凝土抗压、抗渗试验报告			
14		地下水降水记录			
15		防冻害措施资料检验记录			
16		施工记录			
17		重大技术问题和事故处理资料及技术工作总结			

结论：

总监理工程师：×××
（建设单位项目技术负责人）

施工单位项目经理：×××

×年×月×日

×年×月×日

6.2.2.3 安全和功能检验资料核查及主要功能抽查

1）地下防水工程的安全及功能检验应在分项或检验批验收时进行，子分部验收时，按《地下防水工程质量验收规范》（GB 50208—2011）附录 C 的规定检验实物和核查资料是否符合要求。否则，应逐项进行抽样检测。

2）地下防水工程必须满足以下设计指标及有关施工技术方案的要求。

① 防水等级和设防要求。

② 防水混凝土的抗渗等级和其他技术指标。

③ 防水层选用的材料及其技术指标。

④ 工程细部构造的防水措施、选用的材料及其技术指标。

⑤ 工程的防排水、地面挡水、截水系统及工程各种洞口的防倒灌措施等。

地下防水子分部工程安全及功能检验验收应按表 6-15 记录，由施工项目质量（技术）负责人填写。

表 6-15　地下防水子分部工程安全及功能检验资料核查及主要功能抽查记录

×××（□□□□）B

工程名称		施工单位			
序　号	安全和功能检验项目	份　数	核查意见	抽查结果	抽查（核查）人
1	安全和功能检验应在分项或检验批验收时进行，并核查执行的相关规定情况的记录				
2	防水等级和设防要求必须符合设计和标准规定的检查记录				
3	满足正常条件下各种荷载对其作用的要求，并满足防腐蚀和耐久性要求的检查记录				
4	变形缝、施工缝、诱导缝、后浇带、穿墙管（盒）、预埋件、预留通道接头、桩头等细部构造，应符合相关标准规定的检查记录				
5	排水管沟、地漏、出入口、窗井、风井等，应有防倒灌设施，寒冷及严寒地区的排水沟必须有防冻措施的检查记录				
6	对可能影响结构安全的各种变形和裂缝，应由有资质的鉴定检测单位进行检测鉴定记录				
7	防水层的保护应有符合设计和施工技术方案要求的检查记录				
8	对有储水试验要求的储水检验记录				
9	材料（构、配件）对环境的污染应符合设计要求或有关规定的检查记录				
10	防水效果检查记录				

结论：

施工单位项目经理：×××

×年×月×日

总监理工程师：×××

（建设单位项目负责人）

×年×月×日

6.2.2.4 施工观感质量检验评价

抽查部位：随机确定。

抽查数量：按外露表面积每 $100m^2$ 抽查 1 处，每处 $10m^2$，且不得少于 5 处；细部构造应全数检查。

评价方法：由总监理工程师（建设单位项目负责人）组织施工项目主要人员和监理人员不少于 5 人共同检查评价。

评价结论：在"抽查质量状况"栏填写"√""○"或"×"，分别代表"好""一般"或"差"。根据每个项目的"抽查质量状况"，给出相应"质量检查评价"结果。对"质量检查评价"为"差"的项目，应返修后重新检查评价。综合每项"质量检查评价"，作出"综合检查评价"结果。"结论"应写明符合要求与不符合要求的项数，及对不符合要求项目的处理意见。

1. 防水混凝土、水泥砂浆防水层施工观感质量检验评价

1）防水混凝土。表面坚实，平整；无露筋，无蜂窝性能缺陷；无贯通裂缝，其裂缝宽度应符合设计要求；埋设件位置应正确。

2）防水混凝土细部构造。严禁渗漏，止水带应位置正确、固定牢靠、平直，不得有扭曲现象；穿墙管、止水环与主管，或翼环与套管应连续满焊，并做防腐处理；接缝处混凝土表面应密实、洁净、干燥；密封材料应嵌填严密、粘接牢靠，不得有开裂、鼓泡和下塌现象。

3）水泥砂浆防水层。表面密实平整；粘结牢固无空鼓，不得有裂纹、起砂、麻面等缺陷；阴阳角处应做成圆弧形，留槎位置及做法应正确。

防水混凝土、防水混凝土细部构造、水泥砂浆防水层施工观感质量检查评价记录，见表 6-16。

表 6-16　地下防水子分部工程施工观感质量检查评价记录（一）

×××（□□□□）C

工程名称			施工单位		
参加人员					

序号		项目	抽查质量状况	质量评价 好/一般/差	综合评价
1	防水混凝土	表面坚实、平整			
2		无露筋、蜂窝性能缺陷			
3		无贯通裂缝、缝宽应符合设计要求			
4		埋设件位置应正确			
1	地下建筑防水工程 防水混凝土细部构造	严禁渗漏			
2		止水带应位置正确、固定牢靠、平直，不得有扭曲现象			
3		穿墙管、止水环与主管，或翼环与套管应连续满焊			
4		管、环、焊件做防腐处理			
5		接缝处混凝土表面应密实、洁净、干燥			
6		密封材料应嵌填严密、粘结牢固无空鼓，不得有开裂、鼓泡和下塌现象			
1	水泥砂浆防水层	表面密实平整			
2		粘结牢固无空鼓			
3		不得有裂纹、起砂、麻面等缺陷			
4		阴阳角处做成圆弧形			
5		留槎位置及做法应正确			

结论：

施工单位项目经理：×××

×年×月×日

总监理工程师：×××
（建设单位项目负责人）
×年×月×日

303

2.卷材防水层、涂料防水层、塑料板防水层施工观感质量检查评价

1）卷材防水层。防水层及其转角处、变形缝、穿墙管道等细部做法均应符合设计要求，粘（焊）结牢固，接缝密封严密，无皱褶、翘边和鼓泡等缺陷。防水层的保护层与防水层应粘结牢固，厚度均匀一致。

2）涂料防水层。防水层及转角处、变形缝、穿墙管道等细部做法均须符合设计要求。基层应洁净、平整，不得有空鼓、松动、起砂和脱皮现象。基层阴阳角处应做成圆弧形。防水层与基层粘结牢固，表面平整，涂刷均匀，不得有流淌、皱褶、鼓泡、露胎体和翘边等缺陷。防水层的保护层与防水层应粘结牢固，结合紧密，厚度均匀一致。

3）塑料板防水层。铺设应平顺，并与基层固定牢固，不得有下垂、绷紧和破损现象；焊缝饱满、平整，不得有渗漏。

卷材防水层、涂料防水层、塑料板防水层施工观感质量检查评价记录见表 6-17。

表 6-17　地下防水子分部工程施工观感质量检查评价记录（二）

×××（□□□□）C

工程名称				施工单位								
参加人员												
序　号		项　目		抽查质量状况						质量评价		综合评价
										好	一般	差	
1	地下建筑防水工程	卷材防水层	防水层、转角处、变形缝、穿墙管道等细部做法均应符合设计要求										
2			接缝应密封严密，无皱褶、翘边和鼓泡等缺陷										
3			防水层的保护层与防水层应粘结牢固，厚度均匀一致										
1		涂料防水层	防水层及转角处、变形缝、穿墙管道等细部做法均应符合设计要求										
2			基层应洁净、平整，不得有空鼓、松动、起砂和脱皮现象										
3			基层阴阳角处应做成圆弧形										
4			防水层与基层粘结牢固，表面平整										
5			涂刷均匀、不得有流淌、皱褶、鼓泡、露胎体和翘边等缺陷										
6			防水层的保护层与防水层粘结牢固，结合紧密，厚度均匀一致										
1		塑料板防水层	铺设应平顺，并与基层固定牢固										
2			不得有下垂、绷紧和破损现象										
3			焊缝饱满、平整，不得有渗漏										

结论：

施工单位项目经理：×××
×年×月×日

总监理工程师：×××
（建设单位项目负责人）
×年×月×日

3.金属板防水层、特殊施工法防水工程施工观感质量评价

1）金属板防水层：表面不得有明显凹面和损伤；焊缝不得有裂纹、未熔合、夹渣、焊瘤、咬边、烧穿、弧坑、针状气孔等缺陷；焊缝的焊波应均匀，焊渣和飞溅物应清除干净，保护涂层应符合设计要求，不得有漏涂、脱皮和反锈现象。

2）锚喷支护：喷射混凝土应密实、平整；混凝土无裂缝、脱落、漏喷、露筋、空鼓和渗漏水。

3）地下连续墙：槽段接缝以及墙体与内衬应符合设计要求；地下连续墙的墙面不得有露筋，且不得有露石和夹泥现象。

4）复合式衬砌：构造做法均应符合设计要求，严禁有渗漏；二次衬砌混凝土的表面应坚实、平整，不得有露筋、蜂窝等缺陷。

5）盾构法隧道：衬砌接缝不得有线流和漏泥沙现象；管面环向及纵向螺栓应全部穿进拧紧，衬砌内表面的外露铁件防腐处理应符合设计要求。

金属板防水层和特殊施工法防水工程施工观感质量检查评价记录见表 6-18。

表 6-18　地下防水子分部工程施工观感质量检查评价记录（三）

×××（□□□□）C

工程名称				施工单位					
参加人员									
序　号		项　目		抽查质量状况		质量评价			综合评价
						好	一般	差	
1	地下建筑防水工程	金属板防水层	表面不得有明显凹面和损伤						
2			焊缝不得有裂纹、未熔合、夹渣、焊瘤、咬边、烧穿、弧坑、针状气孔等缺陷						
3			焊缝的焊波应均匀						
4			焊渣和飞溅物应清除干净						
5			保护涂层应符合设计要求，不得有漏涂、脱皮和反锈现象						
1	特殊施工法防水工程	锚喷支护	喷射混凝土应密实、平整						
2			混凝土无裂缝、脱落、漏喷、露筋、空鼓和渗漏水						
1		地下连续墙	槽段接缝以及墙体与内衬应符合设计要求						
2			墙面不得有露筋、露石和夹泥						
1		复合式衬砌	构造做法均应符合设计要求						
2			严禁有渗漏						
3			二次衬砌混凝土的表面应坚实、平整，不得有露筋、蜂窝等缺陷						
1		盾构法隧道	衬砌接缝不得有线流和漏泥沙现象						
2			管片拼装后，环向与纵向螺栓应全部穿进并拧紧						
3			外露铁件应按设计要求进行防腐处理						

结论：

施工单位项目经理：×××

×年×月×日

总监理工程师：×××

（建设单位项目负责人）

×年×月×日

4. 排水工程、注浆工程、结构防冻害工程施工观感质量检查评价

1）排水工程检查内容：建筑物周围的渗排水层顶面应做散水坡；盲沟在转弯处和高低

处应设检查井，出水口处应设置滤水篦子；隧道或坑道内应按设计设置各类泵站及集水池。

2）注浆工程：预注浆时，后注浆浆液不得溢出地面和超出有效注浆范围，地面注浆结束后，注浆孔应封填密实。

注浆点距离饮用水源或公共水域较近时，如注浆施工有污染，应及时采取相应措施。衬砌裂缝注浆，注浆后待缝内浆液初凝而不外流时，方可拆下注浆嘴，并进行封口抹平。

3）结构防冻害工程检查内容：位于受冻害区段的结构外表面贴的苯板，其上口必须至地坪，砂填夹层的高度也应至地坪。

对于没有交付使用的地下防水工程，应做好冻害的防护工作，用保温材料填埋或覆盖，其材料性能和填埋覆盖厚度必须保证其结构周边接触的土层不受冻。

排水工程、注浆工程、结构防冻害工程施工观感质量检查评价记录见表6-19。

表6-19　地下防水子分部工程施工观感质量检查评价记录（四）

×××（□□□□）C

工程名称				施工单位										
参加人员														
序号		项目		抽查质量状况							质量评价			综合评价
											好	一般	差	
1	排水工程	渗排水	建筑物周围的渗排水层顶面应做散水坡											
2		盲沟排水	盲沟在转弯处和高低处应设检查井，出水口处应设置滤水篦子											
3		隧道、坑道排水	隧道或坑道内应按设计设置各类泵站及集水池											
1	注浆工程	预注浆、后注浆	浆液不得溢出地面和超出有效注浆范围。地面注浆结束后，注浆孔应封填密实											
2		衬砌裂缝注浆	注浆后，待缝内浆液初凝而外流，方可拆下注浆嘴，并进行封口抹平											
1	结构防冻害工程		位于受冻害区段的结构外表面粘贴的苯板，其上口必须至地坪，砂填夹层的高度也应至地坪											
2			对于没有交付使用的地下防水工程，应做好冻害的防护，用保温材料填埋或覆盖，其材料性能和填埋覆盖厚度必须保证其结构接触的土层不受冻											

结论：

施工单位项目经理：×××

×年×月×日

总监理工程师：×××

（建设单位项目负责人）

×年×月×日

6.2.3　混凝土结构子分部工程

混凝土结构体形庞大，构造复杂，在施工工程量中占有很大的比例，但在整个施工质量验收体系中，它只是一个子分部工程。它与砌体结构、钢结构、木结构等并列从属于主体结构分部工程，或从属于地基基础分部工程。

《混凝土结构工程施工质量验收规范》（GB 50204—2015）规定：对混凝土结构子分部工程的质量验收，应在钢筋、预应力、混凝土、现浇结构或装配式结构等相关分项工程验收合格的基础上，进行质量控制资料检查及观感质量验收，并应对涉及结构安全的材料、试件、施工工艺和结构重要性进行见证检测或结构实体检验。

6.2.3.1　混凝土结构子分部工程的划分

在《统一标准》中，混凝土结构定为一个子分部工程，它泛指以混凝土为主要承载受力材料的各种结构类型，可以是钢筋混凝土结构子分部工程、预应力结构子分部工程、素混凝土结构子分部工程及以混凝土为主的各种结构子分部工程中的一种或几种。具体分类如下：

1）根据结构施工方法不同，分为现浇混凝土结构子分部工程、装配式混凝土结构子分部工程。

2）根据结构的不同，分为钢筋混凝土结构子分部工程、预应力混凝土结构子分部工程。

6.2.3.2　混凝土结构工程施工质量验收合格规定

1）混凝土结构工程所含分项工程施工质量均应验收合格。

2）混凝土结构工程施工质量控制资料应及时、准确、齐全、完整。

3）混凝土结构工程有关安全及功能的检验和抽样检测结果均应符合相应标准规定和设计要求。

4）混凝土结构工程观感质量检查评价应符合相关标准的要求。

混凝土结构子分部工程施工质量验收应按表 6-20 记录，由施工项目质量（技术）负责人填写，各方面代表认可，并加盖统一编号的相应岗位资格章。

表 6-20　混凝土结构子分部工程施工质量验收记录

×××（□□□□）

工程名称			结构类型		层　数	
施工单位			技术部门负责人		质量部门负责人	
			项目技术负责人		项目质量负责人	
分包单位			分包单位负责人		分包技术负责人	
序号	分项工程名称		检验批数	施工单位检验意见	验收意见	
1						
2						
3						
4						
混凝土结构子分部工程施工质量控制资料核查记录（表6-21）						
混凝土结构子分部工程安全和功能检验资料核查及主要功能抽查记录（表6-22）						
混凝土结构子分部工程施工观感质量检查评价记录（表6-23）						
检验验收单位	分包单位		项目经理：×××		（公章） ×年×月×日	
	施工单位		项目经理：×××		（公章） ×年×月×日	
	设计单位		项目负责人：×××		（公章） ×年×月×日	
	监理（建设）单位		总监理工程师：××× （建设单位项目负责人）		（公章） ×年×月×日	

6.2.3.3 施工质量控制资料核查

1）设计交底、图样会审及设计洽商文件应完整，签章齐全。

2）原材料出厂合格证和进场复验报告符合要求。

3）在施工现场，应按《钢筋机械连接技术规程》（JGJ 107—2016）、《钢筋焊接及验收规程》（JGJ 18—2012）的规定抽取钢筋机械连接接头、焊接接头试件做力学性能检验，其质量应符合有关规程的规定。

4）混凝土施工记录应完整。

5）混凝土试件的性能试验报告应符合要求。

6）装配式结构预制构件的合格证和安装及验收记录应齐全。

7）预应力筋用锚具、夹具和连接器应按设计要求采用，其性能应符合现行国家标准《预应力筋用锚具、夹具和连接器》（GB/T 14370—2015）等的规定。对锚具用量较少的一般工程，如供货方提供有效的试验报告，可不做静载锚固性能试验。

8）预应力安装、张拉、灌浆及封锚应符合要求、记录真实。

9）隐蔽工程验收记录必须真实，手续齐全。

10）分项工程验收记录应符合要求。

11）涉及混凝土结构安全的重要部位实体检验报告结果应符合设计要求。

12）当工程出现重大质量问题时，应有处理方案和验收记录，记录应完整。

13）其他必要的文件和记录包括混凝土配合比报告单、施工配合比通知单、定位测量记录、技术交底、施工方案等一些相应记录。

涉及工程结构安全和使用功能的原材料和构配件等，应执行见证取样检测规定。

混凝土结构子分部工程施工质量控制资料应数据准确、签章规范，验收应按表6-21记录，由施工项目质量（技术）负责人填写。

表6-21 混凝土结构子分部工程施工质量控制资料核查记录

×××（□□□□）A

工 程 名 称		施 工 单 位		
序 号	资 料 名 称	份 数	核 查 意 见	核 查 人
1	图样会审、设计变更、洽商记录			
2	原材料出厂合格证和进场复验报告			
3	钢筋接头的试验报告			
4	混凝土工程施工记录			
5	混凝土试件的性能试验报告			
6	装配式结构预制构件的合格证和安装验收记录			
7	预应力筋用锚具、连接器的合格证和进场复验报告			
8	预应力筋安装、张拉、灌浆及封锚记录			
9	隐蔽工程验收记录			
10	分项工程验收记录			
11	混凝土结构实体检验记录			
12	工程重大质量问题的处理方案和验收记录			
13	其他必要的文件和记录			

结论：

总监理工程师：×××

施工单位项目经理：×××　　　　　　　　　　　（建设单位项目负责人）

×年×月×日　　　　　　　　　　　　　　　　×年×月×日

6.2.3.4　安全和功能检验资料核查及主要功能抽查

混凝土结构工程安全及功能检验包括建筑材料（构、配件）对室内环境污染控制资料；混凝土结构实体检验；预制构件结构性能检验；混凝土结构垂直度、标高、全高测量记录；混凝土结构沉降观测测量记录。

（1）结构实体检验的一般规定

1）对涉及混凝土结构安全的重要部位，应进行结构实体检验。结构实体检验应在监理工程师（建设单位项目专业技术负责人）见证下，由施工项目技术负责人组织实施。承担结构试验的实验室应具有相应的资质。

2）结构实体检验的内容应包括混凝土强度、钢筋保护层厚度以及工程合同约定的项目；必要时可检验其他项目。

3）对混凝土强度的检验，应以在混凝土浇筑地点制备并与结构实体同条件养护的试件强度为依据。混凝土强度检验用同条件养护试件的留置、养护和强度代表值应符合《混凝土结构工程施工质量验收规范》（GB 50204—2015）附录 D 的规定。

对混凝土强度的检验，也可根据合同的约定，采用非破损或局部破损的检测方法，具体按国家现行有关标准的规定进行。

4）当同条件养护试件强度的检验结果符合现行国家标准《混凝土强度检验评定标准》（GB/T 50107—2010）的有关规定时，混凝土强度应判为合格。

5）对钢筋保护层厚度的检验。其抽样数量、检验方法、允许偏差与合格条件应符合《混凝土结构工程施工质量验收规范》（GB 50204—2015）附录 E 的规定。

6）当未能取得同条件养护试件强度，同条件养护试件强度被判为不合格，或钢筋保护层厚度不满足要求时，应委托具有相应资质等级的检测机构按国家有关标准的规定进行检测。

根据《统一标准》的规定，应在子分部工程验收前进行结构实体检验。检验的范围仅限于涉及安全的柱、墙、梁等结构构件的重要部位。结构实体检验采用由各方参与的见证抽样形式，以保证检验结果的公正性。

对结构实体进行检验，并不是在子分部工程验收前的重新检验，而是在相应分项工程验收合格、过程控制使质量得到保证的基础上，对重要项目进行的复核性检查。其目的是强化混凝土结构的施工质量验收，真实地反映混凝土强度及受力钢筋位置等质量指标，确保结构安全。

为了使实体检验不过多地增加施工和监理（建设）单位的负担，规范严格控制了检测的数量。

（2）结构实体混凝土强度的检验

混凝土结构中混凝土的强度，除按标准养护试块的强度检查验收外，在子分部工程验收前，又增加了作为实体检验的结构混凝土强度检验。因为标准养护强度与实际结构中的混凝土，除组成成分相同以外，成形工艺、养护条件（温度、湿度、承载龄期等）都有很大差别，两者之间可能存在较大差异。因此，增加这一层次的检验对控制工程质量是必要的。

《混凝土结构工程施工质量验收规范》（GB 50204—2015）附录 D "结构实体检验用同条件养护试件强度检验" 内容如下。

D. 0.1　同条件养护试件的留置方式和取样数量，应符合下列要求。

1）同条件养护试件所对应的结构构件或结构部位，应由监理（建设）、施工等各方共同选定。

2）对混凝土结构工程中的各混凝土强度等级，均应留置同条件养护试件。

3）同一强度等级的同条件养护试件，其留置的数量应根据混凝土工程量和重要性确定，不宜少于 10 组，且不应少于 3 组。

4）同条件养护试件拆模后，应放置在靠近相应结构构件或结构部位的适当位置，并应采取相同的养护方法。

D. 0.2　同条件养护试件应在达到等效养护龄期时进行强度试验。

等效养护龄期应根据同条件养护试件强度与在标准养护条件下 28d 龄期试件强度相等的原则确定。

D. 0.3　同条件自然养护试件的等效养护龄期及相应的试件强度代表值宜根据当地的气温和养护条件，按下列规定确定。

1）等效养护龄期可取按日平均气温逐日累计达到 600℃ 时所对应的龄期，0℃ 及以下的龄期不计入；等效养护龄期不应小于 14d，也不宜大于 60d。

2）同条件养护试件强度代表值应根据强度试验结果按现行国家标准《混凝土强度检验评定标准》（GBJ 107）的规定确定后，乘以折算系数取用，折算系数宜取为 1.10，也可根据当地的试验统计结果作适当调整。

（3）钢筋保护层厚度检验

钢筋的混凝土保护层厚度对其粘结锚固性能及结构的耐久性和承载能力都有重大影响。特别是受力钢筋的移位，往往减小内力臂而严重削弱构件的承载能力。在我国，施工时将构件上部的负弯矩受力钢筋踩下而引起的质量事故屡屡发生，轻则表现为板边或板角裂缝，重则发生悬臂构件的倾覆、折断事故。因此，对上述结构中的钢筋保护层厚度进行实体检验是保证结构安全所必需的。《混凝土结构工程施工质量验收规范》（GB 50204—2015）附录 E "结构实体钢筋保护层厚度检验" 内容如下。

E. 0.1　钢筋保护层厚度检验的结构部位和构件数量，应符合下列要求：

1）钢筋保护层厚度检验的结构部位，应由监理（建设）、施工等各方根据结构构件的重要性共同选定。

2）对梁类、板类构件，应各抽取构件数量的 2% 且不少于 5 个构件进行检验；当有悬挑构件时，抽取的构件中悬挑梁类、板类构件所占比例均不宜小于 50%。

E. 0.2　对选定的梁类构件，应对全部纵向受力钢筋的保护层厚度进行检验；对选定的板类构件，应抽查不少于 6 根纵向受力钢筋的保护层进行检验。对每根钢筋，应在有代表性的部位测量 1 点。

E. 0.3　钢筋保护层厚度的检验，可采用非破损或局部破损的方法，也可采用非破损方法，并用局部破损方法进行校准。当采用非破损方法检验时，所使用的检测仪器应经过计量检验。检测操作应符合相应规程的规定。钢筋保护层厚度检验的检测误差不应大于 1mm。

E. 0.4　钢筋保护层厚度检验时，纵向受力钢筋保护层厚度的允许偏差，对梁类构件为 +10mm，−7mm；对板类构件为 +8mm，−5mm。

E.0.5　对梁类、板类构件，纵向受力钢筋的保护层厚度应分别进行验收。

结构实体钢筋保护层厚度验收合格应符合下列规定：

1）当全部保护层厚度检验的合格点率为 90% 及以上时，钢筋保护层厚度的检验结果应判为合格。

2）当全部钢筋保护层厚度检验的合格点率小于 90% 但不小于 80%，可再抽取相同数量的构件进行检验；当按两次抽样总和计算的合格点率为 90% 及以上时，钢筋保护层厚度的检验结果仍应判为合格。

3）每次抽样检验结果中不合格点的最大偏差均不应大于《混凝土结构工程施工质量验收规范》（GB 50204—2015）附录 E.0.4 条规定允许偏差的 1.5 倍。

混凝土结构子分部工程安全和功能检验应数据准确、签章规范，验收应按表 6-22 记录，由施工项目质量（技术）负责人填写。

表 6-22　混凝土结构子分部工程安全和功能检验资料核查及主要功能抽查记录

×××（□□□□）A

工 程 名 称					施 工 单 位	
序　　号	安全和功能检验项目	份　　数	核 查 意 见	抽 查 结 果	核查（抽查）人	
1	建筑材料（构、配件）对室内环境污染控制资料					
2	结构实体检验用同条件养护试件强度检验报告					
3	结构实体钢筋保护层厚度检验报告					
4	混凝土强度非破损或局部破损检测报告					
5	预制构件结构性能检验					
6	混凝土结构垂直度、标高、全高测量记录					
7	混凝土结构沉降观测测量记录					

结论：

施工单位项目经理：×××　　　　　　　　　　　　　　总监理工程师：×××
　　　　　　　　　　　　　　　　　　　　　　　　　（建设单位项目负责人）
× 年 × 月 × 日　　　　　　　　　　　　　　　　　　× 年 × 月 × 日

注：抽查项目由验收组协商确定。

6.2.3.5　施工观感质量检查评价

观感质量检验的方法是由参加验收的各方人员（施工、设计、监理等）巡视已经完工的混凝土结构工程，用肉眼观察，用手触摸并辅以少量的量测（有分歧意见或难以判断的局部区域、项目），并通过协商、讨论进行验收。

抽查部位：随机确定。

抽查数量：每层按构件数量的 10% ～ 20% 且不宜少于 10 处抽查。

评价方法：由总监理工程师（建设单位项目负责人）组织施工项目主要人员和监理人员不少于 5 人共同观察检查。

评价结论如下：

1）在"抽查质量状况"（栏）填写"√""○""×"，分别代表"好""一般""差"。

2）根据每个项目"抽查质量状况"给出相应"质量检查评价"结果。

3）对"质量评价"为"差"的项目，应返修后重新检查评价。

4）综合每项"质量检查评价"，作出"综合检查评价"结果。

5）"结论"应写明符合要求与不符合要求的项数，及对不符合要求项目的处理意见。

混凝土结构子分部工程观感质量评价应按表6-23记录，由施工项目质量（技术）负责人填写。

表6-23　混凝土结构子分部工程施工观感质量检查评价记录

0201（□□□□）C

工程名称			施工单位												
参加人员															
序号	项目名称	抽查质量状况										质量评价			综合评价
		1	2	3	4	5	6	7	8	9	10	好	一般	差	
1	外表缺陷														
2	连接部位缺陷														
3	外形缺陷														
4	阴阳角方正														
5	几何尺寸														
6	通线														
7	轴线及标高线的标识准确														

结论：

施工单位项目经理：×××　　　　　　　　　　　　　　　　总监理工程师：×××

×年×月×日　　　　　　　　　　　　　　　　　　　　（建设单位项目负责人）

　　　　　　　　　　　　　　　　　　　　　　　　　　　×年×月×日

6.2.4　砌体子分部工程

主体结构分部工程砌体子分部工程的验收，同样应建立在其所包括的各砌体分项工程合格的基础之上。在工程实践中，诸多砌体子分部工程仅含有一个分项工程。如多层砖混住宅主体结构，全部采用普通黏土砖；多层框架结构，采用加气混凝土空心砌块作主体的填充墙，都只有一个分项工程。

6.2.4.1　砌体子分部工程施工质量验收合格规定

1）砌体子分部工程所含分项工程施工质量均应验收合格。

2）砌体子分部工程施工质量控制资料应及时、准确、完整。

3）砌体子分部工程有关安全和功能的检验及抽查结果均应符合设计要求和有关标准规定。

4）砌体子分部工程观感质量检查评价应符合相关标准的要求。

砌体子分部工程施工质量验收应按表6-24记录，由施工项目质量（技术）负责人填写，各方面代表签认，并加盖统一编号的相应岗位资格章。

表 6-24　砌体子分部工程施工质量验收记录

×××（□□□□）

工程名称			结构类型		层数	
施工单位			技术部门负责人		质量部门负责人	
			项目技术负责人		项目质量负责人	
分包单位			分包单位负责人		分包技术负责人	
序号	分项工程名称		检验批数	施工单位检验意见	验收意见	
1						
2						
3						
4						
砌体子分部工程施工质量控制资料核查记录（表 6-26）						
砌体子分部工程安全和功能检验资料核查及主要功能抽查记录（表 6-27）						
砌体子分部工程观感质量检查评价记录（表 6-28）						
检验验收单位	施工单位	项目经理：××× (公章) ×年×月×日				
	勘察单位	项目经理：××× (公章) ×年×月×日				
	设计单位	项目负责人：××× (公章) ×年×月×日				
	监理（建设）单位	总监理工程师：××× (公章) （建设单位项目负责人） ×年×月×日				

6.2.4.2　施工质量控制资料核查

1）砌体工程所用材料（构、配件）应有出厂合格证和产品性能检验报告或形式检验报告。块材、水泥、钢材、外加剂、苯板、耐碱玻纤网格布、苯板胶粘剂等还应有进场验收检验报告。

2）水泥进场使用前，应分批对其强度、安定性进行复验。检验批应以同一生产厂家、同一编号为一批。当在使用中对水泥质量有怀疑或水泥出厂超过 3 个月（快硬硅酸盐水泥超过 1 个月）时，应复查试验，并按其结果使用。

3）凡在砂浆中掺入有机塑化剂、早强剂、缓凝剂、防冻剂等，应经检验和试配符合要求后，方可使用。有机塑化剂应有砌体强度的形式检验报告。

4）砌筑砂浆施工配合比应根据配合比设计结合施工情况确定。

5）砌筑砂浆标准养护试块抗压强度验收合格标准是，同一验收批的平均值必须大于或等于设计强度等级，同时其最小一组的平均值必须大于或等于 0.75 倍的设计强度等级。

6）砌体工程施工记录应包括以下内容：
① 施工工艺标准。
② 操作者自我检查记录。
③ 上、下道工序交接检查记录。
④ 专业质量检查员检验记录。

7）隐蔽工程验收记录（检验批质量验收记录内容相同的可以兼用）应真实、完整、及时。

8）施工技术方案应确定检验批的划分、安全和功能的检验（抽查）数量与方法。施工质量控制措施应有针对性。

9）涉及工程结构安全和使用功能的原材料和构、配件，应执行见证取样检测规定。

10）砌体工程施工质量控制等级应按表 6-25 的规定进行划分，并应符合设计要求。

表 6-25 砌体工程施工质量控制等级

项 目	施工质量控制等级		
	A	B	C
现场质量管理	制度健全，并严格执行；非施工方质量监督人员经常到现场，或现场设有常驻代表；施工方有在岗专业技术管理人员，人员齐全，并持证上岗	制度基本健全，并能执行；非施工方质量监督人员间断地到现场进行质量控制；施工方有在岗专业技术管理人员，并持证上岗	有制度，非施工方质量监督人员很少作现场质量控制，施工方有在岗专业技术管理人
砂浆、混凝土强度	试块按规定制作，强度满足验收规定，离散性小	试块按规定制作，强度满足验收规定，离散性较小	试块强度满足验收规定，离散性大
砂浆拌和方式	机械拌和，配合比计量控制严格	机械拌和，配合比计量控制一般	机械或人工拌和，配合比计量控制较差
砌筑工人	中级工以上，其中高级工不少于 20%	高、中级工不少于 70%	初级工以上

砌体工程施工质量控制资料应数据准确、签章规范，核查应按表 6-26 记录，由施工项目质量（技术）负责人填写。

表 6-26 砌体子分部工程施工质量控制资料核查记录

×××（□□□□）A

工程名称		施工单位			
序 号	资 料 名 称	份 数	核 查 意 见	核 查 人	
1	图样会审、设计变更、洽商记录				
2	工程定位测量、放线记录				
3	水泥出厂合格证及进场验收检验报告				
4	块材出厂合格证及进场验收检验报告				
5	外加剂出厂合格证（形式检验报告）及进场验收检验报告				
6	钢筋出厂合格证及进场验收检验报告				
7	其他原材料出厂合格证及进场验收检验报告				
8	预拌砂浆、混凝土合格证及进场验收检验报告				
9	砌体结构检验及抽样检测资料				
10	砂浆、混凝土配合比设计及施工配合比				
11	砂浆、混凝土试块抗压强度试验报告				
12	施工记录				
13	隐蔽工程验收记录				
14	施工技术方案				
15	施工质量控制等级检查记录				
16	各分项及其检验批施工质量验收记录				
17	重大技术问题处理资料				

结论：

施工单位项目经理：×××

×年×月×日

总监理工程师：×××

（建设单位项目负责人）

×年×月×日

6.2.4.3 安全和功能检验资料核查及主要功能抽查

1）砌体子分部工程安全和功能检验应在分项或检验批验收时进行，子分部验收时核查检验资料应符合要求，并对其主要功能进行抽查检验。

2）抽气（风、烟）道的内表面应光滑、平整，变压板构造应与对应楼层相符，气流分流应正确，外形尺寸及进出气（风、烟）口的标高、位置、构造应符合设计要求。

3）脚手架眼的设置补砌及墙、柱的允许自由高度应按施工技术方案执行。

4）墙体预留洞口（沟槽）、预埋管道应在砌筑时按设计及施工技术方案要求留设，不得在砌筑后开凿。

5）砌体热桥部位的构造施工必须符合防潮、防结露的设计要求。

6）防止或减轻墙体开裂的主要措施应符合设计及施工技术方案要求。对可能影响结构安全的砌体变形和裂缝，应由有资质的鉴定检测单位检测鉴定，并应按《统一标准》第 5.0.6 条的规定处理。

7）节能复合墙体外保温系统的技术性能（保温、抗风压、耐冻融、耐冲击、抗渗透等）应符合设计要求及国家有关标准的规定。

8）砌体工程所用建筑材料（构、配件）对室内环境的污染控制应符合国家有关规定。

砌体子分部工程安全和功能检验及主要功能抽查资料应数据准确，签章规范。验收应按表 6-27 记录，由施工项目质量（技术）负责人填写，各方代表签认。

表 6-27　砌体子分部工程安全和功能检验资料核查及主要功能抽查记录

×××（□□□□）B

工程名称			施工单位		
序　号	资　料　名　称	份　数	核 查 意 见	抽 查 结 果	核查（抽查）人
1	砌体垂直度测量记录				
2	砌体标高测量记录				
3	砌体全高测量记录				
4	抽气（风、烟）道检验记录				
5	脚手架眼设置补砌及墙、柱自由高度检查记录				
6	洞口（沟槽）、管道留设检查记录				
7	热桥部位构造施工检验记录				
8	防止或减轻墙体开裂的主要措施检验记录				
9	砌体变形和裂缝检测鉴定报告				
10	节能复合墙体保温系统性能检验报告				
11	砌体材料对室内环境污染控制检测报告				
12	砌体沉降观测记录				
13					
结论： 　　施工单位项目经理：××× 　　×年×月×日				总监理工程师：××× （建设单位项目负责人） 　　×年×月×日	

6.2.4.4　施工观感质量检查评价

抽查部位：随机确定。

抽查数量：每层每 10m 墙面一处，且不少于 10 处。大角、横竖线条和花饰全数检查。

检查评价方法：由总监理工程师（建设单位项目负责人）组织施工项目主要人员和监理人员共同现场检查评定。

1）在"抽查质量状况"（栏）填写"√""○"或"×"，分别代表"好""一般"或"差"。

2）根据每个项目的"抽查质量状况"，给出相应质量评价结果。

3）对于质量评价为"差"的项目，应返修后重新检查评价。

4）统计质量检查评价情况，给出综合评价结果。

5）结论应写明符合要求与不符合要求的项数，及对不符合要求项目的处理意见。

砌体工程观感质量检查评价应按表 6-28 记录，由施工项目质量（技术）负责人填写，总监理工程师（建设单位项目负责人）签章。

表 6-28　砌体子分部工程观感质量检查评价记录

××× （□□□□）C

工程名称			施工单位												
参加人员															

序号		项目名称	抽查质量状况										质量评价			综合评价
			1	2	3	4	5	6	7	8	9	10	好	一般	差	
1		大角、横竖线条及花饰															
1	砖砌体	竖向灰缝															
2		组砌方法															
3		水平灰缝厚度															
4		外墙窗口偏移															
5		水平灰缝平直度															
6		清水墙游丁走缝															
7		接槎处理															
8		阴阳角顺直															
9		变形缝构造															
10		构造柱															
1	混凝土小型空心砌块砌体	组砌方法															
2		水平灰缝厚度															
3		竖向灰缝															
4		外墙窗口偏移															
5		水平灰缝平直度															
6		接槎处理															
7		阴阳角顺直															
8		变形缝构造															
9		构造柱															
1	石砌体	组砌方法															
2		墙面勾缝															
3		清水墙水平灰缝平直度															
1	节能墙体	变形缝设置															
2		网格布无显露															
3		分格缝、滴水构造															
4		表面平整、阴阳角顺直															
5		窗口接缝密封															
1	外墙板	外墙板安装方正															
2		外墙板洞口预留															
3		板间接缝平齐															
1	填充墙砌体	组砌方法及混砌															
2		外墙窗口偏移															
3		灰缝尺寸															
4		接槎处理															
5		梁板下补砌															

结论：

总监理工程师（建设单位项目负责人）：×××　　　　　　　　　　　　　　施工单位项目经理：×××

×年×月×日　　　　　　　　　　　　　　　　　　　　　　　　　　　　　×年×月×日

6.2.4.5　异常情况的验收

1）当砌体工程质量不符合要求时，应按《统一标准》的规定执行。

《统一标准》中 5.0.6 条规定，当建筑工程质量不合要求时，应按下列规定进行处理：

① 经返工重做或更换器具、设备的检验批，应重新进行验收。

② 经有资质的检测单位检测鉴定能够达到设计要求的检验批，应予以验收。

③ 经有资质的检测单位检测鉴定达不到设计要求，但经原设计单位核算认可能够满足结构安全和使用功能的验收批，可予以验收。

④ 经返修或加固处理的分项、分部工程，虽然改变外形尺寸，但仍能满足安全使用要求，可按处理技术方案和协商文件进行二次验收。

⑤ 通过返修或加固处理仍不能满足安全使用要求的，应不予验收。

2）对有裂缝的砌体，应按下列情况进行验收：

① 对有可能影响结构安全性的砌体裂缝，应由有资质的检测单位检测鉴定，需返修或加固处理的，待返修或加固满足使用要求后进行二次验收。

② 对不影响结构安全性的砌体裂缝，应予以验收。对明显影响使用功能和观感质量的裂缝，应进行处理。

6.2.5　钢结构子分部工程

根据现行国家标准《统一标准》的规定，钢结构作为主体结构之一，应按子分部工程竣工验收；当主体结构均为钢结构时，应按分部工程竣工验收。大型钢结构工程可划分成若干个子分部工程进行竣工验收。

6.2.5.1　钢结构子分部工程施工质量验收合格规定

1）钢结构工程所含分项工程施工质量均应验收合格。

2）钢结构工程施工质量控制资料应及时、准确、完整。

3）钢结构工程有关安全及功能的检验和抽样检测结果均应符合相应合格标准规定或设计要求。

4）钢结构工程观感质量检查评价应符合相关标准的要求。

钢结构子分部工程施工质量验收应按表 6-29 记录，由施工质量（技术）负责人填写，各方面代表认可，加盖统一编号的相应岗位资格章。

6.2.5.2　施工质量控制资料核查

钢结构分部工程竣工验收时，应提供下列文件和记录供核查：

1）钢结构工程竣工图样及相关设计文件。

2）施工现场质量管理检查记录。

3）有关安全及功能的检验和见证检测项目检查记录。

4）有关观感质量检验项目检查记录。

5）分部工程所含分项工程质量验收记录。

6）分项工程所含检验批质量验收记录。

7）强制性条文检验项目检查记录及证明文件。

8）隐蔽工程检验项目检查验收记录。

9）原材料、成品质量合格证明文件、中文标志及性能检测报告。

10）不合格项的处理记录及验收记录。

11）重大质量、技术问题实施方案及验收记录。

12）其他有关文件和记录。

钢结构子分部工程施工质量控制资料核查记录见表 6-30。

表 6-29　钢结构子分部工程施工质量验收记录

×××（□□□□）

工程名称			结构类型		层数	
施工单位			技术部门负责人		质量部门负责人	
			项目技术负责人		项目质量负责人	
分包单位			分包单位负责人		分包技术负责人	
序　号	分项工程名称		检验批数	施工单位检验意见	验收意见	
1						
2						
3						
4						
钢结构子分部工程施工质量控制资料核查记录（表 6-30）						
钢结构子分部工程安全和功能检验资料核查及主要功能抽查记录（表 6-31）						
钢结构子分部工程施工观感质量检查评价记录（表 6-32）						
检验验收单位	施工单位		项目经理：×××		（公章）　　×年×月×日	
	勘察单位		项目经理：×××		（公章）　　×年×月×日	
	设计单位		项目负责人：×××		（公章）　　×年×月×日	
	监理（建设）单位		总监理工程师：×××（建设单位项目负责人）		（公章）　　×年×月×日	

表 6-30　钢结构子分部工程施工质量控制资料核查记录

×××（□□□□）A

工程名称		施工单位			
序　号	项　　　目	份　　数	核查意见	核查人	
1	图样会审、设计变更、洽商记录				
2	工程定位测量、放线记录				
3	原材料出厂合格证及进场检（试）验报告				
4	构、配件出厂合格证				
5	有关安全及功能的检验及见证检测项目检查记录				
6	隐蔽工程验收记录				
7	施工记录				
8	重大质量、技术问题实施方案及验收记录				
9	分项工程所含各检验批质量验收记录				

结论：

施工单位项目经理：×××

×年×月×日

总监理工程师：×××

（建设单位项目负责人）

×年×月×日

6.2.5.3 安全和功能检验资料核查及主要功能抽查

1）钢结构工程见证取样试验项目应符合设计要求和国家现行有关产品标准的规定。

2）焊缝质量：焊缝的超声波或射线探伤报告应由法定资格者出具，且报告应符合有关标准规定。外观缺陷检查记录、焊缝尺寸检查记录内容应齐全。

3）高强度螺栓施工质量：高强度螺栓的终拧扭矩检查记录、抗剪型高强度螺栓梅花头检查记录、网架螺栓球节点的紧固检查记录内容应齐全。

4）柱脚及网架支座：柱脚及网架支座施工质量的锚栓紧固检查记录；垫板、垫块施工记录；二次灌浆施工记录内容应齐全。

5）主要构件变形：钢屋（托）架、桁架、钢梁、吊车梁等垂直度和侧向弯曲的实测记录、钢柱垂直度测量记录、网架结构挠度测量记录内容应齐全。

6）钢结构工程主体结构尺寸、钢结构整体垂直度测量记录、整体平面弯曲测量记录内容应齐全。

钢结构子分部工程安全和功能检验资料核查及主要功能抽查记录见表 6-31。

表 6-31　钢结构子分部工程安全和功能检验资料核查及主要功能抽查记录

××× （□□□□）B

工程名称			施工单位			
序　号		项　目	份　数	核查意见	抽查结果	抽查（核查）人
1	见证取样送样试验项目	钢材复验报告				
2		焊接材料复验报告				
3		扭剪型高强度螺栓连接副的预拉力或扭矩系数复验报告				
4		高强度大六角头螺栓连接副的扭矩系数复验报告				
5		高强度螺栓连接摩擦面的抗滑移系数复验报告				
6	焊缝质量	网架节点承载力试验报告				
7		内部缺陷（超声波或射线探伤记录）				
8		外观缺陷检查记录				
9		焊缝尺寸检查记录				
10	高强度螺栓施工质量	终拧扭矩检查记录				
11		梅花头检查记录				
12		网架螺栓球节点的紧固检查记录				
13	柱脚及网架支座	锚栓紧固检查记录				
14		垫板、垫块施工记录				
15		二次灌浆施工记录				
16	主要构件变形	钢屋（托）架、桁架、钢梁、吊车梁等垂直度和侧向弯曲的实测记录				
17		钢柱垂直度测量记录				
18		网架结构挠度测量记录				
19	主体结构尺寸	整体垂直度测量记录				
20		整体平面弯曲测量记录				

结论：

施工单位项目经理：×××

×年×月×日

总监理工程师：×××

（建设单位项目负责人）

×年×月×日

6.2.5.4 施工观感质量检查评价

1）钢结构工程普通涂层表面随机抽查 3 个轴线结构构件，构件表面不应误涂、漏涂，涂层不应脱皮和返锈等。涂层应均匀，无明显皱褶、流坠、针眼和气泡等。

2）钢结构工程防火涂层表面应随机抽查 3 个轴线结构构件：

① 薄涂型防火涂层表面裂缝宽度不应大于 0.5mm，厚涂型防火涂层表面裂纹宽度不应大于 1mm。

② 防火涂料涂装基层不应有油污、灰尘和泥沙等污垢。

③ 防火涂料不应有误涂、漏涂，涂层应闭合无脱层、空鼓、明显凹陷、粉化松散和浮浆等外观缺陷，乳突已剔除。

3）钢结构工程压型金属板表面应随机抽查 3 个轴线间压型金属板表面。压型金属板安装应平整、顺直，板面不应有施工残留物和污物。檐口和墙面下端应成直线，不应有未经处理的错钻孔洞。

4）钢结构工程钢平台、钢梯、钢栏杆应随机抽查 10%，构件间应连接牢固，无明显外观缺陷。

钢结构子分部工程施工观感质量检查评价记录见表 6-32。

表 6-32　钢结构子分部工程施工观感质量检查评价记录

×××（□□□□）C

工程名称			施工单位												
参加人员															
序号	项目名称		抽查质量状况										质量评价		综合评价
			1	2	3	4	5	6	7	8	9	10	好	一般	差	
1	普通涂层表面															
2	防火涂层表面															
3	压型金属板表面															
4	钢平台、钢梯、钢栏杆															

结论：

施工单位项目经理：×××
× 年 × 月 × 日

总监理工程师：×××
（建设单位项目负责人）
× 年 × 月 × 日

6.2.6　屋面分部（子分部）工程

6.2.6.1　屋面分部工程划分

建筑屋面工程是一个分部工程，它包括防水屋面、涂膜防水屋面、瓦屋面、细石混凝土刚性防水屋面和隔热（蓄水和种植）特种屋面五个子分部工程。各子分部工程又由若干个分项工程组成，各分项工程又由一个或若干个检验批组成。

6.2.6.2　屋面分部（子分部）工程施工质量验收合格规定

1）屋面工程所含分项工程施工质量均应验收合格。

2）屋面工程施工质量控制资料应符合要求。

3）屋面工程有关安全及功能的检验和抽样检测结果均应符合相应标准规定或设计要求。

4）屋面工程施工观感质量检查评价应符合相关标准的要求。

320

屋面分部工程施工质量验收应按表 6-33 记录。屋面子分部工程施工质量验收应按表 6-34 记录。分部（子分部）施工质量验收记录由施工项目质量（技术）负责人填写，由验收各方代表认可并签字，盖统一编号的相应岗位资格章及公章。

表 6-33 屋面分部工程施工质量验收记录

×××（□□）

工程名称		结构类型		层数	
施工单位		技术部门负责人		质量部门负责人	
		项目技术负责人		项目质量负责人	
分包单位		分包单位负责人		分包技术负责人	
序号	子分部工程名称	分项数	施工单位检验意见		验收意见
1					
2					
施工质量控制资料核查					
安全和功能检验资料核查及主要功能抽查					
施工观感质量检查评价					
检验验收单位	施工单位	项目经理：×××			（公章） ×年×月×日
	监理（建设）单位	总监理工程师：××× （建设单位项目负责人）			（公章） ×年×月×日

表 6-34 屋面子分部工程施工质量验收记录

×××（□□）□□

工程名称		结构类型		层数	
施工单位		技术部门负责人		质量部门负责人	
		项目技术负责人		项目质量负责人	
分包单位		分包单位负责人		分包技术负责人	
序号	分项工程名称	检验批数	施工单位检验意见		验收意见
1					
2					
3					
屋面子分部工程施工质量控制资料核查记录（表 6-35）					
屋面子分部工程安全和功能检验资料核查及主要功能抽查记录（表 6-36）					
屋面子分部工程施工观感质量检查评价记录（表 6-37）					
检验验收单位	分包单位	项目经理：×××			（公章） ×年×月×日
	施工单位	项目经理：×××			（公章） ×年×月×日
	监理（建设）单位	总监理工程师：××× （建设单位项目负责人）			（公章） ×年×月×日

6.2.6.3 施工质量控制资料核查

1）屋面工程施工前，施工单位应进行图样会审。设计变更或材料代用，应由设计单位签发设计变更文件。

2）屋面工程施工前，应编制施工技术方案，施工技术方案应确定检验批的划分及抽检数量、抽检方法，并确定安全和功能检验方法、数量、抽检部位，验收时随机抽取。施工质量控制措施应有针对性。

3）屋面工程施工前，应进行施工技术交底。

4）屋面工程所采用的防水、保温隔热材料应有产品合格证书和性能检验报告，材料的品种、规格、性能等符合现行国家产品标准和设计要求。

材料进场后应有出厂合格证，并应按《屋面工程质量验收规范》（GB 50207—2012）中附录B的规定抽样复验；不得在屋面工程中使用不合格的材料。

5）中间检查记录包括以下内容：

① 施工工艺标准。

② 自检记录。

③ 专业质量检验记录。

④ 上、下道工序交接检查记录。

⑤ 分项、分部质量验收记录。

⑥ 淋水或蓄水检验记录。

⑦ 隐蔽工程验收记录（检验批质量验收记录内容相同的可以兼用）。

6）施工日志应能准确、真实地反映当日与工程施工相关的内容。

屋面工程施工质量控制资料应数据准确、完整、及时、签章规范。核查应按表6-35记录，由施工项目质量（技术）负责人填写。

表6-35 屋面子分部工程施工质量控制资料核查记录

×××（□□）□□A

工程名称		施工单位			
序 号	资 料 名 称	份 数	核查意见	核查人	
1	防水设计：设计图样及会审记录、设计变更通知单、材料代用核定单及其他设计文件				
2	施工方案：施工方法、技术措施、质量保证措施				
3	技术交底记录：施工操作要求及注意事项				
4	材料质量证明文件，出厂质量检验报告和进场复验报告、进场验收记录				
5	中间检查记录：施工工艺标准，施工检验记录，分项质量验收记录，雨后、淋水或蓄水检验记录，隐蔽工程验收记录				
6	施工日志：逐日施工情况				
7	其他技术资料：事故处理报告等				

结论：

施工单位项目经理：×××
×年×月×日

总监理工程师：×××
（建设单位项目负责人）
×年×月×日

6.2.6.4 安全和功能检验资料核查及主要功能抽查

1）屋面工程安全和功能检验（检测）及主要功能抽查应在分项工程或检验批验收时进行，子分部验收时，应检查其检验资料是否符合要求，如不符合要求，应逐项进行抽样检测。

2）淋水试验应在持续淋水2h后检查或雨后观察检查；蓄水试验应蓄水至规定高度，24h后观察检查。

3）水落管应排水通畅，无倒呛水，宜采用通水试验或下雨时观察检查。

屋面工程安全和功能检验及主要功能抽查应数据准确，签字、盖章规范。验收应按表 6-36 记录，由施工项目质量（技术）负责人填写。

表 6-36　屋面子分部工程安全和功能检验资料核查及主要功能抽查记录

××× （□□□□）B

工程名称				施工单位		
序号	安全和功能检验项目		份数	核查意见	抽查结果	抽查（核查）人
1	渗漏试验	淋水试验				
2		雨后观察				
3		蓄水试验				
4	保温材料或屋面保温功能检验					
5	水落管排水通畅					

结论：

总监理工程师：×××

施工单位项目经理：×××　　　　　　　　　　　（建设单位项目负责人）

×年×月×日　　　　　　　　　　　　　　　　×年×月×日

6.2.6.5　施工观感质量检查评价

工程的观感质量应由有关各方组成的验收人员通过现场检查共同确认。以下内容必须进行观感质量验收：

1）防水层不得有渗漏或积水现象。

2）使用的材料应符合设计要求和质量标准的规定。

3）找平层表面应平整，不得有酥松、起砂、起皮现象。

4）保温层的厚度、含水率和表观密度应符合设计要求。

5）天沟、檐沟、泛水和变形缝等构造应符合设计要求。

6）卷材铺贴方法和搭接顺序应符合设计要求，搭接宽度正确，接缝严密，不得有皱褶、鼓泡和翘边现象。

7）涂膜防水层的厚度应符合设计要求。涂层无裂纹、皱褶、流淌、鼓泡和露胎体现象。

8）刚性防水层表面应平整、压光；不起砂，不起皮，不开裂。分格缝应平直，位置正确。

9）嵌缝密封材料应与两侧基层粘牢。密封部位光滑、平直，不得有开裂、鼓泡、下塌现象。

10）平瓦屋面的基层应平整、牢固。瓦片排列整齐、平直，搭接合理，接缝严密，不得有残缺瓦片。

屋面工程观感质量检查评价应在屋面工程竣工后进行。

检查数量：全数检查。

检查评价方法：由总监理工程师（建设单位项目负责人）组织监理工程师、施工项目负责人和技术、质量负责人不少于 5 人共同观察检查评价。

1）在"抽查质量状况"（栏）填写"√""○"或"×"，分别代表"好""一般"或"差"。

2）综合每个项目"抽查质量状况"，作出相应"质量检查评价"结果。

3）对"质量检查评价"为"差"的项目，应返修后重新检查评价。

4）综合全部项目的"质量检查评价"，作出"综合检查评价"结果。

5）"结论"应写明符合要求与不符合要求的项数，及对不符合要求项目的处理意见。

屋面工程施工观感质量检查评价应按表 6-37 记录。由施工项目质量（技术）负责人填写。

表 6-37 屋面子分部工程施工观感质量检查评价记录

×××（□□）□□C

工程名称			施工单位												
参加人员															

序号	项目名称		抽查质量状况										质量评价			综合评价
			1	2	3	4	5	6	7	8	9	10	好	一般	差	
1	屋面隔汽层	隔汽层与基层粘结牢固														
2		基层转角处做法														
1	卷材防水层	搭接缝和收头粘结														
2		防水层保护层														
3		排汽管安装														
4		天沟、变形缝及伸出屋面管道等的细部构造														
5		卷材铺贴方向正确，无渗漏或积水														
1	涂膜防水层	防水层与基层粘结、涂层表面质量														
2		保护层的设置														
3		排汽管安装														
4		排水坡度正确，无渗漏或积水														
5		天沟等和伸出屋面管道防水构造														
1	刚性防水层	表面平整、压光，不起砂、起皮、开裂，分格缝平直														
2		排水坡度正确，无渗透或积水														
3		天沟等和伸出屋面管道的防水构造														
4		密封材料质量，嵌填质量														
1	瓦层面	基层平整牢固														
2		瓦片排列整齐，搭接合理，接缝严密														
3		无残缺瓦片														
4		脊瓦搭盖、泛水做法														
5		金属板材安装、坡度														
6		檐口线、泛水安装														
1	倒置式屋面	保护层厚度一致														
2		隔离层设置														
1	隔热屋面	预留口、孔、管大小、位置、标高														
2		挡墙泄水孔留设														
1	玻璃屋顶	排水通畅														
2		密封材料的嵌缝结构胶的宽度、厚度														
3		天沟等细部做法														
4		玻璃屋顶外观														
1	水落管（斗）安装															

结论：

施工单位项目经理：×××

×年×月×日

总监理工程师：×××

（建设单位项目负责人）

×年×月×日

324

6.2.7 建筑装饰装修分部（子分部）工程

6.2.7.1 建筑装饰装修分部工程的划分

《统一标准》将建筑装饰装修工程列为一个分部工程，其子分部工程包括地面、抹灰、门窗、吊顶、轻质隔墙、饰面板（砖）、幕墙、涂饰、裱糊与软包、细部等工程，共计十个子分部工程。地面工程被列为建筑装饰装修分部工程的一个子分部工程，但因其特殊性和重要性，国家制定了专门的施工验收规范，故地面工程须按《建筑地面工程施工质量验收规范》（GB 50209—2010）进行验收。

6.2.7.2 建筑装饰装修分部（子分部）工程施工质量验收合格规定

1）建筑装饰装修子分部工程所含分项工程质量均应验收合格。

2）建筑装饰装修子分部工程质量控制资料应及时、准确、齐全、完整。

3）建筑装饰装修子分部工程有关安全及使用功能的检测和抽测结果均应符合相应标准规定或设计要求。

4）建筑装饰装修子分部工程观感质量检查评价应符合相关标准的要求。

建筑装饰装修分部工程施工质量验收应按表 6-38 记录，建筑装饰装修子分部工程施工质量验收应按表 6-39 记录。建筑装饰装修分部（子分部）工程验收记录由施工项目质量（技术）负责人填写，各方代表认可，并在建筑装饰装修工程子分部、分项、检验批工程施工质量验收记录签字，同时加盖统一编号的相应岗位资格章。

表 6-38 建筑装饰装修分部工程施工质量验收记录

×××（□□）

工程名称			结构类型		层	
施工单位			技术部门负责人		质量部门负责人	
			项目技术负责人		项目质量负责人	
分包单位			分包单位负责人		分包技术负责人	
序号	子分部工程名称	分项工程数	施工单位检验意见		验收意见	
1						
2						
3						
4						
5						
6						
7						
施工质量控制资料核查						
安全和功能检验资料核查及主要功能抽查						
施工观感质量检查评价						
隐蔽工程施工质量验收						
检验验收单位	施工单位		项目经理：×××		（公章） ×年×月×日	
	设计单位		项目负责人：×××		（公章） ×年×月×日	
	监理（建设）单位		总监理工程师：××× （建设单位项目负责人）		（公章） ×年×月×日	

表 6-39 建筑装饰装修子分部工程施工质量验收记录

×××（□□）□□

工程名称			结构类型		层数	
施工单位			技术部门负责人		质量部门负责人	
			项目技术负责人		项目质量负责人	
分包单位			分包单位负责人		分包技术负责人	
	序　号	分项工程名称	检验批数	施工单位检验意见	验收意见	
	1					
	2					
	3					
建筑装饰装修子分部工程施工质量控制资料核查记录（表6-40）						
建筑装饰装修子分部工程安全和功能检验资料核查及主要功能抽查记录（表6-41）						
建筑装饰装修子分部工程施工观感质量检查评价记录（表6-42~表6-46）						
建筑装饰装修子分部工程隐蔽工程施工质量验收记录（表6-47）						
检验验收单位	分包单位	项目经理：×××			（公章）　　×年×月×日	
	施工单位	项目经理：×××			（公章）　　×年×月×日	
	设计单位	项目负责人：×××			（公章）　　×年×月×日	
	监理（建设）单位	总监理工程师：×××（建设单位项目负责人）			（公章）　　×年×月×日	

6.2.7.3 施工质量控制资料核查

1）建筑装饰装修工程设计必须保证建筑物的结构安全和主要使用功能。当涉及主体和承重结构改动或增加荷载时，必须由原结构设计单位或具备相应资质的设计单位核查有关原始资料，对既有建筑结构的安全性进行核验、确认。

2）建筑装饰装修工程所用的材料品种、规格和质量应符合设计要求和国家现行标准的规定。当设计无要求时，应符合国家现行标准的规定。严禁使用国家明令淘汰的材料。

3）建筑装饰装修工程所有材料的燃烧性能应符合现行《建筑内部装修设计防火规范》（GB 50222—2017）、《建筑设计防火规范》（GB 50016—2014）的规定。

4）建筑装饰装修工程所用的材料应符合国家有关建筑装饰装修材料有害物质限量标准的规定。

5）所有材料进场时，应对其品种、规格、外观和尺寸进行验收。材料包装应完好，应有产品合格证书、中文说明书及相关性能的检测报告；进口产品应按规定进行商品检验。

6）进场后需要进行复验的材料总类及项目应符合相关标准的规定。同一厂家生产的同一品种、同一类型的进场材料应至少抽取一组样品进行复验，当合同另有约定时，应按合同执行。

7）建筑装饰装修工程所使用的材料应按设计要求进行防火、防腐和防虫处理。

8）承担建筑装饰装修工程施工的单位应具有相应的资质，并应建立质量管理体系。施工单位应编制施工组织设计，并应经过审查批准。施工单位应按有关的施工工艺标准或经审定的施工技术方案施工，并应对施工全过程实行质量控制。

9）承担建筑装饰装修工程施工的人员应有相应岗位的资格证书。

建筑装饰装修工程质量控制资料应数据准确、签章规范。验收应按表 6-40 记录，由总包项目质量（技术）负责人填写。

表 6-40　建筑装饰装修子分部工程施工质量控制资料核查记录

×××（□□）□□ A

工程名称			施工单位			
序　　号		资料名称	份数	核查意见		核查人
1		工程的施工图、设计说明及其他设计文件（幕墙工程的结构计算书）				
2		材料的产品合格证、性能检测报告、进场验收记录和复验报告				
3		特种门及其附件的生产许可文件				
4		粘贴用水泥的凝结时间、安定性和强度复验报告，外墙陶瓷面砖的吸水率和抗冻性复检报告				
5	幕墙工程	各种材料、五金配件、构件及组件的产品合格证书、性能检测报告、进场验收记录和复验报告				
6		玻璃幕墙结构胶的邵氏硬度、标准条件拉伸粘结强度、相容性复验报告；石材用结构胶的粘结强度复验报告；密封胶的耐污染性试验报告及复验报告				
7		打胶、养护环境的温度、湿度记录，双组份硅酮结构胶的混匀性试验记录及拉断试验记录				
8		构件和组件的加工制作记录，安装施工记录				
9		幕墙防雷装置测试记录				
10		主要材料的样板或样板间（件）的确认文件				
11		隐蔽工程验收记录				
12		施工记录				
13		施工组织设计、施工技术方案或措施				
14		分项及检验批质量验收记录				
15		重大技术问题处理资料				
16		新材料、新工艺施工记录				

结论：

施工单位项目经理：×××

×年×月×日

总监理工程师：×××

（建设单位项目负责人）

×年×月×日

6.2.7.4　安全和功能检验资料核查及主要功能抽查

1）建筑装饰装修工程安全及功能检验应在分项或检验批验收时进行，子分部验收时，应检查检验资料是否符合要求，否则应逐项进行抽样检测。

2）建筑装饰装修工程所使用的人造木板甲醛含量应进行复验，各项指标应符合《室内装饰装修材料　人造板及其制品中甲醛释放限量》（GB 18580—2017）的规定，限量值见该规范附录 A。

3）建筑装饰装修工程室内用花岗石放射性应进行复验，各项指标应符合《建筑材料放射性核素限量》（GB 6566—2010）中的规定。

4) 建筑装饰装修工程后置埋件必须符合设计要求，并进行现场拉拔强度检测。

5) 建筑外墙金属窗及塑料窗必须对抗风压性能、空气渗透性能、雨水渗漏性能及节能窗的保温性能进行复验。

6) 外墙饰面砖粘贴样板件粘结强度必须符合设计要求和规范规定，并进行现场检测。

7) 建筑装饰装修涂饰工程必须对涂料的有害物质含量及涂层的耐洗刷性进行复验。

8) 幕墙所用硅酮胶必须有认定证书和抽查合格证明。进口硅酮胶必须有商检证及中文说明书，必须有国家指定检测机构出具的硅酮结构胶相容性和剥离粘结性试验报告。

9) 隐框、半隐框幕墙所采用的结构粘结材料必须是中性硅酮结构密封胶，其性能必须符合《建筑用硅酮结构密封胶》(GB 16776—2005)的规定；硅酮结构胶必须在有效期内使用。

10) 幕墙工程必须对其抗风压性能、空气渗透性能，雨水渗漏性能、平面变形性能进行检测。

11) 建筑装饰装修工程的室内环境质量应符合《民用建筑工程室内环境污染控制规范》(GB 50325—2010)的规定。

12) 护栏高度、栏杆间距、安装位置必须符合设计要求。护栏和扶手安装必须牢固。

建筑装饰装修工程安全及功能检测应数据准确、签章规范。验收应按表 6-41 记录，由施工项目质量（技术）负责人填写，总监理工程师（建设单位项目负责人）签章。

表 6-41　建筑装饰装修子分部工程安全和功能检验资料核查及主要功能抽查记录

×××（□□□□）B

工程名称		施工单位			
序　号	安全和功能检验（检测）项目	份　数	核查意见	抽查结果	核查（抽查）人
1	人造木板甲醛含量复验报告				
2	室内用花岗石放射性复验报告				
3	后置埋件的现场拉拔强度检测记录				
4	建筑外墙金属窗及塑料窗的抗风压性能、空气渗透性能、雨水渗漏性能检测报告				
5	涂料的有害物质含量及耐洗刷性复验报告				
6	外墙饰面砖样板件的粘结强度检验记录				
7	幕墙所用硅酮胶的认定证书和抽查合格证明；进口硅酮胶的商检证；国家指定检测机构出具的硅酮结构胶相容性和剥离粘结性试验报告				
8	幕墙的抗风压性能、空气渗透性能、雨水渗漏性能、平面变形性能检测报告				
9	室内环境质量检测报告				
10	护栏高度，安装牢固度检验记录				

结论：

施工单位项目经理：×××

×年×月×日

总监理工程师：×××

（建设单位项目负责人）

×年×月×日

6.2.7.5　施工观感质量检查评价

抽查部位：随机确定。

抽查数量：依据各分项工程具体要求确定。

评价方法：由总监理工程师（建设单位项目负责人）组织施工项目主要人员和监理人员不少于 5 人参加，进行检查评定：

1）在"抽查质量情况"（栏）填写"√""○"或"×"，分别代表"好""一般"或"差"。

2）根据每个项目"抽查质量状况"给出相应"质量检查评价"结果。

3）对"质量检查评价"为"差"的项目，应返修后重新检查评价。

4）综合每项"质量检查评价"，作出"综合检查评价"结果。

5）"结论"应写明符合要求与不符合要求的项数，及对不符合要求项目的处理意见。

建筑装饰装修工程观感质量检查评价应按表 6-42～表 6-46 记录，由施工项目质量（技术）负责人填写，总监理工程师（建设单位项目负责人）签章。

表 6-42　建筑装饰装修子分部工程施工观感质量检查评价记录（一）

×××（□□□□）C

工程名称						施工单位									
参加人员															
序号	项目名称		抽查质量状况										质量评价			综合评价
			1	2	3	4	5	6	7	8	9	10	好	一般	差	
1	一般抹灰	表面质量														
		护角等抹灰表面														
		分格缝设置														
		滴水线（槽）														
2	装饰抹灰	表面质量														
		分格缝设置														
		滴水														
3	清水砌体勾缝	勾缝宽、深及表面														
		灰缝颜色														
4	饰面板安装	饰面板表面														
		嵌缝														
		湿作法施工时表面														
		孔洞套割吻合														
5	饰面砖粘贴	饰面板表面														
		阴阳角处搭接														
		墙面突出物周围														
		接缝														
		滴水线（槽）														
6	板材隔墙	板材安装														
		板材表面														
		隔墙上孔洞槽盒														

结论：

施工单位项目经理：×××

×年×月×日

总监理工程师：×××

（建设单位项目负责人）

×年×月×日

表6-43 建筑装饰装修子分部工程施工观感质量检查评价记录（二）

×××（□□□□）C

工程名称			施工单位													
参加人员																
序号	项目		抽查质量状况										质量评价			综合评价
			1	2	3	4	5	6	7	8	9	10	好	一般	差	
7	木门窗安装	木门窗表面														
		木门窗披水、盖口条、压缝条、密封条														
8	金属门窗安装	表面质量														
		与墙体间连接														
		密封条														
		排水孔														
9	塑料门窗安装	表面质量														
		密封条														
		开关灵活														
		玻璃槽口														
		排水孔														
10	特种门安装	表面装饰														
		表面洁净														
11	门窗玻璃安装	表面质量														
		玻璃安装														
		腻子填抹														
12	吊顶	饰面材料表面观感														
		饰面板上的灯具等														
		吊杆、龙骨的接头														

结论：

施工单位项目经理：×××

×年×月×日

总监理工程师：×××

（建设单位项目负责人）

×年×月×日

表6-44 建筑装饰装修子分部工程施工观感质量检查评价记录（三）

×××（□□□□）C

工程名称			施工单位													
参加人员																
序号	项目		抽查质量状况										质量评价			综合评价
			1	2	3	4	5	6	7	8	9	10	好	一般	差	
13	骨架隔墙	隔墙表面														
		隔墙上孔洞、槽、盒														
14	活动隔墙	表面质量														
		隔墙上孔洞、槽、盒														
		推拉无噪声														
15	玻璃隔墙	表面色泽														
		接缝														
		嵌缝、勾缝														
16	玻璃幕墙	幕墙表面														
		密封胶														
		防火、保温、材料														
		隐蔽节点遮封装修														
		玻璃质量														
		型材表面质量														
17	金属幕墙	表面平整														
		压条														
		密封胶														
		滴水线														
		金属板表面质量														

结论：

施工单位项目经理：×××

×年×月×日

总监理工程师：×××

（建设单位项目负责人）

×年×月×日

表6-45　建筑装饰装修子分部工程施工观感质量检查评价记录（四）

×××（□□□□）C

工程名称			施工单位													
参加人员																
序号	项目		抽查质量状况										质量评价			综合评价
			1	2	3	4	5	6	7	8	9	10	好	一般	差	
18	石材幕墙	表面质量															
		压条															
		密封胶															
		滴水线															
		石材表面质量															
19	水性涂料涂饰	颜色															
		泛碱、咬色															
		墙面突出物周围															
		流坠、疙瘩															
		砂眼、刷纹															
		点状分布															
		喷点、疏密															
		与其他界面衔接															
20	溶剂型涂料涂饰	颜色															
		光泽、光滑															
		刷纹															
		裹棱、流坠、皱褶															
		木纹															
		与其他界面衔接															
21	美术涂饰	表面质量															
		仿花纹涂饰材料纹理															
		套色涂饰图案纹理、轮廓															

结论：

总监理工程师：×××

施工单位项目经理：×××　　　　　　　　　　　　　　　（建设单位项目负责人）

×年×月×日　　　　　　　　　　　　　　　　　　　　　　×年×月×日

表6-46　建筑装饰装修子分部工程施工观感质量检查评价记录（五）

×××（□□□□）C

工程名称			施工单位													
参加人员																
序号	项目		抽查质量状况										质量评价			综合评价
			1	2	3	4	5	6	7	8	9	10	好	一般	差	
22	裱糊	表面质量															
		复合压花壁纸压痕															
		复合发泡壁纸发泡层															
		与装饰线、设备交接处															
		壁纸、墙布边缘															
		阴角处搭接															
23	软包	表面质量															
		边框外形															
		木制边框涂饰															
24	橱柜制作、安装	表面质量															
		裁口拼缝															
25	窗帘盒、窗台板、散热器罩	表面质量															
		与墙面、窗框衔接															
26	门窗套、护墙板	表面质量															
		安装位置															
27	护栏和扶手	转角弧度															
		接缝															
28	花饰	表面质量															

结论：

总监理工程师：×××

施工单位项目经理：×××　　　　　　　　　　　　　　　（建设单位项目负责人）

×年×月×日　　　　　　　　　　　　　　　　　　　　　　×年×月×日

6.2.7.6　隐蔽工程施工质量验收记录

1）建筑装饰装修工程施工过程中，应按要求时间对隐蔽工程进行验收。

2）建筑装饰装修隐蔽工程应在施工单位质量（技术）负责人自检合格后，在隐蔽前通知监理工程师（建设单位项目技术负责人）进行检查验收。

3）建筑装饰装修隐蔽工程质量验收记录应及时、准确、齐全、完整。

建筑装饰装修隐蔽工程施工质量验收应按表 6-47 记录，由施工项目质量（技术）负责人填写。

表 6-47　建筑装饰装修子分部隐蔽工程施工质量验收记录

×××（□□□□）

装饰装修工程名称					
分项工程名称			隐蔽工程项目		
施工单位			项目经理		
分包单位		分包项目经理		专业工长	
施工执行标准名称及编号			施工图名称及编号		
隐蔽工程部位	质量要求	附图编号	施工单位自查意见	监理（建设）单位验收意见	
分包单位自查结果	项目技术负责人：×××				
				×年×月×日	
施工单位检验结果	项目技术负责人：×××				
				×年×月×日	
监理（建设）单位验收结论	监理工程师：×××（建设单位项目技术负责人）				
				×年×月×日	

6.2.8　建筑地面子分部工程

根据《统一标准》的规定，地面工程为建筑装饰装修分项工程中的一项子分部工程，但该子分部工程和其他子分部工程不一样，有其特殊性和重要性，所以国家专门制定了《建筑地面工程施工质量验收规范》（GB 50209—2010）。

建筑地面工程包括基层和面层两部分，基层下面为结构层，不属于地面工程。故建筑地面工程的检验就是对基层和面层两部分分别进行的检查与验收。

6.2.8.1　建筑地面子分部工程施工质量验收合格规定

1）建筑地面子分部工程所含分项工程施工质量均应验收合格。

2）建筑地面子分部工程施工质量控制资料应及时、准确、齐全、完整。

3）建筑地面子分部工程有关安全和功能的检验资料核查及主要功能抽查均应符合相应标准规定或设计要求。

4）建筑地面子分部工程施工观感质量检查评价应符合相关标准的要求。

建筑地面子分部工程施工质量验收应按表 6-48 记录，由施工项目质量（技术）负责人填写，各方面代表认可，并在地面工程子分部、分项、检验批施工质量验收记录签字，同时加盖统一编号的相应岗位资格章。

表 6-48 建筑地面子分部工程施工质量验收记录

×××（□□）□□

工程名称		结构类型		层数	
施工单位		技术部门负责人		质量部门负责人	
		项目技术负责人		项目质量负责人	
分包单位		分包单位负责人		分包技术负责人	
序 号	分项工程名称	检验批数	施工单位检验意见	验收意见	
1					
2					
3					
4					
5					
6					
建筑地面子分部工程施工质量控制 资料核查记录（表 6-49）					
建筑地面子分部工程安全和功能检验 资料核查及主要功能抽查记录（表 6-50）					
建筑地面子分部工程施工观感质量 检查评价记录（表 6-51～表 6-53）					
验收单位	分包单位	项目经理：×××		（公章） ×年×月×日	
	施工单位	项目经理：×××		（公章） ×年×月×日	
	设计单位	项目负责人：×××		（公章） ×年×月×日	
	监理（建设）单位	总监理工程师：××× （建设单位项目负责人）		（公章） ×年×月×日	

6.2.8.2 施工质量控制资料核查

1）建筑地面工程采用的材料应按设计要求和相关标准的规定选用，并应符合国家标准的规定；进场材料应有中文质量合格证明文件、规格、型号及性能检测报告，对重要材料，应有复验报告。

2）建筑地面采用的大理石、花岗石等天然石材必须符合《建筑材料放射性核素限量》（GB 6566—2010）中有关材料有害物质的限量规定。进场应具有检测报告。

3）胶粘剂、沥青胶结料和涂料等材料应按设计要求选用，并应符合《民用建筑工程室内环境污染控制规范》（GB 50325—2010）等的规定。

4）检验水泥混凝土和水泥砂浆强度试块的组数，每一层（或检验批）建筑地面工程不应小于 1 组。当每一层（或检验批）建筑地面面积大于 1000m² 时，每增加 1000m² 应增做 1 组试块；小于 1000m² 按 1000m² 计算。当改变配合比时，也应相应地制作试块组数。

5）建筑地面工程施工记录应包括施工工艺标准，三检（自检、交接检查、专业检查）记录。

6）施工技术方案应确定检验批的划分、抽查数量及抽检方法。抽检部位应在验收时随机抽取，并确定安全及功能检验的方法、数量等。

建筑地面子分部工程施工质量控制资料应数据准确、签章规范。验收应按表 6-49 记录，由施工项目质量（技术）负责人填写。

表 6-49　建筑地面子分部工程施工质量控制资料核查记录

×××（□□）□□

工 程 名 称				施 工 单 位	
序　号	资料名称	份　数	核查意见	核查人	
1	建筑地面工程设计图样和变更文件等				
2	原材料的出厂检验报告和质量合格保证文件，材料进场检（试）验报告				
3	水泥混凝土、砂浆强度及垫层密实度试验报告和检测记录				
4	施工记录				
5	施工技术方案				
6	各构造层的隐蔽验收及其他有关验收文件				

结论：

施工单位项目经理：×××　　　　　　　　　　　　　　总监理工程师：×××

×年×月×日　　　　　　　　　　　　　　　　　　（建设单位项目负责人）

×年×月×日

6.2.8.3　安全和功能检验资料核查及主要功能抽查

1）建筑地面子分部工程安全和功能检验资料核查和主要功能抽查应在分项或检验批验收时进行，子分部工程验收时，应检查其检验资料是否符合要求，否则应逐项进行抽样检测。

2）地面预留洞口、预埋管道应在施工时按设计方案要求留设，不得在施工后开凿。

3）梁（肋）的对应处、门口处、长走廊、大地面、附属台阶、散水坡等易开裂处应有防开裂措施，并符合设计及施工技术方案要求。

4）建筑地面工程所用建筑材料（构、配件）对室内环境的污染控制应符合《民用建筑工程室内环境污染控制规范》（GB 50325—2010）等的规定。

5）室外露天楼梯及平台应有防滑措施。

6）厕浴间和有防滑要求的建筑地面的板块材料应符合设计要求。

建筑地面子分部工程安全和功能检验资料核查及主要功能抽查应数据准确、签章规范，验收应按表 6-50 记录，由施工项目质量（技术）负责人填写，总监理工程师（建设单位项目负责人）签章。

表 6-50　建筑地面子分部工程安全和功能检验资料核查及主要功能抽查记录

×××（□□）□□

工 程 名 称				施 工 单 位		
序　号	安全和功能检验项目	份　数	检查意见	抽查结果	核查（抽查）人	
1	基土质量、夯填检测记录					
2	隔离层、整体面层、板块面层的蓄水检验记录					
3	木、竹面层采用的材料及其胶粘剂的有害物质含量					
4	防油渗混凝土的强度等级不应小于 C30，防油渗涂料抗拉粘结强度不应小于 0.3MPa 检验报告					
5	不发火（防爆）面层试件的配合比通知单及检测报告、摩擦试验记录					
6	防滑检查记录					

结论：

施工单位项目经理：×××　　　　　　　　　　　　　　总监理工程师：×××

×年×月×日　　　　　　　　　　　　　　　　　　（建设单位项目负责人）

×年×月×日

6.2.8.4　施工观感质量检查评价

抽查部位：随机确定。

抽查数量：不少于自然间（标准间）的 10%；有特殊要求的房间全数检验。

评价方法：由总监理工程师（建设单位项目负责人）组织施工项目主要人员和监理人员不少于 5 人共同现场检查评定。

1）在"抽查质量状况"（栏）填写"√""○"或"×"，分别代表"好""一般"或"差"。

2）根据每个项目"抽查质量状况"，给出相应"质量检查评价"结果。

3）对"质量检查评价"为"差"的项目，应返修后重新检查评价。

4）综合每项"质量检查评价"，作出"综合检查评价"结果。

5）"结论"应写明符合要求与不符合要求的项数，及对不符合要求项目的处理意见。

建筑地面子分部工程施工观感质量检查评价应按表 6-51～表 6-53 记录，由施工项目质量（技术）负责人填写，总监理工程师（建设单位项目负责人）签字。

表 6-51　建筑地面子分部工程施工观感质量检查评价记录

×××（□□）□□

工程名称			施工单位													
参加人员																
序号		项目	抽查质量状况										质量评价			综合评价
			1	2	3	4	5	6	7	8	9	10	好	一般	差	
1	地面表层	空鼓														
		裂纹（缝）														
		脱（起）皮														
		蜂窝														
		麻面														
		起砂														
		周边、细部处理														
		倒泛水、积水														
		水磨石粒密实、均匀														
		颜色														
		图案														
		砂眼														
		磨纹														
		分格条														
		漏涂														
2	踢脚线	与墙结合														
		高度														
		出墙厚度														
3	楼梯踏步	高度、宽度														
		高度差														
		宽度差														
		齿角														
		防滑条														
4	变形缝	位置														
		宽度														
		填缝质量														

结论：

总监理工程师：×××

施工单位项目经理：×××

（建设单位项目负责人）

×年×月×日

×年×月×日

表 6-52 板块面层地面工程施工观感质量检查评价记录

×××（□□）□□

工程名称				施工单位											
参加人员															

序号	项目	项目	抽查质量状况										质量评价			综合评价
			1	2	3	4	5	6	7	8	9	10	好	一般	差	
1	地面表层	空鼓														
		裂纹（缝）														
		图案														
		色泽														
		接（拼）缝、周边														
		缺楞、掉角														
		倒泛水、积水、渗漏														
		平整														
		翘曲（边）														
		磨痕														
		板块缝隙														
		板块铺设														
		塑料板打胶														
		塑料板阴阳角														
		塑料板焊接														
		地毯压（卡）条														
		地毯表面平整														
		地毯毛边、翘边														
2	踢脚线	与墙结合														
		高度														
		出墙厚度														
3	楼梯踏步	高度、宽度														
		高度差														
		宽度差														
		齿角														
		防滑条														
4	变形缝	位置														
		宽度														
		填缝质量														

结论：

施工单位项目经理：×××
×年×月×日

总监理工程师：×××
（建设单位项目负责人）
×年×月×日

表 6-53　木、竹面层地面工程施工观感质量检查评价记录

×××（□□）□□

工程名称			施工单位												
参加人员															
序号	项目		抽查质量状况										质量评价			综合评价
			1	2	3	4	5	6	7	8	9	10	好	一般	差	
1	地面面层	牢固															
		翘曲															
		空鼓（粘结铺设）															
		图案															
		颜色															
		接缝（缝隙）															
		粘结															
		接头位置															
		刨痕、毛刺															
		胶粘															
2	踢脚线	表面															
		接缝															
		高度及出墙厚度															
3	楼梯踏步	高度及宽度差															
		齿角															
		防滑条															
4	变形缝	位置															
		宽度															
		填缝质量															

结论：

施工单位项目经理：×××　　　　　　　　　　　　　总监理工程师：×××

×年×月×日　　　　　　　　　　　　　　　　　　（建设单位项目负责人）

　　　　　　　　　　　　　　　　　　　　　　　　　×年×月×日

单元 7

工程质量竣工验收

学习目标

子单元名称	能 力 目 标	知 识 目 标	引 入 案 例
1. 单位（子单位）工程质量竣工验收概述	1. 能够熟知单位（子单位）工程施工质量验收合格规定 2. 能够熟知单位（子单位）工程施工质量验收程序与组织 3. 能够熟知建筑工程安全和功能检验资料核查及主要功能抽查 4. 能够熟知建筑工程观感质量检查内容	1. 熟悉单位（子单位）工程施工质量竣工验收条件 2. 熟悉单位（子单位）工程验收程序与组织 3. 掌握单位（子单位）工程质量验收合格规定 4. 熟悉建筑工程安全和功能检验资料核查及主要功能抽查 5. 熟悉建筑工程观感质量检查内容	
2. 单位（子单位）工程竣工验收记录与备案	能够完成单位（子单位）工程的资料归纳和表格的验收填写工作	1. 掌握单位（子单位）工程施工质量控制资料核查记录 2. 掌握单位（子单位）工程安全和功能检验资料核查及主要功能抽查记录 3. 掌握单位（子单位）工程施工观感质量核查评价记录 4. 掌握单位（子单位）工程施工质量竣工验收记录 5. 熟悉单位工程竣工验收备案	表 7-1 ×××小区 5 号住宅楼单位（子单位）工程施工质量控制资料核查记录 表 7-2 ×××小区 5 号住宅楼单位（子单位）工程安全和功能检验资料核查及主要功能抽查记录 表 7-3 ×××小区 5 号住宅楼单位（子单位）工程施工观感质量检查评价记录 表 7-4 ×××小区 5 号住宅楼单位（子单位）工程施工质量竣工验收记录

子单元 1 单位（子单位）工程质量竣工验收概述

7.1.1 单位（子单位）工程施工质量竣工验收条件

单位工程施工质量竣工验收应具备以下条件：

1）完成工程设计与合同约定的各项内容，并接入正式的水源、电源。

2）施工单位在工程完工后，已自行组织有关人员进行了检查评定，并向建设单位提出工程竣工报告。工程竣工报告应经项目经理和施工单位有关负责人审核签字，同时将工程竣工资料报送监理（建设）单位进行审查。

单位工程中的分包工程完工后，分包单位对所承包的工程项目进行检查评定，总包单位应派人参加，分包工程竣工资料应交给总包单位。

3）对于委托监理的工程项目，总监理工程师应组织专业监理工程师，依据有关法律、法规、工程建设强制性标准、设计文件及施工合同，对承包单位报送的竣工资料进行审查，同时对工程质量进行竣工预验收。对存在的问题，应及时要求承包单位整改。整改完毕后，由总监理工程师签署工程竣工报验单，并在此基础上提出工程质量评估报告和竣工资料审查认可意见，工程质量评估报告应经总监理工程师和监理单位技术负责人审核签字。

4）勘察、设计单位对勘察、设计文件及施工过程中由设计单位签署的设计变更通知书进行检查，并提出质量检查报告。质量检查报告应经该项目勘察、设计负责人和勘察、设计单位有关负责人审核签字。勘察单位已参加地基基础分部（包含工程中含有桩基子分部）的验收，并出具了认可验收的质量检查报告，可不参加工程的竣工验收。

5）有完整的技术档案和施工管理资料，并经监理单位审查通过。

6）有工程使用的主要建筑材料、建筑构配件和设备的进场试验报告。

7）建设单位已按合同约定支付工程款。对未支付的工程款，已制订了甲、乙双方确认的支付计划。

8）有施工单位签署的工程质量保修书。建设单位和施工单位应当明确约定保修范围、保修期限和保修责任等，双方约定的保修范围、保修期限必须符合国家有关规定。

9）建设单位提请规划、消防、环保、城建档案等有关部门进行专项验收，并按专项验收部门提出的意见整改完毕，取得专项验收相应的合格证明文件或准许使用文件。

10）建设行政主管部门及其委托的工程质量监督机构等有关部门责令整改的问题全部整改完毕。

11）工程质量监督机构已签发了该工程的地基基础分部和主体结构分部的质量验收监督记录，工程竣工资料已送质监机构抽查并符合要求。

12）如发生过工程质量事故或工程质量投诉，应已处理完毕。

在竣工验收时，对某些剩余工程和缺陷工程，在不影响交付的前提下，经建设单位、设计单位、施工单位和监理单位协商，施工单位应在竣工验收后的限定时间内完成。

7.1.2　单位（子单位）工程验收程序与组织

1. 施工单位自验收

质量竣工自验的标准应与正式验收一样，主要包括以下内容：工程是否符合国家（或地方政府主管部门）规定的竣工标准和竣工口径；工程完成情况是否符合施工图和设计的使用要求；工程质量是否符合国家和地方政府规定的标准和要求；工程是否达到合同规定的要求和标准等。

参加竣工自验的人员，应由项目经理组织生产、技术、质量、合同、预算以及有关的施工工长（或施工员、工号负责人）等共同参加。自验的方式，应分层分段、分房间地由上述人员按照自己主管的内容逐一进行检查，在检查中要做好记录。对不符合要求的部位和项目，确定修补措施和标准，并指定专人负责，定期修理完毕。

在基层施工单位自我检查的基础上，对查出的问题全部修补完毕以后，项目经理应提请上级（分公司或总公司一级）进行复验（按一般习惯，国家重点工程、省市级重点工程，都应提请总公司级的上级单位复验）。通过复验，要解决全部遗留问题，为正式验收做好充分的准备。

施工单位在自查、自评工作完成后，应编制"工程竣工报告"，由项目负责人、单位法定代表人和技术负责人签字并加盖单位公章后，与全部竣工资料一起提交给监理单位进行初验。

"工程竣工报告"应当包括以下主要内容：已完工程情况，技术档案和施工管理资料情况，安全和主要使用功能的核查及抽查结果，观感质量验收结果，工程质量自验结论等。

2. 初验收

监理单位收到工程竣工报告和全部施工资料之后，总监理工程师应组织各专业监理工程师对竣工资料及各专业工程的质量情况进行全面检查，对检查出的问题，应督促施工单位及时整改。对需要进行功能试验的项目（包括单机试车和无负荷试车），监理工程师应督促施工单位及时进行试验，并对重要项目进行监督、检查，必要时请建设单位和设计单位一同参加；监理工程师应认真审查试验报告单，并督促施工单位搞好成品保护和现场清理。

初验合格的，由施工单位向建设单位申请竣工验收，同时由总监理工程师向建设单位提出质量评估报告；初验不合格的，监理单位应提出具体整改意见，由施工单位根据监理单位的意见进行整改。

3. 正式验收

（1）正式验收准备

1）建设单位收到施工单位的"工程竣工报告"和总监理工程师签发的质量评估报告后，对符合竣工验收要求的工程，组织设计、施工、监理等单位和有关方面的专业人士组成验收组，并制订"建设工程施工质量竣工验收方案"与"单位工程施工质量竣工验收通知书"。建设单位的项目负责人、施工单位的技术负责人和项目经理（含分包单位的项目负责人）、监理单位的总监理工程师、设计单位的项目负责人都必须是验收组的成员。验收方案中应包含验收的程序、时间、地点、人员组成、执行标准等，各责任主体需准备好验收的报告材料。

2）建设单位应当在工程竣工验收7个工作日前将验收的时间、地点及验收组名单通知工程质量监督机构。工程质量监督机构接到通知后，应于验收之日列席参加验收。

（2）正式验收

工程质量监督机构验收之日应派人列席参加验收会议，对工程质量竣工验收的组织形式、验收程序、执行验收标准等情况进行现场监督。

正式验收会议由建设单位宣布验收会议开始。建设单位应首先汇报工程概况和专项验收情况，介绍工程验收方案和验收组成员名单，并安排参验人员签到，然后按以下步骤进行验收：

1）建设、设计、施工、监理等单位按顺序汇报工程合同的履约情况以及工程建设各个环节执行法律、法规和工程建设强制性标准情况。

2）验收组审阅建设、勘察、设计、施工、监理等单位提交的工程施工质量验收资料（放在现场），形成"单位（子单位）工程施工质量控制资料检查记录"，验收组相关成员签字。

3）明确有关工程安全和功能检查资料的核查内容，确定抽查项目，验收组成员进行现场抽查，对每个抽查项目形成检查记录，验收组相关成员签字，再汇总到"单位（子单位）工程安全和功能检验资料检查及主要功能抽查记录"之中，验收组相关成员签字。

4）验收组现场查验工程实物观感质量，形成"单位（子单位）工程观感质量检查记录"，验收组相关成员签字。

验收组对以上四项验收内容作出全面评价，形成工程施工质量竣工验收结论意见，验收组人员签字。如果验收不合格，验收组提出书面整改意见，限期整改，重新组织工程施工质量竣工验收；如果验收合格，填写"单位（子单位）工程施工质量竣工验收记录"，相关单位签字盖章。

参与工程竣工验收的建设、设计、施工、监理等各方不能形成一致意见时，应当协商提出解决的办法，协商不成的，可请建设行政主管部门或工程质量监督机构协调处理。

7.1.3　单位（子单位）工程质量验收合格规定

单位（子单位）工程质量验收合格应符合下列规定：

1）单位（子单位）工程所含分部（子分部）工程的质量均应验收合格。

2）质量控制资料应完整。

3）单位（子单位）工程所含分部工程有关安全和功能的检测资料应完整。

4）主要功能项目的抽查结果应符合相关专业质量验收规范的规定。

5）观感质量验收应符合要求。

7.1.4　建筑工程安全和功能检验资料核查及主要功能抽查

建筑工程安全和功能检验资料核查及主要功能抽查在分部（子分部）工程和单位（子单位）工程验收时进行。单位（子单位）工程验收，是对各分部、子分部工程应该进行检测的项目的核查，是对检测资料内容、数量、数据及使用的检测方法、标准、程序等的核查和抽查。主要功能抽查是验收组在进行验收时随机对主要功能进行的抽查。建筑工程安全和功能检验资料核查及主要功能的抽查主要从以下几个方面进行。

7.1.4.1　建筑与结构工程

1. 屋面淋水试验

建筑物的屋面是经受雨水最直接、受水面积最大的部位。建筑物的屋面从形式上主要分为坡屋面、平屋面和拱形屋面三种。建筑物的屋面施工完毕后能否达到防水、防渗漏的要求，须对屋面进行泼水、淋水或蓄水试验来检验。一般来讲，坡屋面可进行泼水或淋水试验，平屋面可进行泼水、淋水或蓄水试验。

1）屋面工程完工后，应对细部构造包括屋面天沟、檐沟、檐口、泛水、压顶、水落口、变形缝、伸出屋面管道以及接缝处的女儿墙、管道、排气道（孔）和保护层等进行雨期观察或淋水、蓄水检查。

2）淋水试验持续时间不得少于 2h。

3）做蓄水检查的屋面，蓄水时间不得少于 24h。

4）宏观应检查各部位的防水效果，既要查验自检记录，又要实地查看工程实体有无渗漏现象，具体查看是否有湿渍、渗水、水珠、滴漏或线漏等。

5）屋面淋（蓄）水试验应记录工程名称、检查部位、检查日期、检查方法（淋水、蓄水）、蓄水深度、淋（蓄）水时间、检查结果（有无渗漏）等。

2．地下室防水效果检查

地下室验收时，应对地下室有无渗漏现象进行检查，填写"地下室防水效果检查记录"。检查内容应包括裂缝、渗漏部位、渗漏面积大小、渗漏情况、处理意见等。发现渗漏现象应制作"背水内表面结构工程展开图"。

检查时应记录工程名称、检查部位、检查时间、检查方法和内容以及检查结果等。

3．有防水要求的地面蓄水试验

凡有防水要求的房间，应有防水层完工后及装修后的蓄水检查记录。

1）有防水要求的地面必须100%进行蓄水试验。

2）蓄水试验程序及结果如下：

①蓄水前，应将地漏和下水管口堵塞严密。

②蓄水深度一般为30～100mm，不得超过设计活荷载，并不得超过立管套管的高度。

③蓄水时间不应少于24h，无渗漏为合格。

④蓄水试验中发现渗漏时，应及时查找原因，采取相应措施后，重新进行试验，直至合格。

3）蓄水试验应记录检查方式（蓄水时间、深度）、检查结果以及复查意见等。

4．建筑物垂直度、标高、全高测量

垂直度、标高、全高测量记录主要包括以下内容：

1）建筑物结构工程完成和工程竣工时，对建筑物垂直度和全高进行实测并记录，填写"建筑物垂直度、标高、全高测量记录"，要有"实测部位""实测偏差""测量结果说明"，并有"观测示意图"。

2）楼层及全高标高测量，填写"建筑物标高测量记录"，有"实测部位""实测值"。

3）超过允许偏差且影响结构性能的部位，应由施工单位提出技术处理方案，并经建设（监理）单位认可，必要时，经原设计单位认可后进行处理并记录。

5．通风道、烟道检查

通风道、烟道应全数做通风、抽风和漏风以及串风试验，检查畅通情况，并做记录。

检查时重点应记录主烟道、副烟道、风道的检查结果等，并填写"通风（烟）道检查记录"。

6．幕墙及外窗气密性、水密性、耐风压检测

1）幕墙应检测抗风压性能、空气渗透性能、雨水渗漏性能及平面变形性能等。

2）应检查外墙金属窗和塑料窗等的抗风压性能、空气渗透性能和雨水渗漏性能。

3）检测报告应包括幕墙（外窗）种类、检测日期、检测部位、检测项目及内容、检测方法、检测结果以及复查结论等。

7．建筑物沉降观测测量

建筑物变形测量亦是影响安全和功能的必测项目，主要包括沉降观测、倾斜观测、位移观测及裂缝观测等。

1）根据设计要求和规范规定，进行沉降观测时，应由建设单位委托有资质的测量单位进行施工过程中及竣工后的沉降观测工作。

2）测量单位应按设计要求和规范规定或监理单位批准的观测方案，设置沉降观测点，绘制沉降观测点布置图，定期进行沉降观测记录，并应附沉降观测点的沉降量与时间、荷载关系曲线图和沉降观测技术报告。

8．节能、保温测试

建筑工程应按照建筑节能标准，对建筑物所使用的材料、构配件、设备、采暖、通风空调、照明等涉及节能、保温的项目进行检测。

节能、保温测试应委托有相应资质的检测单位检测，并由其出具检测报告。

9．室内环境检测

1）建筑工程及室内装饰装修工程应按照现行国家规范要求，在工程完工至少 7d 以后和工程交付使用前对室内环境进行质量验收。

2）室内环境检测应由建设单位委托经考核认可的检测机构进行，并出具室内环境污染物浓度检测报告。

3）检测报告中应包括检测部位、检测项目（氡、甲醛、氨、苯、TVOC 等）、取样位置、取样数量、取样方法、测试结果、检测日期等。

7.1.4.2　建筑安装工程

给排水与采暖工程、建筑电气工程、通风与空调工程、电梯工程、智能建筑工程等内容略。

7.1.5　建筑工程观感质量检查

2001 年以来，国家颁布实施的建筑工程施工质量验收标准和规范规定，应分别对分部、子分部工程和单位、子单位工程进行观感质量检查。评价结论分为"好""一般""差"三个等级。具体标准是检验批的主控项目和一般项目，且多数在一般项目内，进行评价时检查人员可宏观掌握。

1）好：如果某些部位质量较好，符合标准，就可评为"好"。

2）一般：如果没有较明显达不到要求的，可评为"一般"。

3）差：如果有的部位达不到要求，或有明显的缺陷，但不影响安全或使用功能的，则评为"差"。评为"差"的项目，应进行返修。

需要说明的是，有影响安全或重要使用功能的缺陷，不能进行观感质量评价，应处理后再评价。

评价时，施工单位应先自行检查合格后，由建设单位或监理单位来验收。参加评价的人员应有相应的资格，由建设单位负责人或项目负责人组织，也可由总监理工程师组织建设单位相关专业质量的负责人、监理单位和设计单位以及施工单位有关人员参加，验收组在听取其他参加人员的意见后，共同作出评价。评价时，可分项评价，也可分大的方面综合评价，最后对分部（子分部）和单位（子单位）工程分别做出观感的质量评价。

下面介绍《统一标准》中规定检查内容"好""一般"的检查评价要求。若不能满足"好"及"一般"要求，则应评为"差"。被评价为"差"的项目应进行处理，若确实不能处理，则应由参加验收各方共同洽商解决，并做记录。

7.1.5.1　建筑与结构工程观感质量检查

1. 室外墙面

（1）墙面

一般：必须粘结牢固。无脱层、裂缝、爆灰、露底，无空鼓，表面平整，无明显污染和接槎痕迹，颜色基本一致。其中，水刷石石粒紧密，无掉粒；干粘石（砂）分布均匀。涂料无掉粉、漏刷、透底、起皮、轻微咬色、流坠、疙瘩。天然板、人造板、釉面砖、陶瓷锦砖、接缝填嵌密实、平直、均匀，套割基本吻合，墙裙等突出墙面的厚度基本一致。

好：在一般基础上，颜色一致。无空鼓、污染和接槎痕迹。其中，水刷石石粒清晰无掉粒，干粘石（砂）无漏粘，阳角无黑边。天然板、人造板、釉面砖、陶瓷锦砖，套割吻合，流水坡向正确，无变色、起碱和光泽受损处。

（2）大角

一般：方正、顺直。

好：在一般基础上，整齐、美观。

（3）横竖线角（包括阳台、花台、外窗、腰线、格条等）

一般：无明显缺楞掉角，窗台坡度适宜。

好：在一般基础上，无缺楞掉角。

（4）散水、台阶、明沟

一般：表面光滑，坡度适宜，线角顺直，无明显脱皮、起砂、轻微龟裂和麻面。其中，散水坡不倒泛水，有伸缩缝，填缝符合要求。外台阶齿角基本整齐。明沟截面符合设计要求，坡向适宜。

好：在一般基础上，无裂纹、空鼓、麻面。外台阶齿角整齐，明沟坡度、坡向符合设计要求。

（5）滴水线（槽）

一般：滴水线（槽）基本顺直，槽的深度和宽度满足要求。

好：在一般基础上，流水坡向正确，线（槽）整齐一致，有断水。

2. 变形缝

一般：缝宽、位置、隔断、封闭伸缩片、附加层、填嵌材料、面层覆盖形式基本符合设计要求和规范规定。

好：在一般基础上，封闭严密，功能性好，洁净、顺直。

3. 水落管、屋面

（1）水落管

一般：水落斗、跌水、卡具、弯头符合规定。安装牢固，顺水承插深不小于 40mm，距地不小于 200mm，距墙不小于 20mm，正侧顺直。

好：在一般基础上，管箍间距相等且不大于 1.2m，弯头的结合角度成钝角。

（2）屋面

1）屋面坡向。

一般：排水方向，坡度符合设计要求，无明显积水。

好：在一般基础上，无积水和杂物。

2）屋面防水层（瓦、铁、细石混凝土屋面应按相应标准执行）。

一般：表面涂刷均匀，铺贴顺序、方向、长短边搭接符合规范规定。粘结牢固，无滑移、翘边、起泡、皱褶等缺陷。

好：在一般基础上，表面平整，高低跨或集中排水处有保护措施。

3）屋面细部。

①墙（管）根。

一般：卷材附加层、立面收头及泛水做法基本符合规范规定，收头高不小于 250mm，转角处应做成半径为 100 ～ 150mm 圆弧钝角。

好：在一般基础上，根部附加层、立面收头、泛水及转角处做法符合规范规定，有压顶或突出腰线的泛水沿有滴水，管头有伞罩。

②水落口、天沟。

一般：水落口防腐并伸入卷材，安装牢固，盖以箅子或罩，天沟卷材顺水接槎，边角为钝角并顺直。

好：在一般基础上，交接合理，无翘边，流水通畅。

③变形缝。

一般：功能性好，伸缩片、附加层、填嵌材料、面层覆盖符合设计要求，防锈涂料涂刷均匀。

好：在一般基础上，封闭严密不漏水，洁净，线角顺直。

4）屋面保护层。

①绿豆砂。

一般：粒径宜 3 ～ 5mm，筛选干净，干燥，撒铺均匀，粘结牢固。

好：在一般基础上，砂色浅，颗粒均匀，表面洁净，未粘结的砂清扫干净。

②板块。

一般：表面平整，色泽基本一致，缝格平直，填嵌密实，无裂缝、缺楞掉角，坡向符合设计要求，无明显积水，不渗漏。

好：在一般基础上，平整洁净，图案清晰，色泽一致，接缝均匀，无积水。

4. 室内墙面

一般：必须粘结牢固，无脱皮、掉灰、空鼓、裂纹（风裂除外）、爆灰，墙面接槎平整，孔洞、槽、盒边缘整齐，管道背面平顺，墙表面基本光滑、洁净，颜色均匀，线角顺直。其中面层刮白、涂料和刷喷浆无掉粉、起皮、透底和漏刷，少量轻微反碱、咬色不多于 5 处，门窗、灯具基本洁净；壁纸、墙布无翘折，无明显斑污、胶痕，拼缝横平竖直，与贴脸、踢脚等交接处严密。

好：在一般基础上，阴阳角方正。其中，刮白、涂料和刷喷浆颜色一致，有光度；壁纸、墙布无斑污、胶痕，斜视不见拼缝，图案和花纹吻合，交接处无缝隙。门窗、灯具洁净，表面美观。

5. 室内顶棚

（1）罩面板

一般：安装牢固，无翘曲、折裂、缺棱掉角，表面平整、洁净。无明显变色、污染、反锈、麻点和锤印，接缝宽窄均匀，压条顺直，无翘曲。

好：在一般基础上，颜色一致，无污染、反锈、麻点、锤印，接缝压条宽窄一致、整齐、平直、严密。

（2）中级抹灰

一般：表面光滑，接槎平整，线角顺直。

好：在一般基础上，表面光滑，洁净，颜色均匀，线角顺直。

6. 室内地面

一般：必须粘结牢固，无空鼓，表面密实压光、平整、无明显裂纹、脱皮、麻面、起砂现象，分格条牢固、显露、基本顺直，踢脚线光滑平直、高度基本一致，水泥砂浆、细石混凝土等局部无明显细小收缩裂纹和轻微麻面；整体水磨石表面光滑，无明显裂纹和砂眼，石粒密实；大理石、水磨石、陶瓷锦砖等板块面层，颜色调配均匀，无明显裂纹和缺棱掉角，安装牢固，接缝填嵌密实、平直、均匀；木地板表面平整光滑，无戗茬、毛刺，板面缝隙基本严密。

好：在一般基础上，颜色均匀一致，线格方正顺直，踢脚线高度一致，出墙均匀，水泥砂浆和细石混凝土无砂眼、抹纹；整体水磨石表面光滑，石粒显露均匀，格条顺直清晰；大理石、水磨石、陶瓷锦砖等板块，无缺楞掉角、无污痕，非整砖使用部位适宜；长地板缝隙严密。

7. 楼梯、踏步、护栏

（1）楼梯、踏步

一般：必须粘结牢固，无空鼓，无明显裂纹、起砂、脱皮，高宽度基本一致，相邻两步高差符合要求。

好：在一般基础上，无裂纹、脱皮、麻面，高、宽度一致，防滑条顺直。

（2）护栏

一般：镶钉牢固，位置基本正确，表面光滑，线角顺直，接缝严密，割角整齐，木护栏无明显戗槎和刨痕。

好：在一般基础上，位置正确，出墙一致，棱角方正，不露钉帽，木护栏无戗槎和刨痕。

（3）厕浴间、阳台泛水、通风（烟）孔道、细木护栏

1）厕浴间。

一般：地面坡度、坡向合理，无倒坡，孔洞、槽、盒、管道背面抹压整齐、方正，无渗漏。

好：在一般基础上，浴盆、厕台高度适宜。

2）阳台泛水。

一般：无明显倒坡，泄水管长度、坡度适宜，无积水。

好：在一般基础上，泄水管长度、位置一致。

3）通风（烟）孔道。

一般：尺寸、位置、配件符合要求，无积渣，有抽气功能。

好：在一般基础上，安装牢固、方正，墙缝严密，抽气良好。

4）细木护栏。

一般：镶钉牢固，位置基本正确，表面光滑，线角顺直，接缝严密，割角整齐，无明显戗槎、刨痕。

好：在一般基础上，位置正确，出墙一致，棱角方正，不露钉帽，无戗槎、刨痕。

8. 门窗

外门窗应进行抗风压、气密性、水密性以及开关试验。

（1）木门窗

一般：框与墙体间空隙基本嵌填饱满，开关灵活，小五金齐全，刨面平整光滑，木螺栓拧牢，缝隙基本符合要求。

好：在一般基础上，扇不回弹，缝隙均匀符合要求，小五金型号、规格符合要求，刻槽深度一致、边缘整齐、位置止确。框与墙体间空隙嵌填饱满，扇面无裂纹。

（2）钢门窗、涂色镀锌钢板门窗

一般：安装牢固，关闭严密，无倒翘，开关灵活，附件齐全，方便适用，与墙体间空隙嵌填饱满，基本无锈蚀。

好：在一般基础上，开启无阻滞、回弹，附件位置正确、牢固，无锈蚀。

（3）铝合金门窗

一般：安装牢固，关闭严密，开关灵活，间隙基本均匀，附件齐全、牢固、灵活，与墙体间空隙嵌填材料，与非不锈钢紧固件接触面做防腐处理，表面洁净，无明显划痕、碰伤，排水孔位置正确、畅通。

好：在一般基础上，间隙均匀，附件位置正确，表面美观、光滑、无划痕、碰伤、锈蚀。

（4）塑料门窗

一般：安装牢固，固定点距窗角、中横框、中竖框 150～200mm，固定点间距不大于600mm；关闭严密，开启灵活，与墙体间隙填嵌材料密实，密封条不脱槽，且接缝基本严密、不卷边，排水孔位置正确畅通，表面洁净，平整光滑，大面无明显划痕、碰伤。

好：在一般基础上，密封条平整，大面无划痕、碰伤。

（5）特种门窗

一般：安装位置正确，安装牢固，开关或旋转方向正确且灵活，自动门的感应时间符合限值要求；表面基本洁净，无明显划痕和碰伤。

好：在一般基础上，表面洁净、无划痕和碰伤。

（6）玻璃

一般：裁割尺寸正确，安装平整稳固，表面无斑污，座底灰油灰平满，粘结牢固，钉子或钢卡数量符合要求。

好：在一般基础上，表面洁净，无油污，油灰与裁口齐平、光滑。

9. 涂料

（1）木质面涂料

一般：大面无透底、流坠、皱褶，有光亮，且光滑均匀，分色线平直，颜色一致，刷纹通顺，不污染五金、玻璃，无异味。

好：在一般基础上，小面明显处无锈底、流坠、皱褶，无明显刷纹，有光泽。

（2）金属面涂料

一般：同木质面涂料，其中有底涂料的不得有反锈现象。

好：在一般基础上，同木质面涂料，且无反锈。

（3）墙面涂料

一般：无脱皮、漏刷、反锈、透底、反碱和混色，无异味。

好：在一般基础上，有光亮，颜色一致，无明显刷纹，线条平直。

7.1.5.2　安装工程观感质量检查

建筑给排水与采暖工程、建筑电气工程、通风与空调工程、电梯工程、智能建筑工程等观感质量检查内容略。

7.1.6　建设单位提交工程竣工验收报告

工程竣工验收合格后，建设单位应当在3d内向工程质量监督机构提交工程竣工验收报告和竣工验收证明书。工程质量监督机构在工程竣工验收之日起5d内，向备案机关提交工程质量监督报告。

工程竣工验收报告应包括以下内容。

1）工程概况：描述工程名称、工程地点、结构类型、层次、建筑面积、开竣工日期、验收日期。

2）简述竣工验收程序、内容、组织形式。

3）建设单位执行基本建设程序情况。

4）勘察、设计、监理、施工等单位工作情况和执行强制性标准的情况。

5）工程竣工验收结论：应描述验收组对工程结构安全、使用功能是否符合设计要求，是否同意竣工验收的意见。

6）附件：勘察、设计、施工、监理单位签字的验收文件。

子单元2　单位（子单位）工程竣工验收记录与备案

7.2.1　单位（子单位）工程验收填表说明及表格

7.2.1.1　单位（子单位）工程施工质量控制资料核查记录

1）质量控制资料核查应按项目分别进行。施工单位应先将资料分项目整理成册，按表7-1整理项目顺序。每个项目按层次核查，并判断其能否满足规定要求。

2）份数（栏），由施工单位填写。

3）核查意见（栏），由总监理工程师组织专业监理工程师进行核查，填写"符合要求"或"不符合要求"。

4）核查人（栏），由总监理工程师签认。

5）结论（栏），由总监理工程师（建设单位项目负责人）按项目核查情况填写，如共核查×××项（等于表的序号数），其中符合要求××项，不符合要求××项，结论写"符合要求"或"不符合要求"。

6）由施工（总包）单位项目经理和总监理工程师签字，并加盖岗位资格章。

举例说明单位（子单位）工程施工质量控制资料核查记录，见表7-1。

表 7-1　单位（子单位）工程施工质量控制资料核查记录

工程名称		×××小区 5 号住宅楼	施工单位	×××市建筑工程有限公司	
序号	项　目	资料名称	份　数	核查意见	核查人
1	建筑与结构	图样会审、设计变更、洽商记录	7/3	符合要求	×××
2		工程定位测量、放线记录	1/7	符合要求	
3		钢材出厂合格证、试验报告	23/23	符合要求	
4		焊条（剂）出厂合格证	3/1	符合要求	
5		水泥出厂合格证、试验报告	5/5	符合要求	
6		红砖、砌块出厂合格证、试验报告，石材试验报告	8/8	符合要求	
7		砂、石出厂合格证、试验报告	6/16	符合要求	
8		防水、保温材料出厂合格证、试验报告	2/2	符合要求	
9		饰面砖、涂料、外加剂出厂合格证、试验报告	3/3	符合要求	×××
10		混凝土、预拌混凝土试块试验报告	24	符合要求	
11		砂浆试块试验报告	8	符合要求	
12		焊接（接头）试验报告	16	符合要求	
13		桩基承载力、桩身质量检测报告	2	符合要求	
14		土壤试验报告	2	符合要求	
15		塑钢窗出厂合格证及进场试验报告	2	符合要求	
16		玻璃幕墙出厂合格证及进场试验报告	/	符合要求	×××
17		外墙面砖粘贴试验报告	1	符合要求	
18		隐蔽工程验收记录	21	符合要求	
19		地基验槽记录	/	符合要求	
20		桩施工记录	8	符合要求	×××
21		混凝土施工记录	25	符合要求	
22		结构吊装记录	/		×××
23		新材料、新工艺施工记录	3	符合要求	×××
24		预制构件、顶拌混凝土合格证	2	符合要求	×××
25		地基基础、主体结构检验及抽样检测资料	10	符合要求	×××
26		分项、分部工程质量验收记录	131	符合要求	×××
27		工程质量事故及事故调查处理资料	/		

结论：共核查 23 项项目，符合要求 23 项，符合要求。

施工单位项目经理：×××

×年×月×日

总监理工程师：×××

（建设单位项目技术负责人）

×年×月×日

7.2.1.2　单位（子单位）工程安全和功能检验资料核查及主要功能抽查记录

1）单位（子单位）工程安全和功能检验资料核查及主要功能抽查由施工单位检验合格，交监理验收，由总监理工程师（建设单位项目负责人）组织专业监理工程师（建设单位项目负责人）核查、抽查，施工单位项目经理、项目技术（质量）负责人、技术（质量）部门负责人等参加。

2）份数（栏），由施工单位填写。

3）核查意见（栏）和抽查意见（栏），按项目分别进行核查和抽查，抽查项目由验收组协商确定。对在分部、子分部工程已进入安全和功能检测的项目，核查其结论是否符合设计要求；对在单位（子单位）工程进行的安全和功能抽测的项目，核查其结论是否符合设计要求。按项目逐项核查及抽查后，均填写"符合要求"或"不符合要求"。

4）核查（抽查）人（栏），由总监理工程师签认。

5）结论（栏）由总监理工程师（建设单位项目负责人）按项目核查及抽查情况，填写"共核查、抽查×××项（核查项数＋抽查项数），其中符合要求××项，不符合要求××项"，结论填写"符合要求"或"符合要求"。

6）由施工（总包）单位项目经理和总监理工程师（建设单位项目负责人）签字，并加盖岗位资格章。

下面举例说明单位（子单位）工程安全和功能检验资料核查及主要功能抽查记录，见表7-2。

表7-2 单位（子单位）工程安全和功能检验资料核查及主要功能抽查记录

工程名称		工程名称	×××小区5号住宅楼	施工单位	×××市建筑工程有限公司		
序号	项 目		安全和功能检项目	份 数	核查意见	抽查意见	核查（抽查）人
1	建筑与结构		屋面雨后（或淋水）试验记录	1		符合要求	×××
2			墙体内表面潮湿、结露（霜）及霉变检查记录	7		符合要求	
3			地下室防水效果检查记录	1		符合要求	
4			有防水要求的地面蓄水试验记录	7	符合要求		
5			建筑物垂直度、标高、测量记录	7	符合要求		
6			抽气（风）道检查记录	1	符合要求		
7			幕墙及外窗气密性、水密性、耐风压检测报告	1	符合要求		
8			建筑物沉降观测测量记录	8	符合要求		
9			节能、保温测试记录	1		符合要求	
10			室内环境检测报告	1		符合要求	
1	给排水与采暖		给水管道通水、清洗试验记录	2	符合要求		×××
2			暖气管道、散热器压力试验记录	2	符合要求		
3			卫生器具满水试验记录	1	符合要求		
4			消防管道压力试验记录	1	符合要求		
5			排水干管通球试验记录	1	符合要求		
1	电气		照明全负荷试验记录	1		符合要求	×××
2			大型灯具牢固性试验记录	1	符合要求		
3			避雷接地电阻测试记录	1	符合要求		
4			线路、插座、开关接地检验记录	2	符合要求		
1	通风与空调		通风、空调系统试运行记录				×××
2			风量、温度测试记录				
3			洁净室洁净度测试记录				
4			制冷机组试运行调试记录				
1	电梯		电梯运行记录				×××
2			电梯安全装置检测报告				
1	智能建筑		系统检测及试运行记录				×××
2			电源系统、防雷及接地系统检测报告				
1	建筑燃气		燃气管道压力试验记录				×××
2			燃气泄漏报警装置测试记录				

结论：共核查、抽查19项目，符合要求19项，符合要求。

总监理工程师：×××

施工单位项目经理：×××

（建设单位项目技术负责人）

×年×月×日

×年×月×日

7.2.1.3　单位（子单位）工程施工观感质量核查评价记录

1）参加人员（栏），总监理工程师（建设单位项目负责人）、专业监理工程师、项目经理、技术及质量部门负责人等质量评价人员不少于 7 人。

2）单位工程观感质量检查评价，实际是复查一下各分部（子分部）工程验收后，到单位工程竣工的质量变化，以及分部（子分部）工程验收时，还没有形成部分的观感质量，由施工单位检验合格，交监理验收。

3）由总监理工程师组织专业监理工程师，会同参加验收人员共同进行，通过现场全面检查，在听取有关人员意见后，由总监理工程师为主与监理工程师共同确定质量评价。评价等级分为"好""一般""差"。

4）综合评价（栏），各空白格填写"好"××项、"一般"××项、"差"××项。

5）结论（栏）由总监理工程师（建设单位项目负责人）填写"好"××项、"一般"××项、"差"××项。具体标准如下：

① "好"的项数占总项数 50% 及以上，且无"差"项，可共同确认为"好"。

② "好"的项数占总项数低于 50%，且无"差"项，可共同确认为"一般"。

③ 检查评价有"差"项，可共同确认为"差"。当有影响安全、使用功能和严重影响观感的"差"项，必须返修处理，否则不予验收。

6）由施工（总包）单位项目经理和总监理工程师（建设单位项目负责人）签字，并加盖岗位资格章。

举例说明单位（子单位）工程施工观感质量检查评价记录，见表 7-3。

表 7-3　单位（子单位）工程施工观感质量检查评价记录

工程名称		×××小区 5 号住宅楼		施工单位						×××市建筑工程有限公司				
参加人员		××× ××× ××× ××× ××× ××× ××× ××× ×××												
序号	项　目		抽查质量状况										质量评价		综合评价
			1	2	3	4	5	6	7	8	9	10	好	一般	差	
1	建筑与结构	室外墙面	√	√	○	√	○	√	○	√			好			
2		变形缝	√	○	√	○	○	√	○	√				一般		
3		水落管、屋面	○	√	○	√	√	○	○	○				一般		"好" 6 项，"一般" 5 项
4		室内墙面	√	○	√	○	√	○	√	○	√	√	好			
5		室内顶棚	√	√	○	√	○	√	○	○	○	√	好			
6		室内地面	○	○	√	○	○	√	√	√				一般		
7		楼梯、踏步、护栏	√	○	√	○	○	√	○	√				一般		
8		门窗	√	○	√	○	√	○	√	○			好			
9		卫生间、厨房	√	○	√	○	√	○	√	○			好			
10		管道井	○	○	√	○	○	√	○	○				一般		
11		散水、台阶	√	√	○	√	√	○	√	√			好			
1	给排水与采暖	管道接口、坡度、支架、弯管	√	○	○	√	○	○	√	√				一般		
2		卫生器具、支架、阀门	√	○	√	○	√	○	√	○			好			"好" 3 项，"一般" 2 项
		检查口、扫除口、地漏	√	○	√	○	√	○	√	○				一般		
		散热器、支架	√	√	○	√	√	○	√	√	√	√	好			
3		消火栓	√	○	√	√	○	√	√	○	√	○	好			

（续）

序号	项目	项目	抽查质量状况										质量评价			综合评价
			1	2	3	4	5	6	7	8	9	10	好	一般	差	
1	建筑电气	配电箱、盘、板、接线盒	✓	✓	○	○	✓	✓	○	✓	✓	○	好			"好"3项
2		设备器具、开关、插座	✓	○	○	✓	✓	✓	✓	✓	○	✓	好			
3		防雷、接地	✓	✓	✓	○	○	✓	○	✓	✓	○	好			
1	通风与空调	风管、支架														
2		风口、风阀														
3		风机、空调设备														
4		阀门、支架														
5		水泵、冷却塔														
6		绝热														
1	电梯	运行、平层、开关门														
2		层门、信号系统														
3		机房														
1	智能建筑	机房设备安装及布局														
2		现场设备安装														
1	建筑燃气	阀门、支架														
2		燃气管道、器具														

结论："好"12项，"一般"7项，共同确定为"好"。

施工单位项目经理：×××　　　　　　　　　　　　　　　　　　　　　总监理工程师：×××
　　　　　×年×月×日　　　　　　　　　　　　　　　　　　　　　　（建设单位项目负责人）
　　　　　　　　　　　　　　　　　　　　　　　　　　　　　　　　　　×年×月×日

7.2.1.4　单位（子单位）工程施工质量竣工验收记录

1）单位（子单位）工程由建设单位（项目）负责人组织施工（含分包单位）、设计、监理单位（项目）负责人进行验收。

2）单位（子单位）工程的名称填全称，即批准项目的名称，并注明是单位工程或子单位工程。

3）验收记录（栏）由施工单位填写。验收结论（栏）由监理（建设）单位填写，综合验收结论由参加验收各方共同商定，建设单位填写，应对工程质量是否符合设计和规范要求及总体质量水平作出评价。

① 分部工程（栏），由项目经理组织有关人员对所含分部（子分部）工程检查合格后，由项目经理交监理验收。经验收组成员验收后，施工单位填写验收记录（栏），注明共验收几个分部，经验收符合标准及设计要求的几个分部。

总监理工程师（建设单位项目负责人）在验收结论（栏）填写"符合要求"或"不符合要求"。

② 质量控制资料核查（栏），由施工单位检查合格，提交监理单位验收。将每个分部、子分部工程质量控制资料逐项统计，由施工单位填入验收记录（栏）。

总监理工程师（建设单位项目负责人）在验收结论（栏）填写"符合要求"或"不符合要求"。

③ 安全和功能检验资料核查及主要功能抽查（栏），包括两个方面，一方面是在分部、子分部工程抽查过的项目，检查检测报告的结论，另一方面是单位工程抽查的项目，要检查其全部检查方法、程序和结论。

由施工单位检验合格,将统计核查的项数和抽查的项数,分别填入验收记录(栏)相应的空格内。

总监理工程师(建设单位项目负责人)在验收结论(栏)填写"符合要求"或"不符合要求"。

④ 施工观感质量检查评价(栏),由施工单位检验合格,提交监理验收,施工单位按检验的项目数及符合要求的项目数填写在验收记录(栏)。

由总监理工程师或建设单位项目负责人组织审查,按项目核查及抽查情况,填写"经现场检查评价共同确认为"好""一般"或"差""。

⑤ 综合验收结论(栏),综合验收是在前五项内容均验收符合要求后进行的验收。由建设单位组织设计、监理、施工单位相关人员分别核查验收有关项目,并由总监理工程师组进行现场观感质量检查。经各项目审查符合要求,由建设单位项目负责人在综合验收(栏)内填写"综合验收合格"。

4)参加验收单位(栏),勘察、设计、施工、监理、建设单位都同意验收时,其各单位的项目负责人、总监理工程师、施工单位负责人要亲自签字,以示对工程质量负责,并加盖单位公章,注明签字验收的年、月、日。

举例说明单位(子单位)工程施工质量竣工验收记录,见表 7-4。

表 7-4　单位(子单位)工程施工质量竣工验收记录

工程名称	×××小区 5 号住宅楼		结构类型	砖混	层数	7 层
					建筑面积 /m²	8000
施工单位	×××市建筑工程有限公司		技术负责人	×××	质量负责人	×××
项目经理	×××	项目技术负责人 ×××	开工日期	×年×月	竣工日期	×年×月
序号	项目	验收记录				验收结论
1	分部工程	共 9 个分部工程。经查 9 个分部工程符合标准及设计要求				验收合格
2	质量控制资料核查	共 23 项。经审查符合要求 23 项,经核定符合规范要求 23 项				符合要求
3	安全和功能检验资料核查及主要功能抽查	共核查 12 项,符合要求 12 项。共抽查 7 项,符合要求 7 项				符合要求
4	施工观感质量检查评价	共抽查 19 项,符合要求 19 项				经现场检查评价共同确认为"好"
5	综合验收结论	综合验收合格				
参加验收单位	设计单位	施工单位		监理单位		建设单位
	(公章)	(公章)		(公章)		(公章)
	单位(项目)负责人:×××　×年×月×日	单位负责人:×××　×年×月×日		总监理工程师:×××　×年×月×日		单位(项目)负责人:×××　×年×月×日

7.2.2　单位工程竣工验收备案

《建设工程质量管理条例》第四十九条规定:"建设单位应当自建设工程竣工验收合格之日起 15 日内,将建设工程竣工验收报告和规划、公安消防、环保等部门出具的认可文件或者准许使用文件报建设行政主管部门或其他有关部门备案"。建设部以第78号令的形式发布了《房屋建筑工程和市政基础设施竣工验收管理暂行办法》。建设工程竣工验收备案制度是加强政府监督管理、防止不合格工程流向社会的一个重要手段。

验收备案制度主要规定如下：

1）建设单位应当自工程竣工验收合格之日起15日内，向工程所在地的县级以上地方人民政府建设行政主管部门备案。

2）建设单位办理工程竣工验收备案应提交以下材料：

①房屋建设工程竣工验收备案表。

②建设工程竣工验收报告，包括工程报建日期、施工许可证号，施工图设计文件审查意见，勘察、设计、施工、工程监理等单位分别签署的工程验收文件及验收人员签署的竣工验收原始文件，市政基础设施的有关质量检测和功能性试验资料以及备案机关认为需要提供的有关资料。

③法律、行政法规规定应由规划、消防、环保等部门出具的认可文件或者准许使用的文件。

④施工单位签署的工程质量保修书、住宅工程的住宅工程质量保修书和住宅工程使用说明书。

⑤法规、规范规定必须提供的其他文件。

3）备案机关收到建设单位报送的竣工验收备案文件、验证文件齐全后，应当在工程竣工验收备案表上签署文件收讫。

工程竣工验收备案表一式两份，一份由建设单位保存，一份留备案机关存档。

4）工程质量监督机构应当在工程竣工验收之日起5日内，向备案机关提交工程质量监督报告。

参考文献

[1] 鲁辉，詹亚民. 建筑工程施工质量检查与验收 [M]. 北京：人民交通出版社，2007.

[2] 徐一骐. 建筑工程施工质量验收规范学习辅导讲读 [M]. 北京：中国建材工业出版社，2005.

[3] 瞿义勇，薛俊高. 建筑工程质量禁忌手册 [M]. 北京：机械工业出版社，2008.

[4] 戴黎，俞荣华. 建筑工程施工质量检验 [M]. 北京：高等教育出版社，2010.

[5] 雷宏刚. 钢结构事故分析与处理 [M]. 北京：中国建材工业出版社，2003.

[6] 杨效中，杨庆恒. 建筑工程监理案例 [M]. 2 版. 北京：中国建筑工业出版社，2013.

[7] 周松盛，周露. 建筑工程质量通病预控手册 [M]. 合肥：安徽科学技术出版社，2005.

[8] 钱胜，姜鹏，刘荣武. 建筑工程质量及事故问答 [M]. 北京：化学工业出版社，2007.

[9] 郭荣玲，马淑娟，申喆. 钢结构工程质量控制与检测 [M]. 北京：机械工业出版社，2007.

[10] 简明钢结构工程施工验收技术手册编委会. 简明钢结构工程施工验收技术手册 [M]. 北京：地震出版社，2004.

[11] 李守巨. 钢结构工程监理细节 100[M]. 北京：中国建材工业出版社，2007.

[12] 俞宾辉. 建筑土建工程施工质量验收实用手册 [M]. 济南：山东科学技术出版社，2004.

[13] 曹力. 建筑工程现场监理工程师手册 [M]. 北京：中国计划出版社，2005.

[14] 邱家宏. 建筑工程质量达标实施指南 [M]. 北京：中国计划出版社，2005.

[15] 建筑地基基础工程监理手册编写组. 建筑地基基础工程监理手册 [M]. 北京：机械工业出版社，2006.

[16] 江正荣. 地基与基础工程施工禁忌手册 [M]. 北京：机械工业出版社，2006.

[17] 李寓，薛文碧. 建筑桩基础工程便携手册 [M]. 北京：机械工业出版社，2002.

[18] 王曙光. 深基坑支护事故处理经验录 [M]. 北京：机械工业出版社，2005.

[19] 李镜培，楼晓明. 叶观宝. 注册土木工程师（岩土）专业考试复习导航与习题精解——浅基础、深基础与地基处理 [M]. 北京：人民交通出版社，2005.

[20] 穆红娟，孙滨. 建筑工程质量检验评定技术：工程内业 [M]. 哈尔滨：黑龙江科学技术出版社，2006.